永久磁石同期モータの制御

センサレスベクトル制御技術

新中新二 著

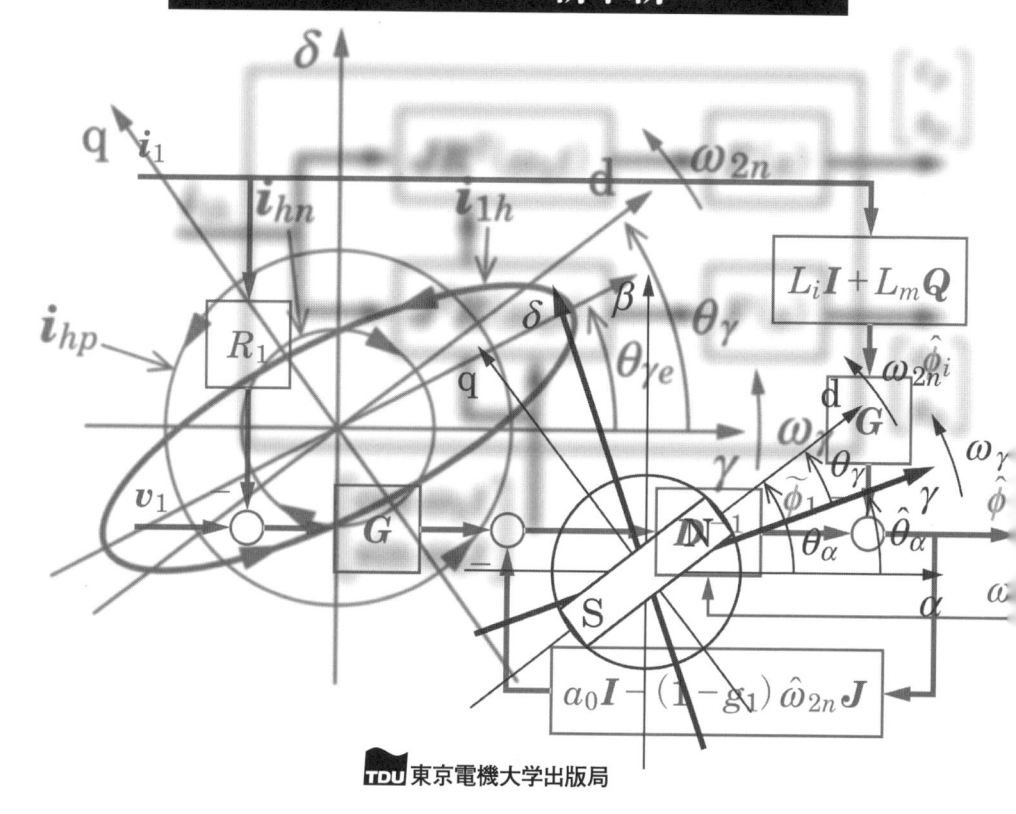

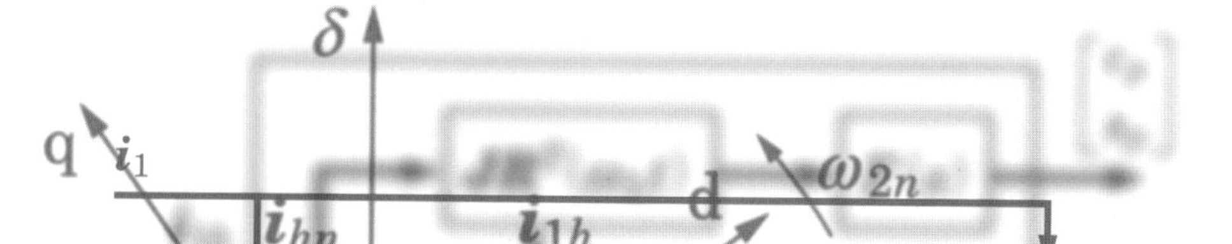

TDU 東京電機大学出版局

敬愛の義父
井野 正一
に捧ぐ

まえがき

モータの効率駆動に注目が集まっている。今日の主要モータは交流モータであり，交流モータのなかで最も高い効率を達成しているのが，永久磁石同期モータ（PMSM：permanent-magnet synchronous motor）である。PMSMにおいては，最高効率点において95%超の効率が達成可能であり，ハイブリッド車，電気自動車などの効率を重視する用途においてはPMSMが多用されている。モータの達成効率は，モータ自体の特性に加えて，この駆動制御技術によるところが大きい。効率的なモータといえども，駆動制御を誤れば，所期の効率を得ることはできない。

PMSMの効率を重視した駆動制御の基本は，回転子位相（位相は位置と同義）に基づくベクトル制御である。回転子位相の情報を得るには，回転子に位置・速度センサを装着すればよいが，装着により，熱的・機械的・電気的信頼性の低下，軸方向のモータ体格の増大，製造コストの増大などの問題が発生する。用途によっては，位置・速度センサの装着が機構的に不可能なこともある。この問題を根本的に解決する技術が，センサレスベクトル制御技術である。

センサレスベクトル制御技術は，位置・速度センサに代わって，ソフトウェア的に実現した位相速度推定アルゴリズム（位相速度推定器とよばれる）を用いて，回転子の位相と速度を得てベクトル制御を遂行する技術であり，最高難度のハイエンド駆動制御技術のひとつである。近年，先導的メーカにおいては，位相速度推定器の理解が進み，センサレスベクトル制御技術の応用が展開されている。とくに，家電分野では，PMSMのセンサレスベクトル制御駆動が常識化しつつあるようである。

本書は，上記潮流の社会要請をふまえ，PMSMの最新・最先端のセンサレスベクトル制御技術を広く万民のものとすべく，これを解説したものである。本書には，以下の特長をもたせた。

（i） センサレスベクトル制御技術の中核は，回転子の位相・速度の推定を担う位相速度推定器にある。位相速度推定器の構成原理・方法は学術論文の数だけ存在し，これらを個々に把握することは容易ではない。本書は，主要な位相速度推定器の構成原理・方法を，統一的視点に立ち体系的に解説した。統一性・体系性において本書に比肩する解説書は，著者の知る限りにおいて，現時点では存在しない。

（ii） 本書は，読者をセンサレスベクトル制御技術の原理から最先端まで誘うものである。本書は，現時点の学会論文誌掲載論文，国際会議発表論文を超える最先端技術を多数かつ詳細に解説しており，本書を読破した読者は，先端技術論文を批判的に理解する力を身につけるであろう。

（iii） センサレスベクトル制御技術は，PMSM の数学モデルに立脚したモデルベースドかつ理論ベースドな技術であり，現場トレーニングのみで身につけることは限りなく不可能である。この理解と活用には，少なくとも電気系大学学部修了程度の基礎学力が必要である。本書は，これを備えた大学院生，企業技術者を短期間に世界トップレベルに引き上げるべく用意された教科書であり技術書である。短期間修得には，上述の統一性・体系性が威力を発揮する。

（iv） センサレスベクトル制御技術は，PMSM の本来性能を最高度に引き出す技術である。「理論ベースドな技術といえども，その真価はモータ実機の駆動において評価されねばならない」との認識のもと，本書は実際性・実用性を重視した解説を展開している。数値実験，実機実験の解説に多くの紙幅を割いたのもこのためである。

本書は，統一性・体系性の観点から 4 部構成としている。原則として，基礎的な数学モデルを解説した第 1 部・第 1 章から順次学修されることを想定しているが，独立性の高い第 2 章と第 3 章は，最終章のあとにまわすことも可能である。本書を大学院 15 週セメスターの講義教科書として利用する場合には，第 2 章と第 3 章を進捗調整用の章として活用することも可能である。また，第 3 部と第 4 部とは，学修の順序を入れ替えることも可能である。

最後になったが，本書出版にご協力を賜った方々を紹介し，衷心より感謝申し上げる。第 2 章の引用挿絵には，見城尚志先生，青島一朗氏のご協力を得た。第 9 章における実機検証用のデータは，天野佑樹君より提供を受けた。同君には，同章の数値検証および全章の校正にも協力を得た。第 13 章の実機実験のデータは，岸田英生氏の論文から引用させていただいた。近年の社会的要請をご理解のうえ，本書出版にご尽力をくださった東京電機大学出版局・石沢岳彦氏には，特別の謝意を表する。

2013 年 4 月 4 日　ミッドスカイタワーにて

新中 新二

目　次

第1部　数学モデルとシミュレータ

第1章　理想条件を想定した数学モデルとベクトルシミュレータ

1.1　uvw 座標系上の数学モデルとベクトルシミュレータ …… 2
　1.1.1　数学モデル …… 2
　1.1.2　ベクトルシミュレータ …… 10
1.2　$\alpha\beta$ 固定座標系上と dq 同期座標系上の数学モデル …… 11
　1.2.1　$\alpha\beta$ 固定座標系上の数学モデル …… 11
　1.2.2　dq 同期座標系上の数学モデル …… 14
1.3　$\gamma\delta$ 一般座標系上の数学モデルとベクトルシミュレータ …… 16
　1.3.1　数学モデル …… 16
　1.3.2　ベクトルシミュレータ …… 18

第2章　非正弦誘起電圧を想定した数学モデルとベクトルシミュレータ

2.1　背景 …… 20
2.2　uvw 座標系上の数学モデル …… 21
　2.2.1　数学モデルの構築 …… 21
　2.2.2　回転子磁束の近似表現力 …… 24
　2.2.3　実機データとの比較例 …… 27
2.3　uvw 座標系上のベクトルシミュレータ …… 29
　2.3.1　A 形ベクトルシミュレータ …… 30
　2.3.2　B 形ベクトルシミュレータ …… 30
2.4　$\gamma\delta$ 一般座標系上の数学モデル …… 32

第3章　軸間磁束干渉を想定した数学モデルとベクトルシミュレータ

3.1　背景 …… 35
3.2　dq 同期座標系上の数学モデル …… 36

第 2 部　センサレスベクトル制御系の構造と共通技術

第 4 章　センサレスベクトル制御のための基本構造と共通技術

第 3 部　駆動用電圧・電流を用いた位相推定

第 5 章　一般化回転子磁束推定法

第1部

数学モデルとシミュレータ

第1章

理想条件を想定した数学モデルとベクトルシミュレータ

永久磁石同期モータのベクトル制御系の解析と設計に最初に必要とされるのが，この動的数学モデルである。動的数学モデルは，永久磁石同期モータの主要な動特性を近似的に数学表現したものである。モータ動特性の定性的把握に威力を発揮する動的数学モデルに対して，定量的把握に威力を発揮するのが，数学モデルに基づく動的シミュレータである。第1章では，最も基本的な動的数学モデルと動的シミュレータを，uvw 座標系，αβ 固定座標系，dq 同期座標系，γδ 一般座標系の4座標系において，説明する。

1.1 uvw 座標系上の数学モデルとベクトルシミュレータ

1.1.1 数学モデル

(1) モデル構築の前提

永久磁石同期モータ（PMSM：permanent-magnet synchronous motor）のベクトル制御系（vector control system）の解析と設計に最初に必要とされるのが，この動的数学モデル（dynamic mathematical model）である。動的数学モデルは，PMSM の主要な動特性（dynamic characteristic）をつとめて忠実に再現するものでなくてはならないが，このためにモデル自体が複雑になり，解析・設計を困難にするものであってはならない。すなわち，制御系設計のためのモデルは，動特性の再現性と解析・設計の容易化を可能とする簡潔性との両面から検討・構築されたものでなくてはならない。なお，本書では制御系と制御システムとを同義で使用する。

PMSM は，電気回路の一種であると同時にトルク発生機でもある。また，電気エネルギーを機械エネルギーに変換するエネルギー変換機でもある。この本質に起因して，PMSM の動的数学モデルは，厳密には電気回路としての動特性を記述した回路方程式（第 1 基本式），トルク発生機としてのトルク発生メカニズムを記述したトルク発生式（第 2 基本式），エネルギー変換機としてのエネルギー変換の動特性を記述したエネルギー伝達式（第 3 基本式）から構成される。この 3 基本式（basic equation）は，同一の PMSM を異なる観点から数学表現したものであり，互いに整合（以下，本特性を自己整合性（self-consistency）と呼称）しなければならない。しかしながら，各基本式に対し異なった視点から独立的に近似を施し，これらを構築する場合には必ずしも自己整合性は得られない。いずれかの基本式が他の基本式と矛盾しこれを否定するような動的数学モデルは，総合的には自己矛盾をはらんだモデルといわざるをえない。第 1 章では，自己整合性を備えた数学モデルを紹介する。

PMSM の基本的な駆動制御技術の研究開発に資することを目的とするとき，このための動的数学モデルの構築には，多くの場合以下のような近似のための前提を設けることが実際的であり，有用である。

① u，v，w 相の各巻線の電気磁気的特性は同一である。
② 電流，磁束の高調波成分は無視できる。
③ 一定速度駆動時の速度起電力は，正弦的である。
④ 磁気回路の飽和特性などの非線形特性は無視できる。
⑤ 磁気回路での dq 軸間磁束干渉は無視できる。
⑥ 磁気回路での損失である鉄損は無視できる。

これら前提のもとでは，図 1.1 のように回転軸方向から PMSM をながめた場合，PMSM の電気回路は，図 1.2 のような三相 Y 形負荷として等価的に構成することが

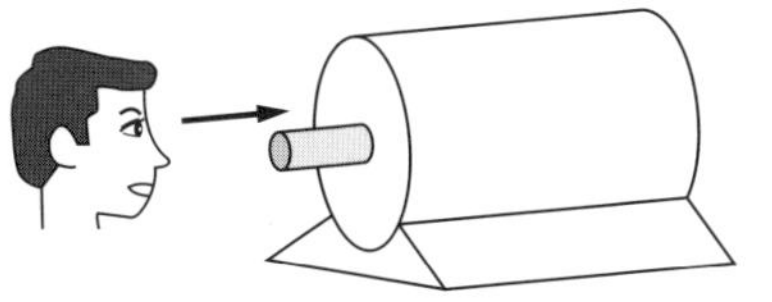

図 1.1　モータと回転軸

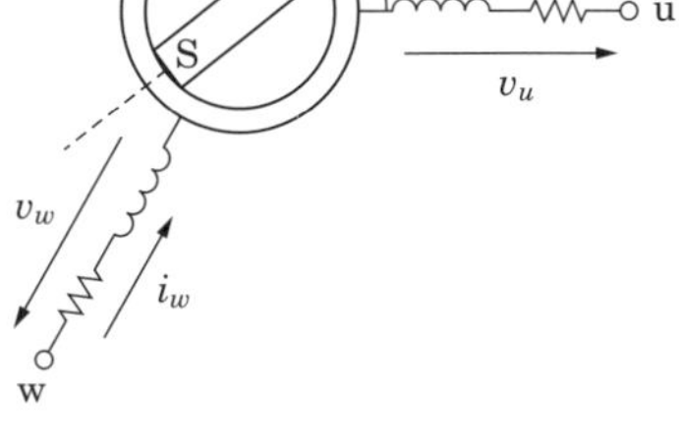

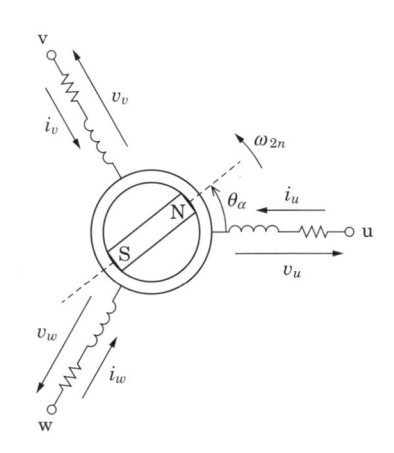

図 1.2　PMSM の Y 形結線回路

できる。PMSM の固定子（stator）すなわち電機子（armature）の巻線（winding）は，Y 形結線（Y connection）と Δ 形結線（delta connection）があるが，いずれの結線による場合にも，三相固定子端子から見た等価回路（equivalent circuit）として Y 形結線回路を想定できる。前述の前提が成立する場合には，Y 形結線回路は，各相信号に関してあたかも独立した単相回路のように扱うことができる。

図 1.2 は，三相固定子端子から見た等価的な Y 形結線回路を示している。同図では，中性点（neutral point）を基準とした k 相端子電圧，すなわち k 相電圧（phase voltage）を v_k で，また k 相端子から中性点へ向かって流れる電流を正の相電流（phase current, line current）とし，i_k で表現している。固定子における u，v，w 相の各巻線は，回転軸方向から見た場合にはおのおの 2 次元平面に $2\pi/3$〔rad〕ずつ位相差（角度差）を設けて巻かれている。回転子（rotor）に装着されている界磁（field）のための永久磁石の N 極（N-pole）は，u 相巻線の中心に対して位相（電気位相）θ_α をなしているものとしている（後掲の 1.1.1 項（4）参照）。

三相信号は，一般に相順（phase sequence）の観点から，正相（positive phase sequence），逆相（negative phase sequence），ゼロ相（zero phase sequence）の 3 成分に分割することができる[1)]。合理的で簡潔な数学モデルを得るべく，モータ内の三相信号はゼロ相成分を有しないものとしてこれを扱う。

(2) 数学モデル

前提①～⑥，Y 形等価回路，ゼロ相成分の非存在のもとでは，以下の 3 基本式からなる動的数学モデルが構築される[1),2)]。

◆ uvw 座標系上の動的数学モデル[1),2)]

回路方程式（第 1 基本式）

$$\begin{aligned} \boldsymbol{v}_{1t} &= R_1\boldsymbol{i}_{1t}+s\boldsymbol{\phi}_{1t} \\ &= R_1\boldsymbol{i}_{1t}+s\boldsymbol{\phi}_{it}+s\boldsymbol{\phi}_{mt} \\ &= R_1\boldsymbol{i}_{1t}+s\boldsymbol{\phi}_{it}+\omega_{2n}\boldsymbol{J}_t\boldsymbol{\phi}_{mt} \\ &= R_1\boldsymbol{i}_{1t}+s\boldsymbol{\phi}_{it}+\boldsymbol{e}_{mt} \end{aligned} \tag{1.1}$$

$$\boldsymbol{\phi}_{1t} = \boldsymbol{\phi}_{it}+\boldsymbol{\phi}_{mt} \tag{1.2}$$

$$\boldsymbol{\phi}_{it} = [L_i\boldsymbol{I}+L_m\boldsymbol{Q}_t(\theta_\alpha)]\boldsymbol{i}_{1t} \tag{1.3}$$

$$\boldsymbol{\phi}_{mt} = \Phi_t\boldsymbol{u}_t(\theta_\alpha)\ ;\ \Phi_t = \text{const} \tag{1.4}$$

$$\boldsymbol{e}_{mt} = \omega_{2n}\boldsymbol{J}_t\boldsymbol{\phi}_{mt} \tag{1.5}$$

トルク発生式（第 2 基本式）

$$\tau = N_p\boldsymbol{i}_{1t}^T\boldsymbol{J}_t\boldsymbol{\phi}_{1t}$$

$$= N_p \boldsymbol{i}_{1t}^T \boldsymbol{J}_t [L_m \boldsymbol{Q}_t(\theta_\alpha) \boldsymbol{i}_{1t} + \boldsymbol{\phi}_{mt}] \tag{1.6a}$$

$$\tau = \tau_r + \tau_m = N_p L_m \boldsymbol{i}_{1t}^T \boldsymbol{J}_t \boldsymbol{Q}_t(\theta_\alpha) \boldsymbol{i}_{1t} + N_p \boldsymbol{i}_{1t}^T \boldsymbol{J}_t \boldsymbol{\phi}_{mt} \tag{1.6b}$$

エネルギー伝達式（第 3 基本式）

$$\begin{aligned} p_{ef} &= \boldsymbol{i}_{1t}^T \boldsymbol{v}_{1t} \\ &= R_1 \|\boldsymbol{i}_{1t}\|^2 + \frac{s}{2}(\boldsymbol{i}_{1t}^T \boldsymbol{\phi}_{it}) + \omega_{2m}\tau \\ &= R_1 \|\boldsymbol{i}_{1t}\|^2 + \frac{s}{2}(L_i \|\boldsymbol{i}_{1t}\|^2 + L_m(\boldsymbol{i}_{1t}^T \boldsymbol{Q}_t(\theta_\alpha) \boldsymbol{i}_{1t})) + \omega_{2m}\tau \end{aligned} \tag{1.7}$$

■

上式における $\boldsymbol{v}_{1t}$, $\boldsymbol{i}_{1t}$, $\boldsymbol{\phi}_{1t}$ は，それぞれ固定子の電圧（voltage），電流（current），（鎖交）磁束（flux linkage）を意味する 3×1 ベクトルである。$\boldsymbol{\phi}_{it}$, $\boldsymbol{\phi}_{mt}$ は，固定子磁束（固定子鎖交磁束）$\boldsymbol{\phi}_{1t}$ を構成する成分たる 3×1 ベクトルを示しており，$\boldsymbol{\phi}_{it}$ は固定子電流 $\boldsymbol{i}_{1t}$ によって発生した固定子反作用磁束，すなわち電機子反作用磁束（armature reaction flux）を，$\boldsymbol{\phi}_{mt}$ は回転子永久磁石に起因する回転子磁束（rotor flux）を意味する。このときの回転子磁束は，永久磁石から発した磁束の固定子巻線に鎖交した状態での評価値を示している。回転子磁束の微分値である $\boldsymbol{e}_{mt}$ は，回転子の回転により発生した速度起電力（back electromotive force，back EMF，speed electromotive force）を意味する。わが国のモータ駆動制御分野では，近年，$\boldsymbol{e}_{mt}$ を簡単に誘起電圧とよぶことが多い。本書では，以降，本用語を利用する。

3×1 ベクトルたる固定子電圧，固定子電流，固定子（鎖交）磁束，固定子反作用磁束，回転子磁束，誘起電圧の各要素は u，v，w 相の信号から構成されている。すなわち，

$$\boldsymbol{v}_{1t} = [v_u \;\; v_v \;\; v_w]^T \tag{1.8a}$$

$$\boldsymbol{i}_{1t} = [i_u \;\; i_v \;\; i_w]^T \tag{1.8b}$$

$$\boldsymbol{\phi}_{1t} = [\phi_{1u} \;\; \phi_{1v} \;\; \phi_{1w}]^T \tag{1.8c}$$

$$\boldsymbol{\phi}_{it} = [\phi_{iu} \;\; \phi_{iv} \;\; \phi_{iw}]^T \tag{1.8d}$$

$$\boldsymbol{\phi}_{mt} = [\phi_{mu} \;\; \phi_{mv} \;\; \phi_{mw}]^T \tag{1.8e}$$

$$\boldsymbol{e}_{mt} = [e_{mu} \;\; e_{mv} \;\; e_{mw}]^T \tag{1.8f}$$

これら三相信号に関しては，ゼロ相成分がないとの前提により，次の関係が成立している。

$$v_u + v_v + v_w = 0 \tag{1.9a}$$

$$i_u + i_v + i_w = 0 \tag{1.9b}$$

$$\phi_{1u}+\phi_{1v}+\phi_{1w}=0 \tag{1.9c}$$

$$\phi_{iu}+\phi_{iv}+\phi_{iw}=0 \tag{1.9d}$$

$$\phi_{mu}+\phi_{mv}+\phi_{mw}=0 \tag{1.9e}$$

$$e_{mu}+e_{mv}+e_{mw}=0 \tag{1.9f}$$

Φ_t は回転子磁束の強度を示すモータパラメータであり，速度起電力係数あるいは誘起電圧係数とよばれることが多い。

τ は発生トルクであり，ω_{2n}，ω_{2m} は回転子の電気速度（electrical speed），機械速度（mechanical speed）である。N_p は極対数（number of pole pairs）であり，R_1 は固定子抵抗（stator resistance）すなわち固定子の巻線抵抗（winding resistance）である。回転子位相（通常は回転子磁束位相，回転子 N 極位相），電気速度，機械速度のあいだには，次の関係が成立している。

$$s\theta_\alpha=\omega_{2n}=N_p\omega_{2m} \tag{1.10}$$

L_i, L_m は固定子の d 軸インダクタンス（d-inductance）L_d，q 軸インダクタンス（q-inductance）L_q と次の関係を有する同相インダクタンス（in-phase inductance），鏡相インダクタンス（mirror-phase inductance）である（L_d，L_q の意味に関しては後掲の式(1.38)参照）。

$$\begin{bmatrix} L_i \\ L_m \end{bmatrix}=\frac{1}{2}\begin{bmatrix} 1 & 1 \\ 1 & -1 \end{bmatrix}\begin{bmatrix} L_d \\ L_q \end{bmatrix} \tag{1.11}$$

$\boldsymbol{I}$ は 3×3 単位行列であり，$\boldsymbol{J}_t$ と $\boldsymbol{Q}_t(\theta_\alpha)$ は 3×3 正方行列であり，$\boldsymbol{u}_t(\theta_\alpha)$ は 3×1 ベクトルである。すなわち，

$$\boldsymbol{J}_t=\frac{1}{\sqrt{3}}\begin{bmatrix} 0 & -1 & 1 \\ 1 & 0 & -1 \\ -1 & 1 & 0 \end{bmatrix} \tag{1.12}$$

$$\boldsymbol{Q}_t(\theta_\alpha)=\frac{2}{3}\begin{bmatrix} \cos 2\theta_\alpha & \cos\left(2\theta_\alpha-\frac{2\pi}{3}\right) & \cos\left(2\theta_\alpha+\frac{2\pi}{3}\right) \\ \cos\left(2\theta_\alpha-\frac{2\pi}{3}\right) & \cos\left(2\theta_\alpha+\frac{2\pi}{3}\right) & \cos 2\theta_\alpha \\ \cos\left(2\theta_\alpha+\frac{2\pi}{3}\right) & \cos 2\theta_\alpha & \cos\left(2\theta_\alpha-\frac{2\pi}{3}\right) \end{bmatrix} \tag{1.13}$$

$$\boldsymbol{u}_t(\theta_\alpha)=\left[\cos\theta_\alpha \quad \cos\left(\theta_\alpha-\frac{2\pi}{3}\right) \quad \cos\left(\theta_\alpha+\frac{2\pi}{3}\right)\right]^T \tag{1.14}$$

$\boldsymbol{J}_t$ と $\boldsymbol{Q}_t(\theta_\alpha)$ は，各行・各列の総和がゼロであり，かつ行と列に関し循環性を有する

特殊な行列であり，平衡循環行列（balanced circular matrix）とよばれることもある[1),2)]。なお，$\boldsymbol{J}_t$ は交代行列（skew symmetric matrix）でもある（$\boldsymbol{J}_t$ の性質に関しては文献 1）を参照)。

数学モデルに利用した記号 s は，微分演算子 d/dt を意味する。本書では，微分演算子とラプラス演算子（複素数）との機能類似性を考慮し，本記号をラプラス演算子としても利用する。記号 s がいずれを意味するかは，被作用信号が時刻 t の信号かラプラス変換後の複素数 s の信号かにより自明である。

数学モデル上の信号などに用いた脚符 t は，「これら信号などは三相関連のものである」ことを意味する。

なお，モータパラメータとしてモータメーカから提供されるパラメータは，式(1.1)～式(1.7)の数学モデルで使用した固定子抵抗 R_1，d 軸インダクタンス L_d，q 軸インダクタンス L_q，回転子磁束強度（速度起電力係数）Φ_t であることが多い。

(3) uvw 座標系

さてここで，図 1.2 の固定子巻線を考慮のうえ，図 1.3 に示したような u 軸，v 軸，w 軸からなる uvw 座標系（uvw reference frame, uvw coordinate system）を考える。u 軸，v 軸，w 軸は，u 相巻線，v 相巻線，w 相巻線の中心を貫く座標軸である。したがって，3 軸は 2 次元平面上の軸であり，互いに $\pm 2\pi/3$〔rad〕の位相差（角度差）を有している。

式(1.1)～式(1.7)の数学モデルに用いた 3×1 ベクトル信号の第 1，第 2，第 3 要素は，おのおの u 軸，v 軸，w 軸上のスカラ信号としてとらえることができる。この際，各要素信号の極性は，対応軸の正負方向に対応するものとする。たとえば，式(1.8)に定義した固定子電圧（3×1 ベクトル信号）$\boldsymbol{v}_{1t}$ の第 1 要素（スカラ信号）v_u の極性が正の場合には u 軸の正方向の値を示すものとし，極性が負の場合には u 軸の負方向の値を示すものとする。回転子の位相，速度は，図 1.3 に明示しているように左方向が正方向である。

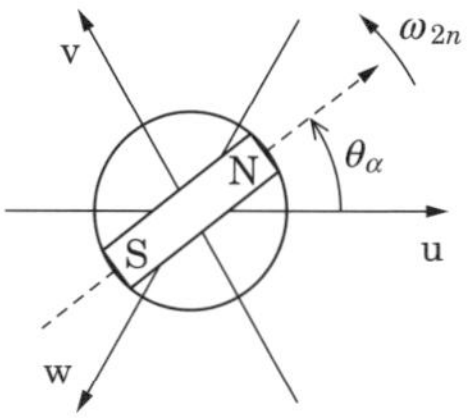

図 1.3 uvw 座標系と回転子位相

以上をふまえて，式(1.1)～式(1.7)の数学モデルの物理的意味を説明する。回路方程式（第1基本式）式(1.1)は，キルヒホッフの電圧則（Kirchhoff's voltage law）の観点から，以下のように説明される。力行状態（motoring mode）の場合，回路方程式（第1基本式）式(1.1)の左辺 $\boldsymbol{v}_{1t}$ は，モータへの印加電圧を示している。一方，同式右辺の第1項，第2項は，おのおの固定子抵抗 R_1，固定子磁束 $\boldsymbol{\phi}_{1t}$ による電圧降下（voltage drop）を意味する。固定子磁束の微分値は電磁誘導の法則（law of electromagnetic induction）に基づく起電力（electromotive force）を発生し，このときの発生起電力は外部印加電圧を相殺する極性をもつ。結果的には，等価的な電圧降下をもたらす。式(1.1)の第2式，第3式および式(1.2)が示しているように，固定子磁束を構成する固定子反作用磁束 $\boldsymbol{\phi}_{it}$，回転子磁束 $\boldsymbol{\phi}_{mt}$ に関しても同様である。回転子磁束の微分値が誘起電圧 $\boldsymbol{e}_{mt}$ を示すことは，式(1.1)，式(1.5)を用いてすでに説明した。回生状態（regenerating mode）の場合にも，同様な説明が可能である。

トルク発生式（第2基本式）式(1.6)は，トルク発生のようすを示している。式(1.6a)は，固定子電流と固定子磁束との関係によるトルク τ の発生を示し，式(1.6b)は，トルク τ の発生内実を示している。すなわち，同式右辺第1項は突極性に起因するリラクタンストルク（reluctance torque）τ_r を，第2項は永久磁石によるマグネットトルク（magnet torque）τ_m を示している。

エネルギー伝達式（第3基本式）式(1.7)は，エネルギー伝達の動的ようすを示している。式(1.7)左辺は入力された瞬時電気的パワー（瞬時有効電力）であり，これに対し右辺第1項は固定子抵抗による瞬時銅損（2次形式で正）を，第2項は固定子インダクタンスに蓄積された磁気エネルギー（magnetic energy）の瞬時変化を示している。第3項は回転子軸から出力される瞬時機械的パワー（正負，この正負は力行回生に対応）をそれぞれ意味している。当然のことながら，モータ内部の磁気エネルギーはつねに正でなくてはならない。本数学モデルでは力行回生のいかんを問わず，次の関係が成立することが立証されている[1)]。

$$\frac{1}{2}(\boldsymbol{i}_{1t}^T\boldsymbol{\phi}_{it}) \geq 0 \tag{1.15}$$

式(1.1)～式(1.7)の数学モデルは，上述の物理的意味の保持だけでなく，数学的な自己整合性も有している。すなわち，回路方程式（第1基本式），トルク発生式（第2基本式），エネルギー伝達式（第3基本式）は互いに整合している。自己整合性により，いずれの2基本式から残りの基本式を導出することができる[1)]。たとえば，トルク発生式（第2基本式）におけるリラクタンストルク τ_r は，インダクタンスに蓄積された磁気エネルギーの空間的非一様性に起因するものであり，エネルギー伝達式（第3基本式）式(1.7)の第2項・磁気エネルギーの機械位相 θ_m による空間微分により得ることができる。すなわち，

$$\theta_\alpha = N_p \theta_m \tag{1.16}$$

$$\begin{aligned}
\tau_r &= \frac{\partial}{\partial \theta_m} \frac{1}{2} (\boldsymbol{i}_{1t}^T \boldsymbol{\phi}_{it}) \\
&= \frac{\partial}{\partial \theta_m} \frac{1}{2} (L_i \|\boldsymbol{i}_{1t}\|^2 + L_m (\boldsymbol{i}_{1t}^T \boldsymbol{Q}_t(\theta_\alpha) \boldsymbol{i}_{1t})) \\
&= \frac{\partial \theta_\alpha}{\partial \theta_m} \frac{\partial}{\partial \theta_\alpha} \frac{1}{2} (L_i \|\boldsymbol{i}_{1t}\|^2 + L_m (\boldsymbol{i}_{1t}^T \boldsymbol{Q}_t(\theta_\alpha) \boldsymbol{i}_{1t})) \\
&= \frac{N_p L_m}{2} \boldsymbol{i}_{1t}^T \left[\frac{\partial}{\partial \theta_\alpha} \boldsymbol{Q}_t(\theta_\alpha) \right] \boldsymbol{i}_{1t} \\
&= N_p L_m \boldsymbol{i}_{1t}^T \boldsymbol{J}_t \boldsymbol{Q}_t(\theta_\alpha) \boldsymbol{i}_{1t}
\end{aligned} \tag{1.17}$$

式(1.17)は，トルク発生式の式(1.6b)右辺第1項に示されたリラクタンストルク τ_r にほかならない。

(4) ベクトル制御における位相

ベクトル制御における「位相（phase）」とは，2次元空間（2次元平面）上の空間位相すなわち空間角度を意味し，単位は rad である。位相すなわち角度の基準は，通常は，座標系を構成する座標軸に選定する。uvw 座標系（図1.3参照）を使用する場合には，u 軸，v 軸，w 軸が基準に選定される。また，後掲の2軸直交座標系である $\alpha\beta$ 固定座標系，dq 同期座標系，$\gamma\delta$ 一般座標系（図1.6，図1.7，図1.8参照）などを使用する場合には，これを構成する α 軸，β 軸，d 軸，q 軸，γ 軸，δ 軸が基準に選ばれる。座標軸基準から理解されるように，単に位相といった場合には，電気位相を意味する。電気位相と機械位相とのあいだには極対数に比例した違いがある（式(1.16)参照）。

位相評価の対象は，2次元空間上のベクトル信号である空間ベクトル（space vector）のみならず，座標系の基軸あるいは副軸も含まれる。後掲の図1.8は，α 軸および γ 軸を基準にした d 軸位相（回転子磁束位相，回転子位相と同一）の評価例である。

特定の空間ベクトル（たとえば，回転子磁束，誘起電圧など）を基準として評価された位相は，とくに位相偏差（phase difference, phase error, phase deviation）あるいは簡単に位相差と呼ばれることもある。2次元空間上の空間ベクトルは，瞬時変化が可能な瞬時ベクトル信号であり，常時，一定ノルム，一定速度で回転することを期待されているわけでない。このため，空間ベクトルの位相は瞬時に変化する。

1.1.2　ベクトルシミュレータ

最近のシミュレーションソフトウェアの多くは，ブロック線図の描画を通じてプログラミングを行う方法を採用している。しかも，このときのブロック線図は，ベクトル信号を扱えるうえに，行列係数器，ベクトル乗算器，内積器なども備えている。これらシミュレーションソフトウェアでベクトル信号によるブロック線図を描画すれば，ただちにベクトルシミュレータを構築することができる。以下に，代表的なベクトルブロック線図（すなわち，ベクトルシミュレータ）2例を紹介する（ベクトルブロック線図の構築法に関しては文献1）を参照）[1),4),5)]。

(1) A形ベクトルシミュレータ

数学モデルを構成する回路方程式（第1基本式）とトルク発生式（第2基本式）の利用を考える。両基本式は，固定子磁束 $\boldsymbol{\phi}_{1t}$ に着目するならば，図1.4のA形ベクトルブロック線図（A形ベクトルシミュレータ）に展開することができる。なお，同図では，機械系の動特性は次の運動方程式で記述できるものとしている。

$$\tau = (J_m s + D_m)\,\omega_{2m} \tag{1.18}$$

ここに，J_m, D_m は，発生トルクにより回転した機械負荷系（回転子およびこれに連結した機械負荷からなる系）の慣性モーメント，粘性摩擦係数である。

(2) B形ベクトルシミュレータ

数学モデルを構成する回路方程式（第1基本式）とトルク発生式（第2基本式）の利用を考える。両基本式は，固定子反作用磁束 $\boldsymbol{\phi}_{it}$ に着目するならば，図1.5のB形ベクトルブロック線図（B形ベクトルシミュレータ）に展開することができる。

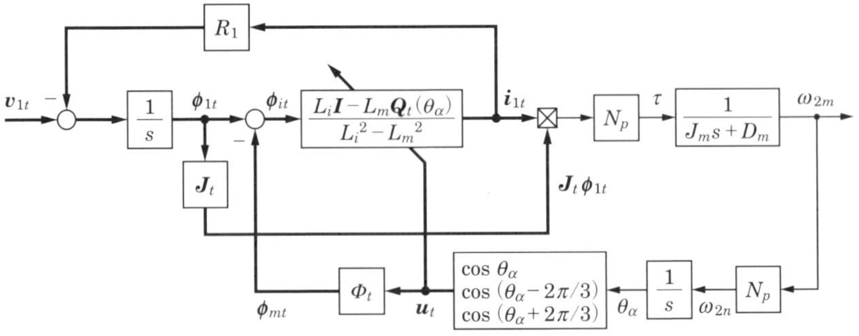

図1.4　uvw座標系上のA形ベクトルブロック線図

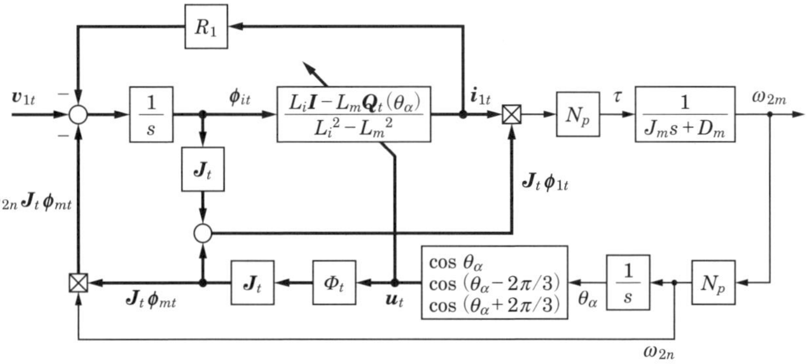

図 1.5　uvw 座標系上の B 形ベクトルブロック線図

1.2　αβ 固定座標系上と dq 同期座標系上の数学モデル

1.2.1　αβ 固定座標系上の数学モデル

図 1.3 に示した uvw 座標系は，2 次元平面上の座標系である。また，式(1.8)に定義した 3×1 ベクトルは，uvw 座標系上，すなわち 2 次元平面上のベクトルである。2 次元平面上のベクトルは，一般には 3×1 ベクトルよりも 2×1 ベクトルとして表現したほうが都合がよい。そこで，α 軸，β 軸の直交 2 軸からなる $\alpha\beta$ 固定座標系（stationary reference frame, stator reference frame）を考える。この際，α 軸は u 軸と同一とし，β 軸は α 軸に対して $\pi/2$〔rad〕位相が進んだ軸とする。この考えに基づく $\alpha\beta$ 固定座標系を図 1.6 に示した。同図では，uvw 座標系を破線で示した。

式(1.8a)に定義した u 相，v 相，w 相の電圧 v_u, v_v, v_w は，u 軸，v 軸，w 軸上に存在した。これら 3 軸上のスカラ電圧を，$\alpha\beta$ 固定座標系上の 2×1 ベクトルとしてとらえ直し，これらをおのおの 2×1 電圧ベクトル $\boldsymbol{v}_{us}, \boldsymbol{v}_{vs}, \boldsymbol{v}_{ws}$ と表現する。このとき，次の

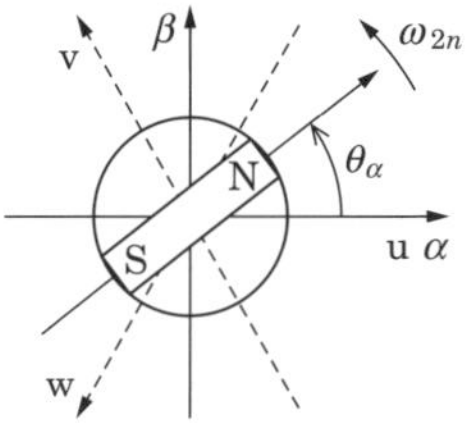

図 1.6　αβ 固定座標系と回転子位相

関係が成立する。

$$[\boldsymbol{v}_{us} \quad \boldsymbol{v}_{vs} \quad \boldsymbol{v}_{ws}] = \begin{bmatrix} 1 & -\dfrac{1}{2} & -\dfrac{1}{2} \\ 0 & \dfrac{\sqrt{3}}{2} & -\dfrac{\sqrt{3}}{2} \end{bmatrix} \begin{bmatrix} v_u & 0 & 0 \\ 0 & v_v & 0 \\ 0 & 0 & v_w \end{bmatrix} \tag{1.19}$$

u 相，v 相，w 相の電圧 $\boldsymbol{v}_{us}, \boldsymbol{v}_{vs}, \boldsymbol{v}_{ws}$ を，$\alpha\beta$ 固定座標系上の単一の 2×1 ベクトルとして表現する場合，この合成ベクトルは，一般には 2×1 電圧ベクトル $\boldsymbol{v}_{us}, \boldsymbol{v}_{vs}, \boldsymbol{v}_{ws}$ の単純和 $[\boldsymbol{v}_{us}+\boldsymbol{v}_{vs}+\boldsymbol{v}_{ws}]$ として算定される。

ここでは，3×2 行列 $\boldsymbol{S}$ を式(1.20)のように定義し，合成ベクトルを式(1.21a)のように定める。

$$\boldsymbol{S} = \sqrt{\frac{2}{3}} \begin{bmatrix} 1 & -\dfrac{1}{2} & -\dfrac{1}{2} \\ 0 & \dfrac{\sqrt{3}}{2} & -\dfrac{\sqrt{3}}{2} \end{bmatrix}^T \tag{1.20}$$

$$\boldsymbol{v}_{1s} = \sqrt{\frac{2}{3}} [\boldsymbol{v}_{us}+\boldsymbol{v}_{vs}+\boldsymbol{v}_{ws}] = \boldsymbol{S}^T \boldsymbol{v}_{1t} \tag{1.21a}$$

3 個の電圧ベクトル $\boldsymbol{v}_{us}, \boldsymbol{v}_{vs}, \boldsymbol{v}_{ws}$ の合成には，係数 $\sqrt{2/3}$ は本質的に不要であるが，直交行列を用いた直交変換前後の内積不変性を確保するために，この係数を導入している（直交行列の性質に関しては文献 1）を参照)。この係数により，3×2 行列 $\boldsymbol{S}$ の列ベクトルのノルムはともに 1 となる。なお，3×2 行列 $\boldsymbol{S}$ は 2/3 相変換器（2/3 phase converter），2×3 行列 $\boldsymbol{S}^T$ は 3/2 相変換器（3/2 phase converter）ともよばれる[1)]。両者は，相変換器（phase converter）とも総称される[1)]。

式(1.21a)の固定子電圧 $\boldsymbol{v}_{1s}$ と同様に，三相の 3×1 ベクトルである固定子電流，固定子磁束（固定子鎖交磁束），固定子反作用磁束，回転子磁束，誘起電圧に，左側より 3/2 相変換器 $\boldsymbol{S}^T$ を乗じた信号を以下のように定める。

$$\boldsymbol{i}_{1s} = \boldsymbol{S}^T \boldsymbol{i}_{1t} \tag{1.21b}$$

$$\boldsymbol{\phi}_{1s} = \boldsymbol{S}^T \boldsymbol{\phi}_{1t} \tag{1.21c}$$

$$\boldsymbol{\phi}_{is} = \boldsymbol{S}^T \boldsymbol{\phi}_{it} \tag{1.21d}$$

$$\boldsymbol{\phi}_{ms} = \boldsymbol{S}^T \boldsymbol{\phi}_{mt} \tag{1.21e}$$

$$\boldsymbol{e}_{ms} = \boldsymbol{S}^T \boldsymbol{e}_{mt} \tag{1.21f}$$

式(1.21)左辺の脚符 s は，「これを伴う信号は，$\alpha\beta$ 固定座標系上で定義された 2×1 ベクトル信号である」ことを意味する。

式(1.21)は，直交行列の性質と式(1.9)の性質を活用すると，次のように書き改められる。

$$\boldsymbol{v}_{1t} = \boldsymbol{S}\boldsymbol{v}_{1s} \tag{1.22a}$$

$$\boldsymbol{i}_{1t} = \boldsymbol{S}\boldsymbol{i}_{1s} \tag{1.22b}$$

$$\boldsymbol{\phi}_{1t} = \boldsymbol{S}\boldsymbol{\phi}_{1s} \tag{1.22c}$$

$$\boldsymbol{\phi}_{it} = \boldsymbol{S}\boldsymbol{\phi}_{is} \tag{1.22d}$$

$$\boldsymbol{\phi}_{mt} = \boldsymbol{S}\boldsymbol{\phi}_{ms} \tag{1.22e}$$

$$\boldsymbol{e}_{mt} = \boldsymbol{S}\boldsymbol{e}_{ms} \tag{1.22f}$$

ここで，次のモータパラメータ変換を行い，

$$\Phi = \sqrt{\frac{3}{2}}\,\Phi_t \tag{1.23}$$

式(1.22)を式(1.1)～式(1.7)に用いると，$\alpha\beta$ 固定座標系上の動的数学モデルを以下のように得る[1),3)]。

◆ $\alpha\beta$ 固定座標系上の動的数学モデル[1),3)]

回路方程式（第1基本式）

$$\begin{aligned}\boldsymbol{v}_{1s} &= R_1\boldsymbol{i}_{1s}+s\,\boldsymbol{\phi}_{1s}\\ &= R_1\boldsymbol{i}_{1s}+s\,\boldsymbol{\phi}_{is}+s\,\boldsymbol{\phi}_{ms}\\ &= R_1\boldsymbol{i}_{1s}+s\,\boldsymbol{\phi}_{is}+\omega_{2n}\boldsymbol{J}\boldsymbol{\phi}_{ms}\\ &= R_1\boldsymbol{i}_{1s}+s\,\boldsymbol{\phi}_{is}+\boldsymbol{e}_{ms}\end{aligned} \tag{1.24}$$

$$\boldsymbol{\phi}_{1s} = \boldsymbol{\phi}_{is}+\boldsymbol{\phi}_{ms} \tag{1.25}$$

$$\boldsymbol{\phi}_{is} = [L_i\boldsymbol{I}+L_m\boldsymbol{Q}(\theta_\alpha)]\,\boldsymbol{i}_{1s} \tag{1.26}$$

$$\boldsymbol{\phi}_{ms} = \Phi\boldsymbol{u}(\theta_\alpha)\;;\;\Phi = \mathrm{const} \tag{1.27}$$

$$\boldsymbol{e}_{ms} = \omega_{2n}\boldsymbol{J}\boldsymbol{\phi}_{ms} \tag{1.28}$$

トルク発生式（第2基本式）

$$\begin{aligned}\tau &= N_p\boldsymbol{i}_{1s}^T\boldsymbol{J}\boldsymbol{\phi}_{1s}\\ &= N_p\boldsymbol{i}_{1s}^T\boldsymbol{J}[L_m\boldsymbol{Q}(\theta_\alpha)\boldsymbol{i}_{1s}+\boldsymbol{\phi}_{ms}]\end{aligned} \tag{1.29a}$$

$$\tau = \tau_r+\tau_m = N_pL_m\boldsymbol{i}_{1s}^T\boldsymbol{J}\boldsymbol{Q}(\theta_\alpha)\boldsymbol{i}_{1s}+N_p\boldsymbol{i}_{1s}^T\boldsymbol{J}\boldsymbol{\phi}_{ms} \tag{1.29b}$$

エネルギー伝達式（第3基本式）

$$\begin{aligned}p_{ef} &= \boldsymbol{i}_{1s}^T\boldsymbol{v}_{1s}\\ &= R_1\|\boldsymbol{i}_{1s}\|^2+\frac{s}{2}(\boldsymbol{i}_{1s}^T\boldsymbol{\phi}_{is})+\omega_{2m}\tau\end{aligned}$$

$$= R_1\|\boldsymbol{i}_{1s}\|^2+\frac{s}{2}(L_i\|\boldsymbol{i}_{1s}\|^2+L_m(\boldsymbol{i}_{1s}^T\boldsymbol{Q}(\theta_\alpha)\boldsymbol{i}_{1s}))+\omega_{2m}\tau \tag{1.30}$$

■

上の数学モデルにおける $\boldsymbol{I}$ は 2×2 単位行列であり，$\boldsymbol{J}$ は次式で定義された 2×2 交代行列である。

$$\boldsymbol{J}=\begin{bmatrix}0 & -1\\ 1 & 0\end{bmatrix} \tag{1.31}$$

$\boldsymbol{Q}(\theta_\alpha)$ は，次式で定義された鏡行列（mirror matrix）ともよばれる 2×2 直交行列である。

$$\boldsymbol{Q}(\theta_\alpha)=\begin{bmatrix}\cos 2\theta_\alpha & \sin 2\theta_\alpha\\ \sin 2\theta_\alpha & -\cos 2\theta_\alpha\end{bmatrix} \tag{1.32}$$

また，$\boldsymbol{u}(\theta_\alpha)$ は次式で定義された 2×1 単位ベクトルである。

$$\boldsymbol{u}(\theta_\alpha)=\begin{bmatrix}\cos\theta_\alpha\\ \sin\theta_\alpha\end{bmatrix} \tag{1.33}$$

1.2.2　dq 同期座標系上の数学モデル

図 1.7 を考える。同図には，$\alpha\beta$ 固定座標系に加えて，d 軸（direct axis）と q 軸（quadratic axis）の直交 2 軸からなる dq 同期座標系（synchronous reference frame, rotor reference frame）を描画している。d 軸位相は回転子 N 極位相，回転子磁束位相と同一であり，q 軸は d 軸に対して $\pi/2$ rad 位相進みの関係にある。

2 次元平面上のベクトルは，$\alpha\beta$ 固定座標系上で定義することも，dq 同期座標系上で定義することも可能である。モータ物理量を表現した 2×1 ベクトルを dq 同期座標系上で定義する場合には，同座標系上の数学モデルを得ることができる。

次の 2×2 直交行列を考える。

$$\boldsymbol{R}(\theta_\alpha)=\begin{bmatrix}\cos\theta_\alpha & -\sin\theta_\alpha\\ \sin\theta_\alpha & \cos\theta_\alpha\end{bmatrix} \tag{1.34}$$

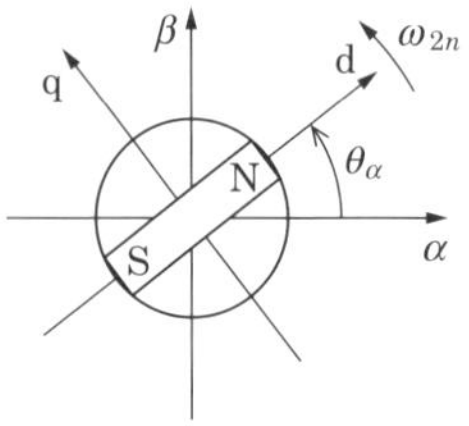

図 1.7　dq 同期座標系と回転子位相

この行列は，一般にベクトル回転器（vector rotator）と称される。なお，2×2 直交行列の形式は，式(1.32)，式(1.34)の 2 形式のみである。

$\alpha\beta$ 固定座標系上の固定子電圧，固定子電流，固定子磁束，固定子反作用磁束，回転子磁束，誘起電圧と dq 同期座標系上のこれらとは，ベクトル回転器を用い，以下のように関係づけられる。

$$\boldsymbol{v}_{1s} = \boldsymbol{R}(\theta_\alpha)\boldsymbol{v}_{1r} \tag{1.35a}$$

$$\boldsymbol{i}_{1s} = \boldsymbol{R}(\theta_\alpha)\boldsymbol{i}_{1r} \tag{1.35b}$$

$$\boldsymbol{\phi}_{1s} = \boldsymbol{R}(\theta_\alpha)\boldsymbol{\phi}_{1r} \tag{1.35c}$$

$$\boldsymbol{\phi}_{is} = \boldsymbol{R}(\theta_\alpha)\boldsymbol{\phi}_{ir} \tag{1.35d}$$

$$\boldsymbol{\phi}_{ms} = \boldsymbol{R}(\theta_\alpha)\boldsymbol{\phi}_{mr} \tag{1.35e}$$

$$\boldsymbol{e}_{ms} = \boldsymbol{R}(\theta_\alpha)\boldsymbol{e}_{mr} \tag{1.35f}$$

式(1.35)右辺の脚符 r は，「これを伴う信号は，dq 同期座標系上で定義された 2×1 ベクトル信号である」ことを意味する。

式(1.35)を式(1.24)～式(1.30)に用いると，dq 同期座標系上の動的数学モデルを以下のように得る[1),3)]。

◆ dq 同期座標系上の動的数学モデル[1),3)]

回路方程式（第 1 基本式）

$$\begin{aligned}\boldsymbol{v}_{1r} &= R_1\boldsymbol{i}_{1r}+\boldsymbol{D}(s,\omega_{2n})\boldsymbol{\phi}_{1r}\\ &= R_1\boldsymbol{i}_{1r}+\boldsymbol{D}(s,\omega_{2n})\boldsymbol{\phi}_{ir}+\boldsymbol{D}(s,\omega_{2n})\boldsymbol{\phi}_{mr}\\ &= R_1\boldsymbol{i}_{1r}+\boldsymbol{D}(s,\omega_{2n})\boldsymbol{\phi}_{ir}+\omega_{2n}\boldsymbol{J}\boldsymbol{\phi}_{mr}\\ &= R_1\boldsymbol{i}_{1r}+\boldsymbol{D}(s,\omega_{2n})\boldsymbol{\phi}_{ir}+\boldsymbol{e}_{mr}\end{aligned} \tag{1.36a}$$

$$\begin{bmatrix} v_d \\ v_q \end{bmatrix} = \begin{bmatrix} R_1+sL_d & -\omega_{2n}L_q \\ \omega_{2n}L_d & R_1+sL_q \end{bmatrix}\begin{bmatrix} i_d \\ i_q \end{bmatrix} + \begin{bmatrix} 0 \\ \omega_{2n}\Phi \end{bmatrix} \tag{1.36b}$$

$$\boldsymbol{\phi}_{1r} = \boldsymbol{\phi}_{ir}+\boldsymbol{\phi}_{mr} \tag{1.37}$$

$$\boldsymbol{\phi}_{ir} = \begin{bmatrix} L_d & 0 \\ 0 & L_q \end{bmatrix}\boldsymbol{i}_{1r} = \begin{bmatrix} L_d i_d \\ L_q i_q \end{bmatrix} \tag{1.38}$$

$$\boldsymbol{\phi}_{mr} = \begin{bmatrix} \Phi \\ 0 \end{bmatrix} \ ; \ \Phi = \text{const} \tag{1.39}$$

$$\boldsymbol{e}_{mr} = \omega_{2n}\boldsymbol{J}\boldsymbol{\phi}_{mr} = \begin{bmatrix} 0 \\ \omega_{2n}\Phi \end{bmatrix} \tag{1.40}$$

トルク発生式（第 2 基本式）

$$\tau = N_p\boldsymbol{i}_{1r}^T\boldsymbol{J}\boldsymbol{\phi}_{1r} = N_p(2L_m i_d+\Phi)i_q \tag{1.41a}$$

$$\tau = \tau_r + \tau_m = 2N_p L_m i_d i_q + N_p \Phi i_q \tag{1.41b}$$

エネルギー伝達式（第3基本式）

$$\begin{aligned} p_{ef} &= \boldsymbol{i}_{1r}^T \boldsymbol{v}_{1r} \\ &= R_1 \|\boldsymbol{i}_{1r}\|^2 + \frac{s}{2}(\boldsymbol{i}_{1r}^T \boldsymbol{\phi}_{ir}) + \omega_{2m}\tau \\ &= R_1(i_d^2 + i_q^2) + \frac{s}{2}(L_d i_d^2 + L_q i_q^2) + \omega_{2m}\tau \end{aligned} \tag{1.42}$$

■

上の数学モデルに用いた $\boldsymbol{D}(s, \omega_{2n})$ は，D 因子（D-matrix，D-module）とよばれる 2×2 行列であり，以下のように定義されている。

$$\boldsymbol{D}(s, \omega_{2n}) = s\boldsymbol{I} + \omega_{2n}\boldsymbol{J} = \begin{bmatrix} s & -\omega_{2n} \\ \omega_{2n} & s \end{bmatrix} \tag{1.43}$$

また，2×1 固定子電圧と固定子電流の d 軸，q 軸の各要素は，以下のように定義されている。

$$\boldsymbol{v}_{1r} = \begin{bmatrix} v_d \\ v_q \end{bmatrix}, \quad \boldsymbol{i}_{1r} = \begin{bmatrix} i_d \\ i_q \end{bmatrix} \tag{1.44}$$

1.3　$\gamma\delta$ 一般座標系上の数学モデルとベクトルシミュレータ

1.3.1　数学モデル

これまで，直交 2 軸からなる座標系として $\alpha\beta$ 固定座標系と dq 同期座標系を考え，これら座標系上で定義された 2×1 ベクトル信号を用い，PMSM の数学モデルを構築した。PMSM のセンサレスベクトル制御技術の構築には，一般に両座標系を特別な場合として包含する $\gamma\delta$ 一般座標系（general reference frame）上で定義された 2×1 ベクトル信号を用い PMSM の動特性を記述することが求められる。1.3.1 項では，$\gamma\delta$ 一般座標系上の数学モデルを構築する。

図 1.8 を考える。同図には，$\alpha\beta$ 固定座標系，dq 同期座標系に加えて，γ 軸と δ 軸の直交 2 軸からなる $\gamma\delta$ 一般座標系を描画している。δ 軸は γ 軸に対して $\pi/2$ rad 位相進みの関係にある。γ 軸は任意の瞬時速度 ω_γ で回転しており，γ 軸から評価した回転子位相すなわち回転子 N 極位相，回転子磁束位相は θ_γ である。$\gamma\delta$ 一般座標系は，座標系速度 ω_γ をゼロとし，回転子位相 θ_γ を $\theta_\gamma = \theta_\alpha$ とする場合には，$\alpha\beta$ 固定座標系と

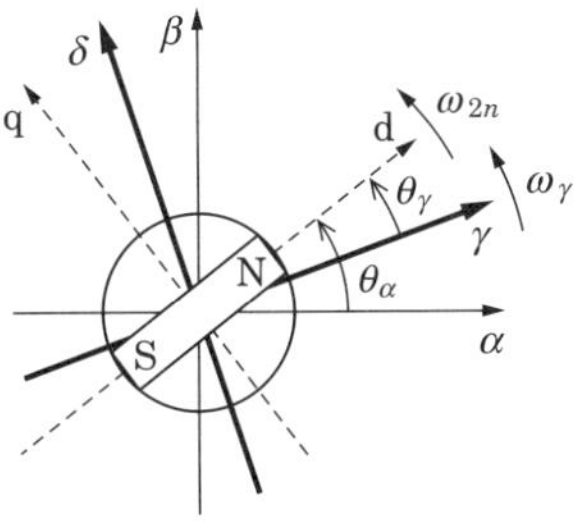

図 1.8　3 座標系と回転子位相

なる。一方，座標系速度 ω_γ を $\omega_\gamma=\omega_{2n}$ とし，回転子位相 θ_γ をゼロとする場合には，dq 同期座標系となる。

dq 同期座標系上の固定子電圧，固定子電流，固定子磁束，固定子反作用磁束，回転子磁束，誘起電圧と $\gamma\delta$ 一般座標系上のこれらとは，ベクトル回転器を用い，以下のように関係づけられる。

$$\boldsymbol{v}_{1r} = \boldsymbol{R}^T(\theta_\gamma)\boldsymbol{v}_1 \tag{1.45a}$$

$$\boldsymbol{i}_{1r} = \boldsymbol{R}^T(\theta_\gamma)\boldsymbol{i}_1 \tag{1.45b}$$

$$\boldsymbol{\phi}_{1r} = \boldsymbol{R}^T(\theta_\gamma)\boldsymbol{\phi}_1 \tag{1.45c}$$

$$\boldsymbol{\phi}_{ir} = \boldsymbol{R}^T(\theta_\gamma)\boldsymbol{\phi}_i \tag{1.45d}$$

$$\boldsymbol{\phi}_{mr} = \boldsymbol{R}^T(\theta_\gamma)\boldsymbol{\phi}_m \tag{1.45e}$$

$$\boldsymbol{e}_{mr} = \boldsymbol{R}^T(\theta_\gamma)\boldsymbol{e}_m \tag{1.45f}$$

式(1.45)右辺の信号は，$\gamma\delta$ 一般座標系上で定義された 2×1 ベクトル信号である。このとき，図 1.8 より位相 θ_γ と速度 $\omega_{2n}, \omega_\gamma$ とのあいだには次の関係が成立している。

$$s\theta_\gamma = \omega_{2n}-\omega_\gamma \tag{1.45g}$$

式(1.45)を式(1.36)～式(1.42)に用いると，$\gamma\delta$ 一般座標系上の動的数学モデルを以下のように得る[1),3)]。

◆ $\gamma\delta$ 一般座標系上の動的数学モデル[1),3)]

回路方程式（第 1 基本式）

$$\begin{aligned}\boldsymbol{v}_1 &= R_1\boldsymbol{i}_1+\boldsymbol{D}(s,\omega_\gamma)\boldsymbol{\phi}_1\\ &= R_1\boldsymbol{i}_1+\boldsymbol{D}(s,\omega_\gamma)\boldsymbol{\phi}_i+\boldsymbol{D}(s,\omega_\gamma)\boldsymbol{\phi}_m\\ &= R_1\boldsymbol{i}_1+\boldsymbol{D}(s,\omega_\gamma)\boldsymbol{\phi}_i+\omega_{2n}\boldsymbol{J}\boldsymbol{\phi}_m\\ &= R_1\boldsymbol{i}_1+\boldsymbol{D}(s,\omega_\gamma)\boldsymbol{\phi}_i+\boldsymbol{e}_m\end{aligned} \tag{1.46}$$

$$\boldsymbol{\phi}_1 = \boldsymbol{\phi}_i+\boldsymbol{\phi}_m \tag{1.47}$$

$$\boldsymbol{\phi}_i = [L_i\boldsymbol{I}+L_m\boldsymbol{Q}(\theta_\gamma)]\boldsymbol{i}_1 \tag{1.48}$$

$$\boldsymbol{\phi}_m = \Phi \boldsymbol{u}(\theta_\gamma)\ ;\ \Phi = \text{const} \tag{1.49}$$

$$\boldsymbol{e}_m = \omega_{2n} \boldsymbol{J} \boldsymbol{\phi}_m \tag{1.50}$$

トルク発生式（第2基本式）

$$\tau = N_p \boldsymbol{i}_1^T \boldsymbol{J} \boldsymbol{\phi}_1 = N_p \boldsymbol{i}_1^T \boldsymbol{J} [L_m \boldsymbol{Q}(\theta_\gamma) \boldsymbol{i}_1 + \boldsymbol{\phi}_m] \tag{1.51a}$$

$$\tau = \tau_r + \tau_m = N_p L_m \boldsymbol{i}_1^T \boldsymbol{J} \boldsymbol{Q}(\theta_\gamma) \boldsymbol{i}_1 + N_p \boldsymbol{i}_1^T \boldsymbol{J} \boldsymbol{\phi}_m \tag{1.51b}$$

エネルギー伝達式（第3基本式）

$$\begin{aligned} p_{ef} &= \boldsymbol{i}_1^T \boldsymbol{v}_1 \\ &= R_1 \|\boldsymbol{i}_1\|^2 + \frac{s}{2}(\boldsymbol{i}_1^T \boldsymbol{\phi}_i) + \omega_{2m} \tau \\ &= R_1 \|\boldsymbol{i}_1\|^2 + \frac{s}{2}(L_i \|\boldsymbol{i}_1\|^2 + L_m(\boldsymbol{i}_1^T \boldsymbol{Q}(\theta_\gamma) \boldsymbol{i}_1)) + \omega_{2m} \tau \end{aligned} \tag{1.52}$$

■

上の数学モデルは，$\alpha\beta$ 固定座標系の条件（$\omega_\gamma=0$，$\theta_\gamma=\theta_\alpha$）を付与する場合には，式(1. 24)～式(1. 30)に記述した $\alpha\beta$ 固定座標系上の数学モデルに帰着し，dq 同期座標系の条件（$\omega_\gamma=\omega_{2n}$，$\theta_\gamma=0$）を付与する場合には，式(1. 36)～式(1. 42)に記述した dq 同期座標系上の数学モデルに帰着する。

1.3.2　ベクトルシミュレータ

(1)　A 形ベクトルシミュレータ

$\gamma\delta$ 一般座標系上の数学モデルに基づくベクトルブロック線図（ベクトルシミュレータ）の構築には，逆 D 因子 $\boldsymbol{D}^{-1}(s, \omega_\gamma)$ の実現が求められる。この簡単な実現は，図 1.9 のように与えられる[1), 4), 5)]。

$\gamma\delta$ 一般座標系上の数学モデルを構成する回路方程式（第1基本式）とトルク発生式（第2基本式）の利用を考える。両基本式は，固定子磁束 $\boldsymbol{\phi}_1$ に着目するならば，図 1.10 のベクトルブロック線図（ベクトルシミュレータ）に展開することができる。な

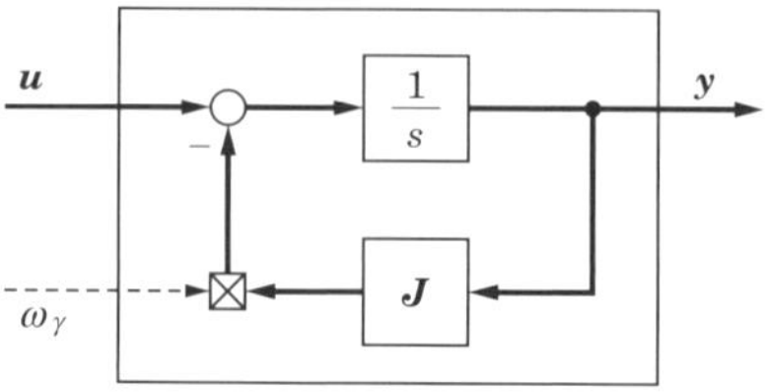

図 1.9　外部信号 ω_γ を用いた $\boldsymbol{D}^{-1}(s, \omega_\gamma)$ の実現例

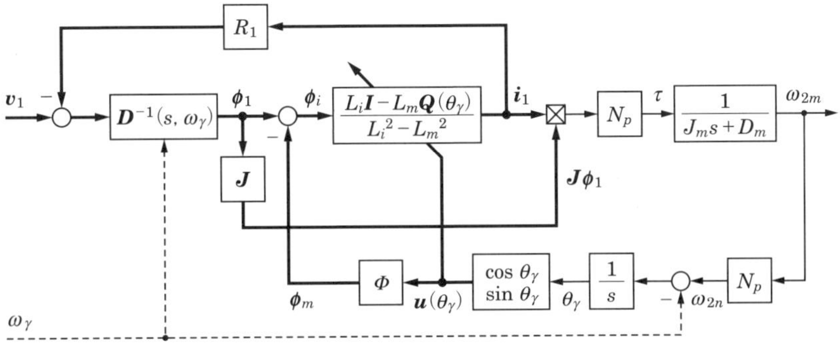

図 1.10　$\gamma\delta$ 一般座標系上の A 形ベクトルブロック線図

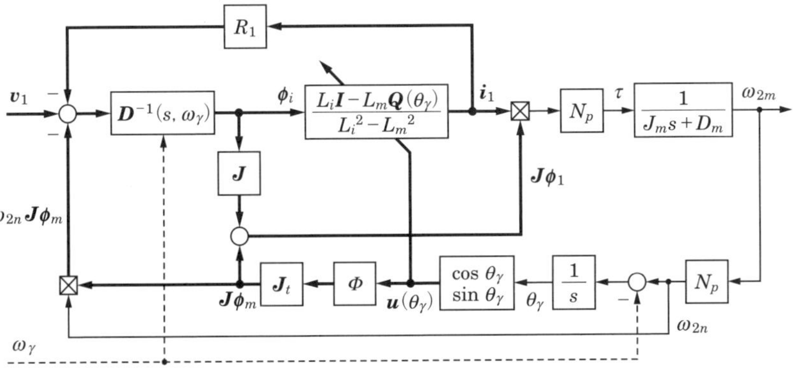

図 1.11　$\gamma\delta$ 一般座標系上の B 形ベクトルブロック線図

お，同図では機械系の動特性は式(1.18)の運動方程式で記述できるものとしている(ベクトルブロック線図の構築法に関しては文献 1）を参照)。

(2) B 形ベクトルシミュレータ

$\gamma\delta$ 一般座標系上の数学モデルを構成する回路方程式（第 1 基本式）とトルク発生式(第 2 基本式）の利用を考える。両基本式は，固定子反作用磁束 $\boldsymbol{\phi}_i$ に着目するならば，図 1.11 のベクトルブロック線図（ベクトルシミュレータ）に展開することができる。

第2章

非正弦誘起電圧を想定した数学モデルとベクトルシミュレータ

第1章では，理想化された条件下における動的数学モデルとこれに基づく動的シミュレータを説明した。第2章では，一定速度駆動時の誘起電圧を正弦的とした理想条件を撤去した，さらにはこれに付随した電流，磁束の高調波成分の存在を許容した非正弦誘起電圧数学モデルの構築を考える。併せて，これに基づく動的シミュレータの構築を考える。構築アプローチとしては，回転子磁束集約形と，固定子インダクタンス集約形の2アプローチが報告されているが，ここでは前者によるものを紹介する。

2.1 背景

近年，正弦誘起電圧を有するPMSMに代わって，正弦誘起電圧を有しないPMSM（以下，非正弦誘起電圧PMSMと略記）の利用期待が高まりつつある。この背景には，PMSMの固定子巻線に関し，分布巻から集中巻への変更要求がある。PMSMの固定子巻線を分布巻から集中巻へ変更する場合，同一回転子の利用を前提としても，誘起電圧形状は正弦形状から非正弦形状と変化する。集中巻線は，分布巻線に比較し，① 巻線の折返しがなく，軸方向のモータ軀体を小さくできる，② 巻線密度の向上が図れる，③ モータの単位体積あたりの軸出力を大きくできる，④ 巻線の機械化が容易である，⑤ モータ製造コストを低くできる，といった特長を有する。

非正弦誘起電圧PMSMの駆動制御性能の向上を目指した駆動制御技術の開発としては，たとえば文献1)～文献9）がある。いずれの例においても，非正弦誘起電圧を考慮した数学モデルの構築がそのベースとなっている。誘起電圧の非正弦性は，回転子磁束自体（すなわち，着磁自体）と固定子巻線との両者に起因する。しかしながら，非正弦誘起電圧PMSMの数学モデルの構築においては，モデル簡潔性確保という実際的観点から，① 回転子磁束に集約したかたちでこれに非正弦性をもたせる，② 固定子インダクタンスに集約したかたちでこれに非正弦性をもたせる，のいずれかのアプローチが採用されている。

文献1)～文献5)は，前者の回転子磁束アプローチを取った数学モデルを，文献6)～文献9)は，後者の固定子インダクタンスアプローチを取った数学モデルを提案している。しかしながら，これらすべての数学モデルが自己整合性を備えているわけでない。ある数学モデルは，3基本式の一部を欠き，あるいは互いに矛盾した基本式により構築されている。第2章では，非正弦誘起電圧PMSMのための3基本式からなる動的数学モデルとして，回転子磁束アプローチを取りつつ，自己整合性を備えたモデル（新中モデル）を紹介する。また，このモデルに立脚したベクトルシミュレータも紹介する。なお，紹介内容は文献1)，文献2)を参考にしたことを断っておく。

2.2 uvw 座標系上の数学モデル

2.2.1 数学モデルの構築

1.1～1.3節で説明した数学モデルは，前提①～⑥のもとで構築されたものであった。2.2.1項では，これら6前提のなかからとくに，一定速度駆動時の誘起電圧を正弦的とした前提③を撤去した，さらには，これに付随した電流，磁束の高調波成分の存在を許容した非正弦誘起電圧数学モデルの構築を考える。なお，以降では，式(1.1)～式(1.7)の数学モデルを理想化数学モデルと呼称する。

非正弦誘起電圧PMSMの数学モデルの構築においては，回転子磁束に集約したかたちでこれに非正弦性をもたせる回転子磁束アプローチを取る。この準備として，回転子位相θ_αを有する3×1ベクトル$\boldsymbol{u}_{tk}(\theta_\alpha)$を次のように定義する。

$$\boldsymbol{u}_{tk}(\theta_\alpha) = \left[\cos k\theta_\alpha \quad \cos k\left(\theta_\alpha - \frac{2\pi}{3}\right) \quad \cos k\left(\theta_\alpha + \frac{2\pi}{3}\right)\right]^T \tag{2.1}$$

$\boldsymbol{u}_{t1}(\theta_\alpha)$は，式(1.14)で定義した$\boldsymbol{u}_t(\theta_\alpha)$と同一である。

回転子磁束アプローチに従い，回転子磁束$\boldsymbol{\phi}_{mt}$を特定の奇数次の空間高調波成分のみを用い，以下のようにモデル化する。

$$\boldsymbol{\phi}_{mt} = \Phi_t\left[w_1 \boldsymbol{u}_{t1}(\theta_\alpha) + \frac{w_5}{5}\boldsymbol{u}_{t5}(\theta_\alpha) + \frac{w_7}{7}\boldsymbol{u}_{t7}(\theta_\alpha) + \frac{w_{11}}{11}\boldsymbol{u}_{t11}(\theta_\alpha)\right] \tag{2.2}$$

ここに，$w_k(w_1=1)$は正負値を取りえる一定係数，すなわちΦ_tと同様のモータパラメータである。

空間高調波成分を含む回転子磁束に関しては，形状の半波対称性が維持される場合には，「2」の整数倍にあたる偶数波成分は存在しない[10]。すなわち，整数 n に対し，$k=2n$ 次の空間高調波成分は存在しない。また，「ゼロ相成分は存在しない」との仮定のもとでは，「3」の整数倍にあたる空間高調波成分は，存在しない。すなわち，$k=3n$ 次の成分は存在しない。この結果，これら仮定のもとでは，$k=6n\pm1$ の奇数次空間高調波成分のみが発生することになる。

非正弦誘起電圧 PMSM の諸信号を dq 同期座標系上で評価するとき，多くの場合，支配的空間高調波成分は第6次あるいは第12次成分であることが，実験的に知られている[4)~8)]。一般に，uvw 座標系上における $(6n\pm1)$ 次空間高調波成分は，dq 同期座標系上では，周波数変移 $(6n\pm1)\mp1=6n$ が起こり，ともに $6n$ 次空間高調波成分となる。式(2.2)の回転子磁束モデルは，上記の理論的および実験的検討をふまえ，用意したものである（2.4節参照）。

式(2.2)の回転子磁束には11次までの空間高調波成分を含ませているが，対称性とゼロ相成分の非存在性との仮定により，この回転子磁束は基本波成分とわずか3個の空間高調波成分とで構成されている。後に示すような実用的なシミュレータを構築するには，空間高調波成分は低次数に抑える必要がある。

誘起電圧は，回転子磁束の微分値として表現することができる。したがって，式(2.2)の回転子磁束に対応した誘起電圧 $\boldsymbol{e}_{mt}$ は，式(1.10)，式(2.1)を考慮すると，次式となる。

$$\begin{aligned}\boldsymbol{e}_{mt} &= s\boldsymbol{\phi}_{mt}\\ &= \omega_{2n}\Phi_t\boldsymbol{J}_t[w_1\boldsymbol{u}_{t1}(\theta_\alpha)-w_5\boldsymbol{u}_{t5}(\theta_\alpha)+w_7\boldsymbol{u}_{t7}(\theta_\alpha)-w_{11}\boldsymbol{u}_{t11}(\theta_\alpha)]\end{aligned} \tag{2.3}$$

上式第2式においては微分記号が消滅し，これに代わって3×3交代行列 $\boldsymbol{J}_t$ が利用されている。また，回転子磁束の k 次空間高調波成分に付した係数 $1/k$ が消滅し，さらには第5，第11次空間高調波成分の極性が反転している。一般に，正相成分を意味する $(6n+1)$ 次空間高調波成分では極性反転は起こらず，逆相成分を意味する $(6n-1)$ 次空間高調波成分で極性反転が起きる（2.4節参照）。

3×1ベクトルとしての極性電圧 $\boldsymbol{e}_{mt}$ の第1，2，3要素は，おのおのY形結線における中性点を基準にしたu，v，w相成分に対応している。この点を考慮のうえ，誘起電圧 $\boldsymbol{e}_{mt}$ を線間で評価した信号 $\boldsymbol{e}_{lt}$（以下，線間誘起電圧と呼称）を以下のように定義する。

$$\boldsymbol{e}_{lt}=\begin{bmatrix}e_{uv}\\ e_{vw}\\ e_{wu}\end{bmatrix}=\begin{bmatrix}1 & -1 & 0\\ 0 & 1 & -1\\ -1 & 0 & 1\end{bmatrix}\boldsymbol{e}_{mt} \tag{2.4}$$

回転子磁束 $\boldsymbol{\phi}_{mt}$，誘起電圧 $\boldsymbol{e}_{mt}$，線間誘起電圧 $\boldsymbol{e}_{lt}$ の形状は，パラメータ w_k（$w_1=1$）を通じ，種々調整することができる。この具体例は，次の 2.2.2 項で数値例を通じ示す。

非正弦誘起電圧 PMSM のトルクは，正弦誘起電圧 PMSM と同様にリラクタンストルクとマグネットトルクの和として表現される。リラクタンストルクとマグネットトルクは，トルク発生の原理が異なる。この結果，トルク発生式の導出も一般には異なる。リラクタンストルク τ_r は，固定子インダクタンスに蓄積された磁気エネルギーの空間的非一様性に起因するものであり，固定子インダクタンスの空間高調波分を無視できる場合には，このトルク発生式は式(1.6b)右辺第 1 項で与えられる。

マグネットトルク τ_m の発生は，リラクタンストルクと異なり，「フレミングの左手則」に従っている。左手則と双対の関係にある「フレミングの右手則」は，誘起電圧の発生原理を示すものであり，マグネットトルクと誘起電圧は，物理的に一体不可分の関係にある。この関係に従い，マグネットトルクの発生式を固定子電流と誘起電圧との内積を機械速度で除することにより導出できる。式(2.2)の回転子磁束 $\boldsymbol{\phi}_{mt}$ による発生トルクは，式(1.10)，式(2.3)より，次のように導き出される。

$$
\begin{aligned}
\tau_m &= \frac{\boldsymbol{i}_{1t}^T \boldsymbol{e}_{mt}}{\omega_{2m}} \\
&= N_p \Phi_t \boldsymbol{i}_{1t}^T \boldsymbol{J}_t [w_1 \boldsymbol{u}_{t1}(\theta_\alpha) - w_5 \boldsymbol{u}_{t5}(\theta_\alpha) + w_7 \boldsymbol{u}_{t7}(\theta_\alpha) - w_{11} \boldsymbol{u}_{t11}(\theta_\alpha)]
\end{aligned}
\tag{2.5}
$$

誘起電圧 $\boldsymbol{e}_{mt}$ は，式(2.3)が示しているように回転子速度を積のかたちで有しており，ゼロ速度でゼロとなる。ゼロ速度では，式(2.5)第 1 式による直接的遂行は，ゼロ/ゼロの演算を必要とし，この遂行は不可能である。しかしながら，式(2.5)第 2 式は速度情報をいっさい含んでおらず，ゼロ速度から利用可能である。PMSM はゼロ速度からトルク発生が可能であり，動的シミュレータの構築には，ゼロ速度から利用可能な数学モデルが必要である。

式(2.5)第 2 式に明示しているようにマグネットトルクにおいては，回転子磁束基本波成分に起因するトルクに関しては，回転子磁束基本波成分に比し係数変化と極性反転はないが，回転子磁束空間高調波成分に起因するトルクに関しては，係数変化と極性反転が発生する。

式(1.1)～式(1.7)の数学モデルにおける正弦誘起電圧特性を，式(2.2)，式(2.3)，式(2.5)で表現された非正弦誘起電圧特性で置換することにより，uvw 座標系上における非正弦誘起電圧 PMSM の動的数学モデルとして，次の新中モデルを新規に得る。

◆ 非正弦誘起電圧 PMSM の uvw 座標系上の動的数学モデル

回路方程式（第１基本式）

$$\begin{aligned}\boldsymbol{v}_{1t} &= R_1 \boldsymbol{i}_{1t} + s\boldsymbol{\phi}_{1t} \\ &= R_1 \boldsymbol{i}_{1t} + s\boldsymbol{\phi}_{it} + s\boldsymbol{\phi}_{mt} \\ &= R_1 \boldsymbol{i}_{1t} + s\boldsymbol{\phi}_{it} + \boldsymbol{e}_{mt} \end{aligned} \tag{2.6}$$

$$\boldsymbol{\phi}_{1t} = \boldsymbol{\phi}_{it} + \boldsymbol{\phi}_{mt} \tag{2.7}$$

$$\boldsymbol{\phi}_{it} = [L_i \boldsymbol{I} + L_m \boldsymbol{Q}_t(\theta_\alpha)]\boldsymbol{i}_{1t} \tag{2.8}$$

$$\boldsymbol{\phi}_{mt} = \Phi_t\left[w_1 \boldsymbol{u}_{t1}(\theta_\alpha) + \frac{w_5}{5}\boldsymbol{u}_{t5}(\theta_\alpha) + \frac{w_7}{7}\boldsymbol{u}_{t7}(\theta_\alpha) + \frac{w_{11}}{11}\boldsymbol{u}_{t11}(\theta_\alpha)\right] \tag{2.9}$$

$$\boldsymbol{e}_{mt} = \omega_{2n}\Phi_t \boldsymbol{J}_t[w_1 \boldsymbol{u}_{t1}(\theta_\alpha) - w_5 \boldsymbol{u}_{t5}(\theta_\alpha) + w_7 \boldsymbol{u}_{t7}(\theta_\alpha) - w_{11}\boldsymbol{u}_{t11}(\theta_\alpha)] \tag{2.10}$$

トルク発生式（第２基本式）

$$\begin{aligned}\tau &= \tau_r + \tau_m \\ &= N_p L_m \boldsymbol{i}_{1t}^T \boldsymbol{J}_t \boldsymbol{Q}_t(\theta_\alpha)\boldsymbol{i}_{1t} \\ &\quad + N_p \Phi_t \boldsymbol{i}_{1t}^T \boldsymbol{J}_t[w_1 \boldsymbol{u}_{t1}(\theta_\alpha) - w_5 \boldsymbol{u}_{t5}(\theta_\alpha) + w_7 \boldsymbol{u}_{t7}(\theta_\alpha) - w_{11}\boldsymbol{u}_{t11}(\theta_\alpha)]\end{aligned} \tag{2.11}$$

エネルギー伝達式（第３基本式）

$$\begin{aligned}p_{ef} &= \boldsymbol{i}_{1t}^T \boldsymbol{v}_{1t} \\ &= R_1\|\boldsymbol{i}_{1t}\|^2 + \frac{s}{2}(\boldsymbol{i}_{1t}^T \boldsymbol{\phi}_{it}) + \omega_{2m}\tau \\ &= R_1\|\boldsymbol{i}_{1t}\|^2 + \frac{s}{2}(L_i\|\boldsymbol{i}_{1t}\|^2 + L_m(\boldsymbol{i}_{1t}^T \boldsymbol{Q}_t(\theta_\alpha)\boldsymbol{i}_{1t})) + \omega_{2m}\tau\end{aligned} \tag{2.12}$$

■

式(2.6)～式(2.12)の数学モデルにおいては，回路方程式（第１基本式），トルク発生式（第２基本式），エネルギー伝達式（第３基本式）の３基本式においては，物理的に不明な因子はいっさい含まれていない。３基本式は自己整合性を確立し，ひいては数学モデル式（2.6)～式(2.12)は自己整合性を備えている。なお，この数学モデルにおいては，非正弦誘起電圧特性は式(2.9)～式(2.11)の３式に組み込まれている。

2.2.2　回転子磁束の近似表現力

式(2.6)～式(2.12)の数学モデルにおいては，非正弦誘起電圧の起因たる回転子磁束は式(2.9)で近似表現されるもの，すなわち５次，７次，11 次の３空間高調波成分で近似表現できるものとした。ここでは，式(2.9)による近似表現の妥当性を，数値例を用いて示す。非正弦形状としてはこの代表である台形形状を考え，回転子磁束，誘起電圧，線間誘起電圧のいずれの段階でも近似的に台形形状を得ることができることを示す。なお，以下の例示では簡単のため，基本波成分の磁束強度 Φ_t は $\Phi_t=1$ とし，電気速度 ω_{2n} は $\omega_{2n}=1$〔rad/s〕とする。

(1) 回転子磁束の近似台形表現

回転子磁束 $\boldsymbol{\phi}_{mt}$ 自体の台形形状を近似表現するためのパラメータ w_k（$w_1=1$）のひとつとして，次のものを考える。

$$[w_1 \quad w_5 \quad w_7 \quad w_{11}] = [1 \quad -0.17 \quad -0.08 \quad 0.02] \tag{2.13}$$

式(2.13)のパラメータを採用した場合の回転子磁束 $\boldsymbol{\phi}_{mt}$，誘起電圧 $\boldsymbol{e}_{mt}$，および線間誘起電圧 $\boldsymbol{e}_{lt}$ を図2.1 (a)，(b)，(c) におのおの示した。各図では，3×1 ベクトルの各

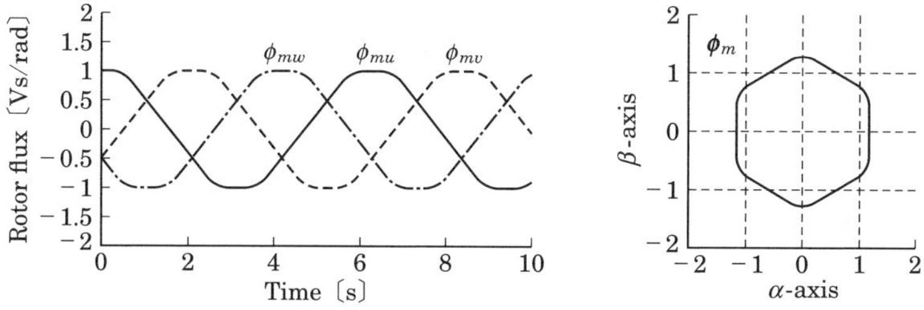

（a） 回転子磁束

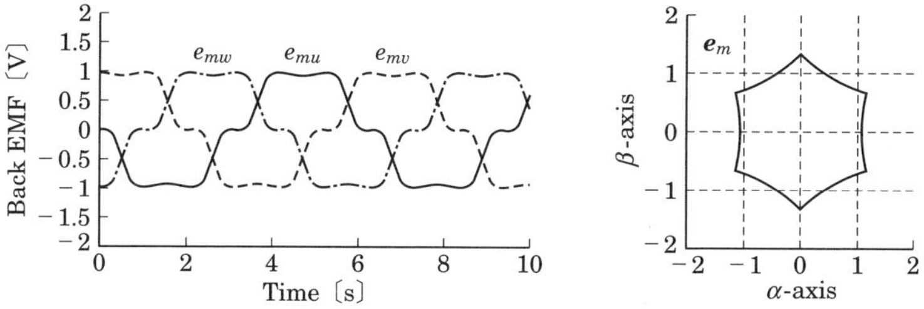

（b） 誘起電圧

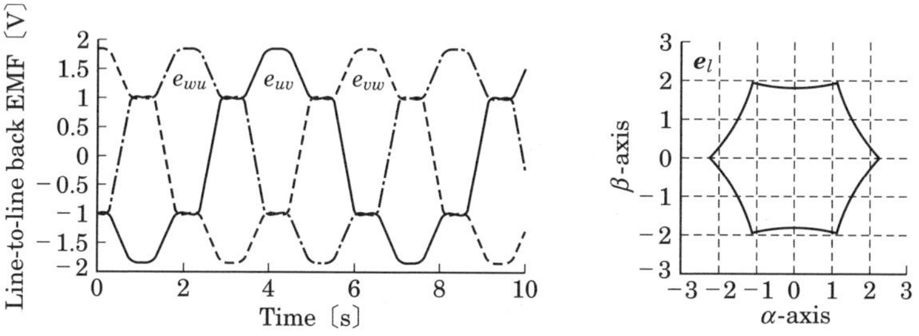

（c） 線間誘起電圧

図2.1　式(2.13)を用いた場合の形状

要素を時間軸に対して示すとともに，3×1ベクトルを式(1.20)の3/2相変換器 $\boldsymbol{S}^T$ を利用して2次元空間ベクトルに変換し，その軌跡を示した。なお，2次元空間ベクトル（すなわち二相信号）としての回転子磁束，誘起電圧，線間誘起電圧は，三相を意味する脚符 t を撤去し，おのおの $\boldsymbol{\phi}_m$，$\boldsymbol{e}_m$，$\boldsymbol{e}_l$ として表示した。

図2.1（a）が明示しているように，目標とした回転子磁束に関しては台形形状がおおむね実現されている。回転子磁束，誘起電圧，線間誘起電圧のすべての三相信号において，ゼロ相成分は存在しない。各三相信号に対応した空間ベクトルの軌跡は，時間軸に対する形状の相違にもかかわらず，いずれもおおむね六角形状を示している。

(2) 誘起電圧の近似台形表現

誘起電圧 $\boldsymbol{e}_{mt}$ の台形形状を近似表現するためのパラメータ w_k（$w_1=1$）のひとつとして，次のものを考える。

$$[\,w_1 \quad w_5 \quad w_7 \quad w_{11}\,] = [\,1 \quad -0.03 \quad 0.02 \quad -0.01\,] \tag{2.14}$$

式(2.14)のパラメータを採用した場合の回転子磁束 $\boldsymbol{\phi}_{mt}$，誘起電圧 $\boldsymbol{e}_{mt}$，および線間誘起電圧 $\boldsymbol{e}_{lt}$ を図2.2（a），（b），（c）に示した。同図における波形の意味は，図2.1と同一である。

図2.2（b）が示しているように，目標とした誘起電圧に関してはおおむね台形形状が実現されている。回転子磁束，誘起電圧，線間誘起電圧のすべての三相信号においてゼロ相成分が含まれていない点を確認されたい。

これら三相信号に対応した空間ベクトルの軌跡に関しては，誘起電圧と線間誘起電圧は，時間軸に対する形状の相違にもかかわらず，類似性の高い六角形状を示している。この点は，図2.1（b），（c）と同様である。一方，回転子磁束に関してはおおむね円形状を示している。

(3) 線間誘起電圧の近似台形表現

線間誘起電圧 $\boldsymbol{e}_{lt}$ の台形形状を近似表現することを考える。このためのパラメータ $w_k(w_1=1)$ のひとつとして，次のものを考える。

$$[w_1 \quad w_5 \quad w_7 \quad w_{11}] = [1 \quad 0.05 \quad -0.01 \quad -0.01] \tag{2.15}$$

式(2.15)のパラメータを採用した場合の回転子磁束 $\boldsymbol{\phi}_{mt}$，誘起電圧 $\boldsymbol{e}_{mt}$，および線間誘起電圧 $\boldsymbol{e}_{lt}$ を図2.3（a），（b），（c）に示した。同図における波形の意味は，図2.1，図2.2と同一である。

図2.3（c）が示しているように，目標とした線間誘起電圧に関してはおおむね台形形状が実現されている。回転子磁束，誘起電圧，線間誘起電圧のすべての三相信号において，ゼロ相成分は含まれていない。

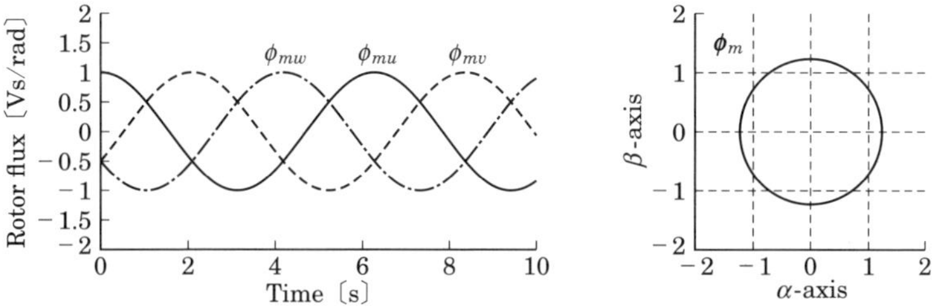

（a）　回転子磁束

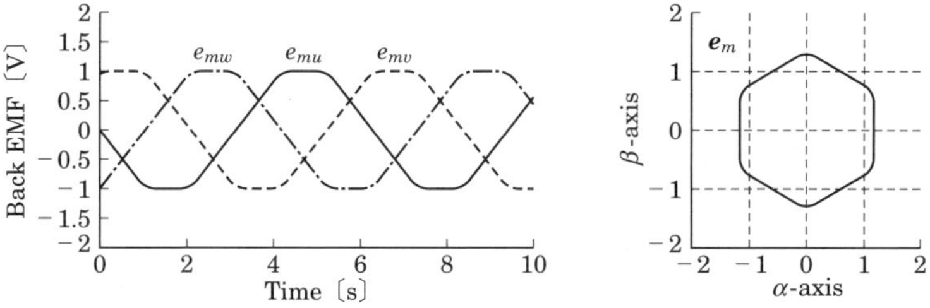

（b）　誘起電圧

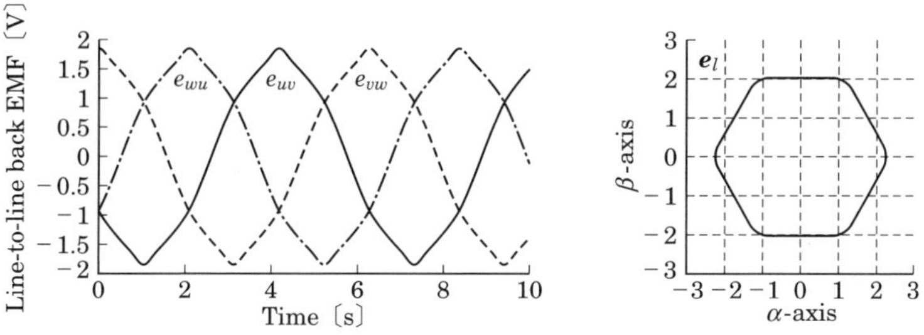

（c）　線間誘起電圧

図 2.2　式(2.14)を用いた場合の形状

これら三相信号に対応した空間ベクトルの軌跡に関しては，誘起電圧と線間誘起電圧は，時間軸に対する形状の相違にもかかわらず，類似性の高い六角形状を示している。ただし，六角軌跡におけるコーナー位相は，図 2.1，図 2.2 の（b），（c）の六角軌跡に対し，$\pi/6$〔rad〕変位している。一方，回転子磁束に関してはおおむね円形状を示している。この点は，図 2.2（a）の場合と同様である。

2.2.3　実機データとの比較例

線間誘起電圧の実測値は，供試モータから容易に得ることができる。2.2.3 項では，

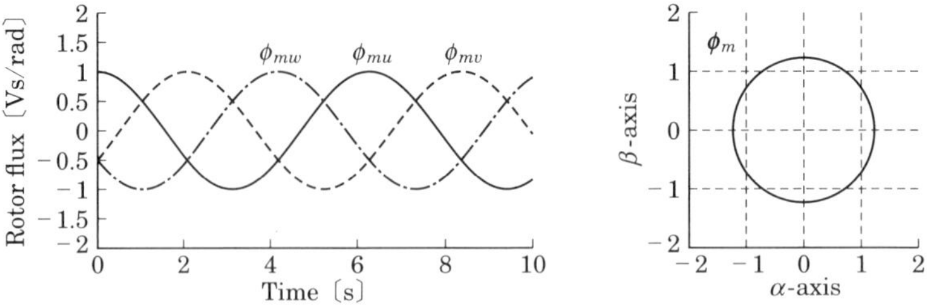

（a）　回転子磁束

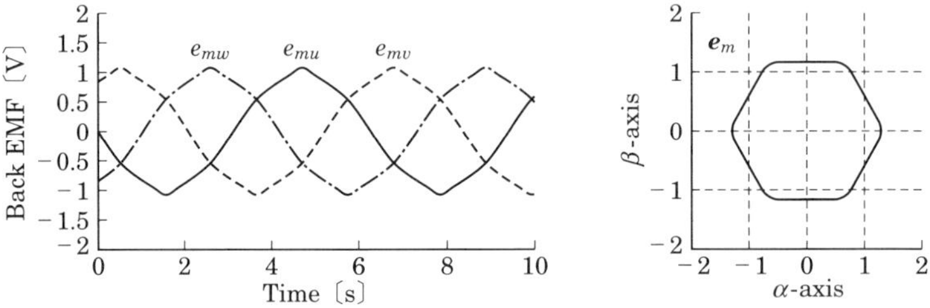

（b）　誘起電圧

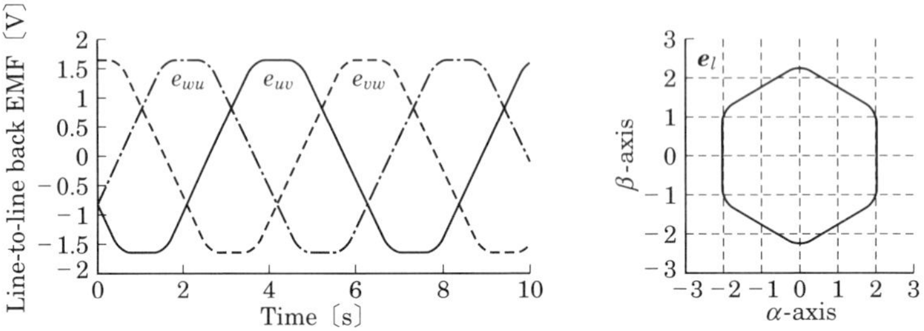

（c）　線間誘起電圧

図 2.3　式(2.15)を用いた場合の形状

文献 11), 12) に提示された線間誘起電圧の実測値を紹介する。これら実測値は，提案モデルによるモデル波形が実際的であることを裏づけている。

(1)　例 1

文献 11) には，4 極・2 極対数の PMSM の誘起電圧，線間誘起電圧の実測波形が提示されている。これを図 2.4 に再掲した。この実測波形は，2 極対数 PMSM のため正確な周期性は 1 周期でなく 2 周期で維持されているが，図 2.3 のモデル波形と高い類似性を示している。

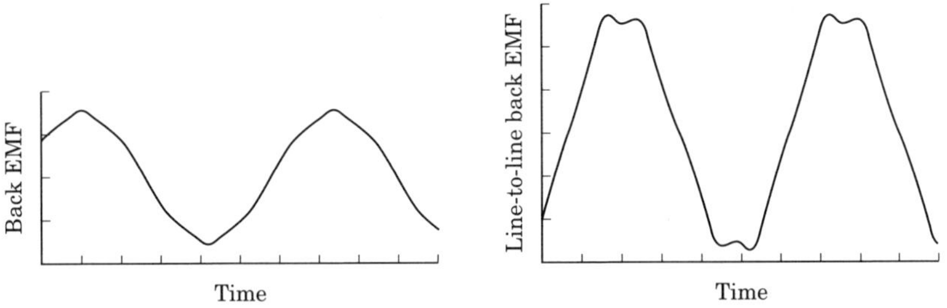

図 2.4　文献 11）提示の誘起電圧と線間誘起電圧

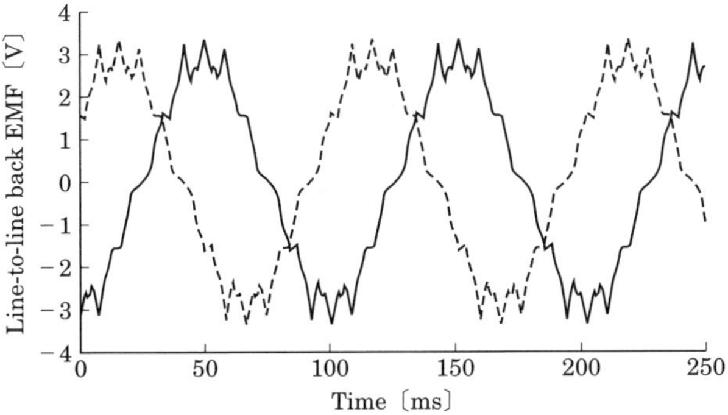

図 2.5　文献 12）提示の線間誘起電圧

(2)　例 2

文献 12）には，電気スクータ用に開発された 4 極・2 極対数 PMSM の線間誘起電圧の実測波形が提示されている。これを図 2.5 に再掲した。この波形は，速度 62.8 rad/s のものであるが，多数の空間高調波成分を含んでいることを示している。この実測波形は，概略的には図 2.2，図 2.3 のモデル波形の中間的な波形を示している。

2.3　uvw 座標系上のベクトルシミュレータ

図 2.1〜図 2.3 に例示したように，空間高調波成分を含む三相信号である回転子磁束，誘起電圧，線間誘起電圧を時間軸に対して表示する場合には，正確に $2\pi/3$ rad の位相差をもつ同形信号としての表示が可能である。一方，これらの信号を，式(1.20)の 3/2 相変換器 $\boldsymbol{S}^T$ を利用して二相信号に変換し時間軸に対して表示する場合には，適当な位相差をもつ同形信号としての表示はできない。非正弦誘起電圧

PMSM のための動的ベクトルシミュレータの構築には，空間高調波成分を含む三相信号を 2π/3 rad の位相差をもつ同形信号として扱える三相数学モデルが適している。

この点を考慮のうえ，非正弦誘起電圧 PMSM のための動的ベクトルシミュレータとして，uvw 相信号を要素にもつ 3×1 ベクトル信号を用いたベクトルブロック線図の構築を考える。本ベクトルブロック線図の構築手順は，1.1.2 項で紹介した正弦誘起電圧 PMSM のためのベクトルブロック線図の場合と同様であるが，誘起電圧の非正弦性を考慮する場合，多少の構造変更が必要となる。以下に，A 形，B 形の 2 例を提示する。

2.3.1　A 形ベクトルシミュレータ

電気系　ベクトルブロック線図の構築に必要な電気系は，式(2.6)～式(2.10)の回路方程式（第 1 基本式）に集約されている。この電気系は，固定子磁束 $\boldsymbol{\phi}_{1t}$ に着目するならば，次式のように再構成することができる。

$$s\boldsymbol{\phi}_{1t}=\boldsymbol{v}_{1t}-R_1\boldsymbol{i}_{1t} \tag{2.16}$$

$$\boldsymbol{\phi}_{it}=\boldsymbol{\phi}_{1t}-\boldsymbol{\phi}_{mt} \tag{2.17}$$

$$\boldsymbol{i}_{1t}=\frac{L_i\boldsymbol{I}-L_m\boldsymbol{Q}_t(\theta_\alpha)}{L_i^2-L_m^2}\boldsymbol{\phi}_{it} \tag{2.18}$$

$$\boldsymbol{\phi}_{mt}=\Phi_t\left[w_1\boldsymbol{u}_{t1}+\frac{w_5}{5}\boldsymbol{u}_{t5}+\frac{w_7}{7}\boldsymbol{u}_{t7}+\frac{w_{11}}{11}\boldsymbol{u}_{t11}\right] \tag{2.19}$$

トルク発生系　式(2.11)のトルク発生式は式(2.8)を用い，次式のように改めることができる。

$$\begin{aligned}\tau&=N_p\boldsymbol{i}_{1t}^T\boldsymbol{J}_t[L_m\boldsymbol{Q}_t(\theta_\alpha)\boldsymbol{i}_{1t}+\Phi_t[w_1\boldsymbol{u}_{t1}-w_5\boldsymbol{u}_{t5}+w_7\boldsymbol{u}_{t7}-w_{11}\boldsymbol{u}_{t11}]]\\&=N_p\boldsymbol{i}_{1t}^T\boldsymbol{J}_t[\boldsymbol{\phi}_{it}-L_i\boldsymbol{i}_{1t}+\Phi_t[w_1\boldsymbol{u}_{t1}-w_5\boldsymbol{u}_{t5}+w_7\boldsymbol{u}_{t7}-w_{11}\boldsymbol{u}_{t11}]]\\&=N_p\boldsymbol{i}_{1t}^T\boldsymbol{J}_t[\boldsymbol{\phi}_{it}+\Phi_t[w_1\boldsymbol{u}_{t1}-w_5\boldsymbol{u}_{t5}+w_7\boldsymbol{u}_{t7}-w_{11}\boldsymbol{u}_{t11}]]\end{aligned} \tag{2.20}$$

機械負荷系　機械負荷系は，簡単のため式(1.18)で表現されるものとする。

式(2.16)～式(2.19)を用いて電気系を，式(2.20)を用いてトルク発生系を，式(1.18)を用いて機械負荷系を構成するならば，図 2.6 に示した A 形ベクトルブロック線図（すなわち，A 形ベクトルシミュレータ）を構築することができる。

2.3.2　B 形ベクトルシミュレータ

電気系は，固定子反作用磁束 $\boldsymbol{\phi}_{it}$ に着目し，式(2.10)に与えた誘起電圧を考慮するな

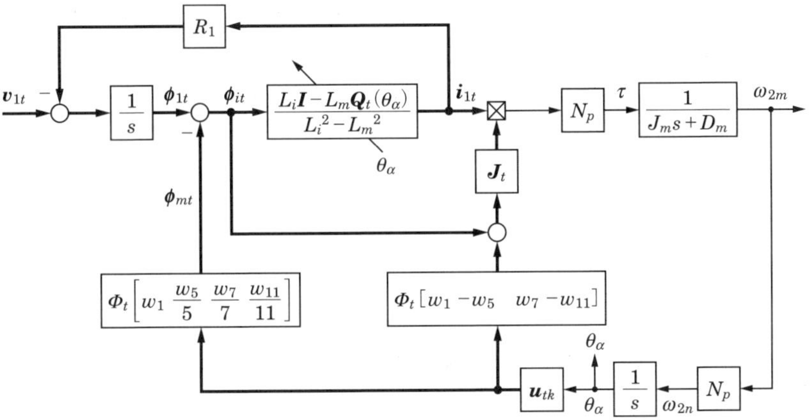

図 2.6　非正弦誘起電圧 PMSM の uvw 座標系上の A 形ベクトルブロック線図

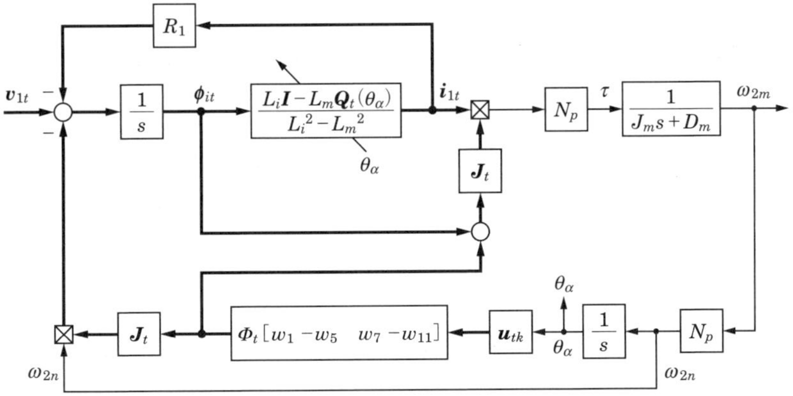

図 2.7　非正弦誘起電圧 PMSM の uvw 座標系上の B 形ベクトルブロック線図

らば，次のように再構成することができる。

電気系

$$s\boldsymbol{\phi}_{it} = \boldsymbol{v}_{1t} - R_1\boldsymbol{i}_{1t} - \boldsymbol{e}_{mt} \tag{2.21}$$

$$\boldsymbol{i}_{1t} = \frac{L_i\boldsymbol{I} - L_m\boldsymbol{Q}_t(\theta_\alpha)}{L_i^2 - L_m^2}\boldsymbol{\phi}_{it} \tag{2.22}$$

$$\boldsymbol{e}_{mt} = \omega_{2n}\boldsymbol{\Phi}_t\boldsymbol{J}_t[w_1\boldsymbol{u}_{t1} - w_5\boldsymbol{u}_{t5} + w_7\boldsymbol{u}_{t7} - w_{11}\boldsymbol{u}_{t11}] \tag{2.23}$$

トルク発生系，機械負荷系を A 形ベクトルブロック線図と同一としたうえで，電気系のみを式(2.16)～式(2.19)に代わって式(2.21)～式(2.23)に従って構成するならば，

図 2.7 の B 形ベクトルブロック線図，すなわち B 形ベクトルシミュレータを得ることができる。

以上提示した非正弦誘起電圧 PMSM のための A 形，B 形ベクトルシミュレータは，回転子磁束の空間高調波成分をゼロとする場合には，すなわちパラメータを $w_1=1$, $w_k=0$；$k>1$ と選定する場合には，正弦誘起電圧 PMSM のための A 形，B 形ベクトルシミュレータとなる。ただし，図 1.4，図 1.5 のベクトルシミュレータと若干の構造的違いが残る。

2.4　$\gamma\delta$ 一般座標系上の数学モデル

自己整合性を有する式(2.6)～式(2.12)の三相数学モデルを，二相数学モデルに変換する。二相数学モデルは，$\alpha\beta$ 固定座標系，dq 同期座標系，$\gamma\delta$ 準同期座標系などを特別の場合として包含する $\gamma\delta$ 一般座標系上のものとする。

図 1.8 を考える。まず，α 軸，γ 軸から評価した回転子位相 $\theta_\alpha, \theta_\gamma$ を用いて構成した次の 2×3 変換行列を考える。

$$\boldsymbol{R}^T(\theta_\alpha-\theta_\gamma)\boldsymbol{S}^T=\sqrt{\frac{2}{3}}\begin{bmatrix}\cos(\theta_\alpha-\theta_\gamma) & -\sin(\theta_\alpha-\theta_\gamma)\\ \cos\left(\theta_\alpha-\theta_\gamma-\dfrac{2\pi}{3}\right) & -\sin\left(\theta_\alpha-\theta_\gamma-\dfrac{2\pi}{3}\right)\\ \cos\left(\theta_\alpha-\theta_\gamma+\dfrac{2\pi}{3}\right) & -\sin\left(\theta_\alpha-\theta_\gamma+\dfrac{2\pi}{3}\right)\end{bmatrix}^T \tag{2.24}$$

次に，式(1.8)の三相信号に上記変換行列を作用させ，$\gamma\delta$ 一般座標系上の二相信号を得る。たとえば，三相固定子電圧 $\boldsymbol{v}_{1t}$ に変換行列を作用させ，次のように $\gamma\delta$ 一般座標系上の二相固定子電圧 $\boldsymbol{v}_1$ を得る。

$$\boldsymbol{v}_1=\boldsymbol{R}^T(\theta_\alpha-\theta_\gamma)\boldsymbol{S}^T\boldsymbol{v}_{1t} \tag{2.25}$$

式(2.6)～式(2.12)の三相新中モデル（回路方程式，トルク発生式，エネルギー伝達式）に式(2.24)の 2×3 変換行列を作用させると，次の二相新中モデルを得る。

◆ 非正弦誘起電圧 PMSM の $\gamma\delta$ 一般座標系上の動的数学モデル

回路方程式（第 1 基本式）

$$\begin{aligned}\boldsymbol{v}_1&=R_1\boldsymbol{i}_1+\boldsymbol{D}(s,\omega_\gamma)\boldsymbol{\phi}_1\\&=R_1\boldsymbol{i}_1+\boldsymbol{D}(s,\omega_\gamma)\boldsymbol{\phi}_i+\boldsymbol{D}(s,\omega_\gamma)\boldsymbol{\phi}_m\\&=R_1\boldsymbol{i}_1+\boldsymbol{D}(s,\omega_\gamma)\boldsymbol{\phi}_i+\boldsymbol{e}_m\end{aligned} \tag{2.26}$$

$$\boldsymbol{\phi}_1=\boldsymbol{\phi}_i+\boldsymbol{\phi}_m \tag{2.27}$$

$$\boldsymbol{\phi}_i = [L_i \boldsymbol{I} + L_m \boldsymbol{Q}(\theta_\gamma)] \boldsymbol{i}_1 \tag{2.28}$$

$$\boldsymbol{\phi}_m = \Phi \left[w_1 \boldsymbol{u}_{p1}(\theta_\gamma) + \frac{w_5}{5} \boldsymbol{u}_{n5}(\theta_\gamma) + \frac{w_7}{7} \boldsymbol{u}_{p7}(\theta_\gamma) + \frac{w_{11}}{11} \boldsymbol{u}_{n11}(\theta_\gamma) \right] \tag{2.29}$$

$$\boldsymbol{e}_m = \omega_{2n} \Phi \boldsymbol{J} [w_1 \boldsymbol{u}_{p1}(\theta_\gamma) - w_5 \boldsymbol{u}_{n5}(\theta_\gamma) + w_7 \boldsymbol{u}_{p7}(\theta_\gamma) - w_{11} \boldsymbol{u}_{n11}(\theta_\gamma)] \tag{2.30}$$

トルク発生式（第 2 基本式）

$$\begin{aligned} \tau &= \tau_r + \tau_m \\ &= N_p L_m \boldsymbol{i}_1^T \boldsymbol{J} \boldsymbol{Q}(\theta_\gamma) \boldsymbol{i}_1 \\ &\quad + N_p \Phi\, \boldsymbol{i}_1^T \boldsymbol{J} \, [w_1 \boldsymbol{u}_{p1}(\theta_\gamma) - w_5 \boldsymbol{u}_{n5}(\theta_\gamma) + w_7 \boldsymbol{u}_{p7}(\theta_\gamma) - w_{11} \boldsymbol{u}_{n11}(\theta_\gamma)] \end{aligned} \tag{2.31}$$

エネルギー伝達式（第 3 基本式）

$$\begin{aligned} p_{ef} &= \boldsymbol{i}_1^T \boldsymbol{v}_1 \\ &= R_1 \|\boldsymbol{i}_1\|^2 + \frac{s}{2} (\boldsymbol{i}_1^T \boldsymbol{\phi}_i) + \omega_{2m} \tau \\ &= R_1 \|\boldsymbol{i}_1\|^2 + \frac{s}{2} (L_i \|\boldsymbol{i}_1\|^2 + L_m (\boldsymbol{i}_1^T \boldsymbol{Q}(\theta_\gamma) \boldsymbol{i}_1)) + \omega_{2m} \tau \end{aligned} \tag{2.32}$$

■

式(2.26)～式(2.32)の二相数学モデルにおける ω_γ は，γδ 一般座標系の速度である（図 1.8 参照）。また，$\boldsymbol{u}_{pk}(\theta_\gamma)$，$\boldsymbol{u}_{nk}(\theta_\gamma)$ は，おのおの次のように定義された 2×1 単位正相ベクトル，2×1 単位逆相ベクトルである。

$$\boldsymbol{u}_{pk}(\theta_\gamma) = \begin{bmatrix} \cos((k-1)\theta_\alpha + \theta_\gamma) \\ \sin((k-1)\theta_\alpha + \theta_\gamma) \end{bmatrix} \tag{2.33a}$$

$$\begin{aligned} \boldsymbol{u}_{nk}(\theta_\gamma) &= \begin{bmatrix} \cos((k+1)\theta_\alpha - \theta_\gamma) \\ -\sin((k+1)\theta_\alpha - \theta_\gamma) \end{bmatrix} \\ &= \begin{bmatrix} \cos(-(k+1)\theta_\alpha - \theta_\gamma) \\ \sin(-(k+1)\theta_\alpha - \theta_\gamma) \end{bmatrix} \end{aligned} \tag{2.33b}$$

γδ 一般座標系上の数学モデルから dq 同期座標系上の数学モデルを得るには，$\theta_\gamma = 0, \omega_\gamma = \omega_{2n}$ の同期条件を付せばよい。回転子磁束，誘起電圧，マグネットトルクにおける元来の 5 次，7 次成分は，式(2.33)の正相・逆相ベクトルから理解されるように，dq 同期座標系上ではともに 6 次空間高調波成分として見える。多くの非正弦誘起電圧 PMSM において，dq 同期座標系上での支配的空間高調波成分は第 6 次成分または第 12 次成分であることが実験的に知られている[4)~8)]。上記数学モデルは，この実験的事実を的確に表現している。

一般に，uvw 座標系上における $(6n \pm 1)$ 次空間高調波成分は，dq 同期座標系上では周波数変移 $(6n \pm 1) \mp 1 = 6n$ が起こり，ともに $6n$ 次空間高調波成分となる。しかしながら，同一の $6n$ 次の空間高調波成分になっても，uvw 座標系上における正相成分と逆相成分との違いは保存され，両者が同一方向のトルクを発生するわけではない。上に提示した数学モデルのトルク発生式は，式(2.33)の正相・逆相ベクトルを用いて，この明快な表現に成功している。

第3章 軸間磁束干渉を想定した数学モデルとベクトルシミュレータ

第1章，第2章で説明した数学モデルは，d軸電流の変化に応じて固定子磁束のd軸要素が，q軸電流の変化に応じて固定子磁束のq軸要素が変化することを前提としたものであった。しかしながら，限界的なモータ設計を行う場合には，自軸電流のみならず他軸電流によっても固定子磁束が変化するいわゆる軸間磁束干渉が起きる。第3章では，モデル簡潔性の観点から軸間磁束干渉を線形近似した動的数学モデルの構築，さらにはこれに基づく動的シミュレータの構築を行う。

3.1 背景

PMSMの特長のひとつは，モータ体格の単位体積あたりの軸出力を比較的大きくできる点にある。本特長のいっそうの向上を図る場合には，自軸電流による磁束飽和，他軸電流による磁束干渉が発生し，ひいては発生トルクの低下が起きることが実験および有限要素法（FEM：finite element method）解析を通じ知られている[1)~9)]。また，この種のモータの用途増大に応じ，この数学モデル構築の努力が重ねられている[1)~7)]。これまでのモデル化は，主として自軸磁束飽和と軸間磁束干渉のモデル化，換言するならばdq同期座標系上における回路方程式（固定子反作用磁束，固定子（鎖交）磁束）の構築が中心であり，これらは以下のように整理される[2)~7)]。

dq同期座標系上の回路方程式における磁束モデルは，磁束近似表現の観点から，磁束を電流とインダクタンスとを用いて近似表現するものと[2)~5)]，インダクタンスの概念を用いず磁束を電流の非線形関数として直接近似表現するものと[6),7)]に分類される。インダクタンスを用いた近似表現は，回転子磁束には軸間磁束干渉などは発生しないものとして固定子反作用磁束のモデル化に注力するものであり，静的インダクタンスのみを用いるものと[2)~4)]，静的インダクタンスに動的インダクタンスを併用するものと[5)]に分類される（静的インダクタンス，動的インダクタンスの定義に関しては，文献

10）を参照）。非線形関数による磁束の直接近似表現は，固定子反作用磁束と回転子磁束をまとめて固定子磁束としてモデル化するものであり，d 軸電流または q 軸電流を単一変数とする非線形関数を複数用意し，これを組み合わせて最終非線形関数を間接構成するもの[6]，d 軸電流と q 軸電流を 2 変数とする非線形関数を直接構成するもの[7] に分類される。

上記の磁束モデルを含む回路方程式に対応したトルク発生式としては，多くのモデルは，固定子電流と固定子磁束の外積的関係を利用した従前のトルク発生式を付与している[2),3),5)~7)]。文献 4）は，外積的なトルク発生式に磁気随伴エネルギー（magnetic coenergy）の空間微分項をさらに付与することを提唱している。これらトルク発生式のなかには「q 軸電流をゼロとする場合にも，d 軸電流のみで連続的なトルク発生が可能」とするものまであり[5]，トルク発生式と対応回路方程式との数学的な自己整合性に関しては言及はなく，行われていないようである。

こうしたなか，自己整合性に特別な注意を払った数学モデルが，文献 1）により提案されている。この数学モデルの特徴は，以下のように整理される。

①自軸磁束飽和はないものと仮定して，とくに軸間磁束干渉に的を絞ってモデル化している。

②軸間磁束干渉のモデル化に際しては，文献 2）～文献 5）と同様にインダクタンスを利用して固定子反作用磁束をモデル化しているが，これらと異なり回転子磁束への軸間磁束干渉をもモデル化している。

③モデル化に際してモデル簡潔性の要請に応え，線形近似を採用している。

第 3 章では，文献 1）の提案による新中モデルを，さらにはこれに立脚したベクトルシミュレータを紹介する。

3.2　dq 同期座標系上の数学モデル

1.1～1.3 節で説明した理想化数学モデルは，前提①～⑥のもとで構築されたものであった。ここでは，これら 6 前提の中からとくに dq 軸間磁束干渉を無視できるとした前提⑤の撤去を考え，前提①～④，⑥のもとでの数学モデルの構築を考える。

3.2.1　固定子磁束モデル

1.1.1 項で説明した前提⑤を撤去し，dq 軸間磁束干渉を考慮する場合，dq 同期座標系上の固定子磁束 $\boldsymbol{\phi}_{1r}$ は，一般に d 軸電流，q 軸電流の関数として次のように表現することができる。

$$\boldsymbol{\phi}_{1r} = \boldsymbol{\phi}_{ir} + \boldsymbol{\phi}_{mr} \tag{3.1}$$

$$\boldsymbol{\phi}_{ir} = \begin{bmatrix} \phi_{id}(i_d, i_q) \\ \phi_{iq}(i_d, i_q) \end{bmatrix} \tag{3.2a}$$

$$\boldsymbol{\phi}_{mr} = \begin{bmatrix} \phi_{md}(i_d, i_q) \\ \phi_{mq}(i_d, i_q) \end{bmatrix} \tag{3.2b}$$

とくに，固定子反作用磁束 $\boldsymbol{\phi}_{ir}$ を，動作領域を限定して線形近似する場合には，これは一般に干渉インダクタンス L_{dq}, L_{qd} を用いた次式で記述することになる。

$$\boldsymbol{\phi}_{ir} = \begin{bmatrix} L_d & L_{dq} \\ L_{qd} & L_q \end{bmatrix} \boldsymbol{i}_{1r} \tag{3.3}$$

数学モデルとしての式(3.3)は，近似といえども電気磁気的な物理現象を満足するものでなくてはならない。これに関しては，次の定理が成立する。

《定理 3.1》

①インダクタンスに蓄積される磁気エネルギー（magnetic energy）が，固定子電流によって一意に定まるための必要十分条件は，2個の干渉インダクタンスが同一であること，すなわち次式が成立することである。

$$L_c = L_{dq} = L_{qd} \tag{3.4}$$

②このとき，dq 軸間磁束干渉が磁気エネルギー低下の方向に働くための必要十分条件は，次式で与えられる。

$$L_c = -\mathrm{sgn}(i_d i_q)|L_c| \tag{3.5}$$

ここに，$\mathrm{sgn}(x)$ は次式で定義された符号関数（シグナム関数）である。

$$\mathrm{sgn}(x) = \begin{cases} 1 & ; x > 0 \\ 0 & ; x = 0 \\ -1 & ; x < 0 \end{cases} \tag{3.6}$$

③また，式(3.5)のもとで蓄積された磁気エネルギーを正に保つための十分条件は，次式で与えられる。

$$|L_c| < \sqrt{L_d L_q} \tag{3.7}$$

〈証明〉

①インダクタンスの瞬時入出力パワーは，$\boldsymbol{i}_{1r}^T[s\boldsymbol{\phi}_{ir}]$ で評価される。瞬時入出力パワーの時間 $0\sim t$ での積分が，インダクタンスに蓄積された時刻 t での磁気エネルギー p_L となる。このエネルギーは，式(3.3)の磁束モデルに関してはインダクタンス一定の仮定のもとで，以下のように展開される。

$$
\begin{aligned}
p_L &= \int_0^t (\boldsymbol{i}_{1r}^T(t')[s\boldsymbol{\phi}_{ir}(t')])dt' \\
&= \int_0^t ((L_d i_d(t') + L_{qd} i_q(t'))si_d(t'))dt' \\
&\quad + \int_0^t ((L_q i_q(t') + L_{dq} i_d(t'))si_q(t'))dt'
\end{aligned} \tag{3.8}
$$

式(3.8)は，d 軸電流，q 軸電流を変数とする次式に置換される。

$$
p_L = \int_0^{i_d} ((L_d i_d' + L_{qd} i_q')di_d' + \int_0^{i_q} ((L_q i_q' + L_{dq} i_d')di_q' \tag{3.9}
$$

上式の定積分範囲を示す i_d, i_q は，時刻 t での d 軸電流，q 軸電流を意味する。

式(3.9)の具体的な評価には，d 軸電流，q 軸電流の積分経路（電流の履歴）を考えねばならない。ここでは，図 3.1 の 3 種の代表的経路 r1，r2，r3 を考える。各経路での磁気エネルギーは以下のように評価される。

経路 r1

$$
p_L = \frac{1}{2}L_d i_d^2 + \frac{1}{2}L_q i_q^2 + L_{dq} i_d i_q \tag{3.10a}
$$

経路 r2

$$
p_L = \frac{1}{2}L_d i_d^2 + \frac{1}{2}L_q i_q^2 + L_{qd} i_d i_q \tag{3.10b}
$$

経路 r3

$$
p_L = \frac{1}{2}L_d i_d^2 + \frac{1}{2}L_q i_q^2 + \frac{1}{2}(L_{dq} + L_{qd}) i_d i_q \tag{3.10c}
$$

式(3.10) の 3 式の比較より明白なように同一の固定子電流に対し，積分経路（すな

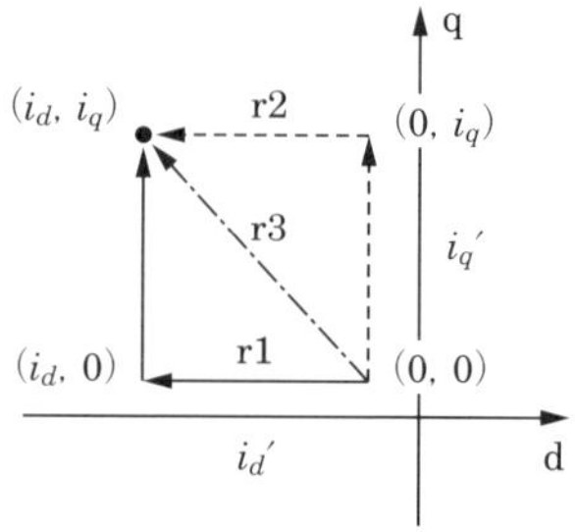

図 3.1　代表的な 3 積分経路

わち，電流履歴）のいかんにかかわらず，磁気エネルギーが一意に定まるためには，式(3.4)が必要十分条件となる。

②式(3.4)が成立する場合には，磁気エネルギーは次式により一意に評価される。

$$p_L = \frac{1}{2}L_d i_d^2 + \frac{1}{2}L_q i_q^2 + L_c i_d i_q \tag{3.11}$$

干渉インダクタンス L_c の存在より明白なように，式(3.11)の右辺第 3 項が軸間磁束干渉の影響を示している。第 3 項を非正に保つ必要十分条件は，式(3.5)となる。

③式(3.7)の十分性は，式(3.7)を条件に式(3.11)を以下のように展開することに立証される。

$$\begin{aligned} p_L &= \frac{1}{2}(L_d i_d^2 + L_q i_q^2 + 2L_c i_d i_q) \\ &= \frac{1}{2}(L_d i_d^2 + L_q i_q^2 - 2|L_c|\,|i_d|\,|i_q|) \\ &\geq \frac{1}{2}(L_d i_d^2 + L_q i_q^2 - 2\sqrt{L_d L_q}|i_d|\,|i_q|) \\ &= \frac{1}{2}(\sqrt{L_d}|i_d| - \sqrt{L_q}|i_q|)^2 \geq 0 \end{aligned} \tag{3.12}$$

■

インダクタンスに蓄積された磁気エネルギーとリラクタンストルクとは，表裏一体の関係にあり（後掲の定理 3.5 参照），磁気エネルギーが同一電流値に対しても電流履歴によって異なる場合には，リラクタンストルクにも同様な電流履歴特性が出現する。発生トルクが電流履歴に依存せず，現時刻の電流値のみによって一意に定まるためには，定理 3.1 の条件式(3.4)が必要である。

本書では，モデル簡潔性の要請と定理 3.1 とに基づき，固定子反作用磁束，回転子磁束を表現した式(3.2)の関数を，次のように線形近似する。

$$\boldsymbol{\phi}_{ir} = \begin{bmatrix} L_d & L_c \\ L_c & L_q \end{bmatrix} \boldsymbol{i}_{1r} \tag{3.13a}$$

$$\boldsymbol{\phi}_{mr} = \begin{bmatrix} \Phi - K_c|i_q| \\ 0 \end{bmatrix} ; \ \Phi = \text{const} \tag{3.13b}$$

ただし，

$$L_c = -\text{sgn}\,(i_d i_q)|L_c| \tag{3.14a}$$

$$|L_c| < \sqrt{L_d L_q}, \qquad |L_c| < K_c \tag{3.14b}$$

式(3.13b)は，回転子磁束への軸間磁束干渉を線形表現したものである。また，軸間磁束干渉が固定子磁束のd軸成分ϕ_{1d}を減ずる方向へ常時働くための条件を，式(3.14b)の第2式に付与している。

dq軸間磁束干渉を線形モデル化した式(3.13)，式(3.14)の固定子磁束$\boldsymbol{\phi}_{1r}$は，以下の特徴をもつ。

①固定子反作用磁束$\boldsymbol{\phi}_{ir}$おける軸間磁束干渉は，d軸，q軸とも同一の干渉インダクタンスL_cで線形モデル化されている。この結果，インダクタンス内に蓄積された磁気エネルギーは，電流履歴の影響を受けず，各時点の電流値のみによって定まる。

②干渉インダクタンスL_cは，d軸，q軸電流の積に応じた極性をもつ。この結果，このインダクタンスはd軸，q軸電流の正ゼロ負を含む4象限全領域で適用可能であり，さらには軸間磁束干渉がつねに磁気エネルギー低下の方向に働くことを可能としている。

③回転子磁束$\boldsymbol{\phi}_{mr}$への軸間磁束干渉は，q軸電流の絶対値に比例し，かつ回転子磁束を減ずる方向に線形モデル化されている。

④d軸電流をゼロとする場合には，回転子磁束のみの軸間磁束干渉を表現できる。

⑤q軸電流をゼロとする場合には，d軸電流のいかんにかかわらず，軸間磁束干渉は消滅する。

3.2.2　数学モデル

dq軸間磁束干渉を式(3.13)，式(3.14)でモデル化した固定子磁束$\boldsymbol{\phi}_{1r}$に関しては，次の定理が成立する。

《定理3.2》

1.1.1項の前提①～④，⑥に式(3.13)，式(3.14)を加えた条件下では，PMSMのdq同期座標系上の数学モデル（新中モデル）は，次式で与えられる。

◆ dq同期座標系上の数学モデル

回路方程式（第1基本式）

$$\boldsymbol{v}_{1r}=R_1\boldsymbol{i}_{1r}+\boldsymbol{D}(s,\omega_{2n})\boldsymbol{\phi}_{1r} \tag{3.15}$$

$$\boldsymbol{\phi}_{1r}=\boldsymbol{\phi}_{ir}+\boldsymbol{\phi}_{mr} \tag{3.16}$$

$$\boldsymbol{\phi}_{ir}=\begin{bmatrix} L_d & L_c \\ L_c & L_q \end{bmatrix}\boldsymbol{i}_{1r} \tag{3.17}$$

$$\boldsymbol{\phi}_{mr}=\begin{bmatrix} \Phi-K_c|i_q| \\ 0 \end{bmatrix}\ ;\ \Phi=\text{const} \tag{3.18}$$

トルク発生式（第2基本式）

$$\begin{aligned}\tau &= N_p \boldsymbol{i}_{1r}^T \boldsymbol{J} \boldsymbol{\phi}_{1r} \\ &= N_p(L_c(i_q^2 - i_d^2) + (L_d - L_q) i_d i_q + (\Phi - K_c|i_q|)\, i_q)\end{aligned} \tag{3.19a}$$

$$\begin{aligned}\tau &= \tau_r + \tau_m \\ &= N_p(L_c(i_q^2 - i_d^2) + (L_d - L_q)\, i_d i_q) + N_p(\Phi - K_c|i_q|)\, i_q\end{aligned} \tag{3.19b}$$

エネルギー伝達式（第3基本式）

$$\begin{aligned}p_{ef} &= \boldsymbol{i}_{1r}^T \boldsymbol{v}_{1r} \\ &= R_1\|\boldsymbol{i}_{1r}\|^2 + \frac{s}{2}(\boldsymbol{i}_{1r}^T \boldsymbol{\phi}_{ir}) - K_c i_d s|i_q| + \omega_{2m}\tau \\ &= R_1\|\boldsymbol{i}_{1r}\|^2 + \frac{s}{2}(L_d i_d^2 + L_q i_q^2 + 2L_c i_d i_q) - K_c i_d s|i_q| + \omega_{2m}\tau\end{aligned} \tag{3.20}$$

〈証明〉

式(3.15)～式(3.18)の回路方程式は，理想化回路方程式(1.36)に式(3.13)，式(3.14)の前提を付与したものである。トルク発生式とエネルギー伝達式は，この回路方程式に対し自己整合性を確立したものでなくてはならない。自己整合性の観点より，トルク発生式とエネルギー伝達式の証明を行う。

式(3.15)の両辺に対して，固定子電流 $\boldsymbol{i}_{1r}$ を転置し乗じると次式を得る。

$$\boldsymbol{i}_{1r}^T \boldsymbol{v}_{1r} = R_1\|\boldsymbol{i}_{1r}\|^2 + \boldsymbol{i}_{1r}^T \boldsymbol{D}(s, \omega_{2n}) \boldsymbol{\phi}_{1r} \tag{3.21}$$

式(3.21)の左辺はPMSMへの印加瞬時電気的パワー（瞬時有効電力）を意味し，右辺は印加瞬時電気的パワーの伝達のようすを示している。右辺第1項は明らかに固定子抵抗で消費される銅損を意味しており，右辺第2項はこれ以外の瞬時パワーを示すことになる。

この認識のもと，式(3.21)の右辺第2項を，式(1.43)のD因子に従い以下のように2分割する。

$$\boldsymbol{i}_{1r}^T \boldsymbol{D}(s, \omega_{2n}) \boldsymbol{\phi}_{1r} = \boldsymbol{i}_{1r}^T [s\boldsymbol{\phi}_{1r}] + \omega_{2n} \boldsymbol{i}_{1r}^T \boldsymbol{J} \boldsymbol{\phi}_{1r} \tag{3.22}$$

銅損を除くモータ内部の瞬時パワーは，1.1.1項の前提①～④，⑥のもとでは，モータ内部に蓄積された磁気エネルギーの瞬時変化と機械出力に限られる。磁気エネルギーの瞬時変化は，定常状態で消滅することを考慮すると，微分演算子で記述された項，すなわち式(3.22)の右辺第1項が，この瞬時変化を意味することになる。ひいては，式(3.22)の右辺第2項が機械出力を意味することになる。

機械出力はトルクと機械速度 ω_{2m} の積である点を考慮し，式(3.22)の右辺第2項を機械速度で除すると，発生トルクを以下のように得る。

$$\tau=\frac{\omega_{2n}\boldsymbol{i}_{1r}^T\boldsymbol{J}\boldsymbol{\phi}_{1r}}{\omega_{2m}}$$
$$=N_p\boldsymbol{i}_{1r}^T\boldsymbol{J}\boldsymbol{\phi}_{1r}$$
$$=N_p(L_c(i_q^2-i_d^2)+(L_d-L_q)i_di_q+(\Phi-K_c|i_q|)i_q) \tag{3.23}$$

式(3.23)は，式(3.19)のトルク発生式を意味する

式(3.22)の右辺第1項は，式(3.13a)右辺のインダクタンス行列の対称性を考慮すると，次のように整理される。

$$\boldsymbol{i}_{1r}^T[s\boldsymbol{\phi}_{1r}]=\boldsymbol{i}_{1r}^T[s\boldsymbol{\phi}_{ir}]-K_ci_ds|i_q|$$
$$=\boldsymbol{i}_{1r}^T\begin{bmatrix}L_d & L_c\\ L_c & L_q\end{bmatrix}[s\boldsymbol{i}_{1r}]-K_ci_ds|i_q|$$
$$=\frac{1}{2}\left([s\boldsymbol{i}_{1r}^T]\begin{bmatrix}L_d & L_c\\ L_c & L_q\end{bmatrix}\boldsymbol{i}_{1r}+\boldsymbol{i}_{1r}^T\begin{bmatrix}L_d & L_c\\ L_c & L_q\end{bmatrix}[s\boldsymbol{i}_{1r}]\right)-K_ci_ds|i_q|$$
$$=\frac{s}{2}(\boldsymbol{i}_{1r}^T\boldsymbol{\phi}_{ir})-K_ci_ds|i_q|$$
$$=\frac{s}{2}(L_di_d^2+L_qi_q^2+2L_ci_di_q)-K_ci_ds|i_q| \tag{3.24}$$

式(3.21)～式(3.24)は，エネルギー伝達式(3.20)を意味する。

■

トルク発生式(3.19b)における右辺第1項がリラクタンストルク τ_r を，第2項がマグネットトルク τ_m を意味する。式(3.19)は，「q軸電流がゼロの場合には，d軸電流のいかんにかかわらず，リラクタンストルク，マグネットトルクともゼロとなり，トルク発生は行われない」ことを主張している（式(3.14a)参照）。モータの実特性と合致するこの特性は，d軸電流のみでトルク発生が可能とする既報数学モデル（文献5）参照）に対する特長のひとつである。

式(3.24)の右辺第1項における $(\boldsymbol{i}_{1r}^T\boldsymbol{\phi}_{ir})/2$ はインダクタンスに蓄積された磁気エネルギー p_L を意味しており，常時正である（定理3.1，式(3.11)，式(3.12)参照）。このエネルギーの微分は，この瞬時変化（正負を取りうる瞬時パワー）を意味する。同式第2項，すなわち $-K_ci_ds|i_q|$ は，係数 K_c の存在と式(3.13b)とにより理解されるように，q軸電流絶対値の変化，ひいては回転子磁束 $\boldsymbol{\phi}_{mr}$ の変化に伴う瞬時電力を示している。

証明と付随の説明より明らかなように，定理3.2の3基本式は互いに整合しており，3基本式からなる数学モデルは自己整合性を備えている。

3.3　$\gamma\delta$ 一般座標系上の数学モデル

3.3.1　数学モデル

PMSM のセンサレスベクトル制御系の構築と解析には，$\gamma\delta$ 一般座標系上の動的数学モデルが不可欠である。定理 3.2 の dq 同期座標系上の動的数学モデルを参考に，$\gamma\delta$ 一般座標系上の動的数学モデルの構築を図る。このモデルに関しては，次の定理 3.3 が成立する。

《定理 3.3》

1.1.1 項の前提①～④，⑥に式(3.13)，式(3.14)を加えた条件下では，PMSM の $\gamma\delta$ 一般座標系上の数学モデル（新中モデル）は，同座標系上で定義された 2×1 ベクトル信号を用い，以下のように与えられる。

◆ $\gamma\delta$ 一般座標系上の数学モデル

回路方程式（第 1 基本式）

$$\begin{aligned}\boldsymbol{v}_1 &= R_1\boldsymbol{i}_1+\boldsymbol{D}(s,\omega_\gamma)\boldsymbol{\phi}_1\\ &= R_1\boldsymbol{i}_1+\boldsymbol{D}(s,\omega_\gamma)\boldsymbol{\phi}_i-K_c(s|i_q|)\begin{bmatrix}\cos\theta_\gamma\\ \sin\theta_\gamma\end{bmatrix}+\omega_{2n}\boldsymbol{J}\boldsymbol{\phi}_m \end{aligned} \tag{3.25}$$

$$\boldsymbol{\phi}_1 = \boldsymbol{\phi}_i+\boldsymbol{\phi}_m \tag{3.26}$$

$$\begin{aligned}\boldsymbol{\phi}_i &= [L_i\boldsymbol{I}+[L_m\boldsymbol{I}+L_c\boldsymbol{J}]\boldsymbol{Q}(\theta_\gamma)]\boldsymbol{i}_1\\ &= \left[L_i\boldsymbol{I}-\sqrt{L_m^2+L_c^2}\,\boldsymbol{Q}\left(\theta_\gamma+\frac{\theta_c}{2}\right)\right]\boldsymbol{i}_1\end{aligned} \tag{3.27}$$

$$\boldsymbol{\phi}_m = (\Phi-K_c|i_q|)\,\boldsymbol{u}(\theta_\gamma)\ ;\ \Phi = \text{const} \tag{3.28}$$

$$\theta_c = \tan^{-1}\frac{L_c}{L_m} \tag{3.29}$$

トルク発生式（第 2 基本式）

$$\begin{aligned}\tau &= N_p\boldsymbol{i}_1^T\boldsymbol{J}\boldsymbol{\phi}_1\\ &= N_p\boldsymbol{i}_1^T[[-L_c\boldsymbol{I}+L_m\boldsymbol{J}]\boldsymbol{Q}(\theta_\gamma)\boldsymbol{i}_1+\boldsymbol{J}\boldsymbol{\phi}_m]\end{aligned} \tag{3.30a}$$

$$\tau = \tau_r+\tau_m = N_p\boldsymbol{i}_1^T[-L_c\boldsymbol{I}+L_m\boldsymbol{J}]\boldsymbol{Q}(\theta_\gamma)\boldsymbol{i}_1+N_p\boldsymbol{i}_1^T\boldsymbol{J}\boldsymbol{\phi}_m \tag{3.30b}$$

エネルギー伝達式（第 3 基本式）

$$\begin{aligned}p_{ef} &= \boldsymbol{i}_1^T\boldsymbol{v}_1\\ &= R_1\|\boldsymbol{i}_1\|^2+\frac{s}{2}(\boldsymbol{i}_1^T\boldsymbol{\phi}_i)-K_c\,i_d\,s|i_q|+\omega_{2m}\tau\end{aligned}$$

$$= R_1\|\boldsymbol{i}_1\|^2 + \frac{s}{2}(L_i\|\boldsymbol{i}_1\|^2 + (\boldsymbol{i}_1^T[L_m\boldsymbol{I} + L_c\boldsymbol{J}]\boldsymbol{Q}(\theta_\gamma)\boldsymbol{i}_1)) - K_c i_d s|i_q| + \omega_{2m}\tau$$

$$= R_1\|\boldsymbol{i}_1\|^2 + \frac{s}{2}\left(L_i\|\boldsymbol{i}_1\|^2 - \sqrt{L_m^2 + L_c^2}\,\boldsymbol{i}_1^T\boldsymbol{Q}\left(\theta_\gamma + \frac{\theta_c}{2}\right)\boldsymbol{i}_1\right) - K_c i_d s|i_q| + \omega_{2m}\tau \tag{3.31}$$

〈証明〉

①まず，回路方程式の証明から行う。$\gamma\delta$ 一般座標系上の固定子電圧 $\boldsymbol{v}_1$，固定子電流 $\boldsymbol{i}_1$，固定子磁束 $\boldsymbol{\phi}_1$，固定子反作用磁束 $\boldsymbol{\phi}_i$，回転子磁束 $\boldsymbol{\phi}_m$ と dq 同期座標系上のこれらとは，式(1.34)のベクトル回転器を用い，以下のように関係づけられる（式(1.45)参照)。

$$\boldsymbol{v}_1 = \boldsymbol{R}(\theta_\gamma)\boldsymbol{v}_{1r} \tag{3.32a}$$

$$\boldsymbol{i}_1 = \boldsymbol{R}(\theta_\gamma)\boldsymbol{i}_{1r} \tag{3.32b}$$

$$\boldsymbol{\phi}_1 = \boldsymbol{R}(\theta_\gamma)\boldsymbol{\phi}_{1r} \tag{3.32c}$$

$$\boldsymbol{\phi}_i = \boldsymbol{R}(\theta_\gamma)\boldsymbol{\phi}_{ir} \tag{3.32d}$$

$$\boldsymbol{\phi}_m = \boldsymbol{R}(\theta_\gamma)\boldsymbol{\phi}_{mr} \tag{3.32e}$$

式(3.16)，式(3.18)の両辺に対して左側よりベクトル回転器を乗じ，式(3.32)の関係を用いると，ただちに式(3.26)，式(3.28)を得る。同様に，式(3.15)の両辺に対して左側よりベクトル回転器を乗じ，式(3.16)～式(3.18)に式(3.32)の関係を用いると，次式を得る（第1章文献1）参照)。

$$\boldsymbol{v}_1 = R_1\boldsymbol{i}_1 + \boldsymbol{R}(\theta_\gamma)\boldsymbol{D}(s,\omega_{2n})\left[\begin{bmatrix} L_d & L_c \\ L_c & L_q \end{bmatrix}\boldsymbol{i}_{1r} + \boldsymbol{\phi}_{mr}\right]$$

$$= R_1\boldsymbol{i}_1 + \boldsymbol{D}(s,\omega_\gamma)\left[\boldsymbol{R}(\theta_\gamma)\begin{bmatrix} L_d & L_c \\ L_c & L_q \end{bmatrix}\boldsymbol{R}^T(\theta_\gamma)\boldsymbol{i}_1 + \boldsymbol{R}(\theta_\gamma)\boldsymbol{\phi}_{mr}\right]$$

$$= R_1\boldsymbol{i}_1 + \boldsymbol{D}(s,\omega_\gamma)\left[\boldsymbol{R}(\theta_\gamma)\begin{bmatrix} L_d & L_c \\ L_c & L_q \end{bmatrix}\boldsymbol{R}^T(\theta_\gamma)\boldsymbol{i}_1 + \boldsymbol{\phi}_m\right] \tag{3.33}$$

式(3.33)の右辺角括弧の第1項，すなわち式(3.17)の固定子反作用磁束 $\boldsymbol{\phi}_{ir}$ に対応した $\boldsymbol{\phi}_i$ は，以下のように整理される（第1章文献1）参照)。

$$\boldsymbol{\phi}_i = \left[\boldsymbol{R}(\theta_\gamma)\begin{bmatrix} L_d & L_c \\ L_c & L_q \end{bmatrix}\boldsymbol{R}^T(\theta_\gamma)\right]\boldsymbol{i}_1$$

$$= [L_i\boldsymbol{I} + L_m\boldsymbol{Q}(\theta_\gamma) + L_c\boldsymbol{J}\boldsymbol{Q}(\theta_\gamma)]\boldsymbol{i}_1$$

$$= [L_i\boldsymbol{I} + [L_m\boldsymbol{I} + L_c\boldsymbol{J}]\boldsymbol{Q}(\theta_\gamma)]\boldsymbol{i}_1 \tag{3.34a}$$

式(3.34a)は，さらに以下のように整理される（第1章文献1）参照)。

$$\begin{aligned}\boldsymbol{\phi}_i &= [L_i\boldsymbol{I}-\sqrt{L_m^2+L_c^2}\boldsymbol{R}(\theta_c)\boldsymbol{Q}(\theta_\gamma)]\boldsymbol{i}_1\\ &=\left[L_i\boldsymbol{I}-\sqrt{L_m^2+L_c^2}\boldsymbol{Q}\left(\theta_\gamma+\frac{\theta_c}{2}\right)\right]\boldsymbol{i}_1\end{aligned} \tag{3.34b}$$

一方，式(3.33)における D 因子付き回転子磁束 $\boldsymbol{\phi}_m$ は，以下のように展開することもできる。

$$\begin{aligned}\boldsymbol{D}(s,\omega_\gamma)\boldsymbol{\phi}_m &= s\left[(\Phi-K_c|i_q|)\begin{bmatrix}\cos\theta_\gamma\\ \sin\theta_\gamma\end{bmatrix}\right]+\omega_\gamma\boldsymbol{J}\boldsymbol{\phi}_m\\ &=-K_c(s|i_q|)\begin{bmatrix}\cos\theta_\gamma\\ \sin\theta_\gamma\end{bmatrix}+(\omega_{2n}-\omega_\gamma)\boldsymbol{J}\boldsymbol{\phi}_m+\omega_\gamma\boldsymbol{J}\boldsymbol{\phi}_m\\ &=-K_c(s|i_q|)\begin{bmatrix}\cos\theta_\gamma\\ \sin\theta_\gamma\end{bmatrix}+\omega_{2n}\boldsymbol{J}\boldsymbol{\phi}_m\end{aligned} \tag{3.35}$$

式(3.33)～式(3.35)は，式(3.25)～式(3.29)の回路方程式を意味する。

②次に，トルク発生式の証明を行う。式(3.19)の第 1 式に式(3.32)を用いると，ただちに次式を得る。

$$\begin{aligned}\tau &= N_p\boldsymbol{i}_1^T\boldsymbol{R}(\theta_\gamma)\boldsymbol{J}\boldsymbol{R}^T(\theta_\gamma)\boldsymbol{\phi}_1\\ &=N_p\boldsymbol{i}_1^T\boldsymbol{J}\boldsymbol{\phi}_1\end{aligned} \tag{3.36a}$$

式(3.36a)に式(3.26)，式(3.34a)を用いると，次式を得る。

$$\begin{aligned}\tau &= N_p\boldsymbol{i}_1^T\boldsymbol{J}[\boldsymbol{\phi}_i+\boldsymbol{\phi}_m]\\ &=N_p\boldsymbol{i}_1^T[[-L_c\boldsymbol{I}+L_m\boldsymbol{J}]\boldsymbol{Q}(\theta_\gamma)\boldsymbol{i}_1+\boldsymbol{J}\boldsymbol{\phi}_m]\end{aligned} \tag{3.36b}$$

式(3.36)は，式(3.30)のトルク発生式を意味する。

③つづいて，エネルギー伝達式の証明を行う。式(3.20)の第 2 式に式(3.32)を用いると，ただちに式(3.31)の第 2 式を得る。式(3.31)の第 2 式に式(3.27)を用いると，ただちに式(3.31)の第 3 式，第 4 式を得る。

3.3.2　回転子磁束位相と回転子突極位相

PMSM のベクトル制御のために必要とされる回転子位相は，一般的には，2×1 ベクトルとしてとらえた回転子磁束 $\boldsymbol{\phi}_m$ の位相である。空間的幅をもつ回転子磁束は回転子に装着された空間的幅をもつ永久磁石 N 極を発生源としており，エンコーダなどの位置・速度センサを回転子に装着する場合には，被発生量と発生源の観点より，N 極中心部分の位相（すなわち位置）をもって回転子位相とするのが通常である。回転子磁束位相は，$\gamma\delta$ 一般座標系上の数学モデルでは，回転子磁束 $\boldsymbol{\phi}_m$ を表現した式(1.49)，式(3.28)などで明示されているように，2×1 単位ベクトル $\boldsymbol{u}(\theta_\gamma)$ における位

相 θ_γ として表現されている（図 1.8 参照）。

突極 PMSM の場合には，回転子の突極位相が定義される。一般には，同一ノルムの固定子電流を印加した際に，固定子反作用磁束のノルムが最大となる位相を正突極位相，同ノルムが最小となる位相を逆突極位相と定義する。正突極位相と逆突極位相とは，$\pm\pi/2$〔rad〕の位相差があるにすぎず，いずれかの突極の位相が定まれば，他突極の位相はおのずと定まる。突極 PMSM においては，逆突極位相を突極位相に選定するのが一般である。この場合の突極位相は，$\gamma\delta$ 一般座標系上の数学モデルにおいて固定子反作用磁束 $\boldsymbol{\phi}_i$ を式(1.48)，式(3.27)の形式で表現する場合，2×2 鏡行列 $\boldsymbol{Q}(\theta_{\gamma s})$ における位相 $\theta_{\gamma s}$ として出現する（第 1 章文献 1）参照）。

理想化数学モデルで記述される突極 PMSM においては，突極位相は回転子磁束位相と同一である。しかし，軸間磁束干渉をもつ突極 PMSM においては，この同一性は成立しない。これに関しては，次の定理が成立する[10]。

《定理 3.4》

①式(3.25)～式(3.31)の数学モデルで記述される突極 PMSM においては，突極位相 $\theta_{\gamma s}$ は，回転子磁束位相 θ_γ に対し，次の位相偏差 $\Delta\theta_s=\theta_{\gamma s}-\theta_\gamma$ をもつ。

$$\begin{aligned}\Delta\theta_s &= \theta_{\gamma s}-\theta_\gamma \\ &= \frac{1}{2}\tan^{-1}\frac{L_c}{L_m} = \frac{1}{2}\tan^{-1}\frac{2L_c}{L_d-L_q}\end{aligned} \tag{3.37}$$

②式(3.27)の固定子反作用磁束は，次の等価鏡相インダクタンスに対応した突極振幅を示す。

$$-\sqrt{L_m^2+L_c^2} \approx L_m+\frac{L_c^2}{2L_m} \tag{3.38}$$

また，次式のように突極比 r_s の等価的増加をもたらす。

$$r_s = \frac{\sqrt{L_m^2+L_c^2}}{L_i} \approx \frac{-L_m-\dfrac{L_c^2}{2L_m}}{L_i} \geq \frac{-L_m}{L_i} \tag{3.39}$$

〈証明〉

①式(3.27)の形式で表現された固定子反作用磁束が示す突極位相 $\theta_{\gamma s}$ は，鏡行列 $\boldsymbol{Q}(\theta_{\gamma s})$ の位相として出現する（第 1 章文献 1）参照）。これより，ただちに次式が成立する。

$$\Delta\theta_s = \theta_{\gamma s}-\theta_\gamma = \frac{\theta_c}{2} \tag{3.40}$$

上式と式(3.29)は，式(3.37)を意味する。

②固定子反作用磁束が式(3.27)の形式で表現される場合には，式(1.48)との比較より明白なように，この等価鏡相インダクタンスは明らかに式(3.38)で与えられる。突極比に関する式(3.39)は，式(3.38)より明らかである。

■

定理3.4の①に関しては，突極位相の元来の定義に立ち返って証明することも可能である。参考までに，これを示しておく。簡単のため，dq同期座標系上の固定子電流 $\boldsymbol{i}_{1r}$ を次式で表現する。

$$\boldsymbol{i}_{1r} = [\cos \varDelta\theta_s \quad \sin \varDelta\theta_s]^T \tag{3.41}$$

このとき，dq同期座標系上の固定子反作用磁束の二乗強度は，式(3.17)に式(3.41)を用いると，次のように評価される。

$$\|\boldsymbol{\phi}_{ir}\|^2 = (L_d \cos \varDelta\theta_s + L_c \sin \varDelta\theta_s)^2 + (L_c \cos \varDelta\theta_s + L_q \sin \varDelta\theta_s)^2 \tag{3.42}$$

上式を $\varDelta\theta_s$ で微分すると，

$$\frac{d}{d\varDelta\theta_s}\|\boldsymbol{\phi}_{ir}\|^2 = 2L_c(L_d + L_q)\cos(2\varDelta\theta_s) - (L_d^2 - L_q^2)\sin(2\varDelta\theta_s) \tag{3.43}$$

式(3.43)をゼロとおき，$\varDelta\theta_s$ で整理すると，式(3.37)の最終式を得る。

図3.2に，dq同期座標系上で，ノルム一定の固定子電流を空間的に回転した場合の固定子反作用磁束の軌跡例を概略的に描画した。同図では，破線が理想化磁束モデルによる楕円軌跡を，実線が軸間磁束干渉モデルによる楕円軌跡を意味している。実線軌跡は，破線軌跡に対して短軸が小さくなり，長軸が大きくなっている。また，実線軌跡の短軸位相は，破線軌跡の短軸位相に対して，式(3.37)の位相偏差 $\varDelta\theta_s$ をなしている。なお，同図では回転子磁束位相に同期した軸をd軸で，突極位相に同期した軸を $\mathrm{d_s}$ 軸で表現している。

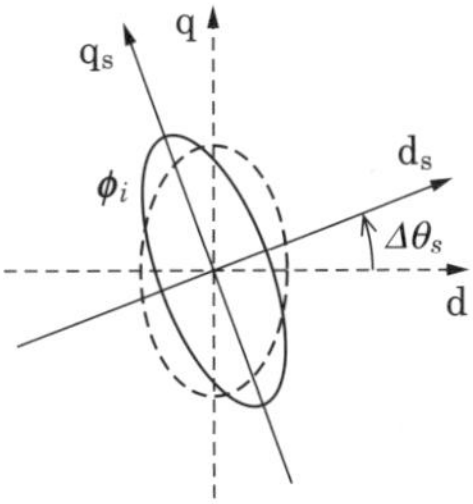

図3.2 一定ノルムの固定子電流に対する固定子反作用磁束
（破線：理想化モデル，実線：軸間磁束干渉モデル）

3.4　数学モデルの検証

3.4.1　トルク発生原理に基づく理論検証

式(3.25)～式(3.31)の $\gamma\delta$ 一般座標系上の数学モデルが自己整合性を有している点，すなわちこの数学モデルを構成している3基本式が互いに整合している点は，種々の方法で理論的に立証することができる。直接的方法としては，理想化数学モデルと同様な手順をとる方法がある（第1章文献1）参照)。すなわち，$\gamma\delta$ 一般座標系上の回路方程式(3.25)の両辺に左側より $\gamma\delta$ 一般座標系上の固定子電流 $\boldsymbol{i}_1^T$ を乗じたうえで，$\gamma\delta$ 一般座標系上のトルク発生式(3.30)を用いて，式(3.31)のエネルギー伝達式を導出すれば，理論立証は完結する。3.4.1項では，これに代わってトルク発生式に着目した自己整合性の検証法を提示する。

トルク発生式(3.30b)においては，右辺第1項がリラクタンストルク τ_r を，第2項がマグネットトルク τ_m を意味する。各項のトルクは式(3.19b)のリラクタンストルク τ_r，マグネットトルク τ_m に対応している。リラクタンストルクとマグネットトルクは，その発生原理が異なる。トルク発生の原理から，式(3.30b)のトルク発生式の物理的妥当性と自己整合性を検証することもできる。

リラクタンストルク τ_r は，インダクタンスに蓄積された磁気エネルギーの空間的非一様性に起因するものである。提案の数学モデルがこの物理特性を満足していることは，次の定理3.5により確認される。

《定理3.5》

エネルギー伝達式(3.31)の第2項に示された磁気エネルギー $(\boldsymbol{i}_1^T\boldsymbol{\phi}_i)/2$ の空間微分は，リラクタンストルクを与える。換言するならば，$\alpha\beta$ 固定座標系上では，次式が成立する。

$$\begin{aligned}\tau_r &= \frac{\partial}{\partial\theta_m}\frac{1}{2}(\boldsymbol{i}_1^T\boldsymbol{\phi}_i)\\ &= \frac{\partial}{\partial\theta_m}\frac{1}{2}(L_i\|\boldsymbol{i}_1\|^2+(\boldsymbol{i}_1^T[L_m\boldsymbol{I}+L_c\boldsymbol{J}]\boldsymbol{Q}(\theta_\alpha)\boldsymbol{i}_1))\end{aligned} \tag{3.44}$$

〈証明〉

$\gamma\delta$ 一般座標系上のエネルギー伝達式(3.31)の第2項を，$\alpha\beta$ 固定座標系上で再評価するには，形式的に回転子位相を $\theta_\gamma \to \theta_\alpha$ と置換すればよい。再評価したエネルギー伝達式の第2項の被時間微分項が，式(3.44)右辺被空間微分項である。

式(3.44)の右辺は，回転子の機械位相 θ_m と電気位相 θ_α の関係を示した式(1.16)を用いると，以下のように整理される。

$$
\begin{aligned}
&\frac{\partial}{\partial\theta_m}\frac{1}{2}(L_i\|\boldsymbol{i}_1\|^2+(\boldsymbol{i}_1^T[L_m\boldsymbol{I}+L_c\boldsymbol{J}]\boldsymbol{Q}(\theta_\alpha)\boldsymbol{i}_1))\\
&=\frac{\partial\theta_\alpha}{\partial\theta_m}\frac{\partial}{\partial\theta_\alpha}\frac{1}{2}(L_i\|\boldsymbol{i}_1\|^2+(\boldsymbol{i}_1^T[L_m\boldsymbol{I}+L_c\boldsymbol{J}]\boldsymbol{Q}(\theta_\alpha)\boldsymbol{i}_1))\\
&=\frac{N_p}{2}\boldsymbol{i}_1^T[L_m\boldsymbol{I}+L_c\boldsymbol{J}]\left[\frac{\partial}{\partial\theta_\alpha}\boldsymbol{Q}(\theta_\alpha)\right]\boldsymbol{i}_1\\
&=N_p\boldsymbol{i}_1^T[L_m\boldsymbol{I}+L_c\boldsymbol{J}]\boldsymbol{J}\boldsymbol{Q}(\theta_\alpha)\boldsymbol{i}_1\\
&=N_p\boldsymbol{i}_1^T[-L_c\boldsymbol{I}+L_m\boldsymbol{J}]\boldsymbol{Q}(\theta_\alpha)\boldsymbol{i}_1
\end{aligned}
\tag{3.45}
$$

式(3.45)と式(3.30b)は，定理 3.5 を意味する。

■

マグネットトルク τ_m の発生は，リラクタンストルクと異なり，「フレミングの左手則」に従っている。左手則と双対の関係にある「フレミングの右手則」は，誘起電圧の発生原理を示すものであり，マグネットトルクと誘起電圧は，物理的に一体不可分の関係にある。この関係に関しては，次の定理 3.6 が成立する。

《定理 3.6》

式(3.25)～式(3.29)の回路方程式における誘起電圧を $\boldsymbol{e}_m$ と表現する。このとき，誘起電圧は，マグネットトルクと次の関係を有する。

$$\tau_m=\frac{\boldsymbol{i}_1^T\boldsymbol{e}_m}{\omega_{2m}} \tag{3.46}$$

〈証明〉

$\gamma\delta$ 一般座標系上の回路方程式(3.25)において，回転子磁束の項 $\boldsymbol{D}(s,\omega_\gamma)\boldsymbol{\phi}_m$ は，式(3.35)のように評価された。誘起電圧 $\boldsymbol{e}_m$ は，速度に応じて発生する起電力であり，速度因子を含む必要がある。式(3.35)右辺は，第 2 項のみが速度因子を含んでおり，この第 2 項が誘起電圧を意味する。すなわち，

$$\boldsymbol{e}_m=\omega_{2n}\boldsymbol{J}\boldsymbol{\phi}_m \tag{3.47}$$

上記の誘起電圧と固定子電流との内積をとり，機械速度で除すると，次式を得る。

$$\frac{\boldsymbol{i}_1^T\boldsymbol{e}_m}{\omega_{2m}}=\frac{\omega_{2n}\boldsymbol{i}_1^T\boldsymbol{J}\boldsymbol{\phi}_m}{\omega_{2m}}=N_p\boldsymbol{i}_1^T\boldsymbol{J}\boldsymbol{\phi}_m \tag{3.48}$$

上式右辺は，トルク発生式(3.30b)右辺第 2 項のマグネットトルクと同一である。すなわち，与式を意味する。

■

定理3.5，定理3.6とこれに付随した説明より明白なように，回路方程式，トルク発生式，エネルギー伝達式の3基本式は，トルク発生原理に基づく検証においても，数学的に矛盾なく自己整合性を確立している。すなわち，式(3.25)～式(3.31)の数学モデルは自己整合性を備えている。

3.4.2　実機データに基づく実験検証

3.2節，3.3節で提案した数学モデルは，固定子反作用磁束，回転子磁束の両磁束におけるdq軸間磁束干渉に焦点を絞り，これを自己整合性の確立を条件に，モデル簡潔性の要請に応えるべく線形モデル化したものである。提案数学モデルの実用面での妥当性を検証すべく，実機と提案数学モデルとによる軸間磁束干渉特性の比較を行った。以下に，これを示す。

(1)　固定子反作用磁束への軸間磁束干渉の検証

文献8)には，2極対数の突極PMSMの固定子反作用磁束q軸成分 ϕ_{iq}（固定子磁束q軸成分と同一）の実測値が提示されている。これを図3.3（a）に引用再掲した。同図は，q軸電流を一定 $i_q=0\sim30$〔A〕に維持したうえで，d軸電流 $i_d=-30\sim30$〔A〕による固定子反作用磁束q軸成分 ϕ_{iq} への軸間磁束干渉のようすを示したものである。

提案数学モデルは，固定子反作用磁束q軸成分 ϕ_{iq} を次式でモデル化した（式(3.13a)，式(3.14)参照）。

$$
\begin{aligned}
\phi_{iq} &= L_c i_d + L_q i_q \\
&= -\mathrm{sgn}(i_d i_q)|L_c|\, i_d + L_q i_q
\end{aligned}
\qquad (3.49)
$$

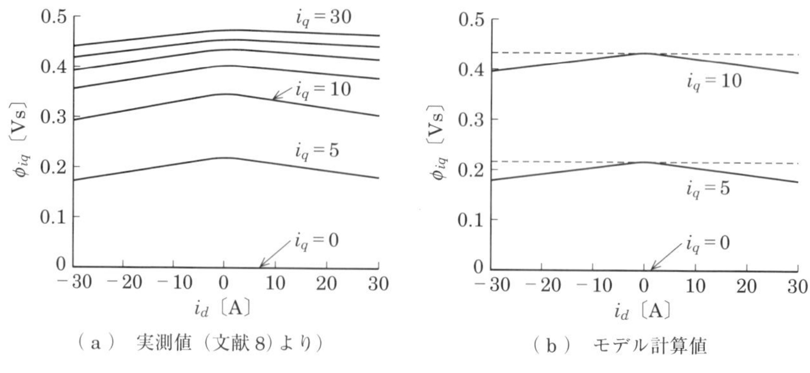

図3.3　固定子反作用磁束におけるdq軸間磁束干渉の例

文献8）の実機実測値に対して，式(3.49)に従ったモデル値を図3.3（b）に示した。この際，モデルパラメータとしては，図3.3（a）の $i_q=5$〔A〕の特性（自軸電流による磁束飽和が無視できる範囲）を参考に，次の値を利用した。

$$L_q = 0.0433,\ \ |L_c| = 0.0013 \tag{3.50}$$

同図には，参考までに $L_c=0$ に対応する理想化数学モデルによる ϕ_{iq} のモデル値も破線で示した。

両図より，提案数学モデルの軸間磁束干渉値は，$i_q=0$〔A〕から5A近傍の範囲においては，実機の軸間磁束干渉値に対し良好な一致を示していることが確認される。この一致性は，固定子反作用磁束の軸間磁束干渉に関する提案数学モデルの実用的妥当性を裏づけるものである。

なお，$i_q=5$〔A〕以上の実測値においては，固定子反作用磁束q軸成分 ϕ_{iq} の平均値（換言するならば，軸間磁束干渉の影響を排除した値）がq軸電流に比例して増加していない。これは，自軸電流の磁束飽和によりq軸インダクタンス L_q が実効的に縮小したことに起因している（式(3.49)参照）。第3章の主眼は軸間磁束干渉のモデル化にあり，自軸電流による磁束飽和は実効的に無視できる領域を検討対象としている（1.1.1項の前提④を参照）。

(2)　回転子磁束への軸間磁束干渉の検証

提案数学モデルは，回転子磁束への軸間磁束干渉を式(3.13b)でモデル化した。式(3.13b)でモデル化された回転子磁束への軸間磁束干渉の影響は，式(3.19)に示したようにマグネットトルク τ_m に出現している。このように，回転子磁束とマグネットトルクは，数学モデル上でも表裏一体の関係にある。この一体性により，マグネットトルクの検証を通じ，回転子磁束への軸間磁束干渉の検証が可能である。

発生トルク τ は，リラクタンストルク τ_r とマグネットトルク τ_m から構成されるが，固定子電流をq軸電流のみとする場合（すなわち $i_d=0$ とする場合）には，リラクタンストルクは消滅し，発生トルクはマグネットトルクのみから構成される。提案数学モデルでは，$i_d=0$ とする場合には，次式が成立する（式(3.19)参照）。

$$\tau = \tau_m = N_p(\Phi - K_c|i_q|)i_q\ ;\ i_d = 0 \tag{3.51}$$

文献9）には，1極対数の非突極，突極の両PMSMに対して，$i_d=0$ の条件下，印加電流とマグネットトルクの実測値とFEM計算値とが提示されている。これを図3.4（a）に引用再掲した。上段が非突極PMSM，下段が突極PMSMのトルク特性を示している。同図では，τ_{mc} が軸間磁束干渉の影響を受けたマグネットトルクを示し，τ_{mi} は軸間磁束干渉の影響を無視できると仮定した場合のマグネットトルクを示してい

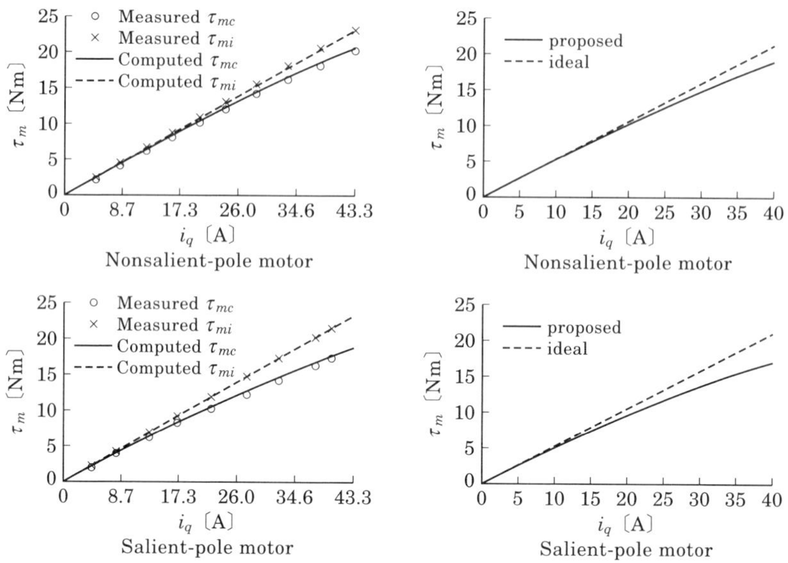

（a）実測値（文献9)より）　　（b）モデル計算値

図 3.4　回転子磁束における dq 軸間磁束干渉効果の例

る[9)]。なお，τ_{mi} の実測値とは，$i_q=0$ でのマグネット磁束強度 Φ の実測値を用いて線形算定した値を意味する[9)]。

文献9) の実測値，FEM 計算値に対して，新中モデルの式(3.19)，式(3.51)のマグネットトルク発生式に従ったモデル値を図 3.4 (b) に示した。この際，モデルパラメータとしては，次の値を利用した。

$$\left.\begin{array}{ll} N_p = 1, & \Phi = 0.53 \\ K_c = 0.0014, & 0.0025 \end{array}\right\} \tag{3.52}$$

同図では，図 3.4 (a) に対応させる形で，実線が式(3.52)のパラメータを利用した提案数学モデルによるモデル値（図 3.4 (a) の τ_{mc} に対応）を示している。破線は，同様に，$L_c=0$ の理想化数学モデルによるモデル値（図 3.4 (a) の τ_{mi} に対応）を示している。

両図の比較より，モデル値は実機の実測値，FEM 計算値に良好な一致性を示していることが確認される。この一致性は，回転子磁束への軸間磁束干渉に関する新中モデルの実用的妥当性を裏づけるものである。

3.5 ベクトルシミュレータ

3.5.1 A形ベクトルシミュレータ

軸間磁束干渉を考慮にいれた数学モデル式(3.25)〜式(3.31)と理想化数学モデル式(1.46)〜式(1.52)との違いは固定子反作用磁束と回転子磁束にあり，この違いは，形式的には以下のように整理される。

$$\boldsymbol{\phi}_i = [L_i \boldsymbol{I} + L_m \boldsymbol{Q}(\theta_\gamma)]\boldsymbol{i}_1 \rightarrow \boldsymbol{\phi}_i = [L_i \boldsymbol{I} + [L_m \boldsymbol{I} + L_c \boldsymbol{J}]\boldsymbol{Q}(\theta_\gamma)]\boldsymbol{i}_1 \qquad (3.53)$$

$$\boldsymbol{\phi}_m = \Phi \boldsymbol{u}(\theta_\gamma) \rightarrow \boldsymbol{\phi}_m = (\Phi - K_c|i_q|)\boldsymbol{u}(\theta_\gamma) \qquad (3.54)$$

式(3.53)の固定子反作用磁束に関連した2×2行列に関しては，次の関係が成立する。

$$[L_i \boldsymbol{I} + [L_m \boldsymbol{I} + L_c \boldsymbol{J}]\boldsymbol{Q}(\theta_\gamma)]^{-1} = \frac{[L_i \boldsymbol{I} - [L_m \boldsymbol{I} + L_c \boldsymbol{J}]\boldsymbol{Q}(\theta_\gamma)]}{L_i^2 - L_m^2 - L_c^2} \qquad (3.55)$$

理想化数学モデルに対応したA形ベクトルブロック線図（図1.10参照）に式(3.53)〜式(3.55)を考慮すると，新中モデル式(3.25)〜式(3.31)に対応したA形ベクトルブロック線図（A形ベクトルシミュレータ）として図3.5を得る。

同図における$|\cdot|$は絶対値処理を，また$G_{iq}(s)$は相対次数が1以上で，十分に広帯域幅な動的要素を意味する。この動的要素の代表的1例は，以下のとおりである。

$$G_{iq}(s) = \frac{\omega_{iq}}{s + \omega_{iq}} \qquad (3.56)$$

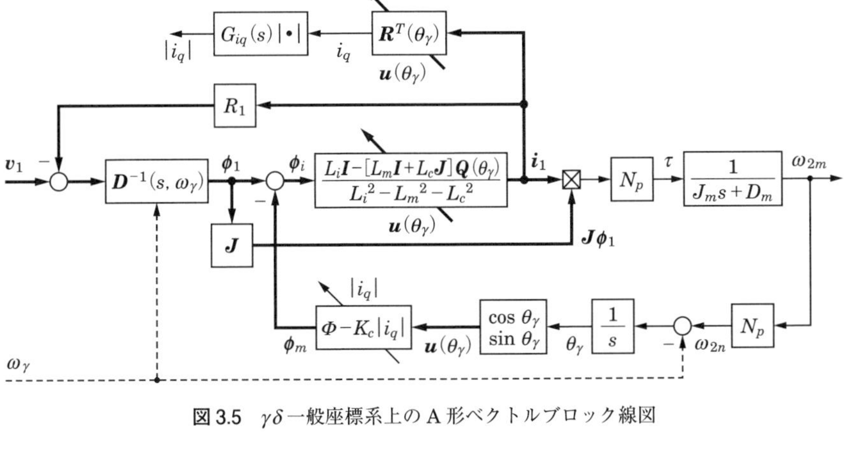

図3.5 $\gamma\delta$一般座標系上のA形ベクトルブロック線図

動的要素 $G_{iq}(s)$ は，q 軸電流 i_q に関連した代数ループの構成を回避するために導入したものであり，式(3.56)における ω_{iq} としては，固定子電流制御のための電流制御系の帯域幅より数倍程度大きく選定するようにすればよい。たとえば，$\omega_{iq}=4\,000$～$6\,000$〔rad/s〕である。

3.5.2　B形ベクトルシミュレータ

式(1.46)と式(3.25)との比較より明らかなように，式(3.54)の形式的違いは，次式の違いに展開される。

$$\boldsymbol{D}(s,\omega_\gamma)\boldsymbol{\phi}_m=\omega_{2n}\boldsymbol{J}\boldsymbol{\phi}_m \rightarrow \boldsymbol{D}(s,\omega_\gamma)\boldsymbol{\phi}_m=-K_c(s|i_q|)\begin{bmatrix}\cos\theta_\gamma\\ \sin\theta_\gamma\end{bmatrix}+\omega_{2n}\boldsymbol{J}\boldsymbol{\phi}_m \tag{3.57}$$

理想化数学モデルに対応したB形ベクトルブロック線図（図1.11参照）に式(3.53)～式(3.57)を考慮すると，新中モデル式(3.25)～式(3.31)に対応したB形ベクトルブロック線図（B形ベクトルシミュレータ）として図3.6を得る。

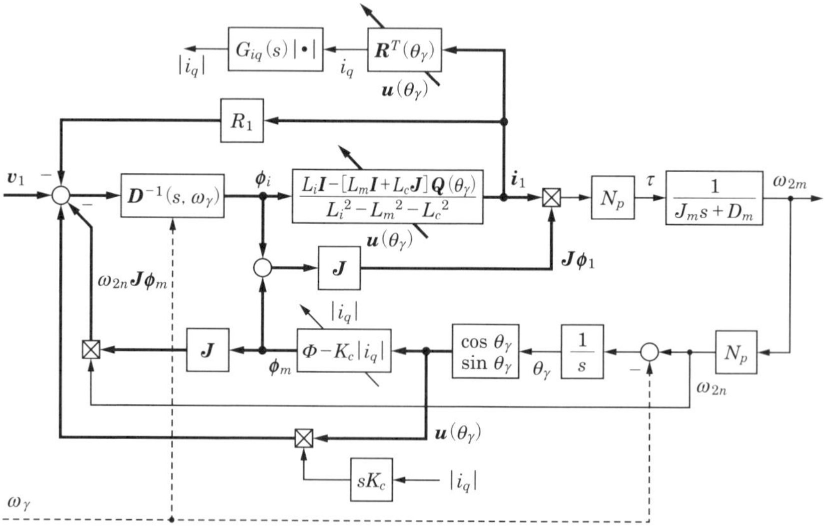

図3.6　$\gamma\delta$ 一般座標系上のB形ベクトルブロック線図

第2部

センサレスベクトル制御系の構造と共通技術

第4章

センサレスベクトル制御のための基本構造と共通技術

PMSM のセンサレスベクトル制御のための構造は，センサ利用ベクトル制御の構造が基本となる。第 4 章では，PMSM のセンサ利用ベクトル制御の代表的構造を，主構成要素の設計法とともに示し，このうえでセンサレスベクトル制御のための代表的構造を与える。センサ利用ベクトル制御とセンサレスベクトル制御との重要な相違は，回転子の位相・速度の実測と推定にある。概して，位相推定法は個別的議論が必要であり，速度推定法は統一的議論が可能である。第 4 章では，種々の位相推定法に併用可能な速度推定法などの諸技術を，センサレスベクトル制御のための共通技術として与える。なお，4.1 節，4.2 節の詳細は，それぞれ文献 1)，文献 2) に与えられている。

4.1 ベクトル制御系の基本構造

4.1.1 センサ利用ベクトル制御系の基本構造

(1) 全体構造

PMSM のためのエンコーダ（encoder）などの位置・速度センサ（position sensor，以下，PG と表記）を利用したベクトル制御系（vector control system）の基本構造を図 4.1 に示した。同図では，簡明性を確保すべく 3×1 ベクトルとして表現される三相信号，2×1 ベクトルとして表現される二相信号は，1 本の太い信号線でこれを表現している。また，ベクトル信号には，座標系との関連を明示すべく脚符 t，s，r を付与している。すなわち，各脚符は三相信号，$\alpha\beta$ 固定座標系上の二相信号，dq 同期座標系上の二相信号であることを意味している。

同システムの動作は，以下のように説明される。電流検出器で検出された三相固定子電流 $\boldsymbol{i}_{1t}$ は，3/2 相変換器 $\boldsymbol{S}^T$ で $\alpha\beta$ 固定座標系上の二相電流 $\boldsymbol{i}_{1s}$ に変換された後，ベクトル回転器 $\boldsymbol{R}^T(\theta_\alpha)$ で dq 同期座標系の二相電流 $\boldsymbol{i}_{1r}$ に変換され，電流制御器（cur-

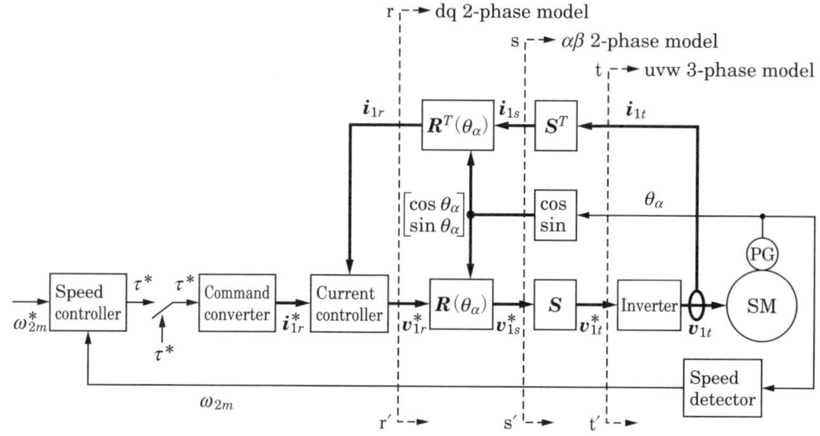

図 4.1 センサ利用ベクトル制御系の代表的構造

rent controller）へ送られる。電流制御器は，dq 同期座標系上の二相電流 $\boldsymbol{i}_{1r}$ が，二相の電流指令値 $\boldsymbol{i}_{1r}^*$ に追従すべく dq 同期座標系上の二相電圧指令値 $\boldsymbol{v}_{1r}^*$ を生成し，ベクトル回転器 $\boldsymbol{R}(\theta_\alpha)$ へ送る。ベクトル回転器 $\boldsymbol{R}(\theta_\alpha)$ では，dq 同期座標系上の二相電圧指令値 $\boldsymbol{v}_{1r}^*$ を $\alpha\beta$ 固定座標系上の二相電圧指令値 $\boldsymbol{v}_{1s}^*$ に変換し，2/3 相変換器 $\boldsymbol{S}$ へ送る。2/3 相変換器 $\boldsymbol{S}$ では，二相電圧指令値 $\boldsymbol{v}_{1s}^*$ を三相電圧指令値 $\boldsymbol{v}_{1t}^*$ に変換し，電力変換器（inverter）への指令値として出力する。電力変換器は指令値に応じた電圧 $\boldsymbol{v}_{1t}$ を発生し，PMSM へ印加し，これを駆動する。

このときの dq 同期座標系上の二相電流指令値 $\boldsymbol{i}_{1r}^*$ は，トルク指令値 τ^* から指令変換器（command converter）を介し得ている。また，2 個のベクトル回転器に使用する回転子位相 θ_α は，位置・速度センサより直接得ている。速度検出器（speed detector）では，位置・速度センサからの位相信号を近似微分処理することにより回転子速度を検出している。同図では，システムの機能を表現するために分離表記したが，実際のシステムでは，速度検出器は位置・速度センサと一体不可分である。

図 4.1 のベクトル制御系では，参考までに電流制御ループの上位に速度制御ループを構成する場合も例示している。制御目的が発生トルクにある場合には，トルク指令値は外部から直接印加される。これに対し，制御目的が速度制御にある場合には，トルク指令値は，速度指令値と速度応答値を入力信号とする速度制御器（speed controller）の出力信号として得ることになる。

制御器設計においては，制御器側から見た制御対象（PMSM）を把握する必要がある。図4.1にはこれをも示した。すなわち，電力変換器が理想的であるとするならば，同図において t-t′ の破線から PMSM を見た場合には，PMSM は式(1.1)～式(1.7)の「uvw 座標系上の動的数学モデル」で記述された制御対象として把握される。s-s′ の破線から PMSM を見た場合には，PMSM は式(1.24)～式(1.30)の「$\alpha\beta$ 固定座標系上の動的数学モデル」で記述された制御対象として把握される。さらに，r-r′ の破線から PMSM を見た場合には，PMSM は式(1.36)～式(1.42)の「dq 同期座標系上の動的数学モデル」で記述された制御対象として把握される。

(2) 制御器の設計原理

周波数応答において，-3 dB の振幅減衰を示す周波数おける位相遅れがおおむね $-\pi/4$ rad を示す制御対象を考える。この種の代表的な制御対象としては，相対次数が1次の系が考えられる。ここでは，上記の特性をもつ制御対象は，次の1次制御対象 $G_p(s)$ として近似されるものとする。

$$y(t) = G_p(s)u(t) = \frac{b}{s+a}u(t)\ ;\ b \neq 0 \tag{4.1}$$

上式における $u(t), y(t)$ は制御対象の操作量，制御量（応答値）である。

制御量 $y(t)$ を目標値（指令値）$y^*(t)$ に追従させるための代表的な制御器のひとつは，次の PI 制御器である（図4.2参照）。

$$\begin{aligned} u(t) &= \left(\frac{d_1 s + d_0}{s}\right)(y^*(t) - y(t)) \\ &= \left(d_1 + \frac{d_0}{s}\right)(y^*(t) - y(t)) \end{aligned} \tag{4.2}$$

このとき，目標値 $y^*(t)$ から制御量 $y(t)$ に至る閉ループ伝達関数 $G_c(s)$ は，次式となる。

$$G_c(s) = \frac{b(d_1 s + d_0)}{s^2 + (a + bd_1)s + bd_0} \tag{4.3}$$

閉ループ伝達関数 $G_c(s)$ の帯域幅（bandwidth）を ω_c〔rad/s〕とするとき，PI 制御器の P ゲイン（比例係数）と I ゲイン（積分係数）の設計法は，以下のように整理され

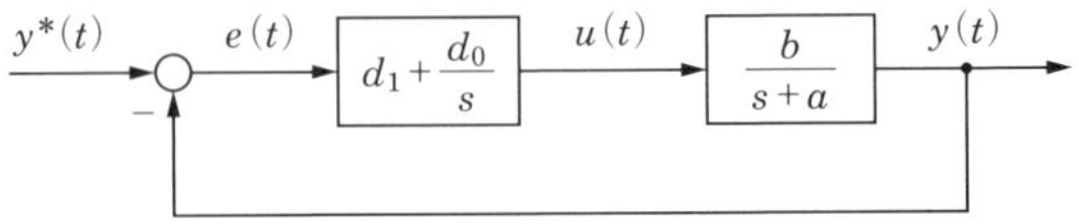

図4.2　PI 制御器を用いた制御系

る[1)]。

◆ PI 制御器設計原理[1)]

$$\left.\begin{aligned} d_1 &= \frac{\omega_c - a}{b} \\ d_0 &= \frac{w_1(1-w_1)\omega_c^2}{b} \ ; 0 \le w_1 \le 0.5 \end{aligned}\right\} \tag{4.4}$$

なお，w_1 はＩゲインを決定づける設計パラメータである。

■

(3) 制御器の設計

図 4.1 のベクトル制御系の電流制御器から見た PMSM は，r-r′ の破線から見たものとなる。この結果，電流制御器は，「制御対象たる PMSM は dq 同期座標系上の動的数学モデルで記述される」ものとして構成・設計される。dq 同期座標系上で評価した PMSM は，dq 軸間の干渉項を外乱とみなすと，外乱を伴った１次系として扱うことができる。この考えを，式(4.2)，式(4.4)に適用すると，次の PI 電流制御器が構成・設計される。

◆ PI 電流制御器

$$\boldsymbol{v}_{1r}^* = \begin{bmatrix} \dfrac{d_{d1}s + d_{d0}}{s} & 0 \\ 0 & \dfrac{d_{q1}s + d_{q0}}{s} \end{bmatrix} [\boldsymbol{i}_{1r}^* - \boldsymbol{i}_{1r}] \tag{4.5a}$$

または，

$$\begin{bmatrix} v_d^* \\ v_q^* \end{bmatrix} = \begin{bmatrix} \dfrac{d_{d1}s + d_{d0}}{s}(i_d^* - i_d) \\ \dfrac{d_{q1}s + d_{q0}}{s}(i_q^* - i_q) \end{bmatrix} \tag{4.5b}$$

■

◆ 電流制御のための PI 制御器設計[1)]

$$d_{d1} = L_d\omega_{ic} - R_1 \approx L_d\omega_{ic} \approx L_i\omega_{ic} \tag{4.6a}$$

$$d_{d0} = L_d w_1(1-w_1)\omega_{ic}^2 \approx L_i w_1(1-w_1)\omega_{ic}^2 \tag{4.6b}$$

$$0.05 \le w_1 \le 0.5 \tag{4.6c}$$

■

ここに，ω_{ic}〔rad/s〕は，電流制御系の帯域幅である。Ｉゲインを決定づける設計パラメータ w_1 は，原則式(4.6c)に従って選定する。この場合，$w_1(1-w_1)$ の最大値は 0.25 となるが，dq 軸間の干渉の影響を受けた電流応答における立上がりの向上を目的に，$w_1(1-w_1)$ を 0.5 程度に大きく設定する場合もある。上の式(4.6)は，d 軸電流制御器の設計法を示したものであるが，q 軸電流制御器の設計法も同様である。

電流制御器への入力信号である電流指令値 $\boldsymbol{i}_{1r}^*$ は，指令変換器においてトルク指令値 τ^* から生成している。トルク指令値は，トルク制御の場合には，外部から直接印加される。速度制御の場合には，速度制御器の出力信号として得る。

速度制御の対象である機械系の特性，すなわち発生トルク τ から機械速度 ω_{2m} に至る特性が，慣性モーメント J_m と粘性摩擦係数 D_m からなる次の 1 次遅れ系として表現されるものとする。

$$\omega_{2m} = \frac{1}{J_m s + D_m}\tau \tag{4.7}$$

速度指令値，速度応答値をおのおの $\omega_{2m}^*, \omega_{2m}$ とし，速度制御器を PI 制御器で構成・設計する場合には，これらは式(4.2)，式(4.4)より次式で与えられる。

◆ PI 速度制御器

$$\tau^* = \frac{d_1 s + d_0}{s}(\omega_{2m}^* - \omega_{2m}) \tag{4.8}$$

■

◆ 速度制御のための PI 制御器設計法[1)]

$$d_1 = J_m \omega_{sc} - D_m \approx J_m \omega_{sc} \tag{4.9a}$$

$$d_0 = J_m w_1(1-w_1)\omega_{sc}^2 \tag{4.9b}$$

$$0.05 \leq w_1 \leq 0.5 \tag{4.9c}$$

■

ここに，ω_{sc}〔rad/s〕は速度制御系の帯域幅であり，w_1 は I ゲインを決定づける設計パラメータである。

(4) 指令生成器の実現

指令生成器の働きは，単一のトルク指令値より 2 種の電流指令値（d 軸電流指令値，q 軸電流指令値）を生成することである。電流指令値の生成原理式は，数学モデルのトルク発生式(1.41)に基づく次式である。

$$\tau^* = N_p(2L_m i_d^* + \Phi)\, i_q^* \tag{4.10}$$

単一のトルク指令値 τ^* に対して式(4.10)を満足する 2 種の電流指令値は，無数存在する。実際的には，このなかから電流制限などのもとで効率駆動，広範囲駆動を可能とする電流指令値が選定・生成される。

1 例として，最小銅損を達成する電流指令値生成を考える。最小銅損を達成するための発生トルクは，次の最小電流軌跡（最小銅損軌跡，最大トルク（MTPA）軌跡ともよばれる）上に存在することが知られている[1]。

$$i_d \Phi + 2L_m(i_d^2 - i_q^2) = 0 \tag{4.11}$$

電流指令値と同応答値が等しいと仮定して，式(4.10)，式(4.11)が構成する非線形連立方程式を求解すれば，トルク指令値に対応した所要の電流指令値が得られる。しかし，非線形連立方程式の厳密な解析解を得ることは容易ではなく，代わって近似解析解を利用する方法，実時間再帰形求解法を利用して数値解を得る方法がとられている。この詳細は，文献 1）に解説されている。

上記方法に代わって，次式のようにトルク指令値から d 軸電流指令値，q 軸電流指令値を多項式近似し，生成するのも実際的である。

$$i_d^* = k_{d1}|\tau^*| + k_{d2}\,\tau^{*2} \tag{4.12a}$$

$$\begin{aligned} i_q^* &= k_{q1}\,\tau^* + k_{q2}\,\mathrm{sgn}\,(\tau^*)\tau^{*2} \\ &= (k_{q1} + k_{q2}|\tau^*|)\tau^* \end{aligned} \tag{4.12b}$$

d 軸，q 軸の両電流指令値の多項式近似生成に代わって，トルク指令値 τ^* より d 軸電流指令値 i_d^*，q 軸電流指令値 i_q^* のいずれかひとつを多項式近似生成し，これをトルク発生式，あるいは最小銅損軌跡式に用いて他の電流指令値を生成するようにしてもよい。たとえば，q 軸電流指令値 i_q^* をトルク発生式，最小電流軌跡式に用いれば，d 軸電流指令値をおのおの以下のように得ることができる。

$$i_d^* = \begin{cases} \dfrac{1}{2L_m}\left(\dfrac{\tau^*}{N_p i_q^*} - \Phi\right) & ;\ \tau^* \neq 0 \\ 0 & ;\ \tau^* = 0 \end{cases} \tag{4.13}$$

$$i_d^* = \frac{-\dfrac{\Phi}{2L_m} - \sqrt{\left(\dfrac{\Phi}{2L_m}\right)^2 + 4i_q^{*2}}}{2} \tag{4.14}$$

式(4.12)の多項式近似の 1 例を示す。供試モータのパラメータとしては，表 4.1 のものを使用する。また，近似多項式係数は，約 150% 定格の範囲で最小二乗誤差の観点から定めるものとする。この結果は，以下のとおりである。

$$i_d^* = -0.029|\tau^*| - 0.0747\tau^{*2} \tag{4.15a}$$

$$i_q^* = (1.4148 - 0.0255|\tau^*|)\tau^* \tag{4.15b}$$

図 4.3 に，表 4.1 のパラメータを式(4.11)に用いて算定した最小電流軌跡（図 4.3 (a)），式(4.15)に基づく d 軸電流指令値（図 4.3 (b)），q 軸電流指令値（図 4.3 (c)）を示した。図 4.3 (b)，(c) においては解析値を実線で，近似値を破線で示した。良好

表 4.1 供試モータの特性

R_1	2.259〔Ω〕	rated torque	2.2〔Nm〕
L_i	0.02662〔H〕	rated speed	183〔rad/s〕
L_m	−0.00588〔H〕	rated current	1.7〔A, rms〕
Φ	0.24〔Vs/rad〕	rated voltage	163〔V, rms〕
N_p	3	moment of inertia	0.0016〔kgm²〕
rated power	400〔W〕	effective resolution of encoder	4×1024〔p/r〕

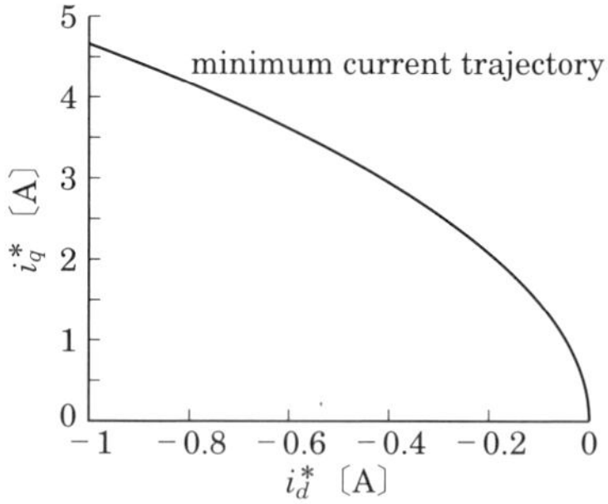

（a） d 軸電流指令値と q 軸電流指令値

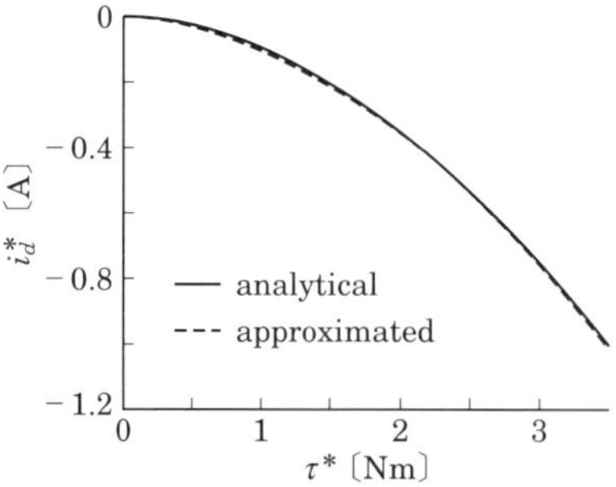

（b） トルク指令値と d 軸電流指令値

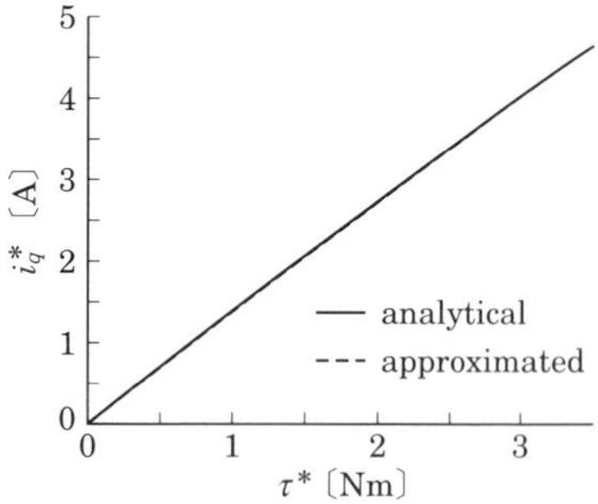

（c） トルク指令値と q 軸電流指令値

図 4.3 指令変換器の近似特性

な近似が観察される。なお，q 軸電流指令値に関しては解析値と近似値との差は線幅以下であり，描画図では両曲線は実質一致している。参考までに，近似多項式の係数算定に使用した Matlab プログラムを表 4.2 に示した。

実際的な駆動には，モータ，電力変換器の焼損回避の観点より，電流制限機能は必

表 4.2 最小二乗近似プログラムの例

```
Np=3
Lm=-0.00588
Cap_Phi=0.24

Id=(-1.0:0.01:0);
Iq=sqrt(Cap_Phi/(2*Lm)*Id + Id.*Id);
Torq=Np*(2*Lm*Id + Cap_Phi).*Iq;

Torq2=Torq.*Torq;
M=[Torq; Torq2];
D_para=Id*M'/[M*M']
Q_para=Iq*M'/[M*M']

Id_est=D_para(1)*Torq + D_para(2)*Torq2;
Iq_est=Q_para(1)*Torq + Q_para(2)*Torq2;

plot(Id, Iq)
plot(Torq, Id, Torq, Id_est)
plot(Torq, Iq, Torq, Iq_est)
```

須である。本機能は，電流指令値どおりに電流制御が遂行される電流制御系が構成されているとの前提のもとに，電流指令値に制限を設けることにより実現するのが一般的である。すなわち，電流制限値 $I_{\max}$ を用いた次の瞬時関係に立脚して，電流制限機能を付与している。

$$i_u^2+i_v^2+i_w^2 = i_\alpha^2+i_\beta^2 = i_d^2+i_q^2 \approx i_d^{*2}+i_q^{*2} \leq I_{\max}^2 \tag{4.16}$$

効率駆動，広範囲駆動遂行の場合には，電流指令値制限に代わってトルク指令値制限を行うこともある。1 例として，最小銅損の効率駆動をしている状況を考える。最小電流軌跡上では，正負の電流制限値 $I_{\max}$ に対応した d 軸電流指令値，q 軸電流指令値は次式で与えられる（後掲の定理 9.6 参照）[1]。

$$\left.\begin{aligned} i_d^* &= \frac{-1}{2}\left(\frac{\Phi}{4L_m}+\sqrt{\frac{\Phi^2}{16L_m^2}+2\,I_{\max}^2}\right) \approx \frac{2L_m}{\Phi}I_{\max}^2 \\ i_q^* &= \mathrm{sgn}\,(I_{\max})\sqrt{I_{\max}^2-i_d^{*2}} \approx I_{\max}\left(1-\frac{2L_m^2}{\Phi^2}I_{\max}^2\right) \end{aligned}\right\} \tag{4.17}$$

上式に従い定めた d 軸電流指令値，q 軸電流指令値を式(4.10)に用いれば，正負の電流制限値 $I_{\max}$ に対応した正負のトルク制限値を得ることができる。

事前に式(4.17)に基づき正負のトルク制限値を算定しておき，初期トルク指令値に対して本トルク制限値に基づくリミッタ処理をして最終トルク指令値を得て，この最終トルク指令値に基づき d 軸電流指令値，q 軸電流指令値を生成するようにすれば，電流制限と効率駆動を同時に遂行しえる電流指令値を生成できる。指令変換器は，このような電流制限機能をも備える。

4.1.2 センサレスベクトル制御系の基本構造

ベクトル制御の基本は，dq 同期座標系上の電流制御に基づくトルク発生にあり，これには dq 同期座標系上で評価された固定子電流が，ひいては dq 同期座標系の位相を指定するベクトル回転器が必要である。ベクトル回転器に必要とされる回転子位相は，$\alpha\beta$ 固定座標系上の α 軸から見た回転子磁束の位相 θ_α である。空間的幅をもつ回転子磁束は，回転子に装着された空間的幅をもつ永久磁石の N 極を発生源としており，回転子に位置・速度センサを装着する場合には，被発生量と発生源の観点より，N 極中心部分の位相（すなわち，位置）をもって回転子位相 θ_α としている（図 4.1 参照）。

しかしながら，エンコーダ（encoder）などの位置・速度センサの回転子の装着は，モータ駆動系の信頼性低下，軸方向のモータ容積増大，センサ用ケーブルの引回し，各種コストの増大などの問題を誘発してきた。応用によっては，機構的あるいは環境的制約により，位置・速度センサの装着が困難なこともある。これらを解決すべく，位置・速度センサを用いることなく適切にトルク発生できるセンサレスベクトル制御（sensorless vector control）が近年盛んに研究開発されてきた。

センサレスベクトル制御法の成否は，概して回転子の位相と速度の推定成否に支配される。回転子位相推定法は，推定に利用する信号の観点から，大きくはモータのトルク発生に直接的に寄与する駆動用電圧・電流の基本波（fundamental driving frequency）成分を活用する方法と，回転子位相探査信号として高周波電圧を強制印加する方法（high frequency voltage injection method）とに分類することができる。

回転子位相・速度の推定法を実現した機器は，位相速度推定器（phase-speed estimator）とよばれる。位相速度推定器は，$\alpha\beta$ 固定座標系上で構成することも，dq 同期

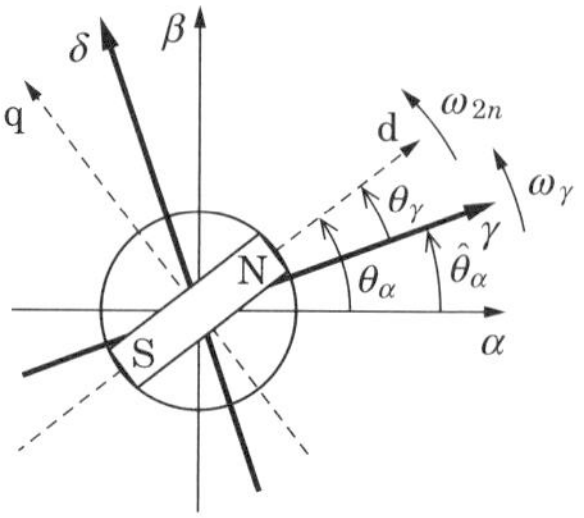

図 4.4 $\alpha\beta$ 固定座標系と dq 同期座標系と $\gamma\delta$ 準同期座標系の関係

座標系への位相差のない追従を目指した $\gamma\delta$ 準同期座標系上で構成することも可能である。図 4.4 に $\alpha\beta$ 固定座標系，dq 同期座標系，$\gamma\delta$ 準同期座標系の関係を図示した。$\gamma\delta$ 準同期座標系の位相 $\hat{\theta}_\alpha$ と速度 ω_γ は，dq 同期座標系の位相 θ_α と速度 ω_{2n} に収斂することが期待されている。

4.1.2 項では，位相速度推定器を備えたセンサレスベクトル制御系の基本構造を説明する。

(1) $\alpha\beta$ 固定座標系上の位相速度推定器を利用した構造

図 4.5 に，$\alpha\beta$ 固定座標系上の駆動用電圧・電流の基本波成分を利用して位相・速度推定を行うセンサレスベクトル制御系の代表的構成例を示した。このセンサレスベクトル制御系と位置・速度センサを利用した通常のベクトル制御系の違いは，位置・速度センサに代わって $\alpha\beta$ 固定座標系上の電圧と電流情報から回転子の位相と速度を推定する位相速度推定器（phase-speed estimator）の存在にあり，他は同一である。

位相速度推定器には，$\alpha\beta$ 固定座標系上で定義された固定子電流の実測値 $\boldsymbol{i}_{1s}$ と固定子電圧の指令値 $\boldsymbol{v}_{1s}^*$ が入力され，ベクトル回転器に使用される回転子位相推定値（すなわち，$\gamma\delta$ 準同期座標系の位相）$\hat{\theta}_\alpha$ と回転子の電気速度推定値 $\widehat{\omega}_{2n}$ とを出力している（図 4.5 参照）。回転子の電気速度推定値 $\widehat{\omega}_{2n}$ は，極対数 N_p で除されて機械速度推定値 $\widehat{\omega}_{2m}$ に変換された後，速度制御器へ送られている。位相速度推定器に入力される固定子電圧としては，推定精度上は電圧実測値の利用が好ましいが，システム構成の簡易性の観点から本例のように電圧指令値を利用することが多い。

位相速度推定器の構成例を図 4.6 に示した。これは，位相推定器（phase estimator）と速度推定器（speed estimator）から構成されている。位相推定器は，$\alpha\beta$ 固定座標系上で評価した回転子の初期位相推定値 $\widehat{\theta}'_\alpha$ を出力すべく入力信号として，同座標系上で定義された固定子電流と固定子電圧の信号に加えて，回転子の最終位相推定値 $\hat{\theta}_\alpha$ と電気速度推定値 $\widehat{\omega}_{2n}$ とを得ている。速度推定器は初期位相推定値 $\widehat{\theta}'_\alpha$ を処理して，

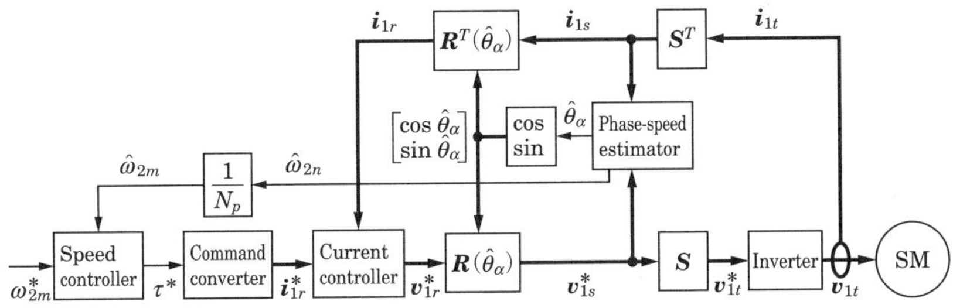

図 4.5 $\alpha\beta$固定座標系上の位相速度推定器を利用したセンサレスベクトル制御系の構成例

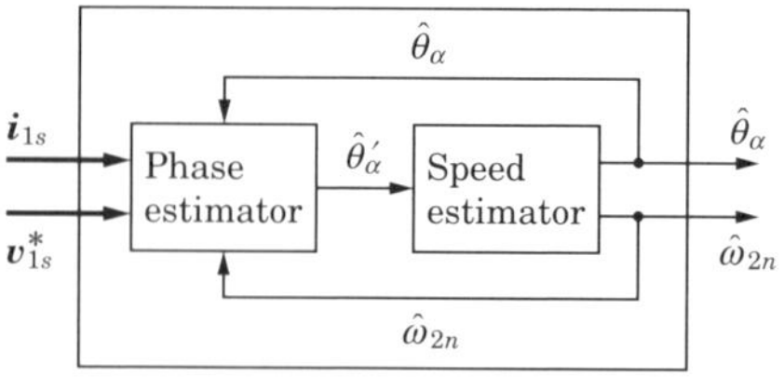

図 4.6　$\alpha\beta$固定座標系上の位相速度推定器の構造

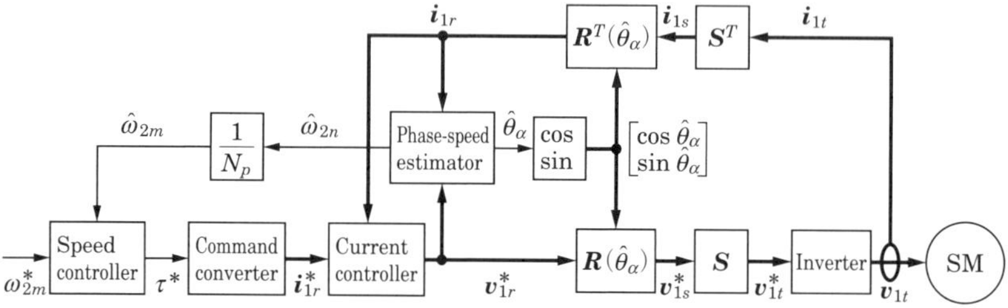

図 4.7　$\gamma\delta$準同期座標系上の位相速度推定器を利用したセンサレスベクトル制御系の構成例

所期の回転子の最終位相推定値 $\hat{\theta}_\alpha$ と速度推定値 $\hat{\omega}_{2n}$ を外部に向け出力している。

(2)　$\gamma\delta$ 準同期座標系上の位相速度推定器を利用した構造

図 4.7 に，$\gamma\delta$ 準同期座標系上の駆動用電圧・電流の基本波成分を利用して位相・速度推定を行うセンサレスベクトル制御系の代表的構成例を示した。このセンサレスベクトル制御系と位置・速度センサを利用した通常のベクトル制御系の違いは，位置・速度センサに代わって $\gamma\delta$ 準同期座標系上の電圧と電流情報から回転子の位相と速度を推定する位相速度推定器の存在にあり，他は同一である。

$\gamma\delta$ 準同期座標系上で構成された位相速度推定器の機能は，$\alpha\beta$ 固定座標系上で構成された位相速度推定器の機能と同一である。すなわち，$\gamma\delta$ 準同期座標系上の位相速度推定器には，$\gamma\delta$ 準同期座標系上で定義された固定子電流の実測値 $\boldsymbol{i}_{1r}$ と固定子電圧の指令値 $\boldsymbol{v}^*_{1r}$ が入力され，ベクトル回転器に使用される回転子位相推定値（すなわち，$\gamma\delta$ 準同期座標系の位相）$\hat{\theta}_\alpha$ と回転子の電気速度推定値 $\hat{\omega}_{2n}$ とを出力している（図 4.7 参照）。

$\gamma\delta$ 準同期座標系上の位相速度推定器の構成例を図 4.8 に示した。これは，位相偏差推定器（phase error estimator）と位相同期器（phase synchronizer）から構成されている。位相偏差推定器は，$\gamma\delta$ 準同期座標系上で評価した回転子位相の推定値 $\hat{\theta}_\gamma$ を出力すべく，入力信号として同座標系上で定義された固定子電流と固定子電圧の信号に

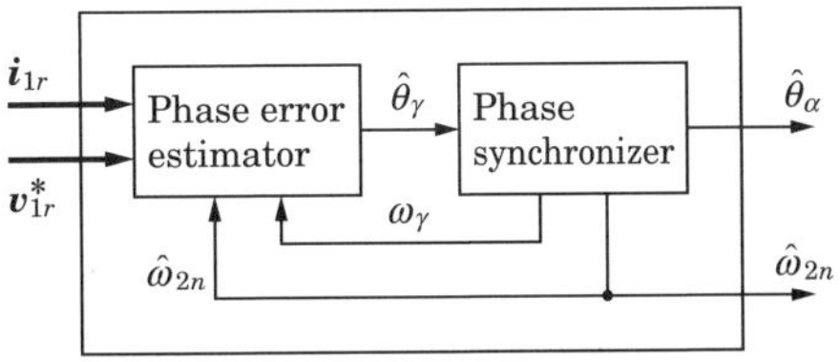

図 4.8 $\gamma\delta$ 準同期座標系上の位相速度推定器の構造

加えて，座標系速度 ω_γ と電気速度推定値 $\widehat{\omega}_{2n}$ とを得ている。位相同期器は，回転子位相推定値 $\widehat{\theta}_\gamma$ を利用して所期の回転子位相推定値 $\widehat{\theta}_\alpha$ と速度推定値 $\widehat{\omega}_{2n}$ を外部に向け出力している。

4.2 センサレス駆動における共通技術

4.2.1 積分フィードバック形速度推定法

図 4.6 の位相速度推定器は，位相推定器と速度推定器から構成される。位相推定器のための位相推定法は，種々存在する。しかし，種々の位相推定法に対応したかたちで個別の速度推定器を用意する必要はない。単一の速度推定法による速度推定器が，種々の位相推定器に対応可能である。このひとつが，新中提案の積分フィードバック形速度推定法（integral-feedback speed estimation method）[2)~4)] である。これは，以下のように与えられる。

◆ 積分フィードバック形速度推定法 [2)~4)]

$$\widehat{\omega}_{2n} = sF_C(s)\widehat{\theta}'_\alpha = C(s)\mathrm{mod}\,(\pm\pi, (\widehat{\theta}'_\alpha - \widehat{\theta}_\alpha)) \tag{4.18a}$$

$$\widehat{\theta}_\alpha = \frac{1}{s}\widehat{\omega}_{2n} \tag{4.18b}$$

ここに，$F_C(s)$，$C(s)$ は，おのおの次のように定義された安定ローパスフィルタ，位相制御器（phase controller）である．

$$F_C(s) = \frac{F_N(s)}{F_D(s)}$$

$$= \frac{f_{n,m-1}s^{m-1} + f_{n,m-2}s^{m-2} + \cdots + f_{n,0}}{s^m + f_{d,m-1}s^{m-1} + \cdots + f_{d,0}} \;;\; f_{d,0} = f_{n,0} > 0 \tag{4.18c}$$

$$C(s)=\frac{sF_N(s)}{F_D(s)-F_N(s)} \tag{4.18d}$$

また，mod (・,・) は，変数に対する $-\pi\sim\pi$ のモジュラ処理を意味する。

■

積分フィードバック形速度推定法は，式(4.18)より明白なように，位相推定器より得た初期位相推定値 $\hat{\theta}'_\alpha$ を近似微分処理して速度推定値 $\hat{\omega}_{2n}$ を得，また初期位相推定値 $\hat{\theta}'_\alpha$ をローパスフィルタリングして最終位相推定値 $\hat{\theta}_\alpha$ を得るものである。この動的処理においてとくに重要な特徴は，位相偏差 $(\hat{\theta}'_\alpha-\hat{\theta}_\alpha)$ の生成とこれに対するモジュラ処理である。図4.9に式(4.18a)第2式と式(4.18b)に基づく積分フィードバック形速度推定法を示した。同図では，同速度推定法において不可欠な $-\pi\sim\pi$ のモジュラ処理を，mod $(\pm\pi)$ で明示している。

初期位相推定値 $\hat{\theta}'_\alpha$ は，回転子位相情報を有する回転子磁束推定値 $\hat{\boldsymbol{\phi}}_m$ などの逆正接処理（通常は atan2 処理）を介して得ることが多い。すなわち，

$$\hat{\theta}'_\alpha=\tan^{-1}\left(\frac{\hat{\phi}_{m\beta}}{\hat{\phi}_{m\alpha}}\right) \tag{4.19a}$$

ただし，

$$\hat{\boldsymbol{\phi}}_m=\begin{bmatrix}\hat{\phi}_{m\alpha}\\ \hat{\phi}_{m\beta}\end{bmatrix} \tag{4.19b}$$

逆正接処理（atan2 処理）の手順を変更することにより，上記のモジュラ処理を，ベクトル回転器を利用して遂行することも可能である。これは，以下のように整理される[2)～4)]。

$$\hat{\theta}'_\alpha-\hat{\theta}_\alpha=\tan^{-1}\left(\frac{\hat{\phi}_{m\delta}}{\hat{\phi}_{m\gamma}}\right) \tag{4.20a}$$

ただし，

$$\begin{bmatrix}\hat{\phi}_{m\gamma}\\ \hat{\phi}_{m\delta}\end{bmatrix}=\boldsymbol{R}^T(\hat{\theta}_\alpha)\hat{\boldsymbol{\phi}}_m \tag{4.20b}$$

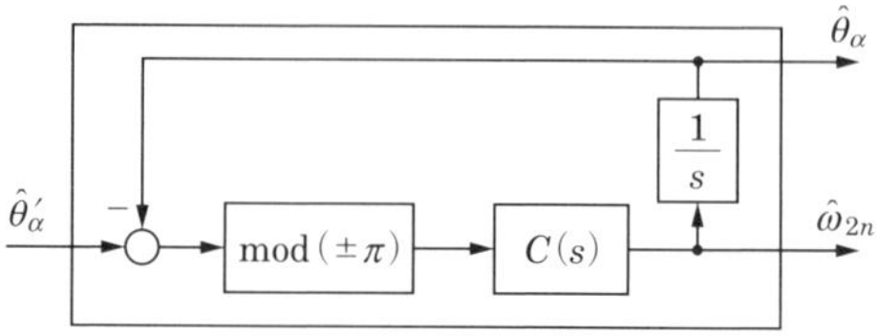

図4.9　積分フィードバック形速度推定法の実現例

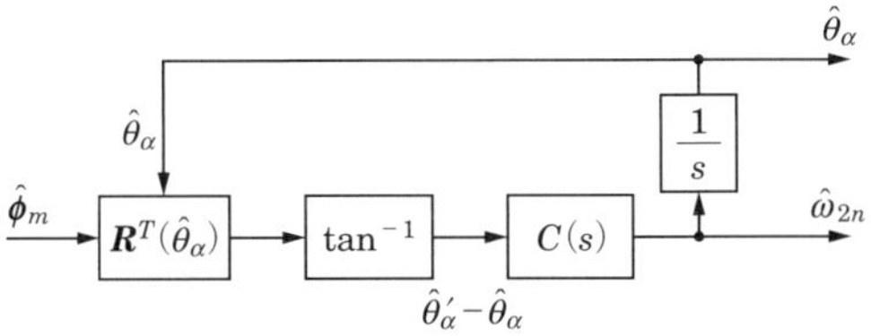

図 4.10　積分フィードバック形速度推定法のベクトル回転器を用いた実現例

図 4.10 に，式(4.20)を活用した積分フィードバック形速度推定法の実現を示した。ローパスフィルタ $F_C(s)$ は高い設計自由度を有しており，本自由度を利用してフィルタを以下のように設計することを考える。

$$F_N(s) = F_D(s) - s^m \tag{4.21a}$$

式(4.21a)の設計に関しては，ローパスフィルタ $F_C(s)$ の帯域幅はおおむね $f_{d,m-1}$ となる。また，これに対応した位相制御器 $C(s)$ は次の（4.21b）式となり，その係数はフィルタの分母多項式の係数と同一となる。

$$C(s) = \frac{sF_N(s)}{F_D(s)-F_N(s)} = \frac{f_{d,m-1}s^{m-1}+\cdots+f_{d,0}}{s^{m-1}} \tag{4.21b}$$

4.2.2　一般化積分形 PLL 法

図 4.8 の位相速度推定器は，位相偏差推定器と位相同期器から構成される。位相偏差推定器のための位相推定法は，種々存在する。しかし，種々の位相推定法に対応したかたちで個別の位相同期器を用意する必要はない。単一の位相同期器が，多様な位相偏差推定器に対応可能である。汎用性の高い位相同期器の構成原理は，PLL 法（phase-locked loop method）にある。PLL 法を PMSM のセンサレスベクトル制御用に新中によって体系化されたものが，一般化積分形 PLL 法（generalized integral-type phase-locked loop method）である[2)〜4)]。これは，以下のように与えられる。

◆ 一般化積分形 PLL 法[2)〜4)]

$$\omega_\gamma = C(s)\widehat{\theta}_\gamma \tag{4.22a}$$

$$\widehat{\theta}_\alpha = \frac{1}{s}\omega_\gamma \tag{4.22b}$$

$$\widehat{\omega}_{2n}\begin{cases} = \omega_\gamma \\ \approx \omega_\gamma \end{cases} \tag{4.22c}$$

ただし，

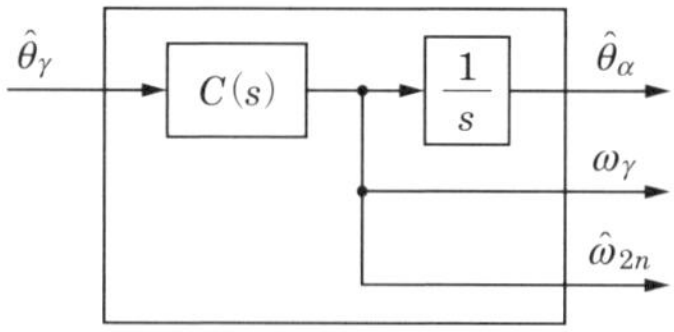

図 4.11　一般化積分形 PLL 法に基づく位相同期器の構成例

$$F_C(s) = \frac{F_N(s)}{F_D(s)} = \frac{f_{n,m-1}s^{m-1}+f_{n,m-2}s^{m-2}+\cdots+f_{n,0}}{s^m+f_{d,m-1}s^{m-1}+\cdots+f_{d,0}} \;;\; f_{d,0}=f_{n,0}>0 \tag{4.22d}$$

$$C(s) = \frac{sF_N(s)}{F_D(s)-F_N(s)} \tag{4.22e}$$

■

式(4.22c)は，$\gamma\delta$ 準同期座標系の速度 ω_γ を，または座標系速度に準じた信号（座標系速度のフィルタ処理信号など）を，回転子の電気速度推定値とすることを意味する。図 4.11 に，一般化積分形 PLL 法に基づき構成された位相同期器の 1 例を示した。なお，一般化積分形 PLL 法の動作原理に関しては，文献 2）に詳しく解説されている。

一般化積分形 PLL 法におけるローパスフィルタ $F_C(s)$ の設計は，積分フィードバック形速度推定法のそれと同一である。したがって，式(4.21a)のようにフィルタを設計するならば，式(4.22e)の位相制御器 $C(s)$ は式(4.21b)となり，位相制御器 $C(s)$ の係数はフィルタの分母多項式の係数と同一となる。

位相制御器 $C(s)$ の同一性からも理解されるように，$\gamma\delta$ 準同期座標系上で構成された一般化積分形 PLL 法と $\alpha\beta$ 固定座標系上で構成された積分フィードバック形速度推定法とは，双対の関係にある（後掲の 5.3.2 項参照）。

第3部

駆動用電圧・電流を用いた位相推定

第5章

一般化回転子磁束推定法

駆動用電圧・電流を用いた回転子位相推定は，一般に回転子磁束，誘起電圧，拡張誘起電圧などの物理量を駆動用電圧・電流を用いて推定し，これに含まれる回転子位相情報を抽出するかたちで行われる。物理量の推定法として，状態オブザーバ，外乱オブザーバ，フィルタリングなどに代表される多数の方法がすでに提案されている。物理量推定後の位相情報の抽出は平易である。第5章では，回転子磁束推定を介した位相推定法が最近とくに注目を集めていることを考慮し，D因子フィルタを用いた統一的アプローチに基づく一般化回転子磁束推定法を提案・紹介する。

5.1 全極形D因子フィルタ

5.1.1 全極形D因子フィルタの定義

次の実数係数（以下，実係数と略記）a_i をもつ n 次フルビッツ多項式（安定多項式）$A(s)$ を考える。

$$A(s) = s^n + a_{n-1}s^{n-1} + \cdots + a_0\ ;\ a_i > 0 \tag{5.1}$$

速度 ω_γ で回転する $\gamma\delta$ 一般座標系上の二相信号をフィルタリングするための2入力2出力フィルタとして，フルビッツ多項式 $A(s)$ の実係数 a_i と他の実係数 g_1 とを用いた次の全極形D因子フィルタ $\boldsymbol{F}(\boldsymbol{D})$ を考える（基本的なD因子フィルタの諸性質に関しては文献1)〜文献6) を参照)。なお，以降では簡単のためとくに断らない限り速度 ω_{2n}，ω_γ は一定とする。

◆ 全極形D因子フィルタ

$$\begin{aligned}\boldsymbol{F}(\boldsymbol{D}(s, \omega_\gamma - (1-g_1)\omega_{2n})) &= \boldsymbol{A}^{-1}(\boldsymbol{D}(s, \omega_\gamma - (1-g_1)\omega_{2n}))\boldsymbol{G} &(5.2\text{a})\\ &= \boldsymbol{G}\,\boldsymbol{A}^{-1}(\boldsymbol{D}(s, \omega_\gamma - (1-g_1)\omega_{2n})) &(5.2\text{b})\end{aligned}$$

$$\begin{aligned}&\boldsymbol{A}(\boldsymbol{D}(s, \omega_\gamma - (1-g_1)\omega_{2n}))\\ &= \boldsymbol{D}^n(s, \omega_\gamma - (1-g_1)\omega_{2n}) + a_{n-1}\boldsymbol{D}^{n-1}(s, \omega_\gamma - (1-g_1)\omega_{2n}) + \cdots\end{aligned}$$

$$+a_1\boldsymbol{D}(s,\omega_\gamma-(1-g_1)\omega_{2n})+a_0\boldsymbol{I} \tag{5.2c}$$

$$\boldsymbol{G}=g_{re}\boldsymbol{I}+g_{im}\boldsymbol{J} \tag{5.2d}$$

ただし，

$$g_{re}=g_1(a_1-a_3(g_1\omega_{2n})^2+a_5(g_1\omega_{2n})^4-a_7(g_1\omega_{2n})^6+\cdots) \tag{5.3a}$$

$$g_{im}=\frac{-a_0}{\omega_{2n}}+a_2g_1^2\omega_{2n}-a_4g_1^4\omega_{2n}^3+a_6g_1^6\omega_{2n}^5-\cdots$$

$$=-\mathrm{sgn}(\omega_{2n})\left(\frac{a_0}{|\omega_{2n}|}-a_2g_1^2|\omega_{2n}|+a_4g_1^4|\omega_{2n}|^3-a_6g_1^6|\omega_{2n}|^5+\cdots\right) \tag{5.3b}$$

$$0\le g_1\le 1 \tag{5.3c}$$

■

第5章で検討する全極形D因子フィルタ $\boldsymbol{F}(\boldsymbol{D})$ は，$\gamma\delta$ 一般座標系上の二相信号を処理することを前提としている。このときの二相信号は，電気速度 ω_{2n} で回転中のPMSMの駆動用電圧・電流である。すなわち，処理対象の二相信号は，$\gamma\delta$ 一般座標系の速度 ω_γ とPMSMの速度 ω_{2n} の影響を受けている。上記の全極形D因子フィルタは速度 ω_γ，ω_{2n} を内包しているが，この遠因は処理対象の二相信号がこれら速度の影響を受けている点にある。

5.1.2 全極形D因子フィルタの基本実現

式(5.2a)，式(5.2b)の全極形D因子フィルタ $\boldsymbol{F}(\boldsymbol{D})$ は，簡単には図5.1のように実現される。同図（a）は式(5.2a)の基本実現（基本外装I形実現）であり，2×2行列ゲイン $\boldsymbol{G}$ をD因子多項式 $\boldsymbol{A}(\boldsymbol{D})$ の逆行列 $\boldsymbol{A}^{-1}(\boldsymbol{D})$ の入力端側に配置している。一方，同図（b）は式(5.2b)の基本実現（基本外装II形実現）であり，2×2行列ゲイン $\boldsymbol{G}$ をD因子多項式の逆行列の出力端側に配置している。

行列ゲイン $\boldsymbol{G}$ が一定の場合には，両実現は初期値の影響を排除するならば，過渡時を含め同一の応答を示す。しかし，行列ゲイン $\boldsymbol{G}$ が回転子速度 ω_{2n} に応じて変化する

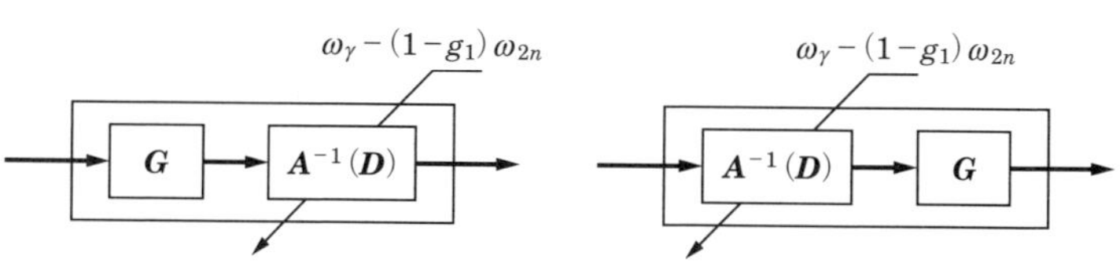

（a） 基本外装I形実現　（b） 基本外装II形実現

図5.1 全極形D因子フィルタの基本実現

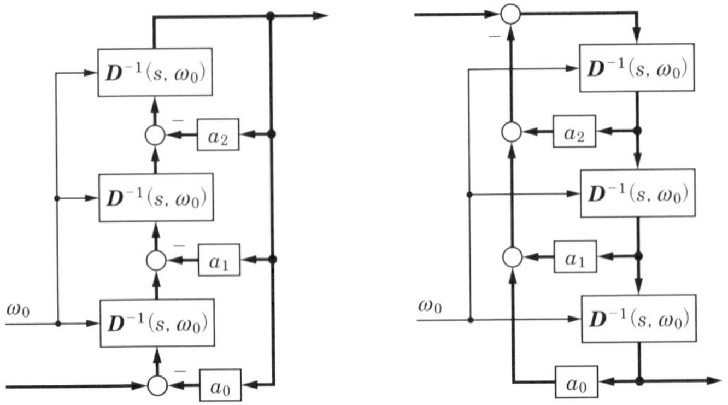

（a） モジュールベクトル直接Ⅰ形　（b） モジュールベクトル直接Ⅱ形

図 5.2　$\boldsymbol{A}^{-1}(\boldsymbol{D})$ の代表的実現例

場合には，両者の過渡応答は相違する。速度 ω_{2n} が一定の定常状態では，式(5.3)が示すようにいずれの行列ゲインも一定となり，両実現は同一の応答を示す。

D 因子多項式 $\boldsymbol{A}(\boldsymbol{D})$ の逆行列 $\boldsymbol{A}^{-1}(\boldsymbol{D})$ の実現に関しては，文献 1）に整理・紹介されているように種々の方法がある。逆行列 $\boldsymbol{A}^{-1}(\boldsymbol{D})$ の実現法の要点は，以下のように整理される。

まず，フルビッツ多項式 $A(s)$ の逆多項式 $A^{-1}(s)$ を，積分器 $1/s$ とスカラ信号線からなる 1 入力 1 出力システムとして実現する。このときの実現は，任意の構造を採用してよい。次に，形式的に積分器 $1/s$ を逆 D 因子 $\boldsymbol{D}^{-1}$ で置換し，スカラ信号線を $\gamma\delta$ 一般座標系上の 2×1 ベクトル信号線に置換する。置換後の 2 入力 2 出力システムは，D 因子多項式の逆行列 $\boldsymbol{A}^{-1}(\boldsymbol{D})$ の実現となる。

図 5.2 に，$n=3$ における D 因子多項式の逆行列 $\boldsymbol{A}^{-1}(\boldsymbol{D})$ の代表的実現例を示した。同図（a）はモジュールベクトル直接Ⅰ形，同図（b）はモジュールベクトル直接Ⅱ形とよばれる[1)]。図 5.2 における逆 D 因子 $\boldsymbol{D}^{-1}(s,\omega_0)$ は，図 1.9 のように実現されている。なお，図 5.2 におけるスカラ信号 ω_0 は，$\omega_0=(\omega_\gamma-(1-g_1)\omega_{2n})$ を意味する。

5.1.3　全極形 D 因子フィルタの安定特性と周波数選択特性

式(5.2)に定義した全極形 D 因子フィルタ $\boldsymbol{F}(\boldsymbol{D})$ は，次の定理に示す性質をもつ。

《定理 5.1》

①全極形 D 因子フィルタ $\boldsymbol{F}(\boldsymbol{D})$ は，二相入力信号の正相成分と逆相成分に対し，おのおの次の伝達関数 $F_p(s,\omega_\gamma)$，$F_n(s,\omega_\gamma)$ で表現される伝達特性を示す。

$$F_p(s,\omega_\gamma)=\frac{g_{re}+jg_{im}}{A(s+j(\omega_\gamma-(1-g_1)\omega_{2n}))} \tag{5.4a}$$

$$F_n(s,\omega_\gamma)=\frac{g_{re}-jg_{im}}{A(s-j(\omega_\gamma-(1-g_1)\omega_{2n}))} \tag{5.4b}$$

ここに，j は虚数単位を意味する。

②全極形 D 因子フィルタ $\boldsymbol{F}(\boldsymbol{D})$ は，行列ゲイン $\boldsymbol{G}$ 一定のもとでは正相成分に対する周波数選択特性として次を示す。

$$F_p(j\omega,\omega_\gamma)=\frac{g_{re}+jg_{im}}{A(j(\omega+\omega_\gamma-(1-g_1)\omega_{2n}))} \tag{5.5a}$$

とくに，$\omega=\omega_{2n}-\omega_\gamma$ では次式の周波数選択特性を示す。

$$F_p(j(\omega_{2n}-\omega_\gamma),\omega_\gamma)=\frac{-j}{\omega_{2n}}=\frac{1}{j\omega_{2n}} \tag{5.5b}$$

③全極形 D 因子フィルタは，フルビッツ多項式で指定した安定特性をもつ。

〈証明〉

①全極形 D 因子フィルタの二相入力信号，二相出力信号をおのおの $\boldsymbol{u},\boldsymbol{y}$ とする。すなわち，

$$\boldsymbol{y}=\boldsymbol{F}(\boldsymbol{D}(s,\omega_\gamma-(1-g_1)\omega_{2n}))\boldsymbol{u} \tag{5.6}$$

上式の関係を正相成分，逆相成分を用い再表現する。このため，次の 2×2 ユニタリ行列 $\boldsymbol{U},\boldsymbol{U}^\dagger$ を用意する（ユニタリ行列，ユニタリ変換に関しては文献 1）を参照）。

$$\boldsymbol{U}=\frac{1}{\sqrt{2}}\begin{bmatrix}1 & 1\\ -j & j\end{bmatrix},\qquad \boldsymbol{U}^\dagger=\frac{1}{\sqrt{2}}\begin{bmatrix}1 & j\\ 1 & -j\end{bmatrix} \tag{5.7}$$

ここに，記号 † は共役転置を意味する。

全極形 D 因子フィルタの構成モジュールである D 因子 $\boldsymbol{D}(s,\omega_\gamma-(1-g_1)\omega_{2n})$ と行列ゲイン $\boldsymbol{G}$ は，ユニタリ行列を用い，おのおの次のように展開される[1)~6)]。

$$\boldsymbol{D}(s,\omega_\gamma-(1-g_1)\omega_{2n})=\boldsymbol{U}\,\mathrm{diag}(s\pm j(\omega_\gamma-(1-g_1)\omega_{2n}))\boldsymbol{U}^\dagger \tag{5.8}$$

$$\boldsymbol{G}=\boldsymbol{U}\,\mathrm{diag}(g_{re}\pm jg_{im})\boldsymbol{U}^\dagger \tag{5.9}$$

式(5.6)の全極形 D 因子フィルタ $\boldsymbol{F}(\boldsymbol{D})$ は，式(5.8)，式(5.9)の関係を用い以下のように再表現される。

$$\boldsymbol{F}(\boldsymbol{D}(s,\omega_\gamma-(1-g_1)\omega_{2n}))=\boldsymbol{U}\,\mathrm{diag}(F_p(s,\omega_\gamma),F_n(s,\omega_\gamma))\boldsymbol{U}^\dagger \tag{5.10}$$

以上の準備のもと，二相信号 $\boldsymbol{u},\boldsymbol{y}$ の $\boldsymbol{U}^\dagger$ を用いたユニタリ変換をおのおの次式のように定める。

$$\boldsymbol{u}_{pn}=\boldsymbol{U}^\dagger\boldsymbol{u} \tag{5.11a}$$

$$\boldsymbol{y}_{pn} = \boldsymbol{U}^{\dagger}\boldsymbol{y} \tag{5.11b}$$

ユニタリ変換後の2×1ベクトル信号 $\boldsymbol{u}_{pn}, \boldsymbol{y}_{pn}$ の第1要素，第2要素は，式(5.7)に定義したユニタリ行列 $\boldsymbol{U}^{\dagger}$ より理解されるように，二相信号 $\boldsymbol{u}, \boldsymbol{y}$ の正相成分，逆相成分を意味する。式(5.10)を式(5.6)に用い，式(5.11)を考慮すると次式を得る。

$$\boldsymbol{y}_{pn} = \mathrm{diag}(F_p(s, \omega_\gamma), F_n(s, \omega_\gamma))\boldsymbol{u}_{pn} \tag{5.12}$$

上式は，定理5.1の①を意味する。

②行列ゲイン $\boldsymbol{G}$ が一定のもとでは，式(5.2d)より明白なように式(5.4)におけるスカラゲイン g_{re}, g_{im} も一定である。スカラゲイン一定のもとの式(5.4)の第1式より，式(5.5a)をただちに得る。

式(5.5b)左辺は，$\omega = \omega_{2n} - \omega_\gamma$ のもとでは，式(5.5a)より次式となる。

$$F_p(j(\omega_{2n} - \omega_\gamma), \omega_\gamma) = \frac{g_{re} + jg_{im}}{A(jg_1\omega_{2n})} \tag{5.13}$$

式(5.13)の分母 $A(jg_1\omega_{2n})$ は，式(5.1)，式(5.3)を考慮すると以下のように評価される。

$$A(jg_1\omega_{2n}) = A_{re} + jA_{im} \tag{5.14a}$$

$$\begin{aligned} A_{re} &= a_0 + a_2(jg_1\omega_{2n})^2 + a_4(jg_1\omega_{2n})^4 + a_6(jg_1\omega_{2n})^6 + \cdots \\ &= a_0 - a_2(g_1\omega_{2n})^2 + a_4(g_1\omega_{2n})^4 - a_6(g_1\omega_{2n})^6 + \cdots \\ &= -\omega_{2n}g_{im} \end{aligned} \tag{5.14b}$$

$$\begin{aligned} jA_{im} &= a_1(jg_1\omega_{2n}) + a_3(jg_1\omega_{2n})^3 + a_5(jg_1\omega_{2n})^5 + \cdots \\ &= j\omega_{2n}g_{re} \end{aligned} \tag{5.14c}$$

式(5.14)を式(5.13)に用いると式(5.5b)を得る。

③ n 次フルビッツ多項式 $A(s)$ の n 個の特性根を s_i とするならば，n 次フィルタリング用全極形D因子フィルタ $\boldsymbol{F}(\boldsymbol{D})$ の $2n$ 個の特性根は，式(5.4)，式(5.10)より，$s_i \pm j(\omega_\gamma - (1 - g_1)\omega_{2n})$ となる。すなわち，全極形D因子フィルタの特性根実数部は，フルビッツ多項式実数部と同一となる。本同一性は，定理5.1の③を意味する

■

定理5.1より，式(5.2)の全極形D因子フィルタは，以下の特長を有することが明らかである。

①式(5.4)が示すように，すなわち正相成分と逆相成分に対する互いに異なる伝達関数が示すように，全極形D因子フィルタは，二相入力信号を構成する正相成分と逆相成分とを分離抽出する機能を有する。

②フィルタの通過帯域の中心周波数は，実係数 g_1 のみによって決定される。フル

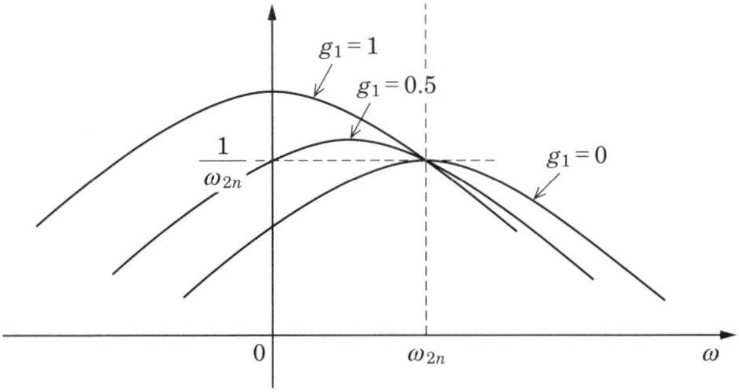

図 5.3 正相成分に対する全極形D因子フィルタの周波数選択特性の例

ビッツ多項式 $A(s)$ の実係数 a_i は，通過帯域の中心周波数にはいっさい影響を与えない。

③フィルタの減衰帯域における減衰特性は，フィルタリング次数 n のみによって決定され，$-20n$〔dB/dec〕で与えられる。

④フィルタの通過帯域幅，速応性，安定特性は，フルビッツ多項式 $A(s)$ の実係数 a_i のみによって決定され，実係数 g_1 はいっさい影響を与えない。

上記の4性質は，全極形D因子フィルタ $\boldsymbol{F}(\boldsymbol{D})$ においては，通過帯域の中心周波数と減衰特性と，通過帯域幅・速応性・安定特性とを，おのおの独立的に指定できるという独立指定性を示すものである。この独立指定性は，全極形D因子フィルタの優れた特長であり，これによりフィルタの係数設計は著しく簡単となる。

図 5.3 に $\omega_\gamma=0$ を条件に式(5.5)の正相成分伝達関数 $F_p(j\omega, 0)$ による周波数選択特性（振幅特性のみ）を，実係数 $g_1=0, 0.5, 1$ の3種の場合について，概略的に示した。同図は，実係数 g_1 による通過帯域の中心周波数 $\omega=(1-g_1)\omega_{2n}$ の遷移と振幅減衰とのようすを示している。正相成分伝達関数 $F_p(j\omega, 0)$ は，複素係数を有するので，ゼロ周波数 $\omega=0$ に対する振幅対称性は有しない。しかし，その特性根は実係数のフルビッツ多項式 $A(s)$ の特性根と一対一の対応をもつため，通過帯域の中心周波数 $\omega=(1-g_1)\omega_{2n}$ に対しては振幅対称性を有する。なお，以降では周波数選択特性の中心周波数シフトの働きを担う実係数 g_1 を周波数シフト係数と呼称する。

5.1.4 簡略化のための周波数シフト係数の設計

(1) 行列ゲインの簡略化

全極形D因子フィルタ $\boldsymbol{F}(\boldsymbol{D})$ の行列ゲイン $\boldsymbol{G}$ は，式(5.3)に明示しているように，

一般には周波数シフト係数 g_1 と n 次フルビッツ多項式 $A(s)$ の n 個の実係数 a_i とに依存して種々変化する。しかし，周波数シフト係数を $g_1=0$ と選定する場合には，次数 n のいかんにかかわらず行列ゲイン $\boldsymbol{G}$ は次の簡単なものとなる。

$$\boldsymbol{G} = g_{im}\boldsymbol{J} = \left(\frac{-a_0}{\omega_{2n}}\right)\boldsymbol{J}\ ;\ g_1 = 0 \tag{5.15}$$

とくに，n 次フルビッツ多項式 $A(s)$ のゼロ次係数 a_0 を，次式のように $|\omega_{2n}|$ 因子を独立的にもたせる場合には，

$$a_0 = |\omega_{2n}|g_2\ ;\ g_2 > 0 \tag{5.16a}$$

行列ゲイン $\boldsymbol{G}$ の決定に，速度 ω_{2n} による除算を排除することができる。すなわち，

$$\boldsymbol{G} = -\frac{a_0}{\omega_{2n}}\boldsymbol{J} = -\mathrm{sgn}(\omega_{2n})g_2\boldsymbol{J}\ ;\ g_1 = 0, g_2 > 0 \tag{5.16b}$$

(2) フィルタの非干渉化

(2)-1　$\alpha\beta$ 固定座標系上のフィルタリング

式(5.2)の全極形D因子フィルタ $\boldsymbol{F}(\boldsymbol{D})$ を，$\omega_\gamma=0$ が成立する $\alpha\beta$ 固定座標系上で実現するとき，とくに周波数シフト係数を $g_1=1$ と選定する場合には，同フィルタは次式のように2連の1入力1出力フィルタ $1/A(s)$ に行列ゲインを乗じた簡単なものとなる。

$$\boldsymbol{F}(\boldsymbol{D}(s, \omega_\gamma-(1-g_1)\omega_{2n})) = \boldsymbol{F}(\boldsymbol{D}(s, 0)) = \boldsymbol{F}(s\boldsymbol{I})$$

$$= \begin{cases} \dfrac{1}{A(s)}\boldsymbol{G} \\ \boldsymbol{G}\dfrac{1}{A(s)} \end{cases} ;\ \begin{matrix} \omega_\gamma = 0 \\ g_1 = 1 \end{matrix} \tag{5.17}$$

(2)-2　$\gamma\delta$ 準同期座標系上のフィルタリング

式(5.2)の全極形D因子フィルタ $\boldsymbol{F}(\boldsymbol{D})$ を，収斂完了時に実質的に $\omega_\gamma = \omega_{2n}$ が成立する $\gamma\delta$ 準同期座標系上で構成するとき，とくに周波数シフト係数を $g_1=0$ と選定する場合には，同フィルタは次のように2連の1入力1出力フィルタ $1/A(s)$ に行列ゲインを乗じた簡単なものとなる。

$$\boldsymbol{F}(\boldsymbol{D}(s, \omega_\gamma-(1-g_1)\omega_{2n})) = \boldsymbol{F}(\boldsymbol{D}(s, 0)) = \boldsymbol{F}(s\boldsymbol{I})$$

$$= \begin{cases} \dfrac{1}{A(s)}\boldsymbol{G} \\ \boldsymbol{G}\dfrac{1}{A(s)} \end{cases} ;\ \begin{matrix} \omega_\gamma = \omega_{2n} \\ g_1 = 0 \end{matrix} \tag{5.18}$$

式(5.17)，式(5.18)の両フィルタは，「ベクトル信号の第1要素と第2要素との相互干渉は，原則的には行列ゲインによる処理を除けば発生しない」という共通の特徴をもつ。しかしながら，両フィルタにおいてはフルビッツ多項式 $A(s)$ が同一の場合にも，行列ゲイン $\boldsymbol{G}$ は異なる。

5.2　一般化回転子磁束推定法

5.2.1　一般化回転子磁束推定の原理

回転子磁束 $\boldsymbol{\phi}_m$ 以外のすべての信号は既知であるとして，式(5.2)の全極形D因子フィルタ $\boldsymbol{F}(\boldsymbol{D})$ を用いた回転子磁束推定の原理を説明する。

本書では，式(5.2)の全極形D因子フィルタ $\boldsymbol{F}(\boldsymbol{D})$ にD因子 $\boldsymbol{D}(s, \omega_\gamma)$ を直列接続した特性をもつフィルタで，回転子磁束 $\boldsymbol{\phi}_m$ を処理した信号を回転子磁束推定値 $\widehat{\boldsymbol{\phi}}_m$ とする。すなわち，

$$\begin{aligned}\widehat{\boldsymbol{\phi}}_m &= [\boldsymbol{F}(\boldsymbol{D}(s, \omega_\gamma-(1-g_1)\omega_{2n}))\boldsymbol{D}(s, \omega_\gamma)]\boldsymbol{\phi}_m \\ &= \boldsymbol{F}(\boldsymbol{D}(s, \omega_\gamma-(1-g_1)\omega_{2n}))[\boldsymbol{D}(s, \omega_\gamma)\boldsymbol{\phi}_m]\end{aligned} \tag{5.19}$$

式(5.19)右辺に用いた回転子磁束 $\boldsymbol{\phi}_m$ は未知である。しかしながら，回転子磁束にD因子を乗じた信号（すなわち，誘起電圧相当信号）は，式(1.46)に従えば固定子の電圧・電流を用いて以下のように生成することができる。

$$\boldsymbol{D}(s, \omega_\gamma)\boldsymbol{\phi}_m = \boldsymbol{v}_1 - R_1\boldsymbol{i}_1 - \boldsymbol{D}(s, \omega_\gamma)\boldsymbol{\phi}_i \tag{5.20}$$

式(5.20)を式(5.19)に用い，さらに式(1.48)を用いると，次の一般化回転子磁束推定法を新たに得る。

◆ $\gamma\delta$ 一般座標系上の一般化回転子磁束推定法の原理

$$\begin{aligned}\widehat{\boldsymbol{\phi}}_m &= \boldsymbol{F}(\boldsymbol{D}(s, \omega_\gamma-(1-g_1)\omega_{2n}))[\boldsymbol{v}_1 - R_1\boldsymbol{i}_1 - \boldsymbol{D}(s, \omega_\gamma)\boldsymbol{\phi}_i] \\ &= \boldsymbol{F}(\boldsymbol{D}(s, \omega_\gamma-(1-g_1)\omega_{2n}))[\boldsymbol{v}_1 - R_1\boldsymbol{i}_1 - \boldsymbol{D}(s, \omega_\gamma)[L_i\boldsymbol{I} + L_m\boldsymbol{Q}(\theta_\gamma)]\boldsymbol{i}_1]\end{aligned} \tag{5.21}$$

■

式(5.21)が，本書提案の回転子磁束推定のための原理式である。式(5.21)の原理式に使用した，周波数シフト係数 g_1 を備えた全極形D因子フィルタ $\boldsymbol{F}(\boldsymbol{D})$ は，式(5.2)に定義したとおりである。

式(5.21)に与えた一般化回転子磁束推定法の原理を，基本外装I形実現，基本外装II形実現として図5.4に概略的に示した。基本実現の共通の特徴は，逆行列 $\boldsymbol{A}^{-1}(\boldsymbol{D})$

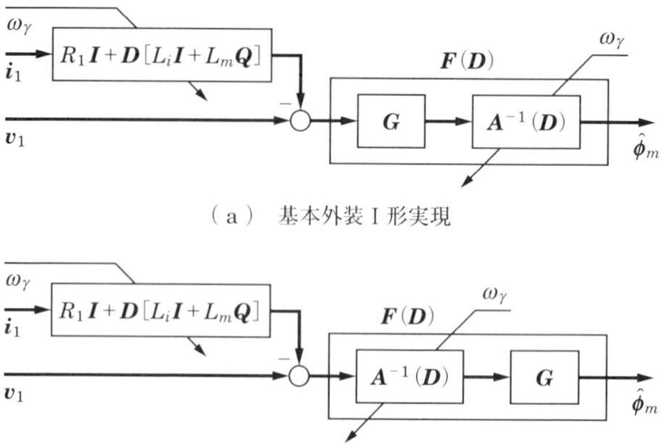

（a） 基本外装Ⅰ形実現

（b） 基本外装Ⅱ形実現

図 5.4　$\gamma\delta$ 一般座標系上における一般化回転子磁束推定法の基本実現

と 2×2 行列ゲイン $\boldsymbol{G}$ を分離している点にある。また，両実現の違いは，2×2 行列ゲイン $\boldsymbol{G}$ の存在場所にある。すなわち，基本外装Ⅰ形実現では行列ゲイン $\boldsymbol{G}$ が入力端側に存在し，基本外装Ⅱ形実現では行列ゲイン $\boldsymbol{G}$ が出力端側に存在している。

全極形 D 因子フィルタ $\boldsymbol{F}(\boldsymbol{D})$ の実現としては，理論的には種々のものが存在しうる。文献 1)～文献 6) には，この詳しい解説がなされている。各種実現のなかには，図 5.4 に示した行列ゲイン $\boldsymbol{G}$ と $\boldsymbol{A}^{-1}(\boldsymbol{D})$ とを分離させる実現のみならず，行列ゲイン $\boldsymbol{G}$ を信号フィードバックループ内に取り込んだ実現も存在する（後掲の図 7.3～図 7.6，図 7.9，図 7.10，図 7.14，図 7.15 参照）。

5.2.2　一般化回転子磁束推定の実際

実際の状況下では，回転子の位相 θ_γ と速度 ω_{2n} は未知である。式(5.21)におけるこれら位相，速度を同推定値 $\widehat{\theta}_\gamma, \widehat{\omega}_{2n}$ で置換し，さらには位相 θ_γ を用いた固定子反作用磁束 $\boldsymbol{\phi}_i$ を，位相推定値 $\widehat{\theta}_\gamma$ を用いた $\widehat{\boldsymbol{\phi}}_i$ で置換すると，本書提案の $\gamma\delta$ 一般座標系上の D 因子フィルタ $\boldsymbol{F}(\boldsymbol{D})$ を用いた一般化回転子磁束推定法を以下のように得る。

◆ $\gamma\delta$ 一般座標系上の一般化回転子磁束推定法

$$
\begin{aligned}
\widehat{\boldsymbol{\phi}}_m &= \boldsymbol{F}(\boldsymbol{D}(s, \omega_\gamma-(1-g_1)\widehat{\omega}_{2n}))[\boldsymbol{v}_1-R_1\boldsymbol{i}_1-\boldsymbol{D}(s, \omega_\gamma)\widehat{\boldsymbol{\phi}}_i] \\
&= \boldsymbol{F}(\boldsymbol{D}(s, \omega_\gamma-(1-g_1)\widehat{\omega}_{2n}))[\boldsymbol{v}_1-R_1\boldsymbol{i}_1-\boldsymbol{D}(s, \omega_\gamma)[L_i\boldsymbol{I}+L_m\boldsymbol{Q}(\widehat{\theta}_\gamma)]\boldsymbol{i}_1]
\end{aligned}
\tag{5.22}
$$

■

$\alpha\beta$ 固定座標系上での回転子磁束推定法を得るには，式(5.22)に $\alpha\beta$ 固定座標系の条

件 $\widehat{\theta}_\gamma=\widehat{\theta}_\alpha$，$\omega_\gamma=0$ を付与すればよい。また，$\gamma\delta$ 準同期座標系上での回転子磁束推定法を得るには，式(5.22)に $\gamma\delta$ 準同期定座標系の条件 $\widehat{\theta}_\gamma=0$，$\omega_\gamma=\widehat{\omega}_{2n}$ を付与すればよい。これらは，おのおの以下のように与えられる。

◆ **$\alpha\beta$ 固定座標系上の一般化回転子磁束推定法**

$$\begin{aligned}\widehat{\boldsymbol{\phi}}_m &= \boldsymbol{F}(\boldsymbol{D}(s, -(1-g_1)\widehat{\omega}_{2n}))[\boldsymbol{v}_1-R_1\boldsymbol{i}_1-s\widehat{\boldsymbol{\phi}}_i] \\ &= \boldsymbol{F}(\boldsymbol{D}(s, -(1-g_1)\widehat{\omega}_{2n}))[\boldsymbol{v}_1-R_1\boldsymbol{i}_1-s[L_i\boldsymbol{I}+L_m\boldsymbol{Q}(\widehat{\theta}_\alpha)]\boldsymbol{i}_1]\end{aligned} \tag{5.23}$$

■

◆ **$\gamma\delta$ 準同期座標系上の一般化回転子磁束推定法**

$$\begin{aligned}\widehat{\boldsymbol{\phi}}_m &= \boldsymbol{F}(\boldsymbol{D}(s, g_1\widehat{\omega}_{2n}))[\boldsymbol{v}_1-R_1\boldsymbol{i}_1-\boldsymbol{D}(s, \omega_\gamma)\widehat{\boldsymbol{\phi}}_i] \\ &= \boldsymbol{F}(\boldsymbol{D}(s, g_1\widehat{\omega}_{2n}))\left[\boldsymbol{v}_1-R_1\boldsymbol{i}_1-\boldsymbol{D}(s, \omega_\gamma)\begin{bmatrix}L_d & 0 \\ 0 & L_q\end{bmatrix}\boldsymbol{i}_1\right]\end{aligned} \tag{5.24}$$

■

5.3 センサレスベクトル制御系

5.3.1 $\alpha\beta$ 固定座標系上の推定と $\gamma\delta$ 準同期座標系上の推定

(1) $\alpha\beta$ 固定座標系上の推定

式(5.23)の回転子磁束推定法のセンサレスベクトル制御系における実装の要点を説明する。このため，図4.5のセンサレスベクトル制御系を考える。同図の制御系では，回転子の位相と速度の推定を担っている位相速度推定器は，$\alpha\beta$ 固定座標系上で構成されている。換言するならば，位相速度推定器への入力信号である固定子の電圧・電流は，すべて $\alpha\beta$ 固定座標系上で定義されている。図4.5では，簡単のため電圧情報としては電圧指令値を利用している例を示しているが，位相・速度の推定精度の向上には電圧実測値を利用することが望まれる。

図4.5の位相速度推定器の内部構成は図4.6のとおりである。位相速度推定器は，位相推定器と速度推定器から構成されている。式(5.23)の回転子磁束推定法はこの位相推定器に実装され，回転子磁束推定値 $\widehat{\boldsymbol{\phi}}_m$ が生成されている。同推定法は，固定子電圧情報として実測値を利用しているが，これに代わって電圧指令値を利用してよい。回転子磁束推定値 $\widehat{\boldsymbol{\phi}}_m$ が生成されたならばこれに逆正接処理（atan2処理）が施され，回転子の初期位相推定値 $\widehat{\theta}'_\alpha$ が位相推定器から出力される。出力された初期位相推定値 $\widehat{\theta}'_\alpha$ は速度推定器へ入力される。なお，図4.6の速度推定器には，図4.9または図

4.10 の積分フィードバック形速度推定法が実装されている。

(2)　$\gamma\delta$ 準同期座標系上の推定

式(5.24)の回転子磁束推定法のセンサレスベクトル制御系における実装の要点を説明する。このため，図4.7のセンサレスベクトル制御系を考える。同図の制御系では，回転子の位相と速度の推定を担っている位相速度推定器は，$\gamma\delta$ 準同期座標系上で構成されている。換言するならば，位相速度推定器への入力信号である固定子の電圧・電流は，すべて $\gamma\delta$ 準同期座標系上で定義されている。図4.7では，簡単のため電圧情報としては電圧指令値を利用している例を示しているが，位相・速度の推定精度の向上には電圧実測値を利用することが望まれる。

図4.7の位相速度推定器の内部構成は図4.8のとおりである。位相速度推定器は，位相偏差推定器と位相同期器から構成されている。式(5.24)の回転子磁束推定法はこの位相推定器に実装され，回転子磁束推定値 $\hat{\boldsymbol{\phi}}_m$ が生成されている。同推定法は，固定子電圧情報として実測値を利用しているが，これに代わって電圧指令値を利用してよい。回転子磁束推定値 $\hat{\boldsymbol{\phi}}_m$ が生成されたならばこれに逆正接処理（atan2 処理）が施され，回転子位相推定値 $\hat{\theta}_\gamma$ が位相偏差推定器から出力される。出力された回転子位相推定値 $\hat{\theta}_\gamma$ は位相同期器へ入力される。なお，図4.6の位相同期器には，図4.11の一般化積分形 PLL 法が実装されている。

5.3.2　2座標系上の推定の等価性

上に説明したように，位相速度推定器は $\alpha\beta$ 固定座標系上または $\gamma\delta$ 準同期座標系上で構築され，最終的には α 軸から評価した回転子位相推定値と速度推定値を生成・出力している。位相速度推定器構築の座標系としては2種存在するが，いずれの座標系上で構成されても位相速度推定器は同一の位相・速度を生成・出力する。次に，文献7）を参考にこれを説明する。

(1)　一般化積分形 PLL 法と積分フィードバック形速度推定法の等価性

図4.4を考える。同図の $\gamma\delta$ 軸は，dq 同期座標系への収斂を目指した $\gamma\delta$ 準同期座標系の直交軸である。$\gamma\delta$ 準同期座標系上で定義されたベクトル信号は脚符 r を付して，$\alpha\beta$ 固定座標系上で定義されたベクトル信号は脚符 s を付して表現するものとする。たとえば，両座標系上の固定子電圧，電流は，おのおの $\boldsymbol{v}_{1r}, \boldsymbol{v}_{1s}$ と表現するものとする。

図4.8の $\gamma\delta$ 準同期座標系上で構成された位相速度推定器と，位相速度推定器の後段構成部である図4.11の位相同期器を考える。位相同期器には，式(4.20)の一般化積分形 PLL 法が実現されている。

位相同期器の入力信号 $\hat{\theta}_\gamma$ を，次のように $\gamma\delta$ 準同期座標系上の回転子磁束推定値 $\hat{\boldsymbol{\phi}}_{mr}$ の逆正接処理（atan2 処理）を介して得るものとする。

$$\hat{\theta}_\gamma = \tan^{-1}\left(\frac{\hat{\phi}_{m\delta}}{\hat{\phi}_{m\gamma}}\right) \tag{5.25}$$

ここに，$\hat{\phi}_{m\gamma}, \hat{\phi}_{m\delta}$ は，$\hat{\boldsymbol{\phi}}_{mr}$ の γ 軸，δ 軸要素を意味する。

次に，「$\alpha\beta$ 固定座標系上の固定子電圧，電流を用いて得た回転子磁束推定値 $\hat{\boldsymbol{\phi}}_{ms}$ は，$\gamma\delta$ 準同期座標系上の固定子電圧，電流を用いて得た $\hat{\boldsymbol{\phi}}_{mr}$ と次の関係を有する」と仮定する。

$$\left.\begin{aligned}\hat{\boldsymbol{\phi}}_{mr} &= \boldsymbol{R}^T(\hat{\theta}_\alpha)\hat{\boldsymbol{\phi}}_{ms}\\ \hat{\boldsymbol{\phi}}_{ms} &= \boldsymbol{R}(\hat{\theta}_\alpha)\hat{\boldsymbol{\phi}}_{mr}\end{aligned}\right\} \tag{5.26}$$

図 4.11 に式(5.25)，式(5.26)を適用すると図 4.10 を得る。図 4.10 は，$\alpha\beta$ 固定座標系上での位相推定法に併用される積分フィードバック形速度推定法の一実現にほかならない。

上記事実は，同時に「式(5.26)の仮定が成立するならば，一般化積分形 PLL 法を併用した $\gamma\delta$ 準同期座標系上の回転子位相推定は，積分フィードバック形速度推定法を併用した $\alpha\beta$ 固定座標系上の回転子位相推定と等価である」ことを意味する。

(2) 仮定の正当性

次に式(5.26)の仮定の正当性を示す。式(5.24)の $\gamma\delta$ 準同期座標系上で構築された一般化回転子磁束推定法を，座標系を明示した信号を利用して再記する。

$$\begin{aligned}\hat{\boldsymbol{\phi}}_{mr} &= \boldsymbol{F}(\boldsymbol{D}(s, g_1\hat{\omega}_{2n}))[\boldsymbol{v}_{1r} - R_1\boldsymbol{i}_{1r} - \boldsymbol{D}(s, \omega_\gamma)\hat{\boldsymbol{\phi}}_{ir}]\\ &= \boldsymbol{F}(\boldsymbol{D}(s, g_1\hat{\omega}_{2n}))\left[\boldsymbol{v}_{1r} - R_1\boldsymbol{i}_{1r} - \boldsymbol{D}(s, \omega_\gamma)\begin{bmatrix}L_d & 0\\ 0 & L_q\end{bmatrix}\boldsymbol{i}_{1r}\right]\end{aligned} \tag{5.27}$$

上式では，固定子電圧情報としては実測値 $\boldsymbol{v}_{1r}$ を利用するものとしているが，指令値 $\boldsymbol{v}_{1r}^*$ を利用する場合には両者を単に置換すればよい。

上式の両辺に対し左側より，$\boldsymbol{R}(\hat{\theta}_\alpha)$ を乗じると次式を得る。

$$\begin{aligned}\boldsymbol{R}(\hat{\theta}_\alpha)\hat{\boldsymbol{\phi}}_{mr} &= \boldsymbol{R}(\hat{\theta}_\alpha)\boldsymbol{F}(\boldsymbol{D}(s, g_1\hat{\omega}_{2n}))[\boldsymbol{v}_{1r} - R_1\boldsymbol{i}_{1r} - \boldsymbol{D}(s, \omega_\gamma)\hat{\boldsymbol{\phi}}_{ir}]\\ &= \boldsymbol{R}(\hat{\theta}_\alpha)\boldsymbol{F}(\boldsymbol{D}(s, g_1\hat{\omega}_{2n}))\boldsymbol{R}^T(\hat{\theta}_\alpha)\boldsymbol{R}(\hat{\theta}_\alpha)[\boldsymbol{v}_{1r} - R_1\boldsymbol{i}_{1r} - \boldsymbol{D}(s, \omega_\gamma)\hat{\boldsymbol{\phi}}_{ir}]\\ &= \boldsymbol{R}(\hat{\theta}_\alpha)\boldsymbol{F}(\boldsymbol{D}(s, g_1\hat{\omega}_{2n}))\boldsymbol{R}^T(\hat{\theta}_\alpha)[\boldsymbol{v}_{1s} - R_1\boldsymbol{i}_{1s} - s\,[\boldsymbol{R}(\hat{\theta}_\alpha)\hat{\boldsymbol{\phi}}_{ir}]]\\ &= \boldsymbol{R}(\hat{\theta}_\alpha)\boldsymbol{F}(\boldsymbol{D}(s, g_1\hat{\omega}_{2n}))\boldsymbol{R}^T(\hat{\theta}_\alpha)\\ &\qquad\cdot[\boldsymbol{v}_{1s} - R_1\boldsymbol{i}_{1s} - s[L_i\boldsymbol{I} + L_m\boldsymbol{Q}(\hat{\theta}_\alpha)]\boldsymbol{i}_{1s}]\\ &= \boldsymbol{R}(\hat{\theta}_\alpha)\boldsymbol{F}(\boldsymbol{D}(s, g_1\hat{\omega}_{2n}))\boldsymbol{R}^T(\hat{\theta}_\alpha)[\boldsymbol{v}_{1s} - R_1\boldsymbol{i}_{1s} - s\hat{\boldsymbol{\phi}}_{is}]\end{aligned} \tag{5.28}$$

この際，固定子電圧と電流に関し，センサレスベクトル制御系の構造により定まる次の関係を利用した。

$$\boldsymbol{v}_{1r} = \boldsymbol{R}^T(\widehat{\theta}_\alpha)\boldsymbol{v}_{1s} \tag{5.29a}$$

$$\boldsymbol{i}_{1r} = \boldsymbol{R}^T(\widehat{\theta}_\alpha)\boldsymbol{i}_{1s} \tag{5.29b}$$

また，ベクトル回転器とD因子に関しては，一般に成立する次の関係も利用し[1)]，

$$\boldsymbol{R}(\widehat{\theta}_\alpha)\boldsymbol{D}(s,\omega_\gamma)\widehat{\boldsymbol{\phi}}_{ir} = s\,[\boldsymbol{R}(\widehat{\theta}_\alpha)\widehat{\boldsymbol{\phi}}_{ir}] \tag{5.30}$$

このうえで，外部からの入力信号である固定子反作用磁束推定値 $\boldsymbol{R}(\widehat{\theta}_\alpha)\widehat{\boldsymbol{\phi}}_{ir}$ に関し，次の等置を行った。

$$\begin{aligned}
\boldsymbol{R}(\widehat{\theta}_\alpha)\widehat{\boldsymbol{\phi}}_{ir} &= \boldsymbol{R}(\widehat{\theta}_\alpha)\begin{bmatrix} L_d & 0 \\ 0 & L_q \end{bmatrix}\boldsymbol{i}_{1r} \\
&= \boldsymbol{R}(\widehat{\theta}_\alpha)\begin{bmatrix} L_d & 0 \\ 0 & L_q \end{bmatrix}\boldsymbol{R}^T(\widehat{\theta}_\alpha)\boldsymbol{R}(\widehat{\theta}_\alpha)\boldsymbol{i}_{1r} \\
&= [L_i\boldsymbol{I} + L_m\boldsymbol{Q}(\widehat{\theta}_\alpha)]\boldsymbol{i}_{1s} \\
&= \widehat{\boldsymbol{\phi}}_{is}
\end{aligned} \tag{5.31}$$

D因子フィルタに関しては，フィルタ実現に同一構造を採用する場合には，過渡応答を含め次の関係が成立する[1)]。

$$\boldsymbol{R}(\widehat{\theta}_\alpha)\boldsymbol{F}(\boldsymbol{D}(s, g_1\widehat{\omega}_{2n}))\boldsymbol{R}^T(\widehat{\theta}_\alpha) = \boldsymbol{F}(\boldsymbol{D}(s, g_1\widehat{\omega}_{2n} - \omega_\gamma)) \tag{5.32}$$

上式における位相 $\widehat{\theta}_\alpha$ と速度 ω_γ は，同一の $\gamma\delta$ 準同期座標系のものであり，次の関係がつねに成立している（図4.4参照）。

$$\omega_\gamma = s\widehat{\theta}_\alpha \tag{5.33}$$

位相同期器に用いた一般化積分形PLL法では，次の関係も成立している（式(4.20)参照）。

$$\widehat{\omega}_{2n} = \omega_\gamma \tag{5.34}$$

式(5.34)を式(5.32)に用いると，D因子フィルタに関し次式を得る。

$$\boldsymbol{R}(\widehat{\theta}_\alpha)\boldsymbol{F}(\boldsymbol{D}(s, g_1\widehat{\omega}_{2n}))\boldsymbol{R}^T(\widehat{\theta}_\alpha) = \boldsymbol{F}(\boldsymbol{D}(s, -(1-g_1)\widehat{\omega}_{2n})) \tag{5.35}$$

D因子フィルタを用いた式(5.28)に式(5.35)を用いると次式を得る。

$$\begin{aligned}
\boldsymbol{R}(\widehat{\theta}_\alpha)\widehat{\boldsymbol{\phi}}_{mr} &= \boldsymbol{F}(\boldsymbol{D}(s, -(1-g_1)\widehat{\omega}_{2n}))[\boldsymbol{v}_{1s} - R_1\boldsymbol{i}_{1s} - s\,[L_i\boldsymbol{I} + L_m\boldsymbol{Q}(\widehat{\theta}_\alpha)]\boldsymbol{i}_{1s}] \\
&= \boldsymbol{F}(\boldsymbol{D}(s, -(1-g_1)\widehat{\omega}_{2n}))[\boldsymbol{v}_{1s} - R_1\boldsymbol{i}_{1s} - s\widehat{\boldsymbol{\phi}}_{is}]
\end{aligned} \tag{5.36}$$

式(5.36)の右辺は，$\alpha\beta$ 固定座標系上で構築された一般化回転子磁束推定法，すなわち式(5.23)の右辺と同一である。したがって，式(5.36)の左辺は，$\alpha\beta$ 固定座標系上の固定子電圧，電流を用いて得た回転子磁束推定値 $\widehat{\boldsymbol{\phi}}_{ms}$ と同一となる。すなわち，仮定が成立する。

上記に示した仮定成立の証明においては，式(5.32)の成立が鍵となっている。同式

は定常状態ではフィルタ実現の構造いかんにかかわらず成立するが，過渡状態ではフィルタ実現に同一構造を採用することが成立の条件となる。同一構造を採用する場合にも，推定開始直後における推定値に関しては，推定系の初期値の影響で必ずしも同一とはならないので注意を要する。式(5.32)の等式は，初期値の影響までは考慮されていない。

第6章

1次フィルタリングによる回転子磁束推定

駆動用電圧・電流の n 次フィルタリングにより回転子磁束推定を行う一般化回転子磁束推定法において，とくにフィルタ次数を1次に選定した場合について，検討を深める。第6章では，1次の一般化回転子磁束推定法は最小次元D因子状態オブザーバに帰着することを示し，これをふまえて最小次元D因子状態オブザーバの周波数シフト係数に着目した再構築を行う。最小次元D因子状態オブザーバは，高性能な有用性の高い回転子磁束推定法である。

6.1 $\gamma\delta$ 一般座標系上の回転子磁束推定

1次全極形D因子フィルタによる回転子磁束推定を考える。式(5.1)の実係数をもつ n 次フルビッツ多項式 $A(s)$ は，次数を $n=1$ と選定する場合には，次式となる。

$$A(s) = s + a_0\ ;\ a_0 > 0 \tag{6.1}$$

この1次多項式がフルビッツ多項式となるための必要十分条件は，実係数が正，すなわち $a_0>0$ である。

次数条件 $n=1$ を式(5.2)，式(5.3)，式(5.22)に適用すると，ただちに $\gamma\delta$ 一般座標系上の1次全極形D因子フィルタ $\boldsymbol{F}(\boldsymbol{D})$ を用いた回転子磁束推定法（外装Ⅰ形，外装Ⅱ形）を次式のように得る。

◆ $\gamma\delta$ 一般座標系上の1次フィルタリング推定法（外装Ⅰ形）

$$\begin{aligned}\widehat{\boldsymbol{\phi}}_m &= \boldsymbol{F}(\boldsymbol{D}(s, \omega_\gamma - (1-g_1)\widehat{\omega}_{2n}))[\boldsymbol{v}_1 - R_1\boldsymbol{i}_1 - \boldsymbol{D}(s, \omega_\gamma)\widehat{\boldsymbol{\phi}}_i] \\ &= [\boldsymbol{D}(s, \omega_\gamma - (1-g_1)\widehat{\omega}_{2n}) + a_0\boldsymbol{I}]^{-1}\boldsymbol{G}[\boldsymbol{v}_1 - R_1\boldsymbol{i}_1 - \boldsymbol{D}(s, \omega_\gamma)\widehat{\boldsymbol{\phi}}_i]\end{aligned} \tag{6.2a}$$

$$\widehat{\boldsymbol{\phi}}_i = [L_i\boldsymbol{I} + L_m\boldsymbol{Q}(\widehat{\theta}_\gamma)]\boldsymbol{i}_1 \tag{6.2b}$$

$$\boldsymbol{G} = g_{re}\boldsymbol{I} + g_{im}\boldsymbol{J} = g_1\boldsymbol{I} - \frac{a_0}{\widehat{\omega}_{2n}}\boldsymbol{J} \tag{6.2c}$$

式(6.2a)は，式(6.2d)が成立する場合には（換言するならば，行列ゲイン $\boldsymbol{G}$ が一定の場合には），式(6.2e)のように書き改めることもできる。

$$\boldsymbol{G}\boldsymbol{D}(s,\omega_\gamma)=\boldsymbol{D}(s,\omega_\gamma)\boldsymbol{G} \tag{6.2d}$$

$$\left.\begin{aligned}&\boldsymbol{D}(s,\omega_\gamma)\widetilde{\boldsymbol{\phi}}_1=\boldsymbol{G}[\boldsymbol{v}_1-R_1\boldsymbol{i}_1]-[a_0\boldsymbol{I}-(1-g_1)\widehat{\omega}_{2n}\boldsymbol{J}]\widehat{\boldsymbol{\phi}}_m\\&\widehat{\boldsymbol{\phi}}_m=\widetilde{\boldsymbol{\phi}}_1-\boldsymbol{G}\widehat{\boldsymbol{\phi}}_i\end{aligned}\right\} \tag{6.2e}$$

■

◆ $\gamma\delta$ 一般座標系上の１次フィルタリング推定法（外装Ⅱ形）

$$\begin{aligned}\widehat{\boldsymbol{\phi}}_m&=\boldsymbol{F}(\boldsymbol{D}(s,\omega_\gamma-(1-g_1)\widehat{\omega}_{2n}))[\boldsymbol{v}_1-R_1\boldsymbol{i}_1-\boldsymbol{D}(s,\omega_\gamma)\widehat{\boldsymbol{\phi}}_i]\\&=\boldsymbol{G}[\boldsymbol{D}(s,\omega_\gamma-(1-g_1)\widehat{\omega}_{2n})+a_0\boldsymbol{I}]^{-1}[\boldsymbol{v}_1-R_1\boldsymbol{i}_1-\boldsymbol{D}(s,\omega_\gamma)\widehat{\boldsymbol{\phi}}_i]\end{aligned} \tag{6.3a}$$

$$\widehat{\boldsymbol{\phi}}_i=[L_i\boldsymbol{I}+L_m\boldsymbol{Q}(\widehat{\theta}_\gamma)]\boldsymbol{i}_1 \tag{6.3b}$$

$$\boldsymbol{G}=g_{re}\boldsymbol{I}+g_{im}\boldsymbol{J}=g_1\boldsymbol{I}-\frac{a_0}{\widehat{\omega}_{2n}}\boldsymbol{J} \tag{6.3c}$$

式(6.3a)は，次式のように書き改めることもできる。

$$\left.\begin{aligned}&\boldsymbol{D}(s,\omega_\gamma)\widetilde{\boldsymbol{\phi}}_1'=\boldsymbol{v}_1-R_1\boldsymbol{i}_1-[a_0\boldsymbol{I}-(1-g_1)\widehat{\omega}_{2n}\boldsymbol{J}]\widehat{\boldsymbol{\phi}}_m'\\&\widehat{\boldsymbol{\phi}}_m'=\widetilde{\boldsymbol{\phi}}_1'-\widehat{\boldsymbol{\phi}}_i\\&\widehat{\boldsymbol{\phi}}_m=\boldsymbol{G}\widehat{\boldsymbol{\phi}}_m'\end{aligned}\right\} \tag{6.3d}$$

■

式(6.2)，式(6.3)の１次フィルタリング推定法をおのおの図6.1，図6.2に実現・描画した。実現の構造は，それぞれ式(6.2e)，式(6.3d)に従った。

行列ゲイン $\boldsymbol{G}$ が一定の場合には，式(6.2)と式(6.3)との両推定法は，初期値の影響を排除するならば，同一の応答特性を示す。したがって，速度一定の定常状態では，両推定法は同一の応答特性を示す。

図6.1，図6.2の回転子磁束推定器は，$\gamma\delta$ 一般座標系上の最小次元D因子状態オブザーバにほかならない[1)〜4)]。すなわち，$\gamma\delta$ 一般座標系上の全極形D因子フィルタ

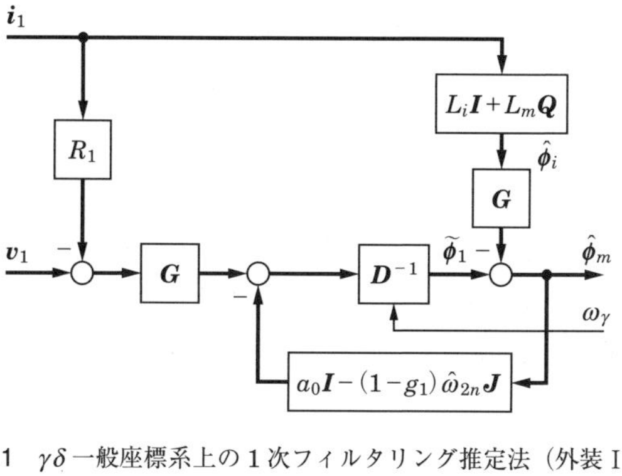

図6.1　$\gamma\delta$ 一般座標系上の１次フィルタリング推定法（外装Ｉ形）

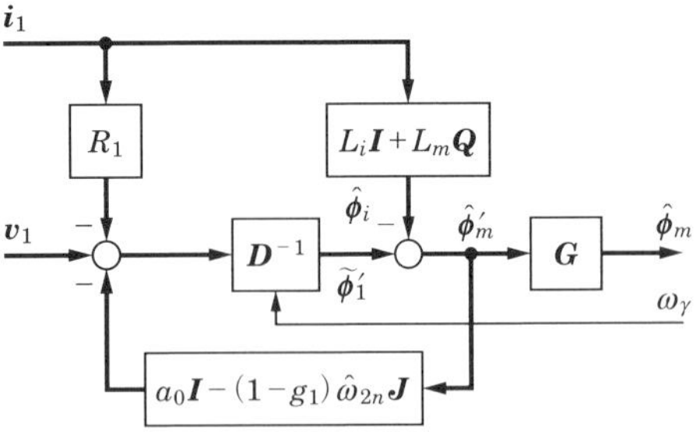

図 6.2　$\gamma\delta$ 一般座標系上の1次フィルタリング推定法（外装Ⅱ形）

$\boldsymbol{F}(\boldsymbol{D})$を用いた回転子磁束推定法は，最小次元D因子状態オブザーバを包含している。式(6.2)，式(6.3)を最小次元D因子状態オブザーバととらえる場合には，2×2行列ゲイン$\boldsymbol{G}$はオブザーバゲインとよばれる。

6.2　行列ゲインの方式

式(6.2c)，式(6.3c)の行列ゲイン（オブザーバゲイン）$\boldsymbol{G}$の選択を考える。行列ゲインの選択は，同式より明白なように，取りも直さず設計パラメータg_1, a_0の選択を意味する。また，この逆もいえる。行列ゲイン$\boldsymbol{G}$の特徴的な選択として，以下に示すように固定と応速（速度に応じた変化）の2種類を考えることができる。

6.2.1　固定ゲイン

1次全極形D因子フィルタ$\boldsymbol{F}(\boldsymbol{D})$を用いた回転子磁束推定法において，有用性の高い行列ゲイン$\boldsymbol{G}$のひとつは，速度推定値のいかんにかかわずこれを一定に保つものである。一定の行列ゲインを得るには，設計パラメータ（フルビッツ多項式係数）a_0を次のように回転子速度推定値に応じて，すなわち応速的に変化させるようにすればよい。

$$a_0 = g_2|\widehat{\omega}_{2n}| \; ; \; g_2 = \mathrm{const} > 0 \tag{6.4}$$

式(6.4)は，厳密には設計パラメータであるフルビッツ多項式係数a_0を速度推定値に比例して可変することを意味する。このときの比例係数がg_2である。式(6.4)に対応した行列ゲイン$\boldsymbol{G}$は，式(6.2c)，式(6.3c)より，次の固定ゲインとなる[1)~4)]。

◆ 固定ゲイン

$$\boldsymbol{G} = g_1 \boldsymbol{I} - \mathrm{sgn}(\widehat{\omega}_{2n}) g_2 \boldsymbol{J} \; ; \; 0 \leq g_1 \leq 1, \;\; g_2 > 0 \tag{6.5}$$

ここに，sgn(・)は次の性質をもつ符号関数（シグナム関数ともよばれる）である。

$$\mathrm{sgn}(x) = \begin{cases} 1 & ; x > 0 \\ 0 & ; x = 0 \\ -1 & ; x < 0 \end{cases} \tag{6.6}$$

スカラゲイン g_2 の基本的な選定値は，$g_2=1$ である[1)~4)]。

■

固定ゲインは，周波数シフト係数 g_1 の観点からさらに細分され，代表的ゲインとして，$g_1=1$ を選定した g1-1 形固定ゲインと，$g_1=0$ を選定した g1-0 形固定ゲインがある[1)~4)]。すなわち，

◆ g1-1 形固定ゲイン

$$\begin{aligned} \boldsymbol{G} &= g_1\boldsymbol{I} - \mathrm{sgn}(\widehat{\omega}_{2n})g_2\boldsymbol{J} \\ &= \boldsymbol{I} - \mathrm{sgn}(\widehat{\omega}_{2n})g_2\boldsymbol{J} \end{aligned} \quad ; g_1 = 1, \ \ g_2 = \mathrm{const} > 0 \tag{6.7}$$

■

◆ g1-0 形固定ゲイン

$$\begin{aligned} \boldsymbol{G} &= g_1\boldsymbol{I} - \mathrm{sgn}(\widehat{\omega}_{2n})g_2\boldsymbol{J} \\ &= -\mathrm{sgn}(\widehat{\omega}_{2n})g_2\boldsymbol{J} \end{aligned} \quad ; g_1 = 0, \ \ g_2 = \mathrm{const} > 0 \tag{6.8}$$

■

6.2.2 応速ゲイン

行列ゲイン $\boldsymbol{G}$ を定める設計パラメータ（フルビッツ多項式係数）a_0 の最も単純な選択は，a_0 を一定に保持することである。一定保持の場合には，式(6.2c)，式(6.3c)が示すように対応の行列ゲイン $\boldsymbol{G}$ は応速ゲインとなる。

応速ゲインにおいて，周波数シフト係数 g_1 をとくに $g_1 = 0$ と選定する場合には，応速ゲイン $\boldsymbol{G}$ は次式に示すように速度に反比例して変化することになる。

$$\boldsymbol{G} = g_1\boldsymbol{I} - \frac{a_0}{\widehat{\omega}_{2n}}\boldsymbol{J} = -\frac{a_0}{\widehat{\omega}_{2n}}\boldsymbol{J} \ ; a_0 = \mathrm{const}, \ \ g_1 = 0 \tag{6.9}$$

図 6.1，図 6.2 から明らかなように，a_0=const, g_1=0 を選択する場合には，D 因子フィルタを構成するフィードバックゲインは $[a_0\boldsymbol{I} - \widehat{\omega}_{2n}\boldsymbol{J}]$ となる。

6.3 固定ゲインを用いた回転子磁束推定法の実現

6.3.1 $\alpha\beta$ 固定座標系上の実現

$\gamma\delta$ 一般座標系上の1次フィルタリング推定法式(6.2)，式(6.3)に，条件 $\hat{\theta}_\gamma=\hat{\theta}_\alpha$, $\omega_\gamma=0$ を付与すれば，$\alpha\beta$ 固定座標系上の回転子磁束推定法が以下のように得られる。

◆ $\alpha\beta$ 固定座標系上の1次フィルタリング推定法（外装Ⅰ形）

$$\left.\begin{aligned} s\tilde{\boldsymbol{\phi}}_1 &= \boldsymbol{G}[\boldsymbol{v}_1-R_1\boldsymbol{i}_1]-[g_2|\hat{\omega}_{2n}|\boldsymbol{I}-(1-g_1)\hat{\omega}_{2n}\boldsymbol{J}]\hat{\boldsymbol{\phi}}_m \\ \hat{\boldsymbol{\phi}}_m &= \tilde{\boldsymbol{\phi}}_1-\boldsymbol{G}\hat{\boldsymbol{\phi}}_i \end{aligned}\right\} \tag{6.10a}$$

$$\hat{\boldsymbol{\phi}}_i = [L_i\boldsymbol{I}+L_m\boldsymbol{Q}(\hat{\theta}_\alpha)]\boldsymbol{i}_1 \tag{6.10b}$$

$$\boldsymbol{G} = g_1\boldsymbol{I}-\mathrm{sgn}(\hat{\omega}_{2n})g_2\boldsymbol{J}\ ;\ 0 \le g_1 \le 1,\ \ g_2>0 \tag{6.10c}$$

■

◆ $\alpha\beta$ 固定座標系上の1次フィルタリング推定法（外装Ⅱ形）

$$\left.\begin{aligned} s\tilde{\boldsymbol{\phi}}_1' &= \boldsymbol{v}_1-R_1\boldsymbol{i}_1-[g_2|\hat{\omega}_{2n}|\boldsymbol{I}-(1-g_1)\hat{\omega}_{2n}\boldsymbol{J}]\hat{\boldsymbol{\phi}}_m' \\ \hat{\boldsymbol{\phi}}_m' &= \tilde{\boldsymbol{\phi}}_1'-\hat{\boldsymbol{\phi}}_i \\ \hat{\boldsymbol{\phi}}_m &= \boldsymbol{G}\hat{\boldsymbol{\phi}}_m' \end{aligned}\right\} \tag{6.11a}$$

$$\hat{\boldsymbol{\phi}}_i = [L_i\boldsymbol{I}+L_m\boldsymbol{Q}(\hat{\theta}_\alpha)]\boldsymbol{i}_1 \tag{6.11b}$$

$$\boldsymbol{G} = g_1\boldsymbol{I}-\mathrm{sgn}(\hat{\omega}_{2n})g_2\boldsymbol{J}\ ;\ 0 \le g_1 \le 1,\ \ g_2>0 \tag{6.11c}$$

■

式(6.10)の外装Ⅰ形，式(6.11)の外装Ⅱ形をおのおの図6.3，図6.4に実現・描画した。実現・描画に際しては，図4.6との整合性を考慮し，固定子電圧信号としては同

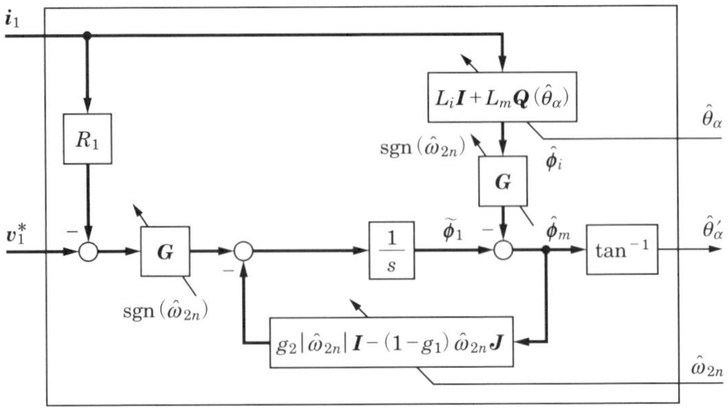

図6.3 $\alpha\beta$ 固定座標系上の1次フィルタリング推定法（外装Ⅰ形）

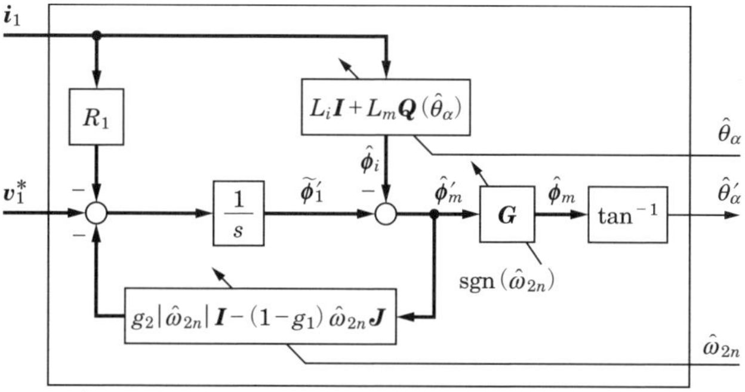

図 6.4 $\alpha\beta$ 固定座標系上の 1 次フィルタリング推定法（外装 II 形）

指令値を利用した。また，回転子磁束推定値に対して逆正接処理（atan2 処理）を施し，回転子の初期位相推定値を出力するようにした。外装 I 形と外装 II 形の両推定法における行列ゲインは固定であるので，同一の固定ゲインを採用する場合には，両推定法の応答は初期値の影響を排除するならば，過渡応答においても同一である。

6.3.2 $\gamma\delta$ 準同期座標系上の実現

$\gamma\delta$ 一般座標系上の 1 次フィルタリング推定法式(6.2)に，条件 $\hat{\theta}_\gamma=0$，$\omega_\gamma=\hat{\omega}_{2n}$ を付与すれば，$\gamma\delta$ 準同期座標系上の外装 I-D 形，外装 I-S 形推定法がおのおの以下のように得られる。

◆ $\gamma\delta$ 準同期座標系上の 1 次フィルタリング推定法（外装 I-D 形）

$$\left.\begin{aligned}\boldsymbol{D}(s,\omega_\gamma)\tilde{\boldsymbol{\phi}}_1 &= \boldsymbol{G}[\boldsymbol{v}_1-R_1\boldsymbol{i}_1]-[g_2|\hat{\omega}_{2n}|\boldsymbol{I}-(1-g_1)\hat{\omega}_{2n}\boldsymbol{J}]\hat{\boldsymbol{\phi}}_m\\ \hat{\boldsymbol{\phi}}_m &= \tilde{\boldsymbol{\phi}}_1-\boldsymbol{G}\hat{\boldsymbol{\phi}}_i\end{aligned}\right\} \tag{6.12a}$$

$$\hat{\boldsymbol{\phi}}_i = \begin{bmatrix} L_d & 0 \\ 0 & L_q \end{bmatrix}\boldsymbol{i}_1 \tag{6.12b}$$

$$\boldsymbol{G} = g_1\boldsymbol{I}-\mathrm{sgn}(\hat{\omega}_{2n})g_2\boldsymbol{J}\ ;\ 0\le g_1\le 1,\ \ g_2>0 \tag{6.12c}$$

■

◆ $\gamma\delta$ 準同期座標系上の 1 次フィルタリング推定法（外装 I-S 形）

$$\left.\begin{aligned}s\tilde{\boldsymbol{\phi}}_1 &= \boldsymbol{G}[\boldsymbol{v}_1-R_1\boldsymbol{i}_1-\omega_\gamma\boldsymbol{J}\hat{\boldsymbol{\phi}}_i]-[g_2|\hat{\omega}_{2n}|\boldsymbol{I}+g_1\hat{\omega}_{2n}\boldsymbol{J}]\hat{\boldsymbol{\phi}}_m\\ \hat{\boldsymbol{\phi}}_m &= \tilde{\boldsymbol{\phi}}_1-\boldsymbol{G}\hat{\boldsymbol{\phi}}_i\end{aligned}\right\} \tag{6.13a}$$

$$\hat{\boldsymbol{\phi}}_i = \begin{bmatrix} L_d & 0 \\ 0 & L_q \end{bmatrix}\boldsymbol{i}_1 \tag{6.13b}$$

$$\boldsymbol{G} = g_1\boldsymbol{I}-\mathrm{sgn}(\hat{\omega}_{2n})g_2\boldsymbol{J}\ ;\ 0\le g_1\le 1,\ \ g_2>0 \tag{6.13c}$$

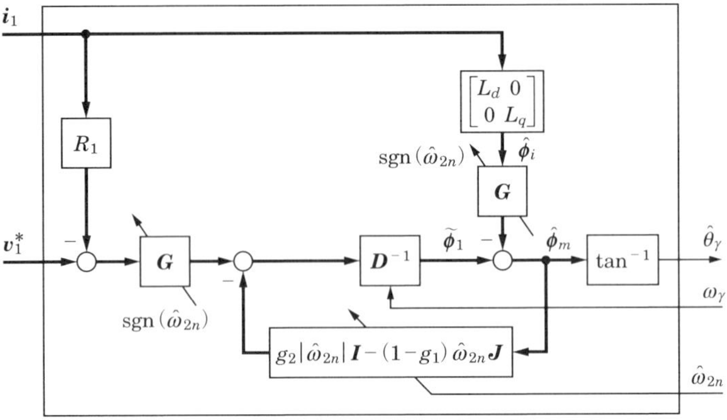

図 6.5 $\gamma\delta$ 準同期座標系上の1次フィルタリング推定法（外装 I-D 形）

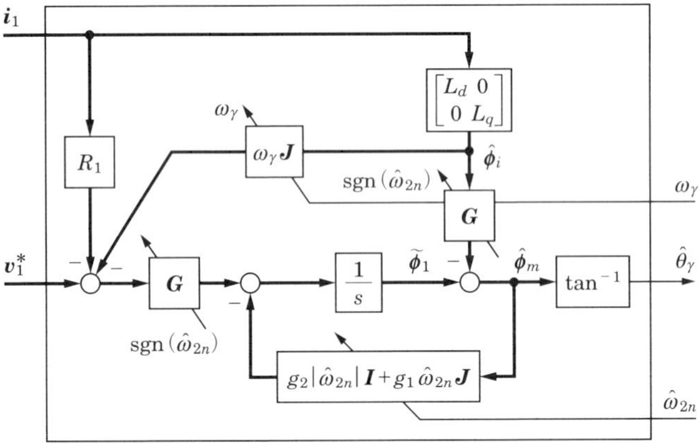

図 6.6 $\gamma\delta$ 準同期座標系上の1次フィルタリング推定法（外装 I-S 形）

■

式(6.12)，式(6.13)の推定法をおのおの図 6.5，図 6.6 に実現・描画した。外装 I -D 形推定法は逆 D 因子を利用した実現となっているが，外装 I -S 形推定法は逆 D 因子に代わって積分器 1/s を利用した実現となっている。描画に際しては，図 4.8 との整合性を考慮し，固定子電圧信号としては同指令値を利用した。また，回転子磁束推定値に対して逆正接処理（atan2 処理）を施し，回転子の初期位相推定値を出力するようにした。

$\gamma\delta$ 一般座標系上の1次フィルタリング推定法式(6.3)に，条件 $\hat{\theta}_\gamma=0$，$\omega_\gamma=\hat{\omega}_{2n}$ を付与すれば，$\gamma\delta$ 準同期座標系上の外装 II -D 形，外装 II -S 形推定法が以下のように得られる。

◆ $\gamma\delta$ 準同期座標系上の１次フィルタリング推定法（外装Ⅱ-D 形）

$$\left.\begin{aligned} \boldsymbol{D}(s,\omega_\gamma)\widetilde{\boldsymbol{\phi}}_1' &= \boldsymbol{v}_1 - R_1\boldsymbol{i}_1 - [g_2|\widehat{\omega}_{2n}|\boldsymbol{I} - (1-g_1)\widehat{\omega}_{2n}\boldsymbol{J}]\widehat{\boldsymbol{\phi}}_m' \\ \widehat{\boldsymbol{\phi}}_m' &= \widetilde{\boldsymbol{\phi}}_1' - \widehat{\boldsymbol{\phi}}_i \\ \widehat{\boldsymbol{\phi}}_m &= \boldsymbol{G}\widehat{\boldsymbol{\phi}}_m' \end{aligned}\right\} \tag{6.14a}$$

$$\widehat{\boldsymbol{\phi}}_i = \begin{bmatrix} L_d & 0 \\ 0 & L_q \end{bmatrix}\boldsymbol{i}_1 \tag{6.14b}$$

$$\boldsymbol{G} = g_1\boldsymbol{I} - \mathrm{sgn}(\widehat{\omega}_{2n})g_2\boldsymbol{J} \ ; 0 \le g_1 \le 1, \ \ g_2 > 0 \tag{6.14c}$$

■

◆ $\gamma\delta$ 準同期座標系上の１次フィルタリング推定法（外装Ⅱ-S 形）

$$\left.\begin{aligned} s\widetilde{\boldsymbol{\phi}}_1' &= \boldsymbol{v}_1 - R_1\boldsymbol{i}_1 - \omega_\gamma\boldsymbol{J}\widehat{\boldsymbol{\phi}}_i - [g_2|\widehat{\omega}_{2n}|\boldsymbol{I} + g_1\widehat{\omega}_{2n}\boldsymbol{J}]\widehat{\boldsymbol{\phi}}_m' \\ \widehat{\boldsymbol{\phi}}_m' &= \widetilde{\boldsymbol{\phi}}_1' - \widehat{\boldsymbol{\phi}}_i \\ \widehat{\boldsymbol{\phi}}_m &= \boldsymbol{G}\widehat{\boldsymbol{\phi}}_m' \end{aligned}\right\} \tag{6.15a}$$

$$\widehat{\boldsymbol{\phi}}_i = \begin{bmatrix} L_d & 0 \\ 0 & L_q \end{bmatrix}\boldsymbol{i}_1 \tag{6.15b}$$

$$\boldsymbol{G} = g_1\boldsymbol{I} - \mathrm{sgn}(\widehat{\omega}_{2n})g_2\boldsymbol{J} \ ; 0 \le g_1 \le 1, \ \ g_2 > 0 \tag{6.15c}$$

■

式(6.14)の外装Ⅱ-D 形推定法，式(6.15)の外装Ⅱ-S 形推定法をおのおの図 6.7，図 6.8 に実現・描画した。外装Ⅱ-D 形推定法と外装Ⅱ-S 形推定法との実現相違は，行列ゲイン $\boldsymbol{G}$ の配置を除けば，外装Ⅰ-D 形推定法と外装Ⅰ-S 形推定法との実現相違と同一である。

なお，１次フィルタリング推定法（最小次元 D 因子状態オブザーバ）の諸特性，および実験データに裏付けられた性能は，文献 1）に詳しく解説されている。

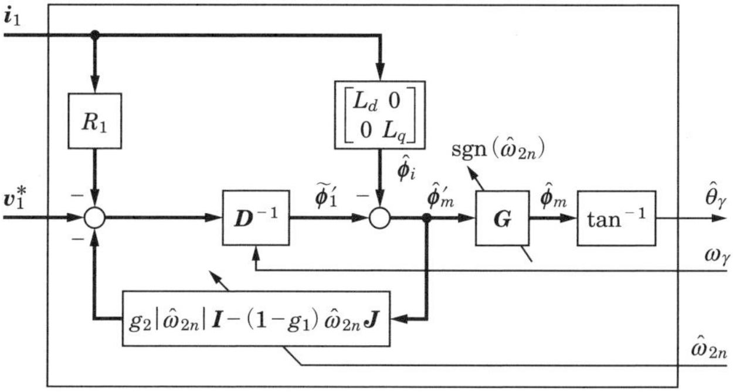

図 6.7 $\gamma\delta$ 準同期座標系上の１次フィルタリング推定法（外装Ⅱ-D 形）

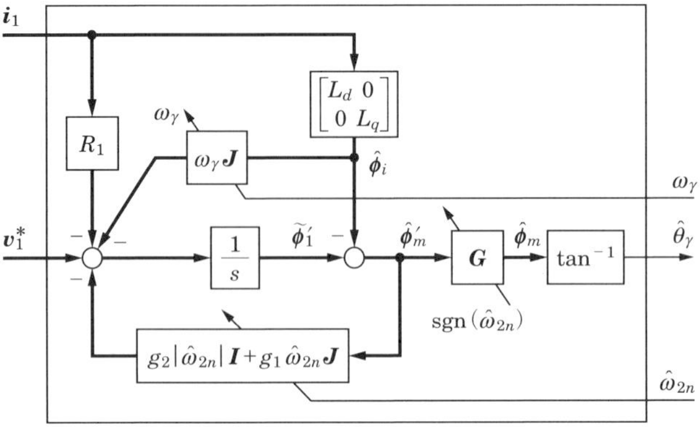

図 6.8　$\gamma\delta$ 準同期座標系上の 1 次フィルタリング推定法（外装Ⅱ-S 形）

第7章

2次フィルタリングによる回転子磁束推定

駆動用電圧・電流の n 次フィルタリングにより回転子磁束推定を行う一般化回転子磁束推定法において，とくにフィルタ次数を2次に選定した場合について，検討を深める。フィルタ次数を1次から2次へ上げることにより，回転子磁束推定法実現のための構造は，格段に多様化する。第7章では，代表的実現として，外装Ⅰ形，外装Ⅱ形，内装A形，内装B形の4実現を新規に与える。実現にあわせて，2次フィルタリングにおける行列ゲインの設計法について説明する。

7.1 $\gamma\delta$ 一般座標系上の回転子磁束推定

2次全極形D因子フィルタによる回転子磁束推定を考える。式(5.1)の実係数をもつフルビッツ多項式 $A(s)$ は，次数 n を $n=2$ とする場合には，次式となる。

$$A(s) = s^2+a_1 s+a_0 \ ; \ a_i > 0 \tag{7.1}$$

2次多項式がフルビッツ多項式となるための必要十分条件は，すべての実係数が正，すなわち $a_i>0$ である。

式(7.1)の多項式に対応した2次D因子多項式 $\boldsymbol{A}(\boldsymbol{D})$ は，次式となる。

$$\begin{aligned}&\boldsymbol{A}(\boldsymbol{D}(s, \omega_\gamma-(1-g_1)\widehat{\omega}_{2n}))\\&\quad = [\boldsymbol{D}^2(s, \omega_\gamma-(1-g_1)\widehat{\omega}_{2n})+a_1\boldsymbol{D}(s, \omega_\gamma-(1-g_1)\widehat{\omega}_{2n})+a_0\boldsymbol{I}]\end{aligned} \tag{7.2}$$

次数条件 $n=2$ を式(5.2)，式(5.3)，式(5.22)に適用すると，ただちに $\gamma\delta$ 一般座標系上の2次全極形D因子フィルタ $\boldsymbol{F}(\boldsymbol{D})$ を用いた回転子磁束推定法を次式のように得る。

◆ $\gamma\delta$ 一般座標系上の2次フィルタリング推定法

$$\widehat{\boldsymbol{\phi}}_m = \boldsymbol{F}(\boldsymbol{D}(s, \omega_\gamma-(1-g_1)\widehat{\omega}_{2n}))[\boldsymbol{v}_1-R_1\boldsymbol{i}_1-\boldsymbol{D}(s, \omega_\gamma)\widehat{\boldsymbol{\phi}}_i] \tag{7.3a}$$

$$\widehat{\boldsymbol{\phi}}_i = [L_i\boldsymbol{I}+L_m\boldsymbol{Q}(\widehat{\theta}_\gamma)]\boldsymbol{i}_1 \tag{7.3b}$$

$$\boldsymbol{G} = g_1 a_1\boldsymbol{I}+\left(-\frac{a_0}{\widehat{\omega}_{2n}}+g_1^2\widehat{\omega}_{2n}\right)\boldsymbol{J}$$

$$= g_1[a_1\boldsymbol{I} + g_1\widehat{\omega}_{2n}\boldsymbol{J}] - \frac{a_0}{\widehat{\omega}_{2n}}\boldsymbol{J} \tag{7.3c}$$

■

7.1.1　外装 I 形実現

式(7.3a)の 2 次全極形 D 因子フィルタ $\boldsymbol{F}(\boldsymbol{D})$ を構成する逆行列 $\boldsymbol{A}^{-1}(\boldsymbol{D})$ と行列ゲイン $\boldsymbol{G}$ とに関して式(5.2a)を適用し，さらに式(6.2d)の関係が実質的に成立する場合には，式(7.3)は次式のように実現することができる[3)]。

◆ $\gamma\delta$ 一般座標系上の 2 次フィルタリング推定法（外装 I 形）

$$\left.\begin{aligned} &\boldsymbol{D}(s,\omega_\gamma)\widetilde{\boldsymbol{\phi}}_1 = \boldsymbol{G}[\boldsymbol{v}_1 - R_1\boldsymbol{i}_1] + (1-g_1)\widehat{\omega}_{2n}\boldsymbol{J}\widetilde{\boldsymbol{\phi}}_2 - a_0\widehat{\boldsymbol{\phi}}_m \\ &\widetilde{\boldsymbol{\phi}}_2 = \widetilde{\boldsymbol{\phi}}_1 - \boldsymbol{G}\widehat{\boldsymbol{\phi}}_i \\ &\boldsymbol{D}(s,\omega_\gamma - (1-g_1)\widehat{\omega}_{2n})\widehat{\boldsymbol{\phi}}_m = \widetilde{\boldsymbol{\phi}}_2 - a_1\widehat{\boldsymbol{\phi}}_m \end{aligned}\right\} \tag{7.4a}$$

$$\widehat{\boldsymbol{\phi}}_i = [L_i\boldsymbol{I} + L_m\boldsymbol{Q}(\widehat{\theta}_\gamma)]\boldsymbol{i}_1 \tag{7.4b}$$

$$\begin{aligned} \boldsymbol{G} &= g_1 a_1\boldsymbol{I} + \left(-\frac{a_0}{\widehat{\omega}_{2n}} + g_1^2\widehat{\omega}_{2n}\right)\boldsymbol{J} \\ &= g_1[a_1\boldsymbol{I} + g_1\widehat{\omega}_{2n}\boldsymbol{J}] - \frac{a_0}{\widehat{\omega}_{2n}}\boldsymbol{J} \end{aligned} \tag{7.4c}$$

■

式(7.4)の外装 I 形実現を採用した推定法を図 7.1 に描画した。図 7.1 は，図 5.4 (a) の基本外装 I 形実現に，図 5.2 (a) のモジュールベクトル直接 I 形の実現を適用したものに対応している。

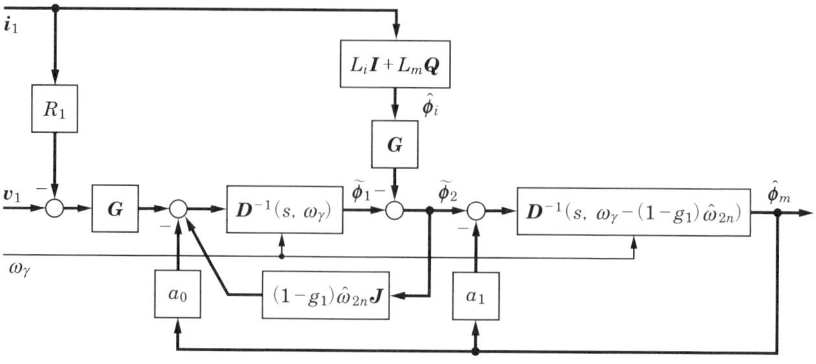

図 7.1　$\gamma\delta$ 一般座標系上の 2 次フィルタリング推定法（外装 I 形）

7.1.2 外装Ⅱ形実現

式(7.3a)の2次全極形D因子フィルタ $\boldsymbol{F}(\boldsymbol{D})$ を構成する逆行列 $\boldsymbol{A}^{-1}(\boldsymbol{D})$ と行列ゲイン $\boldsymbol{G}$ とに関して式(5.2b)を適用し，さらに式(6.2d)の関係が実質的に成立する場合には，式(7.3)は次式のように実現することができる[3)]。

◆ $\gamma\delta$ 一般座標系上の2次フィルタリング推定法（外装Ⅱ形）

$$\left.\begin{aligned}&\boldsymbol{D}(s,\omega_\gamma)\tilde{\boldsymbol{\phi}}_1' = [\boldsymbol{v}_1 - R_1\boldsymbol{i}_1] + (1-g_1)\widehat{\omega}_{2n}\boldsymbol{J}\tilde{\boldsymbol{\phi}}_2' - a_0\widehat{\boldsymbol{\phi}}_m' \\ &\tilde{\boldsymbol{\phi}}_2' = \tilde{\boldsymbol{\phi}}_1' - \widehat{\boldsymbol{\phi}}_i \\ &\boldsymbol{D}(s,\omega_\gamma-(1-g_1)\widehat{\omega}_{2n})\widehat{\boldsymbol{\phi}}_m' = \tilde{\boldsymbol{\phi}}_2' - a_1\widehat{\boldsymbol{\phi}}_m' \\ &\widehat{\boldsymbol{\phi}}_m = \boldsymbol{G}\widehat{\boldsymbol{\phi}}_m'\end{aligned}\right\} \tag{7.5a}$$

$$\widehat{\boldsymbol{\phi}}_i = [L_i\boldsymbol{I} + L_m\boldsymbol{Q}(\widehat{\theta}_\gamma)]\boldsymbol{i}_1 \tag{7.5b}$$

$$\begin{aligned}\boldsymbol{G} &= g_1a_1\boldsymbol{I} + \left(-\frac{a_0}{\widehat{\omega}_{2n}} + g_1^2\widehat{\omega}_{2n}\right)\boldsymbol{J} \\ &= g_1[a_1\boldsymbol{I} + g_1\widehat{\omega}_{2n}\boldsymbol{J}] - \frac{a_0}{\widehat{\omega}_{2n}}\boldsymbol{J}\end{aligned} \tag{7.5c}$$

■

式(7.5)の外装Ⅱ形実現を採用した推定法を図7.2に描画した。図7.2は，図5.4(b)の基本外装Ⅱ形実現に，図5.2(a)のモジュールベクトル直接Ⅰ形の実現を適用したものに対応している。

7.1.3 内装B形実現

式(7.2)のD因子多項式 $\boldsymbol{A}(\boldsymbol{D})$ は，フィルタ係数 a_i，速度 $\omega_\gamma, \widehat{\omega}_{2n}$ が一定の状況下では，D因子 $\boldsymbol{D}(s,\omega_\gamma)$ に関して展開し，$[\boldsymbol{D}(s,\omega_\gamma) - \widehat{\omega}_{2n}\boldsymbol{J}]$ に着目して整理すると，次式に変換される。

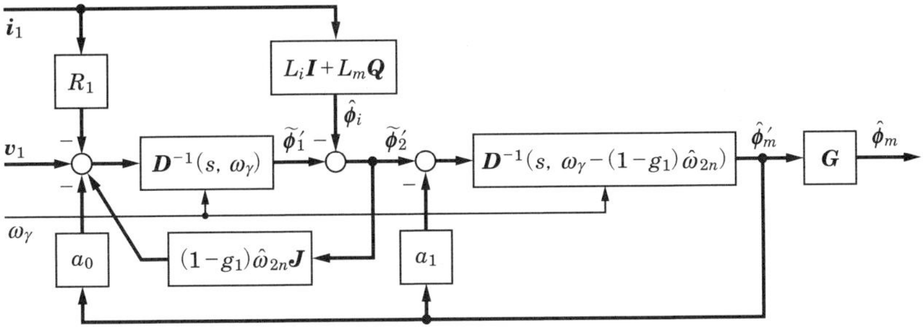

図7.2 $\gamma\delta$ 一般座標系上の2次フィルタリング推定法（外装Ⅱ形）

$$
\begin{aligned}
&\boldsymbol{D}^2(s,\omega_\gamma-(1-g_1)\widehat{\omega}_{2n})+a_1\boldsymbol{D}(s,\omega_\gamma-(1-g_1)\widehat{\omega}_{2n})+a_0\boldsymbol{I}\\
&\quad=[\boldsymbol{D}(s,\omega_\gamma)-(1-g_1)\widehat{\omega}_{2n}\boldsymbol{J}]^2+a_1[\boldsymbol{D}(s,\omega_\gamma)-(1-g_1)\widehat{\omega}_{2n}\boldsymbol{J}]+a_0\boldsymbol{I}\\
&\quad=\boldsymbol{D}^2(s,\omega_\gamma)+[a_1\boldsymbol{I}+2(g_1-1)\widehat{\omega}_{2n}\boldsymbol{J}]\boldsymbol{D}(s,\omega_\gamma)\\
&\qquad+[(a_0-(g_1-1)^2\widehat{\omega}_{2n}^2)\boldsymbol{I}+a_1(g_1-1)\widehat{\omega}_{2n}\boldsymbol{J}]\\
&\quad=[\boldsymbol{D}(s,\omega_\gamma)+\boldsymbol{G}_B][\boldsymbol{D}(s,\omega_\gamma)-\widehat{\omega}_{2n}\boldsymbol{J}]+\widehat{\omega}_{2n}\boldsymbol{J}\boldsymbol{G}\\
&\quad=[\boldsymbol{D}(s,\omega_\gamma)+\boldsymbol{G}_B]\boldsymbol{D}(s,\omega_\gamma-\widehat{\omega}_{2n})+\widehat{\omega}_{2n}\boldsymbol{J}\boldsymbol{G}
\end{aligned}
\tag{7.6a}
$$

ただし，

$$
\boldsymbol{G}_B=a_1\boldsymbol{I}+(2g_1-1)\widehat{\omega}_{2n}\boldsymbol{J} \tag{7.6b}
$$

$$
\boldsymbol{G}=g_1a_1\boldsymbol{I}+\left(-\frac{a_0}{\widehat{\omega}_{2n}}+g_1^2\widehat{\omega}_{2n}\right)\boldsymbol{J} \tag{7.6c}
$$

式(7.2)のD因子多項式 $\boldsymbol{A}(\boldsymbol{D})$ として式(7.6)の最終式を用いるならば，式(5.2)に示した外装行列ゲイン $\boldsymbol{G}$ をもつ2次全極形D因子フィルタ $\boldsymbol{F}(\boldsymbol{D})$ は，行列ゲイン $\boldsymbol{G}$ をフィードバックループ内のフィードフォワード側に共有内装した図7.3のように実現することができる。フィードバックループは，行列ゲイン $\boldsymbol{G}$ と $[\boldsymbol{D}(s,\omega_\gamma)+\boldsymbol{G}_B]^{-1}$, $\boldsymbol{D}^{-1}(s,\omega_\gamma-\widehat{\omega}_{2n})$, $\widehat{\omega}_{2n}\boldsymbol{J}$ との4要素から構成される。同図では，2要素 $\boldsymbol{D}^{-1}(s,\omega_\gamma-\widehat{\omega}_{2n})$, $\widehat{\omega}_{2n}\boldsymbol{J}$ における $\widehat{\omega}_{2n}\boldsymbol{J}$ の共有を図る構造を採用している。同図（a）内装B-Ⅰ形と同図（b）内装B-Ⅱ形との違いは，直列結合の2要素 $\boldsymbol{G}$, $[\boldsymbol{D}(s,\omega_\gamma)+\boldsymbol{G}_B]^{-1}$ の相互配置にある。

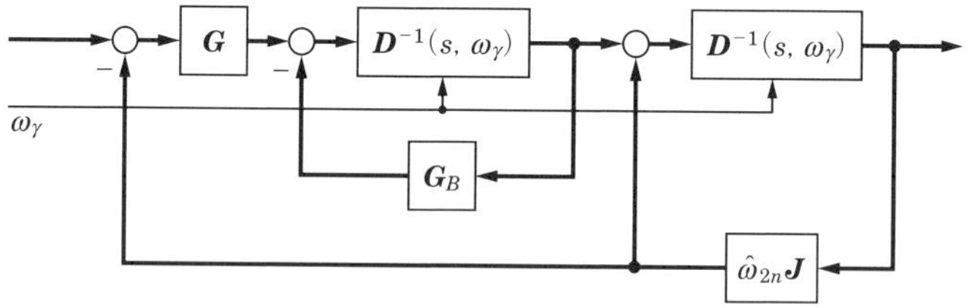

（a）　内装B-Ⅰ形

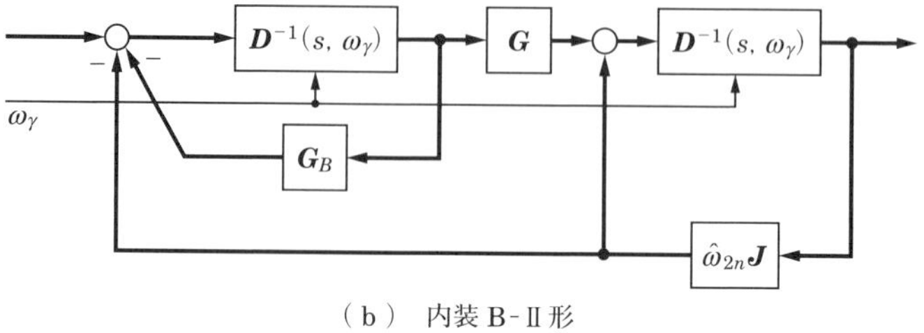

（b）　内装B-Ⅱ形

図7.3　$\gamma\delta$ 一般座標系上の2次D因子フィルタの実現（内装B形）

式(7.6a)の2次D因子多項式 $\boldsymbol{A}(\boldsymbol{D})$ において，次の置換を実施することを考える。

$$s\boldsymbol{I} \rightarrow (\widehat{\omega}_{2n} - \omega_\gamma)\boldsymbol{J} \tag{7.6d}$$

このとき，式(7.6a)の最終式の右辺第1項は消滅し，次の関係が成立する。

$$\left.\begin{aligned} \boldsymbol{A}(\boldsymbol{D}(s, \omega_\gamma - (1-g_1)\widehat{\omega}_{2n}))\big|_{s\boldsymbol{I}=(\widehat{\omega}_{2n}-\omega_\gamma)\boldsymbol{J}} &= \widehat{\omega}_{2n}\boldsymbol{J}\boldsymbol{G} \\ \boldsymbol{F}(\boldsymbol{D}(s, \omega_\gamma - (1-g_1)\widehat{\omega}_{2n}))\big|_{s\boldsymbol{I}=(\widehat{\omega}_{2n}-\omega_\gamma)\boldsymbol{J}} &= \frac{-1}{\widehat{\omega}_{2n}}\boldsymbol{J} \end{aligned}\right\} \tag{7.6e}$$

上の式(7.6e)は，「行列ゲイン $\boldsymbol{G}_B$，$\boldsymbol{G}$ がおのおの式(7.6b)，式(7.6c)の条件を満足しない場合にも，2次D因子多項式 $\boldsymbol{A}(\boldsymbol{D})$ の安定性が維持できれば，$\boldsymbol{G}$ の内装共有により，定理5.1の式(5.5b)の特性が維持される」ことを意味する。

図7.3 (b) のD因子フィルタ $\boldsymbol{F}(\boldsymbol{D})$ に，式(5.22)のように誘起電圧相当信号を入力するならば，図7.4 (a) に示した2次フィルタリング推定法（内装B形）を得る。これは，固定子反作用磁束推定値に注意すると，同図 (b) に変更される。同図 (b) の2次フィルタリング推定法（内装B形）は次式のように記述される[3]。

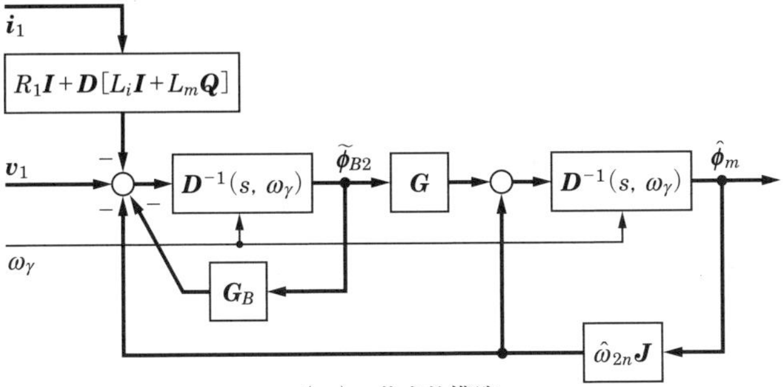

（a） 基本的構造

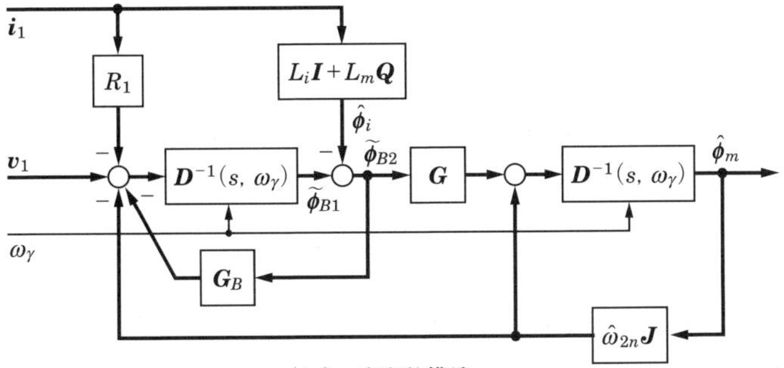

（b） 実際的構造

図7.4　$\gamma\delta$ 一般座標系上の2次フィルタリング推定法（内装B形）

◆ $\gamma\delta$ 一般座標系上の2次フィルタリング推定法（内装B形）

$$\left.\begin{aligned}&\boldsymbol{D}(s,\omega_\gamma)\tilde{\boldsymbol{\phi}}_{B1}=[\boldsymbol{v}_1-R_1\boldsymbol{i}_1]-\boldsymbol{G}_B\tilde{\boldsymbol{\phi}}_{B2}-\widehat{\omega}_{2n}\boldsymbol{J}\widehat{\boldsymbol{\phi}}_m\\&\tilde{\boldsymbol{\phi}}_{B2}=\tilde{\boldsymbol{\phi}}_{B1}-\widehat{\boldsymbol{\phi}}_i\\&\boldsymbol{D}(s,\omega_\gamma)\widehat{\boldsymbol{\phi}}_m=\widehat{\omega}_{2n}\boldsymbol{J}\widehat{\boldsymbol{\phi}}_m+\boldsymbol{G}\tilde{\boldsymbol{\phi}}_{B2}\end{aligned}\right\}\tag{7.7a}$$

$$\widehat{\boldsymbol{\phi}}_i=[L_i\boldsymbol{I}+L_m\boldsymbol{Q}(\widehat{\theta}_\gamma)]\boldsymbol{i}_1\tag{7.7b}$$

$$\boldsymbol{G}_B=a_1\boldsymbol{I}+(2g_1-1)\widehat{\omega}_{2n}\boldsymbol{J}\tag{7.7c}$$

$$\boldsymbol{G}=g_1a_1\boldsymbol{I}+\left(-\frac{a_0}{\widehat{\omega}_{2n}}+g_1^2\widehat{\omega}_{2n}\right)\boldsymbol{J}\tag{7.7d}$$

■

7.1.4　内装A形実現

式(7.2)，式(7.6a)のD因子多項式 $\boldsymbol{A}(\boldsymbol{D})$ は，フィルタ係数 a_i，速度 $\omega_\gamma, \widehat{\omega}_{2n}$ が一定の状況下では，D因子 $\boldsymbol{D}(s,\omega_\gamma)$ に関して展開し，$[\boldsymbol{D}(s,\omega_\gamma)-\widehat{\omega}_{2n}\boldsymbol{J}]$ に着目して整理すると，次式に変換することもできる。

$$\begin{aligned}&\boldsymbol{D}^2(s,\omega_\gamma-(1-g_1)\widehat{\omega}_{2n})+a_1\boldsymbol{D}(s,\omega_\gamma-(1-g_1)\widehat{\omega}_{2n})+a_0\boldsymbol{I}\\&\quad=[\boldsymbol{D}(s,\omega_\gamma)+\boldsymbol{G}_B]\boldsymbol{D}(s,\omega_\gamma-\widehat{\omega}_{2n})+\widehat{\omega}_{2n}\boldsymbol{J}\boldsymbol{G}\\&\quad=[\boldsymbol{D}(s,\omega_\gamma)+\boldsymbol{G}_B][\boldsymbol{D}(s,\omega_\gamma)-\widehat{\omega}_{2n}\boldsymbol{J}]+\widehat{\omega}_{2n}\boldsymbol{J}\boldsymbol{G}\\&\quad=[\boldsymbol{D}(s,\omega_\gamma)+\boldsymbol{G}_B-\boldsymbol{G}][\boldsymbol{D}(s,\omega_\gamma)-\widehat{\omega}_{2n}\boldsymbol{J}]+\boldsymbol{G}\boldsymbol{D}(s,\omega_\gamma)\\&\quad=[\boldsymbol{D}(s,\omega_\gamma)+\boldsymbol{G}_A][\boldsymbol{D}(s,\omega_\gamma)-\widehat{\omega}_{2n}\boldsymbol{J}]+\boldsymbol{G}\boldsymbol{D}(s,\omega_\gamma)\\&\quad=[\boldsymbol{D}(s,\omega_\gamma)+\boldsymbol{G}_A]\boldsymbol{D}(s,\omega_\gamma-\widehat{\omega}_{2n})+\boldsymbol{G}\boldsymbol{D}(s,\omega_\gamma)\end{aligned}\tag{7.8a}$$

ただし，

$$\boldsymbol{G}_A=\boldsymbol{G}_B-\boldsymbol{G}=(1-g_1)a_1\boldsymbol{I}-\left(-\frac{a_0}{\widehat{\omega}_{2n}}+(1-g_1)^2\widehat{\omega}_{2n}\right)\boldsymbol{J}\tag{7.8b}$$

$$\boldsymbol{G}=g_1a_1\boldsymbol{I}+\left(-\frac{a_0}{\widehat{\omega}_{2n}}+g_1^2\widehat{\omega}_{2n}\right)\boldsymbol{J}\tag{7.8c}$$

式(7.2)のD因子多項式 $\boldsymbol{A}(\boldsymbol{D})$ として式(7.8a)の最終式を用いるならば，式(5.2)に示した外装行列ゲイン $\boldsymbol{G}$ をもつ2次全極形D因子フィルタ $\boldsymbol{F}(\boldsymbol{D})$ は，行列ゲイン $\boldsymbol{G}$ をフィードバックループ内のフィードフォワード側に共有内装した図7.5のように実現することができる。フィードバックループは，行列ゲイン $\boldsymbol{G}$ と $\boldsymbol{D}^{-1}(s,\omega_\gamma)$，$\boldsymbol{G}_A, \boldsymbol{D}^{-1}(s,\omega_\gamma-\widehat{\omega}_{2n})$ との4要素から構成される。同図（a）内装A-Ⅰ形と同図（b）内装A-Ⅱ形との違いは，直列結合の2要素 $\boldsymbol{G}, \boldsymbol{D}^{-1}(s,\omega_\gamma-\widehat{\omega}_{2n})$ の相互配置にある。

式(7.8a)の2次D因子多項式 $\boldsymbol{A}(\boldsymbol{D})$ において，次の置換を実施することを考える。

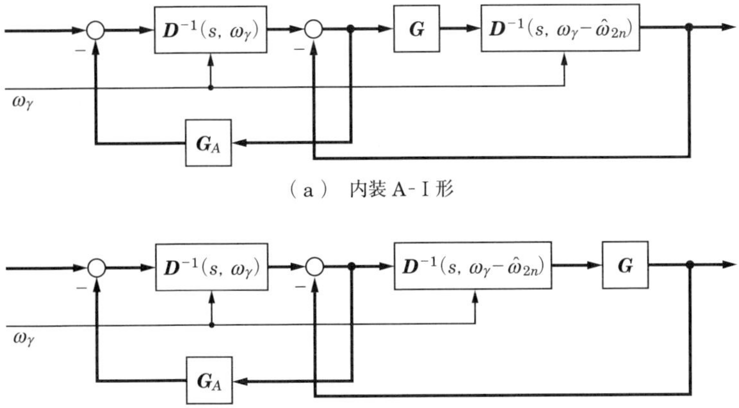

（a）　内装 A-Ⅰ形

（b）　内装 A-Ⅱ形

図 7.5　γδ 一般座標系上の 2 次 D 因子フィルタの実現（内装 A 形）

$$s\boldsymbol{I} \rightarrow (\widehat{\omega}_{2n} - \omega_\gamma)\boldsymbol{J} \tag{7.8d}$$

このとき，式(7.8a)の最終式の右辺第 1 項は消滅し，次の関係が成立する。

$$\left.\begin{aligned} \boldsymbol{A}(\boldsymbol{D}(s, \omega_\gamma - (1-g_1)\widehat{\omega}_{2n}))\big|_{s\boldsymbol{I}=(\widehat{\omega}_{2n}-\omega_\gamma)\boldsymbol{J}} &= \boldsymbol{G}\boldsymbol{D}(s, \omega_\gamma)\big|_{s\boldsymbol{I}=(\widehat{\omega}_{2n}-\omega_\gamma)\boldsymbol{J}} \\ &= \widehat{\omega}_{2n}\boldsymbol{J}\boldsymbol{G} \\ \boldsymbol{F}(\boldsymbol{D}(s, \omega_\gamma - (1-g_1)\widehat{\omega}_{2n}))\big|_{s\boldsymbol{I}=(\widehat{\omega}_{2n}-\omega_\gamma)\boldsymbol{J}} &= \frac{-1}{\widehat{\omega}_{2n}}\boldsymbol{J} \end{aligned}\right\} \tag{7.8e}$$

上の式(7.8e)は，「行列ゲイン $\boldsymbol{G}_A$，$\boldsymbol{G}$ がおのおの式(7.8b)，式(7.8c)の条件を満足しない場合にも，2 次 D 因子多項式 $\boldsymbol{A}(\boldsymbol{D})$ の安定性が維持できれば，$\boldsymbol{G}$ の内装共有により，定理 5.1 の式(5.5b)の特性が維持される」ことを意味する。

図 7.5 (a) 内装 A-Ⅰ形実現の D 因子フィルタ $\boldsymbol{F}(\boldsymbol{D})$ に，式(5.22)のように誘起電圧相当信号を入力するならば，図 7.6 (a) に示した 2 次フィルタリング推定法（内装 A 形）を得る。これは，固定子反作用磁束推定値に注意すると，同図 (b) に変更される。同図 (b) の 2 次フィルタリング推定法（内装 A 形）は次式のように記述される[3)]。

◆ γδ 一般座標系上の 2 次フィルタリング推定法（内装 A 形）

$$\left.\begin{aligned} &\boldsymbol{D}(s, \omega_\gamma)\widetilde{\boldsymbol{\phi}}_{A1} = [\boldsymbol{v}_1 - R_1\boldsymbol{i}_1] - \boldsymbol{G}_A\widetilde{\boldsymbol{\phi}}_{A2} \\ &\widetilde{\boldsymbol{\phi}}_{A2} = \widetilde{\boldsymbol{\phi}}_{A1} - \widehat{\boldsymbol{\phi}}_m - \widehat{\boldsymbol{\phi}}_i \\ &\boldsymbol{D}(s, \omega_\gamma - \widehat{\omega}_{2n})\widehat{\boldsymbol{\phi}}_m = \boldsymbol{G}\widetilde{\boldsymbol{\phi}}_{A2} \end{aligned}\right\} \tag{7.9a}$$

$$\widehat{\boldsymbol{\phi}}_i = [L_i\boldsymbol{I} + L_m\boldsymbol{Q}(\widehat{\theta}_\gamma)]\boldsymbol{i}_1 \tag{7.9b}$$

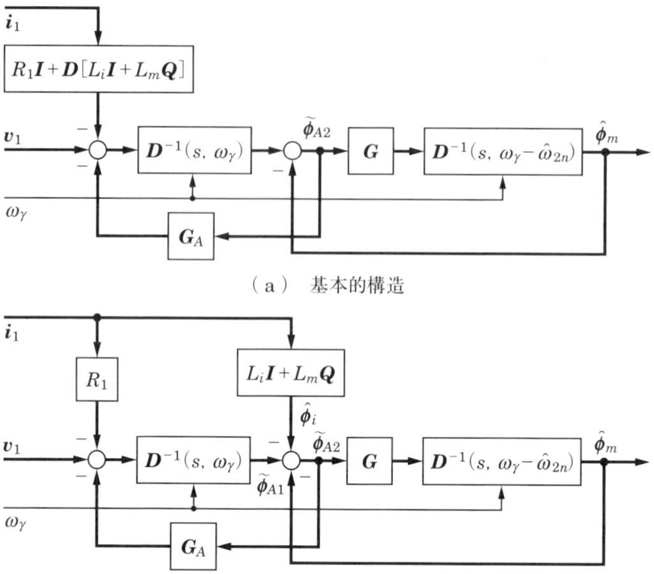

（a）　基本的構造

（b）　実際的構造

図 7.6　$\gamma\delta$ 一般座標系上の 2 次フィルタリング推定法（内装 A 形）

$$G_A = (1-g_1)a_1 I - \left(-\frac{a_0}{\widehat{\omega}_{2n}} + (1-g_1)^2 \widehat{\omega}_{2n}\right) J \tag{7.9c}$$

$$G = g_1 a_1 I + \left(-\frac{a_0}{\widehat{\omega}_{2n}} + g_1^2 \widehat{\omega}_{2n}\right) J \tag{7.9d}$$

■

行列ゲイン G と G_A は，高い対称性 $g_1 \leftrightarrow (1-g_1)$ を有している点に注意されたい。

7.2　行列ゲインの方式

7.2.1　固定係数と応速係数

外装 I 形，外装 II 形，内装 B 形，内装 A 形の 2 次フィルタリング推定法に共通に用いられた行列ゲイン G の選択を考える（式(7.4c)，式(7.5c)，式(7.7d)，式(7.9d)参照）。行列ゲインの選択は，定義式より明白なように取りも直さず設計パラメータ g_1, a_0, a_1 の選択を意味する。また，この逆もいえる。行列ゲイン G の選択の基本は，フルビッツ多項式の係数 a_0, a_1 に着目したものであり，大きくは，これら係数を一定に保つ固定係数方式と，2 係数の少なくともひとつを応速的に変化させる応速係数方式とに整理される。すなわち，

◆ 固定係数

$$a_0 = \mathrm{const} > 0,\ \ a_1 = \mathrm{const} > 0 \tag{7.10a}$$

$$\begin{aligned}\boldsymbol{G} &= g_1 a_1 \boldsymbol{I} + \left(-\frac{a_0}{\widehat{\omega}_{2n}} + g_1^2 \widehat{\omega}_{2n} \right) \boldsymbol{J} \\ &= g_1 [a_1 \boldsymbol{I} + g_1 \widehat{\omega}_{2n} \boldsymbol{J}] - \frac{a_0}{\widehat{\omega}_{2n}} \boldsymbol{J}\end{aligned} \tag{7.10b}$$

■

◆ 応速係数 I

$$a_0 = \alpha_1 |\widehat{\omega}_{2n}| + \alpha_2 \widehat{\omega}_{2n}^2 \ ;\ \alpha_1 \geq 0, \alpha_2 \geq 0, \alpha_1 + \alpha_2 \neq 0 \tag{7.11a}$$

$$\begin{aligned}\boldsymbol{G} &= g_1 a_1 \boldsymbol{I} + (-\mathrm{sgn}(\widehat{\omega}_{2n}) \alpha_1 + (g_1^2 - \alpha_2) \widehat{\omega}_{2n}) \boldsymbol{J} \\ &= g_1 [a_1 \boldsymbol{I} + g_1 \widehat{\omega}_{2n} \boldsymbol{J}] - (\mathrm{sgn}(\widehat{\omega}_{2n}) \alpha_1 + \alpha_2 \widehat{\omega}_{2n}) \boldsymbol{J}\end{aligned} \tag{7.11b}$$

■

◆ 応速係数 II

$$a_0 = \alpha_1 |\widehat{\omega}_{2n}| + g_1^2 \widehat{\omega}_{2n}^2 \ ;\ \alpha_1 \geq 0,\ \ \alpha_1 + g_1 \neq 0 \tag{7.12a}$$

$$\boldsymbol{G} = g_1 a_1 \boldsymbol{I} - \mathrm{sgn}(\widehat{\omega}_{2n}) \alpha_1 \boldsymbol{J} \tag{7.12b}$$

■

式(7.12)の応速係数 II は，式(7.11)の応速係数 I においてとくに $\alpha_2 = g_1^2$ と設定し，行列ゲインの逆対角要素を簡略化したものである。

2 次フィルタリング推定法において，有用性が期待されるのは，応速係数方式である。これは，行列ゲインの観点から固定ゲインと応速ゲインに分類される。

7.2.2 固定ゲイン

行列ゲイン $\boldsymbol{G}$ が速度いかんにかかわらず一定・固定の場合には，式(7.4)と式(7.5)の推定法は，初期値の影響を排除するならば，過渡応答においても同一の推定特性を示す。式(7.12)に示した行列ゲイン $\boldsymbol{G}$ を採用する場合は，この固定化が可能である。

固定ゲインは，周波数シフト係数 g_1 の観点により，$0 < g_1 \leq 1$ を条件とする g1-p 形固定ゲインと $g_1 = 0$ を条件とする g1-0 形固定ゲインとの 2 種に細分化される。g1-p 形固定ゲインは，以下のように与えられる。

◆ g1-p 形固定ゲイン I

$$a_0 = \alpha_1|\widehat{\omega}_{2n}| + g_1^2\widehat{\omega}_{2n}^2 \;;\; \alpha_1 = \mathrm{const} \geq 0,\ \ 0 < g_1 \leq 1 \tag{7.13a}$$

$$\boldsymbol{G} = g_1 a_1 \boldsymbol{I} - \mathrm{sgn}(\widehat{\omega}_{2n})\alpha_1 \boldsymbol{J} \;;\; a_1 = \mathrm{const} \tag{7.13b}$$

■

式(7.13b)が明示しているように，g1-p 形固定ゲイン I では，ゲイン固定化はフルビッツ多項式の1次係数 a_1 の一定保持を要請する。この場合に，最大駆動速度に対応したフルビッツ多項式の0次係数 a_0 を考慮のうえ，フルビッツ多項式の1次係数 a_1 を十分に大きく選定しておくことが重要である。1次係数 a_1 が不要に小さい場合には，駆動速度の向上につれ不安定化の可能性を増大させる。

g1-p 形固定ゲイン I の特別な場合として，$\alpha_1=0$ を選定した次の g1-p 形固定ゲイン II が存在する。

◆ g1-p 形固定ゲイン II

$$a_0 = g_1^2\widehat{\omega}_{2n}^2 \;;\; 0 < g_1 \leq 1 \tag{7.14a}$$

$$\boldsymbol{G} = g_1 a_1 \boldsymbol{I} \;;\; a_1 = \mathrm{const} \tag{7.14b}$$

■

$g_1=0$ を条件とする g1-0 形固定ゲインは，以下のように与えられる。

◆ g1-0 形固定ゲイン

$$a_0 = \alpha_1|\widehat{\omega}_{2n}| \;;\; \alpha_1 = \mathrm{const} > 0,\ \ g_1 = 0 \tag{7.15a}$$

$$\boldsymbol{G} = -\mathrm{sgn}(\widehat{\omega}_{2n})\alpha_1 \boldsymbol{J} \tag{7.15b}$$

■

g1-0 形固定ゲインでは，g1-p 形固定ゲインと異なり，ゲイン固定性の確保にフルビッツ多項式の1次係数 a_1 を一定とする必要はない。

7.2.3　応速ゲイン

行列ゲインの応速性を許すならば，フルビッツ多項式の係数 a_0, a_1 に着目したゲイン設計が可能である。このひとつは，式(7.11)に条件 $\alpha_1=0, \alpha_2=\tilde{g}^2>0$ を付した次のものである。

◆ 応速ゲイン

$$a_0 = \tilde{g}^2\widehat{\omega}_{2n}^2,\ \ a_1 = \zeta\tilde{g}|\widehat{\omega}_{2n}| \;;\; \tilde{g} > 0,\ \ \zeta > 0 \tag{7.16a}$$

$$\begin{aligned}\boldsymbol{G} &= \zeta\tilde{g}g_1|\widehat{\omega}_{2n}|\boldsymbol{I} + (g_1^2 - \tilde{g}^2)\widehat{\omega}_{2n}\boldsymbol{J} \\ &= \zeta\tilde{g}g_1|\widehat{\omega}_{2n}|\left[\boldsymbol{I} + \mathrm{sgn}(\widehat{\omega}_{2n})\frac{(g_1^2 - \tilde{g}^2)}{\zeta\tilde{g}g_1}\boldsymbol{J}\right]\end{aligned} \tag{7.16b}$$

■

上の応速ゲインは，速度絶対値に比例して行列ゲインが変化するという特徴をもつ。

応速ゲインにおいて，設計パラメータ $\tilde{g}$ を周波数シフト係数 g_1 と等しく選定する（すなわち $\tilde{g}=g_1$）場合には，単純対角化された次の行列ゲインを得る[1),2)]。

◆ g1-p 形応速ゲイン

$$a_0 = g_1^2 \widehat{\omega}_{2n}^2, \ \ a_1 = \zeta g_1 |\widehat{\omega}_{2n}| \ ; 0 < g_1 \le 1, \ \ \zeta > 0 \tag{7.17a}$$

$$\boldsymbol{G} = \zeta\, g_1^2 |\widehat{\omega}_{2n}| \boldsymbol{I} = g_1 a_1 \boldsymbol{I} \tag{7.17b}$$

■

式(7.17)の g1-p 形応速ゲインは，式(7.14)の g1-p 形固定ゲインⅡの応速化に対応している。周波数シフト係数 g_1 を $g_1=1$ と選定したうえで，式(7.5)の外装Ⅱ形推定法と式(7.16)の応速ゲインとの組合せは，「回転子磁束推定のための高次応速帯域 D 因子フィルタ」と呼称されている。

式(7.11)に条件 $\alpha_1=0, \alpha_2=\tilde{g}^2>0$ を付したうえで，周波数シフト係数 g_1 をゼロ，すなわち $g_1=0$ と選定する場合には，次の行列ゲインを得る。

◆ g1-0 形応速ゲイン

$$a_0 = \tilde{g}^2 \widehat{\omega}_{2n}^2 \ ; \tilde{g} > 0, \ \ g_1 = 0 \tag{7.18a}$$

$$\boldsymbol{G} = -\tilde{g}^2 \widehat{\omega}_{2n} \boldsymbol{J} \tag{7.18b}$$

■

式(7.17a)の 0 次係数 a_0 に対する 1 次係数 a_1 としては，式(7.16a)のものを利用すればよい。なお，式(7.18)の $g1$-0 形応速ゲインは，式(7.15)の $g1$-0 形固定ゲインの応速化に対応している。

7.3 回転子磁束推定法の実現

7.3.1 $\alpha\beta$ 固定座標系上の実現

(1) 外装Ⅰ形実現

式(7.4)の $\gamma\delta$ 一般座標系上の外装Ⅰ形推定法に条件 $\widehat{\theta}_\gamma=\widehat{\theta}_\alpha, \omega_\gamma=0$ を付与すれば，$\alpha\beta$ 固定座標系上の外装Ⅰ形推定法が以下のように得られる。

◆ $\alpha\beta$ 固定座標系上の外装Ⅰ形2次フィルタリング推定法

$$\left.\begin{aligned} s\tilde{\boldsymbol{\phi}}_1 &= \boldsymbol{G}[\boldsymbol{v}_1 - R_1\boldsymbol{i}_1] + (1-g_1)\hat{\omega}_{2n}\boldsymbol{J}\tilde{\boldsymbol{\phi}}_2 - a_0\hat{\boldsymbol{\phi}}_m \\ \tilde{\boldsymbol{\phi}}_2 &= \tilde{\boldsymbol{\phi}}_1 - \boldsymbol{G}\hat{\boldsymbol{\phi}}_i \\ s\hat{\boldsymbol{\phi}}_m &= [-a_1\boldsymbol{I} + (1-g_1)\hat{\omega}_{2n}\boldsymbol{J}]\hat{\boldsymbol{\phi}}_m + \tilde{\boldsymbol{\phi}}_2 \end{aligned}\right\} \tag{7.19a}$$

$$\hat{\boldsymbol{\phi}}_i = [L_i\boldsymbol{I} + L_m\boldsymbol{Q}(\hat{\theta}_\alpha)]\boldsymbol{i}_1 \tag{7.19b}$$

$$\boldsymbol{G} = g_1 a_1\boldsymbol{I} + \left(-\frac{a_0}{\hat{\omega}_{2n}} + g_1^2\hat{\omega}_{2n}\right)\boldsymbol{J} \tag{7.19c}$$

■

(2) 外装Ⅱ形実現

式(7.5)の $\gamma\delta$ 一般座標系上の外装Ⅱ形推定法に条件 $\hat{\theta}_\gamma=\hat{\theta}_\alpha$，$\omega_\gamma=0$ を付与すれば，$\alpha\beta$ 固定座標系上の外装Ⅱ形推定法が以下のように得られる。

◆ $\alpha\beta$ 固定座標系上の外装Ⅱ形2次フィルタリング推定法

$$\left.\begin{aligned} s\tilde{\boldsymbol{\phi}}_1' &= [\boldsymbol{v}_1 - R_1\boldsymbol{i}_1] + (1-g_1)\hat{\omega}_{2n}\boldsymbol{J}\tilde{\boldsymbol{\phi}}_2' - a_0\hat{\boldsymbol{\phi}}_m' \\ \tilde{\boldsymbol{\phi}}_2' &= \tilde{\boldsymbol{\phi}}_1' - \hat{\boldsymbol{\phi}}_i \\ s\hat{\boldsymbol{\phi}}_m' &= [-a_1\boldsymbol{I} + (1-g_1)\hat{\omega}_{2n}\boldsymbol{J}]\hat{\boldsymbol{\phi}}_m' + \tilde{\boldsymbol{\phi}}_2' \\ \hat{\boldsymbol{\phi}}_m &= \boldsymbol{G}\hat{\boldsymbol{\phi}}_m' \end{aligned}\right\} \tag{7.20a}$$

$$\hat{\boldsymbol{\phi}}_i = [L_i\boldsymbol{I} + L_m\boldsymbol{Q}(\hat{\theta}_\alpha)]\boldsymbol{i}_1 \tag{7.20b}$$

$$\boldsymbol{G} = g_1 a_1\boldsymbol{I} + \left(-\frac{a_0}{\hat{\omega}_{2n}} + g_1^2\hat{\omega}_{2n}\right)\boldsymbol{J} \tag{7.20c}$$

■

式(7.20)の外装Ⅱ形推定法を図7.7に実現・描画した。同図では，フルビッツ多項

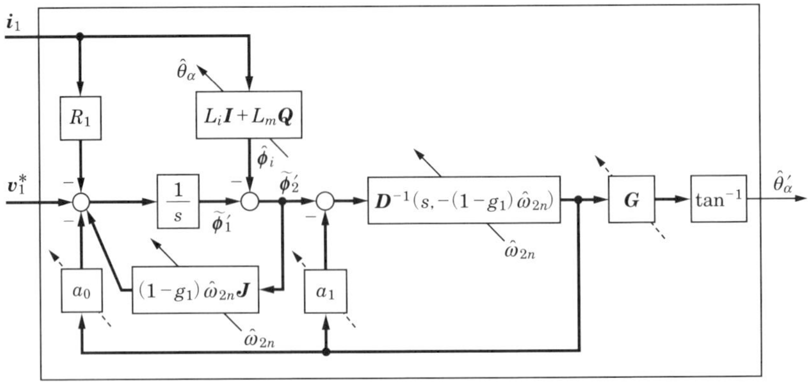

図7.7　$\alpha\beta$ 固定座標系上の2次フィルタリング推定法（外装Ⅱ形）

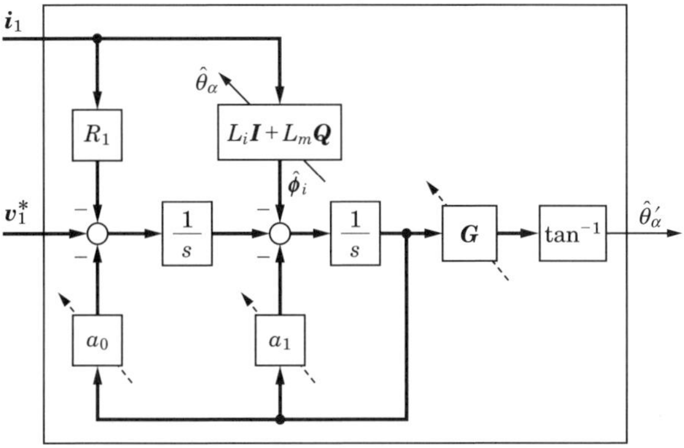

図 7.8 $\alpha\beta$ 固定座標系上の $g_1=1$ とした 2 次フィルタリング推定法（外装 II 形）

式の実係数 a_i と行列ゲイン $\boldsymbol{G}$ に関しては，固定，応速の両場合がある点を考慮し，破線の貫徹矢印を付した。また，図 4.6 との整合性を考慮し，固定子電圧信号としては同指令値を利用した。また，回転子磁束推定値に対して逆正接処理（atan2 処理）を施し，回転子の初期位相推定値を出力するようにした。

$\alpha\beta$ 固定座標系上の実現では，周波数シフト係数 g_1 を $g_1=1$ と選定する場合には，式(5.17)が適用され，フィルタが著しく簡略化される。図 7.7 の実現に条件 $g_1=1$ を付した実現を図 7.8 に示した。

(3) 内装 B 形実現

式(7.7)の $\gamma\delta$ 一般座標系上の内装 B 形推定法に条件 $\hat{\theta}_\gamma=\hat{\theta}_\alpha$，$\omega_\gamma=0$ を付与すれば，$\alpha\beta$ 固定座標系上の内装 B 形推定法が以下のように得られる。

◆ $\alpha\beta$ 固定座標系上の内装 B 形 2 次フィルタリング推定法

$$\left.\begin{aligned} s\tilde{\boldsymbol{\phi}}_{B1} &= [\boldsymbol{v}_1 - R_1\boldsymbol{i}_1] - \boldsymbol{G}_B\tilde{\boldsymbol{\phi}}_{B2} - \widehat{\omega}_{2n}\boldsymbol{J}\widehat{\boldsymbol{\phi}}_m \\ \tilde{\boldsymbol{\phi}}_{B2} &= \tilde{\boldsymbol{\phi}}_{B1} - \widehat{\boldsymbol{\phi}}_i \\ s\widehat{\boldsymbol{\phi}}_m &= \widehat{\omega}_{2n}\boldsymbol{J}\widehat{\boldsymbol{\phi}}_m + \boldsymbol{G}\tilde{\boldsymbol{\phi}}_{B2} \end{aligned}\right\} \tag{7.21a}$$

$$\widehat{\boldsymbol{\phi}}_i = [L_i\boldsymbol{I} + L_m\boldsymbol{Q}(\widehat{\theta}_\alpha)]\boldsymbol{i}_1 \tag{7.21b}$$

$$\boldsymbol{G}_B = a_1\boldsymbol{I} + (2g_1-1)\widehat{\omega}_{2n}\boldsymbol{J} \tag{7.21c}$$

$$\boldsymbol{G} = g_1a_1\boldsymbol{I} + \left(-\frac{a_0}{\widehat{\omega}_{2n}} + g_1^2\widehat{\omega}_{2n}\right)\boldsymbol{J} \tag{7.21d}$$

■

(4) 内装 A 形実現

式(7.9)の $\gamma\delta$ 一般座標系上の内装 A 形推定法に条件 $\widehat{\theta}_\gamma=\widehat{\theta}_\alpha$，$\omega_\gamma=0$ を付与すれば，

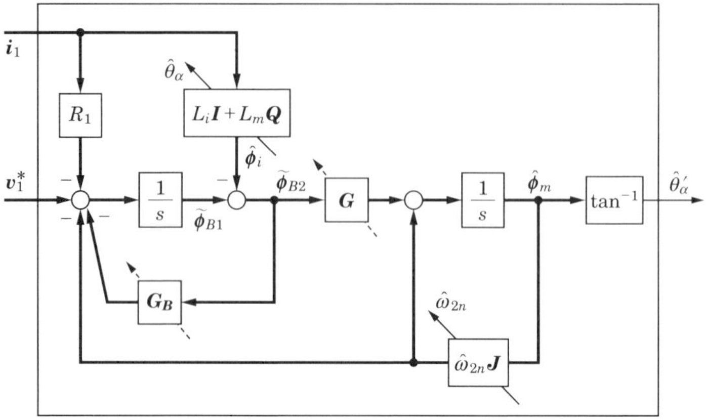

図 7.9　$\alpha\beta$ 固定座標系上の 2 次フィルタリング推定法（内装 B 形）

$\alpha\beta$ 固定座標系上の内装 A 形推定法が以下のように得られる。

◆ $\alpha\beta$ 固定座標系上の内装 A 形 2 次フィルタリング推定法

$$\left.\begin{aligned} s\tilde{\boldsymbol{\phi}}_{A1} &= [\boldsymbol{v}_1 - R_1\boldsymbol{i}_1] - \boldsymbol{G}_A\tilde{\boldsymbol{\phi}}_{A2} \\ \tilde{\boldsymbol{\phi}}_{A2} &= \tilde{\boldsymbol{\phi}}_{A1} - \widehat{\boldsymbol{\phi}}_m - \widehat{\boldsymbol{\phi}}_i \\ s\widehat{\boldsymbol{\phi}}_m &= \widehat{\omega}_{2n}\boldsymbol{J}\,\widehat{\boldsymbol{\phi}}_m + \boldsymbol{G}\tilde{\boldsymbol{\phi}}_{A2} \end{aligned}\right\} \tag{7.22a}$$

$$\widehat{\boldsymbol{\phi}}_i = [L_i\boldsymbol{I} + L_m\boldsymbol{Q}(\widehat{\theta}_\alpha)]\boldsymbol{i}_1 \tag{7.22b}$$

$$\boldsymbol{G}_A = (1-g_1)a_1\boldsymbol{I} - \left(-\frac{a_0}{\widehat{\omega}_{2n}} + (1-g_1)^2\widehat{\omega}_{2n}\right)\boldsymbol{J} \tag{7.22c}$$

$$\boldsymbol{G} = g_1a_1\boldsymbol{I} + \left(-\frac{a_0}{\widehat{\omega}_{2n}} + g_1^2\widehat{\omega}_{2n}\right)\boldsymbol{J} \tag{7.22d}$$

■

式(7.21)の内装 B 形推定法，式(7.22)の内装 A 形推定法をおのおの図 7.9，図 7.10 に実現・描画した。同図では，行列ゲイン $\boldsymbol{G}, \boldsymbol{G}_B, \boldsymbol{G}_A$ に関しては，固定，応速の両場合がある点を考慮し，破線の貫徹矢印を付した。また，図 4.6 との整合性を考慮し，固定子電圧信号としては同指令値を利用した。また，回転子磁束推定値に対して逆正接処理（atan2 処理）を施し，回転子の初期位相推定値を出力するようにした。

7.3.2　$\gamma\delta$ 準同期座標系上の実現

(1) 外装 I 形実現

式(7.4)の $\gamma\delta$ 一般座標系上の外装 I 形推定法に，条件 $\widehat{\theta}_\gamma=0$，$\omega_\gamma=\widehat{\omega}_{2n}$ を付与すれば，

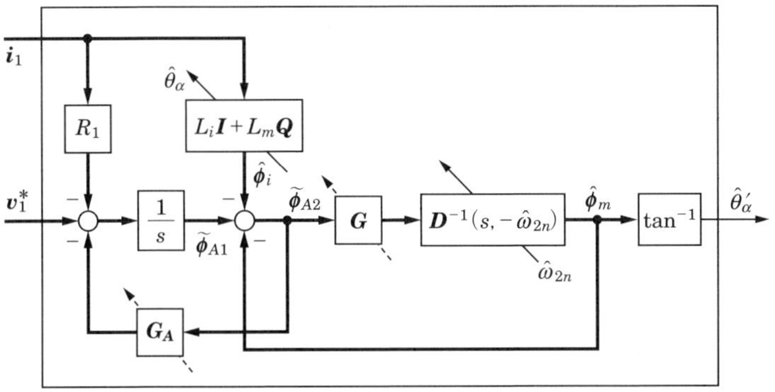

図 7.10 $\alpha\beta$ 固定座標系上の 2 次フィルタリング推定法（内装 A 形）

$\gamma\delta$ 準同期座標系上の外装 I -D 形推定法，外装 I -S 形推定法が以下のように得られる。

◆ $\gamma\delta$ 準同期座標系上の外装 I -D 形 2 次フィルタリング推定法

$$\left.\begin{aligned}&\boldsymbol{D}(s,\omega_\gamma)\widetilde{\boldsymbol{\phi}}_1 = \boldsymbol{G}[\boldsymbol{v}_1 - R_1\boldsymbol{i}_1] + (1-g_1)\widehat{\omega}_{2n}\boldsymbol{J}\widetilde{\boldsymbol{\phi}}_2 - a_0\widehat{\boldsymbol{\phi}}_m\\&\widetilde{\boldsymbol{\phi}}_2 = \widetilde{\boldsymbol{\phi}}_1 - \boldsymbol{G}\widehat{\boldsymbol{\phi}}_i\\&s\widehat{\boldsymbol{\phi}}_m = -[a_1\boldsymbol{I} + g_1\widehat{\omega}_{2n}\boldsymbol{J}]\widehat{\boldsymbol{\phi}}_m + \widetilde{\boldsymbol{\phi}}_2\end{aligned}\right\} \tag{7.23a}$$

$$\widehat{\boldsymbol{\phi}}_i = \begin{bmatrix} L_d & 0 \\ 0 & L_q \end{bmatrix}\boldsymbol{i}_1 \tag{7.23b}$$

$$\boldsymbol{G} = g_1 a_1\boldsymbol{I} + \left(-\frac{a_0}{\widehat{\omega}_{2n}} + g_1^2\widehat{\omega}_{2n}\right)\boldsymbol{J} \tag{7.23c}$$

■

◆ $\gamma\delta$ 準同期座標系上の外装 I -S 形 2 次フィルタリング推定法

$$\left.\begin{aligned}&s\widetilde{\boldsymbol{\phi}}_1 = \boldsymbol{G}[\boldsymbol{v}_1 - R_1\boldsymbol{i}_1 - \omega_\gamma\boldsymbol{J}\widehat{\boldsymbol{\phi}}_i] - g_1\widehat{\omega}_{2n}\boldsymbol{J}\widetilde{\boldsymbol{\phi}}_2 - a_0\widehat{\boldsymbol{\phi}}_m\\&\widetilde{\boldsymbol{\phi}}_2 = \widetilde{\boldsymbol{\phi}}_1 - \boldsymbol{G}\widehat{\boldsymbol{\phi}}_i\\&s\widehat{\boldsymbol{\phi}}_m = -[a_1\boldsymbol{I} + g_1\widehat{\omega}_{2n}\boldsymbol{J}]\widehat{\boldsymbol{\phi}}_m + \widetilde{\boldsymbol{\phi}}_2\end{aligned}\right\} \tag{7.24a}$$

$$\widehat{\boldsymbol{\phi}}_i = \begin{bmatrix} L_d & 0 \\ 0 & L_q \end{bmatrix}\boldsymbol{i}_1 \tag{7.24b}$$

$$\boldsymbol{G} = g_1 a_1\boldsymbol{I} + \left(-\frac{a_0}{\widehat{\omega}_{2n}} + g_1^2\widehat{\omega}_{2n}\right)\boldsymbol{J} \tag{7.24c}$$

■

(2) 外装 II 形実現

式(7.5)の $\gamma\delta$ 一般座標系上の外装 II 形推定法に，条件 $\widehat{\theta}_\gamma = 0, \omega_\gamma = \widehat{\omega}_{2n}$ を付与すれば，

$\gamma\delta$ 準同期座標系上の外装Ⅱ-D 形推定法，外装Ⅱ-S 形推定法が以下のように得られる。

◆ $\gamma\delta$ 準同期座標系上の外装Ⅱ-D 形 2 次フィルタリング推定法

$$\left.\begin{aligned}&\boldsymbol{D}(s,\omega_\gamma)\tilde{\boldsymbol{\phi}}_1' = [\boldsymbol{v}_1 - R_1\boldsymbol{i}_1] + (1-g_1)\widehat{\omega}_{2n}\boldsymbol{J}\tilde{\boldsymbol{\phi}}_2' - a_0\widehat{\boldsymbol{\phi}}_m'\\&\tilde{\boldsymbol{\phi}}_2' = \tilde{\boldsymbol{\phi}}_1' - \widehat{\boldsymbol{\phi}}_i\\&\boldsymbol{D}(s,g_1\widehat{\omega}_{2n})\widehat{\boldsymbol{\phi}}_m' = \tilde{\boldsymbol{\phi}}_2' - a_1\widehat{\boldsymbol{\phi}}_m'\\&\widehat{\boldsymbol{\phi}}_m = \boldsymbol{G}\widehat{\boldsymbol{\phi}}_m'\end{aligned}\right\} \tag{7.25a}$$

$$\widehat{\boldsymbol{\phi}}_i = \begin{bmatrix} L_d & 0 \\ 0 & L_q \end{bmatrix}\boldsymbol{i}_1 \tag{7.25b}$$

$$\boldsymbol{G} = g_1 a_1 \boldsymbol{I} + \left(-\frac{a_0}{\widehat{\omega}_{2n}} + g_1^2\widehat{\omega}_{2n}\right)\boldsymbol{J} \tag{7.25c}$$

■

◆ $\gamma\delta$ 準同期座標系上の外装Ⅱ-S 形 2 次フィルタリング推定法

$$\left.\begin{aligned}&s\tilde{\boldsymbol{\phi}}_1' = [\boldsymbol{v}_1 - R_1\boldsymbol{i}_1 - \omega_\gamma\boldsymbol{J}\widehat{\boldsymbol{\phi}}_i] - g_1\widehat{\omega}_{2n}\boldsymbol{J}\tilde{\boldsymbol{\phi}}_2' - a_0\widehat{\boldsymbol{\phi}}_m'\\&\tilde{\boldsymbol{\phi}}_2' = \tilde{\boldsymbol{\phi}}_1' - \widehat{\boldsymbol{\phi}}_i\\&\boldsymbol{D}(s,g_1\widehat{\omega}_{2n})\widehat{\boldsymbol{\phi}}_m' = \tilde{\boldsymbol{\phi}}_2' - a_1\widehat{\boldsymbol{\phi}}_m'\\&\widehat{\boldsymbol{\phi}}_m = \boldsymbol{G}\widehat{\boldsymbol{\phi}}_m'\end{aligned}\right\} \tag{7.26a}$$

$$\widehat{\boldsymbol{\phi}}_i = \begin{bmatrix} L_d & 0 \\ 0 & L_q \end{bmatrix}\boldsymbol{i}_1 \tag{7.26b}$$

$$\boldsymbol{G} = g_1 a_1 \boldsymbol{I} + \left(-\frac{a_0}{\widehat{\omega}_{2n}} + g_1^2\widehat{\omega}_{2n}\right)\boldsymbol{J} \tag{7.26c}$$

■

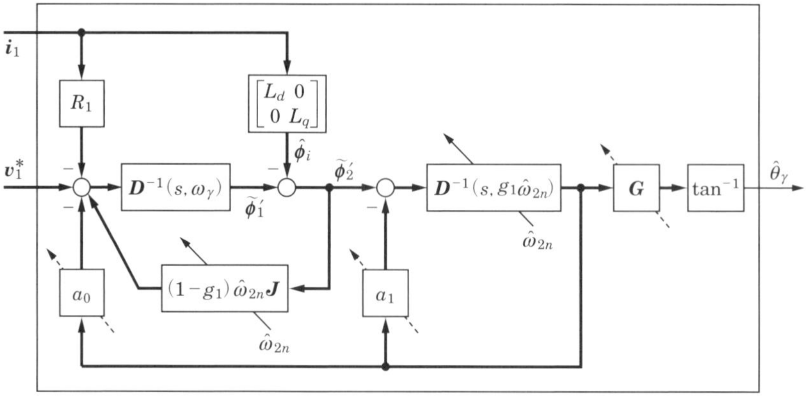

図 7.11　$\gamma\delta$ 準同期座標系の 2 次フィルタリング推定法（外装Ⅱ-D 形）

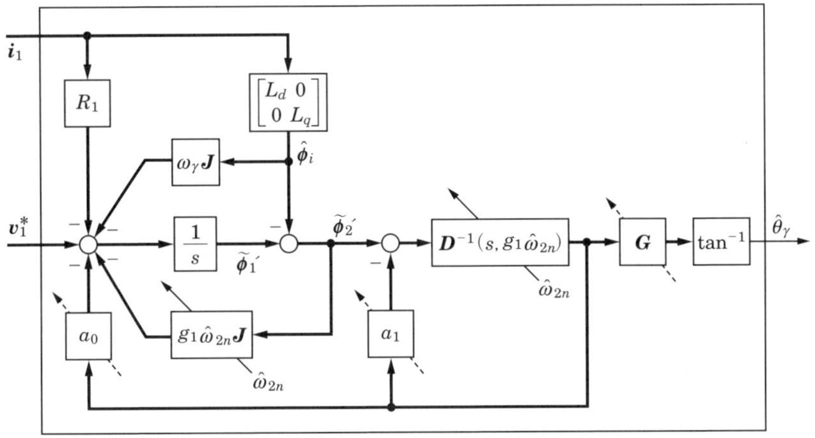

図 7.12　$\gamma\delta$ 準同期座標系の 2 次フィルタリング推定法（外装 II-S 形）

式(7.25)の外装 II 形 D 推定法，式(7.26)の外装 II 形 S 推定法を図 7.11，図 7.12 におのおの実現・描画した。同図では，フルビッツ多項式の実係数 a_i と行列ゲイン $\boldsymbol{G}$ に関しては，固定，応速の両場合がある点を考慮し，破線の貫徹矢印を付した。また，図 4.8 との整合性を考慮し，固定子電圧信号としては同指令値を利用した。また，回転子磁束推定値に対して逆正接処理（atan2 処理）を施し，回転子の初期位相推定値を出力するようにした。

$\gamma\delta$ 準同期座標系上の実現では，周波数シフト係数 g_1 を $g_1=0$ と選定する場合には，式(5.18)が適用され，フィルタが著しく簡略化される。図 7.12 の実現に条件 $g_1=0$ を付した実現を図 7.13 に示した。

(3) 内装 B 形実現

式(7.7)の $\gamma\delta$ 一般座標系上の内装 B 形推定法に，条件 $\hat{\theta}_\gamma=0, \omega_\gamma=\hat{\omega}_{2n}$ を付与すれば，$\gamma\delta$ 準同期座標系上の内装 B 形推定法が以下のように得られる。

◆ $\gamma\delta$ 準同期座標系上の内装 B 形 2 次フィルタリング推定法

$$\left.\begin{aligned} \boldsymbol{D}(s, \omega_\gamma)\tilde{\boldsymbol{\phi}}_{B1} &= [\boldsymbol{v}_1 - R_1\boldsymbol{i}_1] - \boldsymbol{G}_B\tilde{\boldsymbol{\phi}}_{B2} - \hat{\omega}_{2n}\boldsymbol{J}\hat{\boldsymbol{\phi}}_m \\ \tilde{\boldsymbol{\phi}}_{B2} &= \tilde{\boldsymbol{\phi}}_{B1} - \hat{\boldsymbol{\phi}}_i \\ s\hat{\boldsymbol{\phi}}_m &= \boldsymbol{G}\tilde{\boldsymbol{\phi}}_{B2} \end{aligned}\right\} \qquad (7.27\text{a})$$

$$\hat{\boldsymbol{\phi}}_i = \begin{bmatrix} L_d & 0 \\ 0 & L_q \end{bmatrix} \boldsymbol{i}_1 \qquad (7.27\text{b})$$

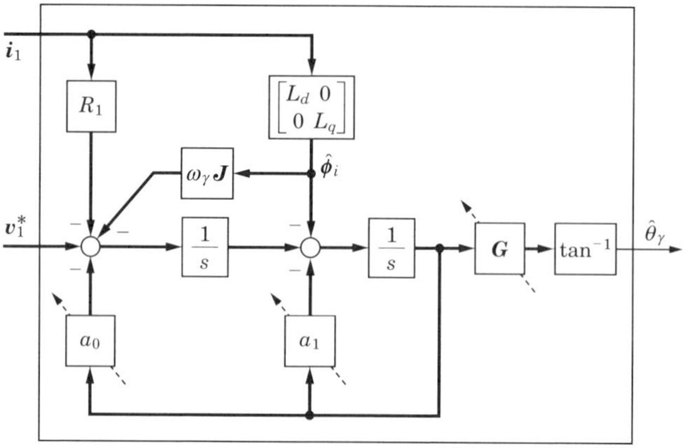

図 7.13　$\gamma\delta$ 準同期座標上の $g_1=0$ とした2次フィルタリング推定法（外装 II-S 形）

$$\boldsymbol{G}_B = a_1\boldsymbol{I} + (2g_1-1)\widehat{\omega}_{2n}\boldsymbol{J} \tag{7.27c}$$

$$\boldsymbol{G} = g_1 a_1\boldsymbol{I} + \left(-\frac{a_0}{\widehat{\omega}_{2n}} + g_1^2\widehat{\omega}_{2n}\right)\boldsymbol{J} \tag{7.27d}$$

■

(4)　内装 A 形実現

式(7.9)の $\gamma\delta$ 一般座標系上の内装 A 形推定法に，条件 $\hat{\theta}_\gamma=0, \omega_\gamma=\widehat{\omega}_{2n}$ を付与すれば，$\gamma\delta$ 準同期座標系上の内装 A 形推定法が以下のように得られる。

◆ $\gamma\delta$ 準同期座標系上の内装 A 形 2 次フィルタリング推定法

$$\left.\begin{aligned} \boldsymbol{D}(s,\omega_\gamma)\tilde{\boldsymbol{\phi}}_{A1} &= [\boldsymbol{v}_1 - R_1\boldsymbol{i}_1] - \boldsymbol{G}_A\tilde{\boldsymbol{\phi}}_{A2} \\ \tilde{\boldsymbol{\phi}}_{A2} &= \tilde{\boldsymbol{\phi}}_{A1} - \widehat{\boldsymbol{\phi}}_m - \widehat{\boldsymbol{\phi}}_i \\ s\widehat{\boldsymbol{\phi}}_m &= \boldsymbol{G}\tilde{\boldsymbol{\phi}}_{A2} \end{aligned}\right\} \tag{7.28a}$$

$$\widehat{\boldsymbol{\phi}}_i = \begin{bmatrix} L_d & 0 \\ 0 & L_q \end{bmatrix}\boldsymbol{i}_1 \tag{7.28b}$$

$$\boldsymbol{G}_A = (1-g_1)a_1\boldsymbol{I} - \left(-\frac{a_0}{\widehat{\omega}_{2n}} + (1-g_1)^2\widehat{\omega}_{2n}\right)\boldsymbol{J} \tag{7.28c}$$

$$\boldsymbol{G} = g_1 a_1\boldsymbol{I} + \left(-\frac{a_0}{\widehat{\omega}_{2n}} + g_1^2\widehat{\omega}_{2n}\right)\boldsymbol{J} \tag{7.28d}$$

■

式(7.27)の内装 B 形推定法，式(7.28)の内装 A 形推定法をおのおの図 7.14，図 7.15 に実現・描画した。同図では，行列ゲイン $\boldsymbol{G}, \boldsymbol{G}_B, \boldsymbol{G}_A$ に関しては，固定，応速の

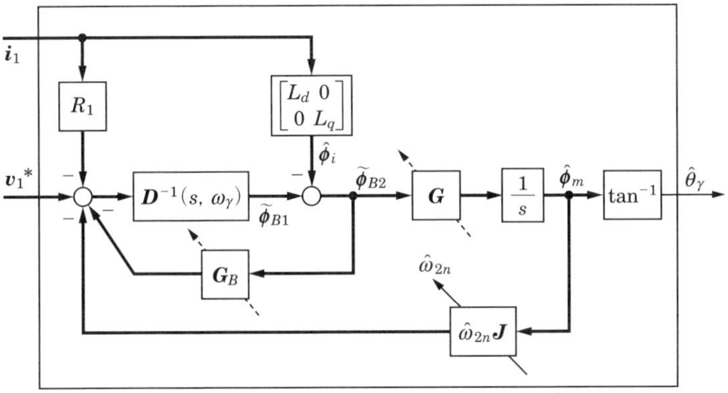

図 7.14　$\gamma\delta$ 準同期座標系上の 2 次フィルタリング推定法（内装 B 形）

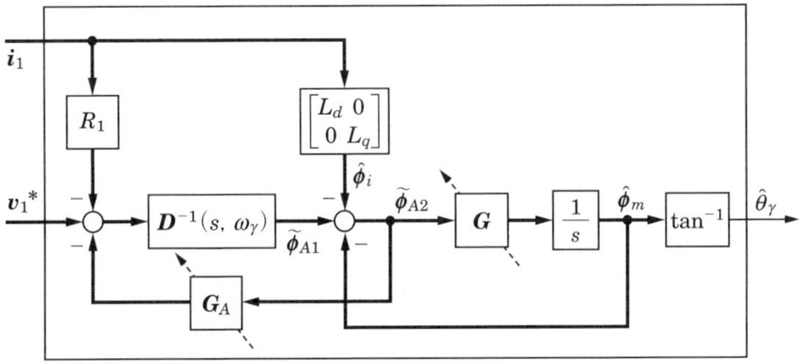

図 7.15　$\gamma\delta$ 準同期座標系上の 2 次フィルタリング推定法（内装 A 形）

両場合がある点を考慮し，破線の貫徹矢印を付した。また，図 4.8 との整合性を考慮し，固定子電圧信号としては同指令値を利用した。また，回転子磁束推定値に対して逆正接処理（atan2 処理）を施し，回転子の初期位相推定値を出力するようにした。

2 次フィルタリング推定法（とくに，高次応速 D 因子フィルタによる推定法）の諸特性，および実験データに裏付けられた性能は，文献 1）に詳しく解説されている。

第8章

同一次元D因子状態オブザーバへの展開

2次の一般化回転子磁束推定法の実現法として，外装Ⅰ形，外装Ⅱ形，内装A形，内装B形の4実現を与えた。モータパラメータがD因子フィルタに介入する余地はないが，第8章では，意図的にこの介入を図る。とくに，内装A形，内装B形の実現にモータパラメータを介入させる場合には，介入後の実現はおのおのA形，B形の同一次元D因子状態オブザーバに帰着することを新規に示す。これに関連して，同一次元D因子状態オブザーバのオブザーバゲインの新設計法を提示する。

8.1 B形D因子状態オブザーバ

8.1.1 オブザーバの構成

再び$\gamma\delta$一般座標系上の2次フィルタリング推定法（内装B形）を，とくに図7.4(a)を考える。図7.4(a)は，2次全極形D因子フィルタとして図7.3(b)の内装B-Ⅱ形を利用し，これに誘起電圧相当信号をフィルタに入力したものであった。2次全極形D因子フィルタは，フルビッツ多項式の係数a_i，行列ゲイン$\boldsymbol{G}$，速度信号のみで構成され，モータパラメータはいっさい必要とされない。

一方，全極形D因子フィルタの入力信号を構成する誘起電圧相当信号の合成には，モータパラメータ（固定子の抵抗，インダクタンス）を必要とする。この点を考慮し，これらパラメータを意図的に用いて全極形D因子フィルタを構成することを考える。図8.1(a)にモータパラメータを用いた全極形D因子フィルタ（内装B-Ⅱ形）を示した。同図では，逆D因子$\boldsymbol{D}^{-1}(s,\omega_\gamma)$の直後にインダクタンス逆行列$[L_i\boldsymbol{I}+L_m\boldsymbol{Q}(\hat{\theta}_\gamma)]^{-1}$を配置し，さらには固定子抵抗$R_1$を介したフィードバックループを構成している。なお，インダクタンス逆行列に関しては，次の関係が成立している。

$$[L_i\boldsymbol{I}+L_m\boldsymbol{Q}(\hat{\theta}_\gamma)]^{-1}=\frac{L_i\boldsymbol{I}-L_m\boldsymbol{Q}(\hat{\theta}_\gamma)}{L_i^2-L_m^2}=\frac{L_i\boldsymbol{I}-L_m\boldsymbol{Q}(\hat{\theta}_\gamma)}{L_dL_q} \tag{8.1}$$

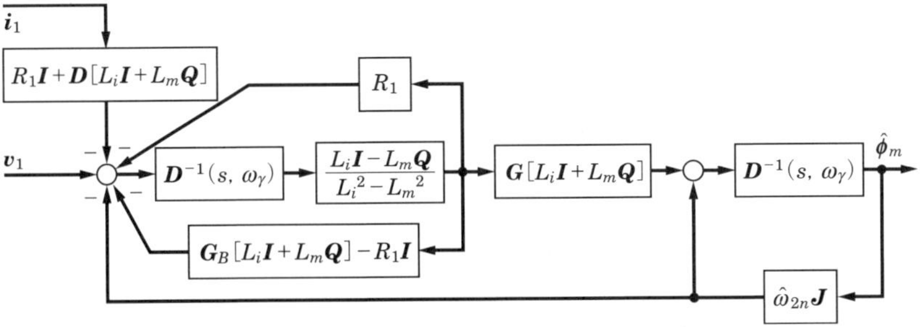

（a）　フィルタ内へのモータパラメータの取り込み

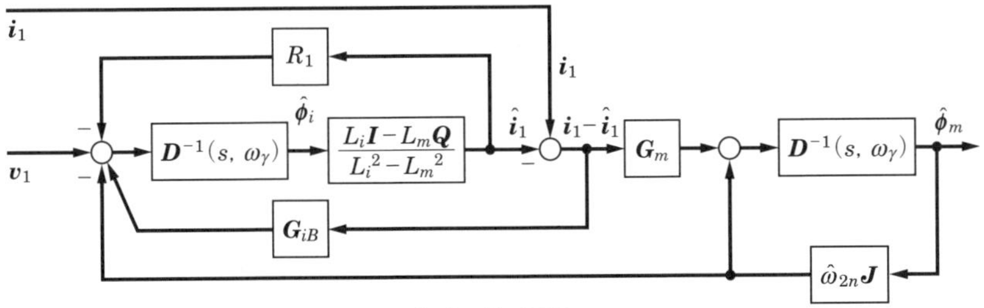

（b）　修正構造

図 8.1　$\gamma\delta$ 一般座標系上の同一次元D因子状態オブザーバ（B形）

図 8.1 (a) においては，配置した $[L_i \boldsymbol{I} + L_m \boldsymbol{Q}(\hat{\theta}_\gamma)]^{-1}$, R_1 の影響を行列ゲインで相殺すべく，これを以下のように修正している。

$$\left.\begin{aligned} \boldsymbol{G}_B &\to [\boldsymbol{G}_B[L_i \boldsymbol{I} + L_m \boldsymbol{Q}(\hat{\theta}_\gamma)] - R_1 \boldsymbol{I}] \\ \boldsymbol{G} &\to [\boldsymbol{G}[L_i \boldsymbol{I} + L_m \boldsymbol{Q}(\hat{\theta}_\gamma)]] \end{aligned}\right\} \tag{8.2}$$

式(8.2)のゲイン修正により，図 8.1 (a) のD因子フィルタは，図 7.3 (b) のD因子フィルタと完全同一のフィルタ特性をもつ。

逆D因子 $\boldsymbol{D}^{-1}(s, \omega_\gamma)$，インダクタンス逆行列 $[L_i \boldsymbol{I} + L_m \boldsymbol{Q}(\hat{\theta}_\gamma)]^{-1}$，固定子抵抗 R_1 からなるループは，一体的には $[R_1 \boldsymbol{I} + \boldsymbol{D}(s, \omega_\gamma)[L_i \boldsymbol{I} + L_m \boldsymbol{Q}(\hat{\theta}_\gamma)]]^{-1}$ を構成している（図 8.2 参照）。この点を考慮し，図 8.1 (a) における信号 $[R_1 \boldsymbol{I} + \boldsymbol{D}(s, \omega_\gamma)[L_i \boldsymbol{I} + L_m \boldsymbol{Q}(\hat{\theta}_\gamma)]]\boldsymbol{i}_1$ の入力位置を，$[R_1 \boldsymbol{I} + \boldsymbol{D}(s, \omega_\gamma)[L_i \boldsymbol{I} + L_m \boldsymbol{Q}(\hat{\theta}_\gamma)]]^{-1}$ の直後（実際的には $[L_i \boldsymbol{I} + L_m \boldsymbol{Q}(\hat{\theta}_\gamma)]^{-1}$ の直後）へ変更することを考える。このとき，図 8.1 (b) を得る。図 8.1 (b) は，次式で記述される同一次元D因子状態オブザーバ（B形）にほかならない。

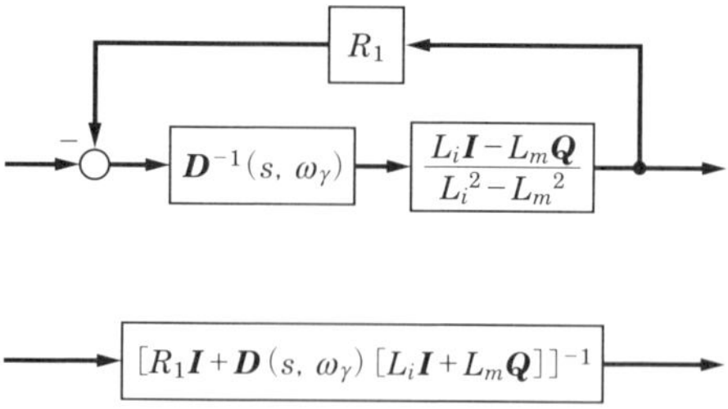

図8.2　等価な2ブロック

◆ $\gamma\delta$ 一般座標系上の同一次元D因子状態オブザーバ（B形）

$$\boldsymbol{D}(s,\omega_\gamma)\widehat{\boldsymbol{\phi}}_i=-\frac{R_1}{L_i^2-L_m^2}[L_i\boldsymbol{I}-L_m\boldsymbol{Q}(\widehat{\theta}_\gamma)]\widehat{\boldsymbol{\phi}}_i-\widehat{\omega}_{2n}\boldsymbol{J}\widehat{\boldsymbol{\phi}}_m+\boldsymbol{v}_1+\boldsymbol{G}_{iB}[\boldsymbol{i}_1-\widehat{\boldsymbol{i}}_1] \tag{8.3a}$$

$$\boldsymbol{D}(s,\omega_\gamma)\widehat{\boldsymbol{\phi}}_m=\widehat{\omega}_{2n}\boldsymbol{J}\widehat{\boldsymbol{\phi}}_m+\boldsymbol{G}_m[\boldsymbol{i}_1-\widehat{\boldsymbol{i}}_1] \tag{8.3b}$$

$$\widehat{\boldsymbol{i}}_1=\frac{1}{L_i^2-L_m^2}[L_i\boldsymbol{I}-L_m\boldsymbol{Q}(\widehat{\theta}_\gamma)]\widehat{\boldsymbol{\phi}}_i \tag{8.3c}$$

ただし，

$$\begin{aligned}\boldsymbol{G}_{iB}&=\boldsymbol{G}_B[L_i\boldsymbol{I}+L_m\boldsymbol{Q}(\widehat{\theta}_\gamma)]-R_1\boldsymbol{I}\\&=[a_1\boldsymbol{I}+(2g_1-1)\widehat{\omega}_{2n}\boldsymbol{J}][L_i\boldsymbol{I}+L_m\boldsymbol{Q}(\widehat{\theta}_\gamma)]-R_1\boldsymbol{I}\end{aligned} \tag{8.4a}$$

$$\begin{aligned}\boldsymbol{G}_m&=-\boldsymbol{G}[L_i\boldsymbol{I}+L_m\boldsymbol{Q}(\widehat{\theta}_\gamma)]\\&=-\left[g_1a_1\boldsymbol{I}+\left(-\frac{a_0}{\widehat{\omega}_{2n}}+g_1^2\widehat{\omega}_{2n}\right)\boldsymbol{J}\right][L_i\boldsymbol{I}+L_m\boldsymbol{Q}(\widehat{\theta}_\gamma)]\end{aligned} \tag{8.4b}$$

■

状態オブザーバにおいては，行列ゲイン $\boldsymbol{G}_{iB}, \boldsymbol{G}_m$ は，オブザーバゲインとよばれる。式(8.4)のオブザーバゲイン $\boldsymbol{G}_{iB}, \boldsymbol{G}_m$ は，式(8.2)に式(7.6)を用いて得た。オブザーバゲインの導出過程より明白なように，オブザーバゲインに使用した固定子の抵抗 R_1 とインダクタンス L_i, L_m は，逆D因子 $\boldsymbol{D}^{-1}(s,\omega_\gamma)$，インダクタンス逆行列 $[L_i\boldsymbol{I}+L_m\boldsymbol{Q}(\widehat{\theta}_\gamma)]^{-1}$，抵抗 R_1 を用い構成したループの影響を相殺するためのものであり，これらループに利用した抵抗 R_1 とインダクタンス L_i, L_m と正確に同一である。

$\gamma\delta$ 一般座標系上の状態オブザーバのためのオブザーバゲインの厳密な設定には，式(8.4)が明示しているように，可変な位相情報 $\widehat{\theta}_\gamma$ を必要とする。$\gamma\delta$ 準同期座標系上の状態オブザーバでは，常時 $\widehat{\theta}_\gamma=0$ が設定されるため，これに対応するオブザーバゲインも可変位相情報 $\widehat{\theta}_\gamma$ を必要としない次式となる。

$$\boldsymbol{G}_{iB} = \boldsymbol{G}_B \begin{bmatrix} L_d & 0 \\ 0 & L_q \end{bmatrix} - R_1 \boldsymbol{I}$$
$$= [a_1 \boldsymbol{I} + (2g_1 - 1)\widehat{\omega}_{2n} \boldsymbol{J}] \begin{bmatrix} L_d & 0 \\ 0 & L_q \end{bmatrix} - R_1 \boldsymbol{I} \tag{8.5a}$$

$$\boldsymbol{G}_m = -\boldsymbol{G} \begin{bmatrix} L_d & 0 \\ 0 & L_q \end{bmatrix}$$
$$= -\left[g_1 a_1 \boldsymbol{I} + \left(-\frac{a_0}{\widehat{\omega}_{2n}} + g_1^2 \widehat{\omega}_{2n} \right) \boldsymbol{J} \right] \begin{bmatrix} L_d & 0 \\ 0 & L_q \end{bmatrix} \tag{8.5b}$$

8.1.2　オブザーバゲインの設計

「状態オブザーバの設計」がしばしば「オブザーバゲインの設計」を意味するように，状態オブザーバにおいてはゲイン設計がとくに重要である。本認識のもと，オブザーバゲイン $\boldsymbol{G}_{iB}$, $\boldsymbol{G}_m$ の具体的設計について考える。B形状態オブザーバのゲイン設計法に関しては，これまで種々の方法が提案されている[1)~14)]。本書では，フィルタの特性を支配する周波数シフト係数，フルビッツ多項式の係数に着目した設計法を新規提示する。

状態オブザーバは，一般には $\alpha\beta$ 固定座標系上あるいは $\gamma\delta$ 準同期座標系上で構成される。いずれの座標系上で状態オブザーバが構成される場合にもオブザーバゲインが利用できるように，式(7.6e)を考慮のうえ，式(8.4)に由来する次式に従ったゲイン設計法を考える。

◆ ゲイン設計法

$$\boldsymbol{G}_{iB} = L_i[a_1 \boldsymbol{I} + (2g_1 - 1)\widehat{\omega}_{2n} \boldsymbol{J}] - R_1 \boldsymbol{I} \tag{8.6a}$$

$$\boldsymbol{G}_m = -L_i\left[g_1 a_1 \boldsymbol{I} + \left(-\frac{a_0}{\widehat{\omega}_{2n}} + g_1^2 \widehat{\omega}_{2n} \right) \boldsymbol{J} \right] \tag{8.6b}$$

■

式(8.6)のゲイン設計法は，突極比 $r_s = -L_m/L_i$ に関する $r_s < 1$ の性質（通常のPMSMでは，$r_s \leq 0.3$）を式(8.4)に付与し，位相情報 $\widehat{\theta}_\gamma$ の使用を排除したものである。この近似により，状態オブザーバの特性が大きく損なわれることはない。提案設計法は，周波数シフト係数 g_1，フルビッツ多項式の2係数 a_0, a_1 の選定し，これを式(8.6)に用いてオブザーバゲイン $\boldsymbol{G}_{iB}$, $\boldsymbol{G}_m$ を設計するものであり，以下の特長をもつ。

①同一次元D因子状態オブザーバは，安定性を決定づけるフィードバックループ内にモータパラメータを利用しているが，提示のゲイン設計法に従えば，オブザーバの周波数選択特性，安定特性を，モータパラメータに独立した形で周波数シフト係数

g_1 とフルビッツ多項式の実係数 a_i とを介して指定できる。

②提示のゲイン設計法は，同一次元D因子状態オブザーバを $\alpha\beta$ 固定座標系上，$\gamma\delta$ 準同期座標系上のいずれの座標系上で実現する場合にも適用可能である。

③推定状態変数を固定子電流 $\boldsymbol{i}_1$ と回転子磁束 $\boldsymbol{\phi}_m$ とする同一次元D因子状態オブザーバを利用する場合には，オブザーバゲイン $\boldsymbol{G}_{iB}$ を次式の $\boldsymbol{G}'_{iB}$ に変更して利用すればよい。

$$\boldsymbol{G}'_{iB}=\frac{\boldsymbol{G}_{iB}}{L_i} \tag{8.7}$$

式(8.6)より明白なように，両オブザーバゲイン $\boldsymbol{G}_{iB}, \boldsymbol{G}_m$ の対角要素はフルビッツ多項式の1次係数 a_1 により支配され，オブザーバゲイン $\boldsymbol{G}_m$ の逆対角要素はフルビッツ多項式の0次係数 a_0 に支配され，オブザーバゲインの逆対角要素は周波数シフト係数 g_1 により支配されるという特性をもつ。この特性は，行列ゲインの各要素はおのおの異なった役割を担っていることを意味している。

式(8.6)に基づき設計されたオブザーバゲインは，固定ゲインと応速ゲインに大別される。7.2節の内容を参考に，以下にこれらを示す

(1) 固定ゲイン

固定ゲインを得るには，回転子速度推定値 $\widehat{\omega}_{2n}$ の影響を排除する必要がある。回転子速度推定値 $\widehat{\omega}_{2n}$ は，例外なくオブザーバゲインの逆対角要素に含まれている。周波数シフト係数を式(8.8)のように設定する場合には，オブザーバゲイン $\boldsymbol{G}_{iB}$ の逆対角要素を排除した式(8.9)のオブザーバゲインを得る。

$$g_1=0.5 \tag{8.8}$$

$$\boldsymbol{G}_{iB}=(L_i a_1-R_1)\boldsymbol{I} \tag{8.9a}$$

$$\boldsymbol{G}_m=-L_i\left[0.5\,a_1\boldsymbol{I}+\left(-\frac{a_0}{\widehat{\omega}_{2n}}+0.25\,\widehat{\omega}_{2n}\right)\boldsymbol{J}\right] \tag{8.9b}$$

式(8.9)に，一般的な2次フィルタリングのための式(7.13)，式(7.14)の成果を活用するならば，ただちに次の固定ゲインを得る。

◆g1-p形固定ゲインI

$$\left.\begin{aligned}&a_0=\alpha_1|\widehat{\omega}_{2n}|+0.25\widehat{\omega}_{2n}^2\;;\;\alpha_1=\text{const}\geq 0\\&a_1=\text{const}\end{aligned}\right\} \tag{8.10a}$$

$$\boldsymbol{G}_{iB}=(L_i a_1-R_1)\boldsymbol{I} \tag{8.10b}$$

$$\boldsymbol{G}_m=-L_i[0.5a_1\boldsymbol{I}-\text{sgn}(\widehat{\omega}_{2n})\alpha_1\boldsymbol{J}] \tag{8.10c}$$

■

◆ g1-p 形固定ゲインⅡ

$$\left.\begin{aligned} a_0 &= 0.25\widehat{\omega}_{2n}^2 \\ a_1 &= \mathrm{const} \end{aligned}\right\} \tag{8.11a}$$

$$\boldsymbol{G}_{iB} = (L_i a_1 - R_1)\boldsymbol{I} \tag{8.11b}$$

$$\boldsymbol{G}_m = -0.5 L_i a_1 \boldsymbol{I} \tag{8.11c}$$

■

固定ゲインを選定する場合には，最大駆動速度に対応したフルビッツ多項式の0次係数 a_0 を考慮のうえ，フルビッツ多項式の1次係数 a_1 を十分に大きく選定しておくことが重要である。1次係数 a_1 が不要に小さい場合には，駆動速度の向上につれ不安定化の可能性を増大させる。

(2) 応速ゲイン

一般的な2次フィルタリングの応速ゲインである式(7.16)を活用することを考える。この場合，次のゲインを得る。

◆ 応速ゲイン

$$a_0 = \tilde{g}^2\widehat{\omega}_{2n}^2,\ \ a_1 = \zeta\tilde{g}|\widehat{\omega}_{2n}|\ ;\ \tilde{g} > 0,\ \ \zeta > 0 \tag{8.12a}$$

$$\begin{aligned} \boldsymbol{G}_{iB} &= L_i[a_1\boldsymbol{I} + (2g_1 - 1)\widehat{\omega}_{2n}\boldsymbol{J}] - R_1\boldsymbol{I} \\ &= L_i[\zeta\tilde{g}|\widehat{\omega}_{2n}|\boldsymbol{I} + (2g_1 - 1)\widehat{\omega}_{2n}\boldsymbol{J}] - R_1\boldsymbol{I} \end{aligned} \tag{8.12b}$$

$$\begin{aligned} \boldsymbol{G}_m &= -L_i\left[g_1 a_1\boldsymbol{I} + \left(-\frac{a_0}{\widehat{\omega}_{2n}} + g_1^2\widehat{\omega}_{2n}\right)\boldsymbol{J}\right] \\ &= -L_i[\zeta\tilde{g}g_1|\widehat{\omega}_{2n}|\boldsymbol{I} + (g_1^2 - \tilde{g}^2)\widehat{\omega}_{2n}\boldsymbol{J}] \end{aligned} \tag{8.12c}$$

■

フルビッツ多項式の1次係数 a_1 を式(8.12a)のように速度絶対値に応じて変更する場合には，すべてのオブザーバゲインは式(8.12b)，式(8.12c)が示すように速度絶対値におおむね比例することになる。

(2)-1　g1-p 形応速ゲイン

応速ゲインにおいて周波数シフト係数 g_1 を設計パラメータ $\tilde{g}$ と等しく $g_1 = \tilde{g}$ と選定する場合には，式(8.13c)のようにオブザーバゲイン $\boldsymbol{G}_m$ の対角化を図ることができる。

◆ g1-p 形応速ゲイン

$$a_0 = \tilde{g}^2\widehat{\omega}_{2n}^2,\ \ a_1 = \zeta\tilde{g}|\widehat{\omega}_{2n}|\ ;\ 0 < \tilde{g} \le 1,\ \ \zeta > 0 \tag{8.13a}$$

$$\begin{aligned} \boldsymbol{G}_{iB} &= L_i[a_1\boldsymbol{I} + (2\tilde{g} - 1)\widehat{\omega}_{2n}\boldsymbol{J}] - R_1\boldsymbol{I} \\ &= L_i[\zeta\tilde{g}|\widehat{\omega}_{2n}|\boldsymbol{I} + (2\tilde{g} - 1)\widehat{\omega}_{2n}\boldsymbol{J}] - R_1\boldsymbol{I} \end{aligned} \tag{8.13b}$$

$$\boldsymbol{G}_m = -L_i \tilde{g} a_1 \boldsymbol{I}$$
$$= -L_i \zeta \tilde{g}^2 |\widehat{\omega}_{2n}| \boldsymbol{I} \tag{8.13c}$$

■

(2)-2　g1-1形応速ゲイン

応速ゲインにおいて周波数シフト係数 g_1 を $g_1=1$ と選定する場合には，2個オブザーバゲインの対角要素をおおむね等しくできる。すなわち，次の応速ゲインを得る。

◆ g1-1形応速ゲイン

$$a_0 = \tilde{g}^2 \widehat{\omega}_{2n}^2,\quad a_1 = \zeta \tilde{g} |\widehat{\omega}_{2n}|\ ;\ \tilde{g} > 0,\ \zeta > 0 \tag{8.14a}$$

$$\boldsymbol{G}_{iB} = L_i [a_1 \boldsymbol{I} + \widehat{\omega}_{2n} \boldsymbol{J}] - R_1 \boldsymbol{I}$$
$$= L_i [\zeta \tilde{g} |\widehat{\omega}_{2n}| \boldsymbol{I} + \widehat{\omega}_{2n} \boldsymbol{J}] - R_1 \boldsymbol{I} \tag{8.14b}$$

$$\boldsymbol{G}_m = -L_i \left[a_1 \boldsymbol{I} + \left(-\frac{a_0}{\widehat{\omega}_{2n}} + \widehat{\omega}_{2n} \right) \boldsymbol{J} \right]$$
$$= -L_i [\zeta \tilde{g} |\widehat{\omega}_{2n}| \boldsymbol{I} + (1 - \tilde{g}^2) \widehat{\omega}_{2n} \boldsymbol{J}] \tag{8.14c}$$

■

(2)-3　g1-0形応速ゲイン

n 次フィルタリング用全極形D因子フィルタの一般的特性式(5.15)に従うことを考える。すなわち，周波数シフト係数を式(8.15a)のように選定する。この場合には，オブザーバゲイン $\boldsymbol{G}_m$ を式(8.15c)のように逆対角化できる。さらには，一般的な2次フィルタリングのゲイン式(7.18)を活用するならば，オブザーバゲイン $\boldsymbol{G}_m$ における推定速度での除算を式(8.16c)のように排除することもできる。

◆ g1-0形応速ゲインⅠ

$$g_1 = 0 \tag{8.15a}$$

$$\boldsymbol{G}_{iB} = L_i [a_1 \boldsymbol{I} - \widehat{\omega}_{2n} \boldsymbol{J}] - R_1 \boldsymbol{I} \tag{8.15b}$$

$$\boldsymbol{G}_m = \frac{L_i a_0}{\widehat{\omega}_{2n}} \boldsymbol{J} \tag{8.15c}$$

■

◆ g1-0形応速ゲインⅡ

$$g_1 = 0,\quad a_0 = \tilde{g}^2 \widehat{\omega}_{2n}^2\ ;\ \tilde{g} > 0 \tag{8.16a}$$

$$\boldsymbol{G}_{iB} = L_i [a_1 \boldsymbol{I} - \widehat{\omega}_{2n} \boldsymbol{J}] - R_1 \boldsymbol{I} \tag{8.16b}$$

$$\boldsymbol{G}_m = L_i \tilde{g}^2 \widehat{\omega}_{2n} \boldsymbol{J} \tag{8.16c}$$

■

8.1.3 既報ゲイン設計法の解析

提案のオブザーバゲイン設計法は，周波数シフト係数 g_1，フルビッツ多項式の 2 係数 a_0, a_1 の選定を通じ，オブザーバゲイン $\boldsymbol{G}_{iB}, \boldsymbol{G}_m$ を設計するものであった。オブザーバゲインの設計法としては，従前より種々の方法が提案されているが，従前の設計法により設計されたオブザーバゲインに関し，これに対応する周波数シフト係数 g_1，フルビッツ多項式の 2 係数 a_0, a_1 を算定することにより，従前設計法がいかなるものであるか解析することができる。以下にこれを示す。

従前のオブザーバゲイン $\boldsymbol{G}_{iB}, \boldsymbol{G}_m$ が，以下の形式で表現されたとする。

$$\boldsymbol{G}_{iB} = g_{i1}\boldsymbol{I} + g_{i2}\boldsymbol{J} \tag{8.17a}$$

$$\boldsymbol{G}_{m} = g_{m1}\boldsymbol{I} + g_{m2}\boldsymbol{J} \tag{8.17b}$$

上式と式(8.6)との比較より，次の係数関係を得る。

$$g_{i1} = L_i a_1 - R_1 \tag{8.18a}$$

$$g_{i2} = L_i(2g_1 - 1)\widehat{\omega}_{2n} \tag{8.18b}$$

$$g_{m1} = -L_i g_1 a_1 \tag{8.18c}$$

$$g_{m2} = -L_i\left(-\frac{a_0}{\widehat{\omega}_{2n}} + g_1^2\widehat{\omega}_{2n}\right) \tag{8.18d}$$

式(8.18)より，周波数シフト係数 g_1 とフルビッツ多項式の係数 a_0, a_1 が以下のように特定される。

$$g_1 = \frac{1}{2}\left(\frac{g_{i2}}{\widehat{\omega}_{2n}L_i} + 1\right) \tag{8.19a}$$

$$a_0 = \left(\frac{g_{m2}}{L_i} + g_1^2\widehat{\omega}_{2n}\right)\widehat{\omega}_{2n} \tag{8.19b}$$

$$a_1 = \frac{g_{i1} + R_1}{L_i} \tag{8.19c}$$

$$(1 - g_1)a_1 = \frac{R_1 + g_{i1} + g_{m1}}{L_i} \geq 0 \tag{8.19d}$$

式(8.19b)は，「同式右辺の周波数シフト係数 g_1 は，式(8.19a)に従って定めたものを利用する」ことを前提に，成立している。すなわち，式(8.19b)の算定には，式(8.19a)を利用する必要がある。

従前の設計法により設計されたオブザーバゲイン $\boldsymbol{G}_{iB}, \boldsymbol{G}_m$ においては，式(8.19a)の周波数シフト係数 g_1 と式(8.19c)のフルビッツ多項式係数 a_1 は，式(8.19d)の等式を必ずしも満足しない。この原因は，2 次フィルタリング用の D 因子フィルタの特性根

（極）の配置に依存していると思われる。式(7.1)のフルビッツ多項式 $A(s)$ の2個の特性根を s_1, s_2 とするとき，本多項式に対応したD因子フィルタは，4個の特性根をもつ。この4特性根は，$s_1 \pm j(\omega_\gamma - (1-g_1)\widehat{\omega}_{2n}), s_2 \pm j(\omega_\gamma - (1-g_1)\widehat{\omega}_{2n})$ となる[1)]。$A(s)$ の2個の2特性根 s_1, s_2 の実数部が同一の場合，この性質によりD因子フィルタの4特性根の実数部はすべて同一となり，推定速度などに応じ4特性根の虚数部が変化する。フィルタリング特性を考慮せず，安定性のみを考慮して設計された同一次元磁束状態オブザーバの特性根は，必ずしも上記のような性質を有しない[1)~14)]。換言すれば，特性根配置に制約をもたない。この違いが，式(8.19d)に出現していると考えられる。

式(8.19d)の右辺（非負）は，式(8.19a)による周波数シフト係数 g_1 と式(8.19c)によるフルビッツ多項式係数 a_1 の参考検証に利用できそうである。なお，式(8.19c)と式(8.19a)の条件下の(8.19d)式との2式が異なる1次係数 a_1 を算定する場合には，参考とすべき概略な1次係数 a_1 としては，2算定値の平均値を利用すればよい。

(1) 例1（楊設計法の解析）[4)]

文献4）に提示された楊のゲイン設計法は，設計パラメータ k を用いた次式で与えられる。

$$\left.\begin{aligned} &g_{i1} = (k-1)R_1, \quad g_{i2} = -(k-1)\widehat{\omega}_{2n}L_i \\ &g_{m1} = -kR_1, \quad g_{m2} = k\widehat{\omega}_{2n}L_i \qquad ; k > 1 \end{aligned}\right\} \tag{8.20}$$

式(8.20)を式(8.19)に用いると，ただちに次の対応係数が得られる。

$$g_1 = \frac{1}{2}\left(\frac{g_{i2}}{\widehat{\omega}_{2n}L_i} + 1\right) = 1 - \frac{k}{2} \tag{8.21a}$$

$$a_0 = \left(\frac{g_{m2}}{L_i} + g_1^2\widehat{\omega}_{2n}\right)\widehat{\omega}_{2n} = (k + g_1^2)\widehat{\omega}_{2n}^2 = \left(1 + \frac{k^2}{4}\right)\widehat{\omega}_{2n}^2 \tag{8.21b}$$

$$a_1 = \frac{g_{i1} + R_1}{L_i} = \frac{kR_1}{L_i} \tag{8.21c}$$

$$a_1 = \frac{-g_{m1}}{g_1 L_i} = \frac{2kR_1}{(2-k)L_i} \tag{8.21d}$$

上式より，①フルビッツ多項式の1次係数 a_1 が，モータ時定数 R_1/L_i により直接的に影響を受ける，②設計パラメータ k の選定は，周波数シフト係数の選定条件より，次式の範囲に限定されることがわかる。

$$0 < k \leq 2$$

フルビッツ多項式の係数の観点からは，設計パラメータ k の合理的な選定範囲は，楊の所期のねらいからはずれるが，次の範囲が適当なようである。

$$1 \leq k \leq 2$$

(2) 例2（黒田設計法の解析）[10)]

文献10）に提示された黒田のゲイン設計法は，2次遅れ系の固有周波数 ω_n と減衰係数 ζ，さらには状態オブザーバの帯域幅相当値 ω_f を設計パラメータとするもので，次式で与えられる。

$$\left.\begin{array}{l} g_{i1} = L_i\zeta\omega_n - R_1,\ \ g_{i2} = L_i(-\widehat{\omega}_{2n} + \sqrt{1-\zeta^2}\,\omega_n) \\ g_{m1} = \dfrac{-L_i\sqrt{1-\zeta^2}\,\omega_n\omega_f}{\widehat{\omega}_{2n}},\ \ g_{m2} = \dfrac{L_i\zeta\omega_n\omega_f}{\widehat{\omega}_{2n}} \\ 0 < \zeta < 1,\ \ \zeta\omega_n > (1-\zeta^2)\omega_f \end{array}\right\} \tag{8.22}$$

式(8.22)を式(8.19)に用いると，ただちに次の対応係数が得られる。

$$g_1 = \frac{1}{2}\left(\frac{g_{i2}}{\widehat{\omega}_{2n}L_i} + 1\right) = \frac{\sqrt{1-\zeta^2}\,\omega_n}{2\widehat{\omega}_{2n}} \tag{8.23a}$$

$$\begin{aligned} a_0 &= \left(\frac{g_{m2}}{L_i} + g_1^2\widehat{\omega}_{2n}\right)\widehat{\omega}_{2n} = \left(\frac{\zeta\omega_n\omega_f}{\widehat{\omega}_{2n}} + g_1^2\widehat{\omega}_{2n}\right)\widehat{\omega}_{2n} \\ &= \left(\zeta\omega_f + \frac{(1-\zeta^2)\omega_n}{4}\right)\omega_n \end{aligned} \tag{8.23b}$$

$$a_1 = \frac{g_{i1} + R_1}{L_i} = \zeta\omega_n \tag{8.23c}$$

$$\frac{R_1 + g_{i1} + g_{m1}}{L_i} = \left(\zeta - \frac{\sqrt{1-\zeta^2}\,\omega_f}{\widehat{\omega}_{2n}}\right)\omega_n \tag{8.23d}$$

上式より，黒田の設計法は，フルビッツ多項式の2係数を一定に保つ反面，周波数シフト係数を速度に反比例的に変化させるものであることがわかる。また，低速域では，式(8.23d)の非負性が破壊される恐れがあることもわかる。周波数シフト係数，フルビッツ多項式の係数の観点からは黒田指定の設計条件件外となるが，次の設計パラメータ選定が合理的なようである。

$$\zeta = 1,\ \ \omega_n = 2\omega_f$$

上式を式(8.23)に適用すると，次の関係を得る。

$$g_1 = 0,\ \ a_0 = \frac{\omega_n^2}{2},\ \ a_1 = \omega_n$$

8.2 A形D因子状態オブザーバ

8.2.1 オブザーバの構成

再び $\gamma\delta$ 一般座標系上の2次フィルタリング推定法（内装A形）を，とくに図7.6(a) を考える。図7.6 (a) は，2次全極形D因子フィルタとして図7.5 (a) の内装 A-I形を利用し，これに誘起電圧相当信号を入力したものであった。2次全極形D因子フィルタは，フルビッツ多項式の係数 a_i，行列ゲイン $\boldsymbol{G}$，速度信号のみで構成され，モータパラメータはいっさい必要とされない。

一方，D因子フィルタの入力信号を構成する誘起電圧相当信号の合成には，モータパラメータ（固定子の抵抗，インダクタンス）を必要とする。この点を考慮し，これらパラメータを意図的に用いてD因子フィルタを構成することを考える。図8.3 (a) にモータパラメータを用いたD因子フィルタ（内装 A-I形）を示した。同図では，逆D因子 $\boldsymbol{D}^{-1}(s, \omega_\gamma)$ の直後にインダクタンス逆行列 $[L_i\boldsymbol{I}+L_m\boldsymbol{Q}(\hat{\theta}_\gamma)]^{-1}$ を配置し，さらには固定子抵抗 R_1 を介したフィードバックループを構成している。図8.3 (a) に

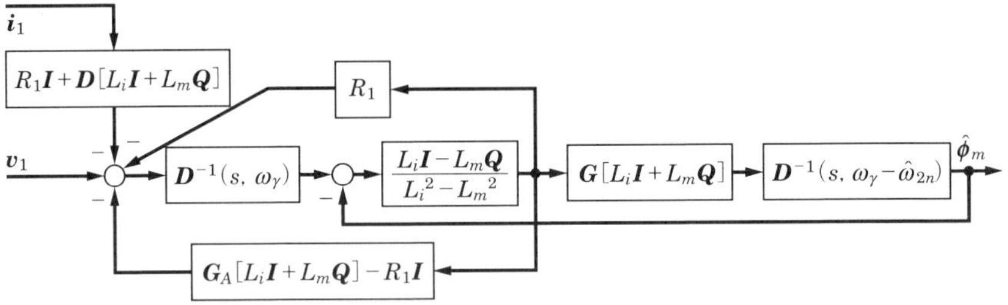

（a） フィルタ内へのモータパラメータの取り込み

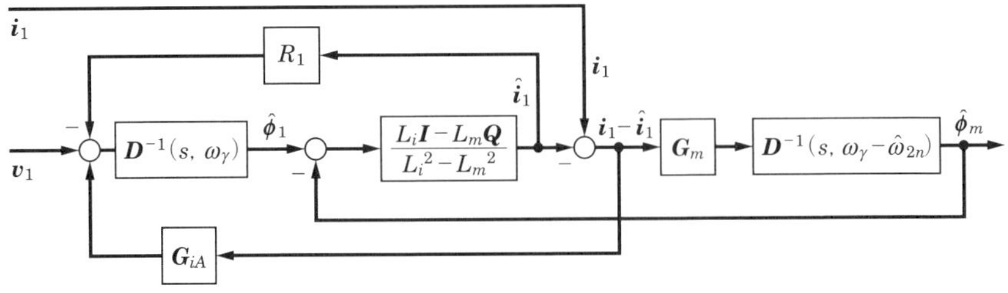

（b） 修正構造

図8.3 $\gamma\delta$ 一般座標系上の同一次元D因子状態オブザーバ（A形）

おいては，配置した $[L_i\boldsymbol{I}+L_m\boldsymbol{Q}(\widehat{\theta}_\gamma)]^{-1}, R_1$ の影響を行列ゲインで相殺すべく，これを以下のように修正している。

$$\left.\begin{array}{l}\boldsymbol{G}_A \rightarrow [\boldsymbol{G}_A[L_i\boldsymbol{I}+L_m\boldsymbol{Q}(\widehat{\theta}_\gamma)]-R_1\boldsymbol{I}]\\ \boldsymbol{G} \;\;\rightarrow [\boldsymbol{G}[L_i\boldsymbol{I}+L_m\boldsymbol{Q}(\widehat{\theta}_\gamma)]]\end{array}\right\} \tag{8.24}$$

式(8.24)のゲイン修正により，図 8.3 (a) のD因子フィルタは，図 7.5 (a) のD因子フィルタと完全同一のフィルタ特性をもつ。

逆D因子 $\boldsymbol{D}^{-1}(s,\omega_\gamma)$，インダクタンス逆行列 $[L_i\boldsymbol{I}+L_m\boldsymbol{Q}(\widehat{\theta}_\gamma)]^{-1}$，抵抗 R_1 からなるループは，一体的には $[R_1\boldsymbol{I}+\boldsymbol{D}(s,\omega_\gamma)[L_i\boldsymbol{I}+L_m\boldsymbol{Q}(\widehat{\theta}_\gamma)]]^{-1}$ を構成している（図 8.2 参照)。この点を考慮し，図 8.3 (a) における信号 $[R_1\boldsymbol{I}+\boldsymbol{D}(s,\omega_\gamma)[L_i\boldsymbol{I}+L_m\boldsymbol{Q}(\widehat{\theta}_\gamma)]]\boldsymbol{i}_1$ の入力位置を，$[R_1\boldsymbol{I}+\boldsymbol{D}(s,\omega_\gamma)[L_i\boldsymbol{I}+L_m\boldsymbol{Q}(\widehat{\theta}_\gamma)]]^{-1}$ の直後（実際的には $[L_i\boldsymbol{I}+L_m\boldsymbol{Q}(\widehat{\theta}_\gamma)]^{-1}$ の直後）へ変更する。このとき，図 8.3 (b) を得る。図 8.3 (b) は，次式で記述される同一次元D因子状態オブザーバ（A形）にほかならない。

◆ $\gamma\delta$ 一般座標系上の同一次元D因子状態オブザーバ（A形）

$$\boldsymbol{D}(s,\omega_\gamma)\widehat{\boldsymbol{\phi}}_1 = -\frac{R_1}{L_i^2-L_m^2}[L_i\boldsymbol{I}-L_m\boldsymbol{Q}(\widehat{\theta}_\gamma)][\widehat{\boldsymbol{\phi}}_1-\widehat{\boldsymbol{\phi}}_m]+\boldsymbol{v}_1+\boldsymbol{G}_{iA}[\boldsymbol{i}_1-\widehat{\boldsymbol{i}}_1] \tag{8.25a}$$

$$\boldsymbol{D}(s,\omega_\gamma)\widehat{\boldsymbol{\phi}}_m = \omega_{2n}\boldsymbol{J}\widehat{\boldsymbol{\phi}}_m+\boldsymbol{G}_m[\boldsymbol{i}_1-\widehat{\boldsymbol{i}}_1] \tag{8.25b}$$

$$\widehat{\boldsymbol{i}}_1 = \frac{1}{L_i^2-L_m^2}[L_i\boldsymbol{I}-L_m\boldsymbol{Q}(\widehat{\theta}_\gamma)][\widehat{\boldsymbol{\phi}}_1-\widehat{\boldsymbol{\phi}}_m] \tag{8.25c}$$

ただし，

$$\begin{aligned}\boldsymbol{G}_{iA} &= \boldsymbol{G}_A[L_i\boldsymbol{I}+L_m\boldsymbol{Q}(\widehat{\theta}_\gamma)]-R_1\boldsymbol{I}\\ &= \left[(1-g_1)a_1\boldsymbol{I}-\left(-\frac{a_0}{\widehat{\omega}_{2n}}+(1-g_1)^2\widehat{\omega}_{2n}\right)\boldsymbol{J}\right][L_i\boldsymbol{I}+L_m\boldsymbol{Q}(\widehat{\theta}_\gamma)]-R_1\boldsymbol{I}\end{aligned} \tag{8.26a}$$

$$\begin{aligned}\boldsymbol{G}_m &= -\boldsymbol{G}[L_i\boldsymbol{I}+L_m\boldsymbol{Q}(\widehat{\theta}_\gamma)]\\ &= -\left[g_1a_1\boldsymbol{I}+\left(-\frac{a_0}{\widehat{\omega}_{2n}}+g_1^2\widehat{\omega}_{2n}\right)\boldsymbol{J}\right][L_i\boldsymbol{I}+L_m\boldsymbol{Q}(\widehat{\theta}_\gamma)]\end{aligned} \tag{8.26b}$$

■

式(8.26)のオブザーバゲイン $\boldsymbol{G}_{iA}, \boldsymbol{G}_m$ は，式(8.24)に式(7.8)を用いて得た。オブザーバゲインの導出過程より明白なように，オブザーバゲインに使用した固定子の抵抗 R_1 とインダクタンス L_i, L_m は，逆D因子 $\boldsymbol{D}^{-1}(s,\omega_\gamma)$，インダクタンス逆行列 $[L_i\boldsymbol{I}+L_m\boldsymbol{Q}(\widehat{\theta}_\gamma)]^{-1}$，抵抗 R_1 を用い構成したループの影響を相殺するためのものであり，これらループに利用した抵抗 R_1 とインダクタンス L_i, L_m と正確に同一である。

$\gamma\delta$ 一般座標系上の状態オブザーバのためのオブザーバゲインの厳密な設定には，式(8.26)が明示しているように，可変な位相情報 $\hat{\theta}_\gamma$ を必要とする。$\gamma\delta$ 準同期座標系上の状態オブザーバでは常時 $\hat{\theta}_\gamma=0$ が設定されるため，これに対応するオブザーバゲインも可変位相情報 $\hat{\theta}_\gamma$ を必要としない次式となる。

$$\begin{aligned}\boldsymbol{G}_{iA} &= \boldsymbol{G}_A\begin{bmatrix} L_d & 0 \\ 0 & L_q \end{bmatrix} - R_1\boldsymbol{I} \\ &= \left[(1-g_1)a_1\boldsymbol{I} - \left(-\frac{a_0}{\hat{\omega}_{2n}} + (1-g_1)^2\hat{\omega}_{2n}\right)\boldsymbol{J}\right]\begin{bmatrix} L_d & 0 \\ 0 & L_q \end{bmatrix} - R_1\boldsymbol{I}\end{aligned} \tag{8.27a}$$

$$\begin{aligned}\boldsymbol{G}_m &= -\boldsymbol{G}\begin{bmatrix} L_d & 0 \\ 0 & L_q \end{bmatrix} \\ &= -\left[g_1 a_1\boldsymbol{I} + \left(-\frac{a_0}{\hat{\omega}_{2n}} + g_1^2\hat{\omega}_{2n}\right)\boldsymbol{J}\right]\begin{bmatrix} L_d & 0 \\ 0 & L_q \end{bmatrix}\end{aligned} \tag{8.27b}$$

8.2.2　オブザーバゲインの設計

オブザーバゲイン $\boldsymbol{G}_{iA}, \boldsymbol{G}_m$ の具体的設計について考える。A形オブザーバのゲイン設計法に関しては，これまで提案はいっさいなされていない。本書では，フィルタの特性を支配するフルビッツ多項式の係数，周波数シフト係数に着目した設計法を新規提示する。

状態オブザーバは，一般には $\alpha\beta$ 固定座標系上あるいは $\gamma\delta$ 準同期座標系上で構成される。いずれの座標系上で状態オブザーバが構成される場合にもオブザーバゲインが利用できるように，式(7.8e)を考慮のうえ，式(8.26)に由来する次式に従ったゲイン設計法を考える。

◆ ゲイン設計法

$$\boldsymbol{G}_{iA} = L_i\left[(1-g_1)a_1\boldsymbol{I} - \left(-\frac{a_0}{\hat{\omega}_{2n}} + (1-g_1)^2\hat{\omega}_{2n}\right)\boldsymbol{J}\right] - R_1\boldsymbol{I} \tag{8.28a}$$

$$\boldsymbol{G}_m = -L_i\left[g_1 a_1\boldsymbol{I} + \left(-\frac{a_0}{\hat{\omega}_{2n}} + g_1^2\hat{\omega}_{2n}\right)\boldsymbol{J}\right] \tag{8.28b}$$

■

式(8.28)のゲイン設計法は，突極比 $r_s=-L_m/L_i$ に関する $r_s<1$ の性質（通常のPMSMでは $r_s\leq0.3$）を式(8.26)に付与し，位相情報 $\hat{\theta}_\gamma$ の使用を排除したものである。

式(8.28)に基づき設計されたオブザーバゲインは，固定ゲインと応速ゲインに大別される。7.2節の内容を参考に，以下にこれらを示す。

(1) 固定ゲイン

周波数シフト係数を式(8.29)のように選定する場合には，2種のゲインは，以下のように類似したものとなる。

$$g_1 = 0.5 \tag{8.29}$$

$$\boldsymbol{G}_{iA} = L_i\left[0.5\,a_1\boldsymbol{I} - \left(-\frac{a_0}{\widehat{\omega}_{2n}} + 0.25\,\widehat{\omega}_{2n}\right)\boldsymbol{J}\right] - R_1\boldsymbol{I} \tag{8.30a}$$

$$\boldsymbol{G}_m = -L_i\left[0.5\,a_1\boldsymbol{I} + \left(-\frac{a_0}{\widehat{\omega}_{2n}} + 0.25\,\widehat{\omega}_{2n}\right)\boldsymbol{J}\right] \tag{8.30b}$$

式(8.30)に，一般的な2次フィルタリングのための式(7.13)，式(7.14)の成果を活用するならば，ただちに次の固定ゲインを得る。

◆ g1-p形固定ゲインⅠ

$$\left.\begin{array}{l} a_0 = \alpha_1|\widehat{\omega}_{2n}| + 0.25\widehat{\omega}_{2n}^2\ ;\ \alpha_1 = \mathrm{const} \geq 0 \\ a_1 = \mathrm{const} \end{array}\right\} \tag{8.31a}$$

$$\boldsymbol{G}_{iA} = L_i[0.5a_1\boldsymbol{I} + \mathrm{sgn}(\widehat{\omega}_{2n})\alpha_1\boldsymbol{J}] - R_1\boldsymbol{I} \tag{8.31b}$$

$$\boldsymbol{G}_m = -L_i[0.5a_1\boldsymbol{I} - \mathrm{sgn}(\widehat{\omega}_{2n})\alpha_1\boldsymbol{J}] \tag{8.31c}$$

■

◆ g1-p形固定ゲインⅡ

$$\left.\begin{array}{l} a_0 = 0.25\widehat{\omega}_{2n}^2 \\ a_1 = \mathrm{const} \end{array}\right\} \tag{8.32a}$$

$$\boldsymbol{G}_{iA} = (0.5L_ia_1 - R_1)\boldsymbol{I} \tag{8.32b}$$

$$\boldsymbol{G}_m = -\,0.5L_ia_1\boldsymbol{I} \tag{8.32c}$$

■

(2) 応速ゲイン

一般的な2次フィルタリングの応速ゲインである式(7.16)を活用することを考える。この場合，次の応速ゲインを得る。

◆ 応速ゲイン

$$a_0 = \tilde{g}^2\widehat{\omega}_{2n}^2,\ \ a_1 = \zeta\tilde{g}|\widehat{\omega}_{2n}|\ ;\ \tilde{g} > 0,\ \ \zeta > 0 \tag{8.33a}$$

$$\begin{aligned} \boldsymbol{G}_{iA} &= L_i\left[(1-g_1)a_1\boldsymbol{I} - \left(-\frac{a_0}{\widehat{\omega}_{2n}} + (1-g_1)^2\widehat{\omega}_{2n}\right)\boldsymbol{J}\right] - R_1\boldsymbol{I} \\ &= L_i(\zeta(1-g_1)\tilde{g}|\widehat{\omega}_{2n}|\boldsymbol{I} - ((1-g_1)^2 - \tilde{g}^2)\widehat{\omega}_{2n}\boldsymbol{J}) - R_1\boldsymbol{I} \end{aligned} \tag{8.33b}$$

$$\boldsymbol{G}_m = -L_i\left[g_1 a_1 \boldsymbol{I} + \left(-\frac{a_0}{\widehat{\omega}_{2n}} + g_1^2\widehat{\omega}_{2n}\right)\boldsymbol{J}\right]$$
$$= -L_i[\zeta\tilde{g}g_1|\widehat{\omega}_{2n}|\boldsymbol{I} + (g_1^2 - \tilde{g}^2)\widehat{\omega}_{2n}\boldsymbol{J}] \tag{8.33c}$$

■

フルビッツ多項式の1次係数 a_1 を式(8.33a)のように速度絶対値に応じて変更する場合には，すべてのオブザーバゲインは式(8.33b)，式(8.33c)が示すように速度絶対値におおむね比例することになる。

(2)-1　g1-p 形応速ゲイン

応速ゲインにおいて周波数シフト係数 g_1 を設計パラメータ $\tilde{g}$ と等しく $g_1=\tilde{g}$ と選定する場合には，式(8.34c)のようにオブザーバゲイン $\boldsymbol{G}_m$ の対角化を図ることができる。

◆ g1-p 形応速ゲイン

$$a_0 = \tilde{g}^2\widehat{\omega}_{2n}^2,\ \ a_1 = \zeta\tilde{g}|\widehat{\omega}_{2n}|\ ;\ 0 < \tilde{g} \leq 1,\ \ \zeta > 0 \tag{8.34a}$$

$$\boldsymbol{G}_{iA} = L_i((1-\tilde{g})a_1\boldsymbol{I} + (2\tilde{g}-1)\widehat{\omega}_{2n}\boldsymbol{J}) - R_1\boldsymbol{I}$$
$$= L_i(\zeta\tilde{g}(1-\tilde{g})|\widehat{\omega}_{2n}|\boldsymbol{I} + (2\tilde{g}-1)\widehat{\omega}_{2n}\boldsymbol{J}) - R_1\boldsymbol{I} \tag{8.34b}$$

$$\boldsymbol{G}_m = -L_i\tilde{g}a_1\boldsymbol{I}$$
$$= -L_i\zeta\tilde{g}^2|\widehat{\omega}_{2n}|\boldsymbol{I} \tag{8.34c}$$

■

(2)-2　g1-1 形応速ゲイン

応速ゲインにおいて周波数シフト係数 g_1 を $g_1=1$ と選定する場合には，オブザーバゲイン $\boldsymbol{G}_{iA}$ を簡略化できる。すなわち，次の応速ゲインを得る。

◆ g1-1 形応速ゲイン

$$a_0 = \tilde{g}^2\widehat{\omega}_{2n}^2,\ \ a_1 = \zeta\tilde{g}|\widehat{\omega}_{2n}|\ ;\ \tilde{g} > 0,\ \ \zeta > 0 \tag{8.35a}$$

$$\boldsymbol{G}_{iA} = \frac{L_i a_0}{\widehat{\omega}_{2n}}\boldsymbol{J} - R_1\boldsymbol{I}$$
$$= L_i\tilde{g}^2\widehat{\omega}_{2n}\boldsymbol{J} - R_1\boldsymbol{I} \tag{8.35b}$$

$$\boldsymbol{G}_m = -L_i\left[a_1\boldsymbol{I} + \left(-\frac{a_0}{\widehat{\omega}_{2n}} + \widehat{\omega}_{2n}\right)\boldsymbol{J}\right]$$
$$= -L_i[\zeta\tilde{g}|\widehat{\omega}_{2n}|\boldsymbol{I} + (1-\tilde{g}^2)\widehat{\omega}_{2n}\boldsymbol{J}] \tag{8.35c}$$

■

(2)-3　g1-0 形応速ゲイン

n 次フィルタリング用全極形D因子フィルタの一般的特性式(5.15)に従うことを

考える。すなわち，周波数シフト係数を式(8.36a)のように選定する。この場合には，オブザーバゲイン $\boldsymbol{G}_m$ を式(8.36c)のように逆対角化できる。さらには，一般的な2次フィルタリングのゲイン式(7.18)を活用するならば，オブザーバゲインにおける推定速度での除算を式(8.37)のように排除することもできる。

◆ g1-0形応速ゲインⅠ

$$g_1 = 0 \tag{8.36a}$$

$$\boldsymbol{G}_{iA} = L_i\left[a_1\boldsymbol{I} - \left(-\frac{a_0}{\widehat{\omega}_{2n}} + \widehat{\omega}_{2n}\right)\boldsymbol{J}\right] - R_1\boldsymbol{I} \tag{8.36b}$$

$$\boldsymbol{G}_m = \frac{L_i a_0}{\widehat{\omega}_{2n}}\boldsymbol{J} \tag{8.36c}$$

■

◆ g1-0形応速ゲインⅡ

$$g_1 = 0,\ \ a_0 = \tilde{g}^2\widehat{\omega}_{2n}^2\ ;\ \tilde{g} > 0 \tag{8.37a}$$

$$\boldsymbol{G}_{iA} = L_i(a_1\boldsymbol{I} + (\tilde{g}^2 - 1)\widehat{\omega}_{2n}\boldsymbol{J}) - R_1\boldsymbol{I} \tag{8.37b}$$

$$\boldsymbol{G}_m = L_i\tilde{g}^2\widehat{\omega}_{2n}\boldsymbol{J} \tag{8.37c}$$

■

なお，同一次元D因子状態オブザーバの諸事項（状態オブザーバ理論に立脚した導出法，$\alpha\beta$ 固定座標系上での実現，$\gamma\delta$ 準同期座標系上での実現，状態オブザーバが備える諸性質，状態オブザーバを用いたセンサレスベクトル制御系の性能など）に関しては，文献1）に詳しく解説されている。

第9章

電圧制限を考慮した軌跡指向形ベクトル制御

第9章では，駆動用電圧・電流を用いた位相推定法を説明した第3部のまとめとして，これを利用したセンサレスベクトル制御法のひとつである軌跡指向形ベクトル制御法を提示する。実際の駆動制御装置では，電流制限機能，効率駆動機能に加えて，電圧制限下での高速駆動機能，広範囲駆動機能を同時に求められることがある。しかも，これら機能の簡単遂行が要求される。軌跡指向形ベクトル制御法は，これら要求を同時に達成可能であり，ポテンシャルの高いセンサレスベクトル制御法である。

9.1 軌跡指向形ベクトル制御の原理とシステム構造

9.1.1 背景と目的

次の機能・特性を同時に備えたベクトル制御系の構築を考える。

①センサレス駆動機能を有する。

②電流制限機能を有する。

③効率駆動機能を有する。

④電圧制限下で高速駆動機能を有する。

⑤機能を簡単に遂行できる。

第5章～第8章で説明した一般化回転子磁束推定法のひとつを用いて，位相速度推定器の位相推定構成要素（位相推定器または位相偏差推定器）を構成するようにすれば，①は達成できる。4.1.1項において，②の電流制限と③の効率駆動の両機能を備えた指令変換器の構成について説明した。指令変換器の構成は，基本的にはセンサ利用の場合もセンサレスの場合も同一であり，一般化回転子磁束推定法に4.1.1項の指令変換器を単純に併用すれば，①～③を同時に達成することができる。この場合の達成アプローチは，①に関連した回転子位相の推定と，③に関連した固定子電流位相の決定を個別に遂行する，2ステップアプローチともいうべきものである。

この2ステップアプローチに代わって，1ステップで効率駆動のための固定子電流位相を決定するアプローチが知られている。1ステップアプローチは，⑤を重視したものであり，モータパラメータを積極的に利用するパラメトリックなものと，この利用を極力回避するノンパラメトリックなものとがある[2)]。前者の1ステップアプローチを採用した代表的制御法が，軌跡指向形ベクトル制御法である。

軌跡指向形ベクトル制御法の原理は，次のように説明される[2)~4)]。センサレスベクトル制御系の位相速度推定器の位相推定構成要素（位相推定器または位相偏差推定器）に，固定子パラメータ真値と異なる値を利用した場合には，回転子位相推定値は同真値と異なる。しかも，このときのパラメータ誤差と位相偏差とのあいだには特定の関係が存在する。この関係を利用すれば指令変換器の要なく，固定子電流を最適電流軌跡近傍に維持することができる。すなわち，意図的に真値と異なる固定子パラメータを位相推定構成要素に使用することで位相推定値を変位させ，変位させた位相推定値をベクトル回転器に用いて電流制御用の座標系（$\gamma\delta$ 軌跡座標系とよばれる）を構成するならば，固定子電流を最適電流軌跡近傍に維持し，効率駆動を直接的に達成することができる。

図9.1に，dq同期座標系と $\gamma\delta$ 軌跡座標系との関係を概略的に示した。軌跡指向形ベクトル制御法においては，$\alpha\beta$ 固定座標系の α 軸から見た γ 軸位相が，位相速度推定器により直接的に指定される。固定子電流 $\boldsymbol{i}_1$ は，常時 δ 軸上にある。すなわち，$\gamma\delta$ 軌跡座標系上での固定子電流の γ 軸要素は，常時ゼロに制御されている。また，固定子電流の δ 軸要素は，損失を最小化するような最適軌跡の近傍に存在する。図9.1では，固定子電流を，最小電流軌跡（minimum current trajectory）と力率1軌跡（unity power factor trajectory）の中間に配置した例としている。

なお，最小電流軌跡は，最小銅損軌跡，最大トルク軌跡（MTPA: maximum torque per ampere trajectory）ともよばれる。また，δ 軸位相あるいは γ 軸位相を固定子電

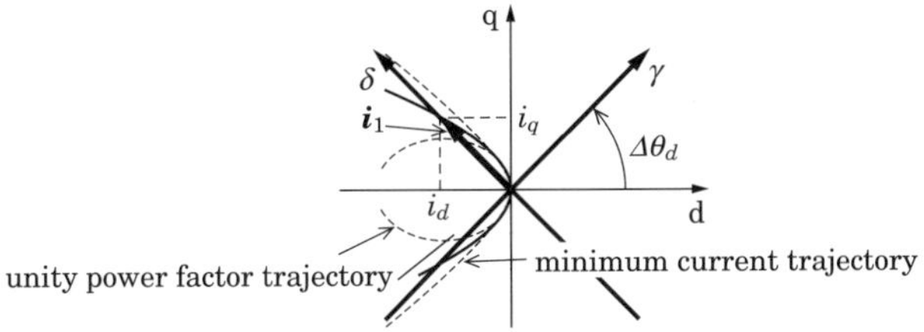

図9.1 軌跡指向形ベクトル制御系において直接指定される $\gamma\delta$ 軌跡座標系とdq同期座標系との関係

流位相と同一とするような座標系は，一般に $\gamma\delta$ 電流座標系とよばれる。軌跡指向形ベクトル制御法で使用する $\gamma\delta$ 軌跡座標系は，$\gamma\delta$ 電流座標系の一種でもある。

軌跡指向形ベクトル制御法は，元来，定格速度以下の速度領域での駆動を前提とし，「実効的な電圧制限は存在しない」ものとして開発されている。すなわち，元来の軌跡指向形ベクトル制御法は，定格速度を超える速度領域では使用できない。センサ利用のベクトル制御においてさえも，②～④の同時達成のための電流指令値生成には，一般に煩雑な処理を要求される[1)]。センサ利用ベクトル制御における処理を採用した2ステップアプローチのセンサレスベクトル制御においては，この煩雑さは改善されることはない。④を新たに考慮して軌跡指向形ベクトル制御法を再構築することにより，①～⑤を同時達成しうるようなセンサレスベクトル制御法を得る可能性がある。第9章では，このような制御法を提示・説明する。

9.1.2　軌跡指向形ベクトル制御法

(1)　原理と制御法

図4.5および図4.7のセンサレスベクトル制御系を考える。この際，電流制御系は，電流指令値どおりの電流制御を遂行しうるものとする。位相速度推定器の位相推定構成要素（位相推定器または位相偏差推定器）は，第5章～第8章で説明した一般化回転子磁束推定法のひとつが利用されて構成されているものとする（一般的には，モデルマッチング形回転子位相推定法であればよい）。また，dq同期座標系上で評価した固定子電流を i_d, i_q とする（図9.1参照）。このとき，このセンサレスベクトル制御系に関して，次の定理が成立する[2)~4)]。

《定理9.1（パラメータ誤差定理）》[2)~4)]

位相速度推定器の位相推定構成要素（位相推定器または位相偏差推定器）の構成に使用するq軸インダクタンスに関しては，真値 L_q に対し誤差をもつ $\widehat{L_q}$ が利用されているものとする。一方，位相推定構成要素に使用する固定子抵抗に関しては，高速駆動などによりパラメータ誤差は無視できるものとする。このうえで，$i_\gamma=0$ の電流制御が行われているものとする。この状況下では，定常時の固定子電流は次の軌跡上に存在する。

$$\Phi i_d-(\widehat{L_q}-L_d)i_d^2-(\widehat{L_q}-L_q)i_q^2=0 \tag{9.1}$$

■

《定理9.2（軌跡定理Ⅰ）》[2)~4)]

位相速度推定器の位相推定構成要素（位相推定器または位相偏差推定器）の構成に

使用するq軸インダクタンスに関しては，真値 L_q に対し誤差をもつ $\hat{L}_q=L_d$ が利用されているものとする。一方，位相推定構成要素に使用する固定子抵抗に関しては，高速駆動などによりパラメータ誤差は無視できるものとする。このうえで，$i_\gamma=0$ の電流制御が行われているものとする。この状況下では，定常時の固定子電流は，次式で記述される放物線軌跡上に存在する。

$$\Phi i_d - 2L_m i_q^2 = 0 \tag{9.2}$$

■

《定理 9.3（軌跡定理 II）》[2)～4)]

位相速度推定器の位相推定構成要素（位相推定器または位相偏差推定器）の構成に使用するq軸インダクタンスに関しては，真値 L_q に対し誤差をもつ $\hat{L}_q=0$ が利用されているものとする。一方，位相推定構成要素に使用する固定子抵抗に関しては，高速駆動などによりパラメータ誤差は無視できるものとする。このうえで，$i_\gamma=0$ の電流制御が行われているものとする。この状況下では，定常時の固定子電流は，楕円中心を $i_d=-\Phi/2L_d$ とする次の力率1軌跡（楕円軌跡）上に存在する。

$$\Phi i_d + L_d i_d^2 + L_q i_q^2 = 0 \tag{9.3}$$

■

定理 9.1 の証明は，文献 2)～文献 8）に与えられているので省略する。なお，定理 9.2，定理 9.3 は，定理 9.1 よりただちに得ることができる。

定理 9.1 の式(9.1)が規定する軌跡は，$(\hat{L}_q-L_d)$, $(\hat{L}_q-L_q)$ の極性によって，dq 同期座標系上において次のように変化することが解明されている[2)～4)]。

$\hat{L}_q > L_d,\ \hat{L}_q > L_q$	→	楕円軌跡（第1，第4象限）
$\hat{L}_q > L_d,\ \hat{L}_q = L_q$	→	直線軌跡（q軸上）
$\hat{L}_q > L_d,\ \hat{L}_q < L_q$	→	双曲線軌跡（第2，第3象限）
$\hat{L}_q = L_d,\ \hat{L}_q < L_q$	→	放物線軌跡（第2，第3象限）
$\hat{L}_q < L_d,\ \hat{L}_q < L_q$	→	楕円軌跡（第2，第3象限）

定理 9.2 は，唯一の放物線の条件を付与したものであり，また定理 9.3 は無数に存在する第2，第3象限内楕円軌跡の1条件を付与したものである。

位相推定構成要素に使用した $\hat{L}_q$ と位相偏差 $\Delta\theta_d$ とのあいだには，次の関係が成立している。

《定理 9.4（インダクタンス定理）》

定理 9.1 が成立している状況を考える。位相速度推定器の位相推定構成要素（位相推定器または位相偏差推定器）に使用されたインダクタンス $\hat{L}_q$ が，真値 L_q に対し

$\widehat{L}_q \leq L_q$ を満足しているとき，インダクタンス $\widehat{L}_q$ と位相偏差 $\Delta\theta_d$ とのあいだに，次の関係が成立する。

$$\widehat{L}_q = L_q + |\sin\Delta\theta_d|\left(2L_m|\sin\Delta\theta_d| - \frac{\Phi}{|i_\delta|}\right);\ |\Delta\theta_d| \leq \frac{\pi}{2} \tag{9.4}$$

〈証明〉

$\widehat{L}_q \leq L_q$ が成立している場合には，図9.1より次の関係を得る。

$$i_d = -i_\delta \sin\Delta\theta_d \leq 0\ ;\ |\Delta\theta_d| \leq \frac{\pi}{2} \tag{9.5}$$

定理9.1が成立している状況下では，真値 L_q に対し誤差をもつ $\widehat{L}_q$ と位相偏差 $\Delta\theta_d$ とに関し，次の関係が成立している[2)～4)]。

$$\Delta\theta_d = \sin^{-1}\frac{-i_d}{i_\delta} = \sin^{-1}\left(\frac{\Phi - \sqrt{\Phi^2 + 8L_m(\widehat{L}_q - L_q)i_\delta^2}}{4L_m i_\delta}\right) \tag{9.6}$$

式(9.5)を活用しつつ，式(9.6)をインダクタンス $\widehat{L}_q$ に関し整理すると，次式を得る。

$$\begin{aligned}\widehat{L}_q &= L_q + \frac{(4L_m i_\delta \sin\Delta\theta_d - \Phi)^2 - \Phi^2}{8L_m i_\delta^2} \\ &= L_q + \frac{i_d(2L_m i_d + \Phi)}{i_\delta^2} \\ &= L_q + \sin\Delta\theta_d\left(2L_m\sin\Delta\theta_d - \frac{\Phi}{i_\delta}\right) \\ &= L_q + \sin|\Delta\theta_d|\left(2L_m\sin|\Delta\theta_d| - \frac{\Phi}{|i_\delta|}\right) \\ &= L_q + |\sin\Delta\theta_d|\left(2L_m|\sin\Delta\theta_d| - \frac{\Phi}{|i_\delta|}\right)\end{aligned} \tag{9.7}$$

■

$\gamma\delta$ 軌跡座標系上で評価した場合に $i_\gamma=0$ とする固定子電流制御が遂行されている場合には，軌跡定理が示しているように，位相速度推定器の位相推定構成要素に使用されるd軸インダクタンス L_d は，その値いかんにかかわらず，固定子電流の軌跡には影響を与えない。定理9.1～定理9.4に本認識を加えると，文献2)～文献4) が提示した次の軌跡指向形ベクトル制御法が得られる。

◆ 軌跡指向形ベクトル制御法[2)～4)]

軌跡指向形ベクトル制御法は，突極特性をもつPMSMに対して，次の①～③を介し，センサレス駆動を遂行する。

①突極特性をもつ PMSM を，見かけ上，式(9.8)の単一固定子インダクタンス $\hat{L}_i$ をもつ非突極 PMSM として扱う。

$$0 \le \hat{L}_i \le L_i \tag{9.8}$$

②固定子電流の制御は，非突極 PMSM の d 軸電流のゼロ制御に似せて，γ 軸電流のゼロ制御 $i_\gamma=0$ を行う。ただし，電流制御器は同相インダクタンス真値あるいはこれに準じた値を使用して設計・構成する。

③位相速度推定器の位相推定構成要素（位相推定器または位相偏差推定器）は，単一インダクタンスをもつ非突極 PMSM のための構成に似せて，式(9.8)の単一インダクタンスを利用して構成する。すなわち，推定器用インダクタンスとしては，真値と異なる単一の式(9.8)を利用する。このとき，固定子電流は，効率駆動をもたらす次式の軌跡上に存在する。

$$\Phi i_d-(\hat{L}_i-L_d)i_d^2-(\hat{L}_i-L_q)i_q^2=0 \tag{9.9}$$

■

軌跡指向形ベクトル制御法には，式(9.8)の条件より明らかなように，定理 9.4 も適用される。この制御法では，dq 同期座標系の d 軸から見た γ 軸位相（q 軸から見た δ 軸位相）である $\varDelta\theta_d$ を積極的に利用する。

軌跡指向形ベクトル制御法が規定した式(9.9)は，定理 9.1 の式(9.1)と同一である。式(9.9)に関連して，図 9.1 の軌跡に関し補足しておく。同図の実線は，式(9.2)が規定した放物線軌跡を示している。また，同図の破線で示した楕円軌跡は，式(9.3)が規定した力率 1 軌跡を示している。また，実線の外側にある破線は，次式で規定された最小電流軌跡（双曲線軌跡）を示している。

$$\Phi i_d+2L_m(i_d^2-i_q^2)=0 \tag{9.10}$$

なお，原理より理解されるように，軌跡指向形ベクトル制御法においても電流制御器の設計には，同相インダクタンス L_i の真値あるいはこれに準じた値（d 軸インダクタンス真値，q 軸インダクタンス真値など）を使用することになる。

(2) ベクトル制御系の基本構造

軌跡指向形ベクトル制御法に基づくセンサレスベクトル制御系の代表的構造を図 9.2 に示す。図（a）は $\alpha\beta$ 固定座標系上の位相速度推定器を利用した例，図（b）は $\gamma\delta$ 軌跡座標系上の位相速度推定器を利用した例である。同図においては，電流制御における γ 軸電流指令値は常時ゼロに，すなわち $i_\gamma^*=0$ に設定されている。これにより，$i_\gamma=0$ の電流制御を達成している。δ 軸電流指令値は，単純に速度制御器（speed controller）の出力信号を無修正で直接利用している。すなわち，このセンサレスベクト

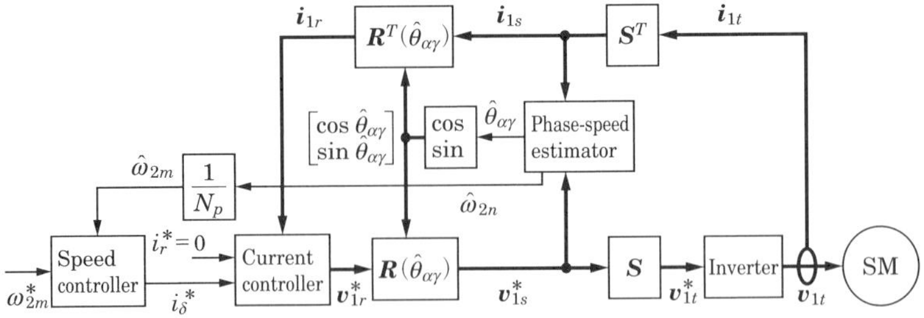

（a）　$\alpha\beta$ 固定座標系上の位相速度推定器を利用した構成例

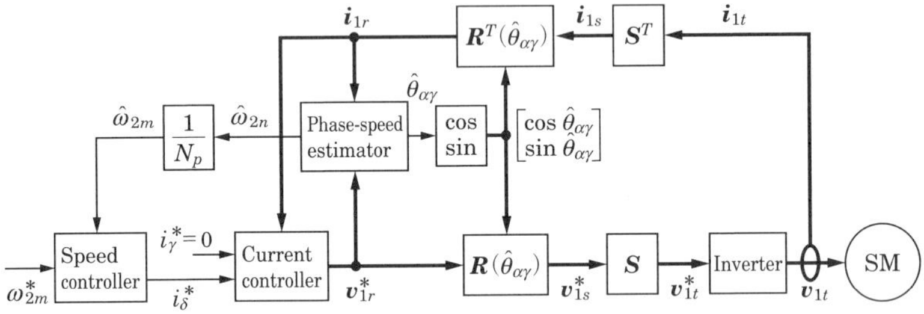

（b）　$\gamma\delta$ 軌跡標系上の位相速度推定器を利用した構成例

図 9.2　軌跡指向形ベクトル制御法に基づくセンサレスベクトル制御系の代表的構成例

ル制御系においては，指令変換器はもはや存在しない。

位相速度推定器の位相推定構成要素（位相推定器または位相偏差推定器）には，第5章～第8章で説明した一般化回転子磁束推定法のひとつが組み込まれているが，この位相推定構成要素には，真のインダクタンスパラメータに代わって，式(9.8)の推定器用インダクタンス $\widehat{L}_i$ が利用されている。

位相速度推定器が出力した位相は，$\alpha\beta$ 固定座標系の α 軸から見た d 軸位相（回転子位相）θ_α の推定値 $\hat{\theta}_\alpha$ ではなく，特定軌跡上にある固定子電流位相（δ 軸位相）に対応した γ 軸位相 $\theta_{\alpha\gamma}$ の推定値 $\hat{\theta}_{\alpha\gamma}$，すなわち $\gamma\delta$ 軌跡座標系の位相である。このときの γ 軸位相 $\theta_{\alpha\gamma}$ は，α 軸から評価した値である。

図 9.2 のベクトル制御系の構造より明白なように，電流指令値どおりに電流制御が遂行される電流制御系が構成されているとの前提のもとでは，δ 軸電流指令値 i_δ^* に電流制限値（多くの場合，定格値）$I_{\max}$ を付与することにより，次の瞬時関係に基づき，ただちに電流制限を達成できる。

$$i_u^2+i_v^2+i_w^2 = i_\alpha^2+i_\beta^2 = i_\delta^2 \approx i_\delta^{*2} \leq I_{\max}^2 \tag{9.11}$$

軌跡指向形ベクトル制御系においては，可変の電流指令値は δ 軸電流指令値のみである。すなわち，可変電流指令値は単一である。単一の可変電流指令値で電流制御を遂行するという点においては，軌跡指向形ベクトル制御系における電流制御は，広い意味で「電流ノルム指令に基づく電流制御」に属する（この制御の詳細は文献1)，文献5) を参照)。式(9.11)の電流制限の関係式は，単一の可変電流指令値で電流制御を遂行する場合に広く適用されるもので，当然，電流ノルム指令に基づく電流制御法においても利用されている[1),5)]。元来の電流ノルム指令に基づく電流制御法が，dq 同期座標系上あるいは $\gamma\delta$ 準同期座標系上で電流制御を遂行することを想定していたのに対して，軌跡指向形ベクトル制御法では，$\gamma\delta$ 軌跡座標系（$\gamma\delta$ 電流座標系の 1 種）上で電流制御を遂行することを必須の要件としている。

9.2 非電圧制限下の制御

9.2 節では，式(9.8)，式(9.9)に基づく軌跡指向形ベクトル制御法を実効的な電圧制限のない状況下で利用し，最小銅損を直接達成するセンサレス駆動について考える。すなわち，$\gamma\delta$ 軌跡座標系の δ 軸を最小電流軌跡上へ収斂させることを考える。このための推定器用インダクタンスに関しては，次の定理が成立する[6)]

《定理 9.5（最小電流定理）》[6)]

①式(9.8)，式(9.9)に基づく軌跡指向形ベクトル制御法において，$\gamma\delta$ 軌跡座標系の δ 軸を最小電流軌跡上へ収斂させるための推定器用インダクタンス $\widehat{L_i}$ は，次式で与えられる。

$$\begin{aligned}\widehat{L_i} &= \frac{L_q i_d^2 + L_d i_q^2}{i_d^2 + i_q^2} = \frac{L_q i_d^2 + L_d i_q^2}{i_\delta^2} \\ &= L_d \cos^2 \Delta\theta_d + L_q \sin^2 \Delta\theta_d \end{aligned} \tag{9.12}$$

②最小電流軌跡のための推定器用インダクタンス $\widehat{L_i}$ の最小・最大値は，次式で与えられる。

$$L_d \le \widehat{L_i} \le L_i \tag{9.13}$$

また，推定器用インダクタンス $\widehat{L_i}$ は次の漸近特性を示す。

$$\left.\begin{aligned}\widehat{L_i} &\to L_d \quad \text{as} \quad |i_\delta| \to 0 \\ \widehat{L_i} &\to L_i \quad \text{as} \quad |i_\delta| \to \infty\end{aligned}\right\} \tag{9.14}$$

〈証明〉

①最小電流軌跡は，式(9.10)の双曲線で与えられる。軌跡指向形ベクトル制御における式(9.9)左辺と式(9.10)左辺とを等置すると，

$$\Phi i_d-(\hat{L}_i-L_d)i_d^2-(\hat{L}_i-L_q)i_q^2=\Phi i_d+2L_m(i_d^2-i_q^2) \tag{9.15}$$

上式を推定器用インダクタンス $\hat{L}_i$ に関し整理すると，式(9.12)の第1式を得る。図9.1より，ただちに第2式，第3式を得る。

②d軸インダクタンスと鏡相インダクタンス L_m を用いて，式(9.12)におけるq軸インダクタンスを再表現し，$L_m \leq 0$ を考慮すると，次式を得る。

$$\begin{aligned}\hat{L}_i &= L_d\cos^2\Delta\theta_d+(L_d-2L_m)\sin^2\Delta\theta_d=L_d-2L_m\sin^2\Delta\theta_d\\ &= L_d-\frac{2L_m i_d^2}{i_\delta^2}\geq L_d\end{aligned} \tag{9.16}$$

同相インダクタンス L_i と鏡相インダクタンス L_m を用いて，式(9.12)のd軸，q軸インダクタンスを再表現し，最小電流軌跡を規定した式(9.10)を再度利用のうえ，$|\Delta\theta_d|<\pi/4$ または $i_d \leq 0$ を考慮すると，次式を得る。

$$\begin{aligned}\hat{L}_i &= (L_i+L_m)\cos^2\Delta\theta_d+(L_i-L_m)\sin^2\Delta\theta_d\\ &= L_i+L_m(\cos^2\Delta\theta_d-\sin^2\Delta\theta_d)=L_i+L_m\cos(2\Delta\theta_d)\\ &= L_i-L_m\frac{i_d^2-i_q^2}{i_d^2+i_q^2}=L_i+\frac{\Phi i_d}{2i_\delta^2}\leq L_i\end{aligned} \tag{9.17}$$

式(9.16)，式(9.17)は，式(9.13)を意味する。

式(9.16)は，d軸電流2乗値がゼロに漸近するに従い，推定器用インダクタンスがd軸インダクタンスに漸近することを示している。また，式(9.17)は，d軸電流が負方向に増大するに従い，推定器用インダクタンスが同相インダクタンスに漸近することを示している。最小電流軌跡上のd軸電流と γ 軸電流絶対値とが単調増加の関係にあることを考慮すると，これらは式(9.14)を意味する。

■

式(9.10)の最小電流軌跡は，d軸電流に関し $2L_m i_d \ll \Phi$ が成立する状況下では，次式のように近似される。

$$0=\Phi i_d+2L_m(i_d^2-i_q^2)\approx \Phi i_d-2L_m i_q^2\ ;\ 2L_m i_d \ll \Phi \tag{9.18}$$

式(9.18)の右辺は，軌跡指向形ベクトル制御法において，推定器用インダクタンスを $\hat{L}_i=L_d$ とした場合の放物線軌跡にほかならない（式(9.2)，式(9.9)参照）。

また，式(9.10)の最小電流軌跡（双曲線軌跡）は，d軸電流の増大に応じ，次の漸近直線に漸近する。

$$i_q = \pm\left(i_d + \frac{\Phi}{4L_m}\right) \tag{9.19}$$

一方，軌跡指向形ベクトル制御法において，推定器用インダクタンスを $\hat{L}_i = L_i$ とした場合の双曲線軌跡は，式(9.9)より式(9.20)で与えられ，式(9.21)の漸近直線をもつ。

$$\Phi i_d + L_m(i_d^2 - i_q^2) = 0 \tag{9.20}$$

$$i_q = \pm\left(i_d + \frac{\Phi}{2L_m}\right) \tag{9.21}$$

式(9.19)と式(9.21)の2個の同一勾配漸近直線は，最小電流軌跡（双曲線軌跡）は，d軸電流の増大に応じ，式(9.20)の双曲線軌跡と偏差 $\pm\Phi/4L_m$ をもった並行的な軌跡となることを意味する。

最小電流軌跡の上記特性と式(9.13)，式(9.14)の特性を確認すべく，表4.1のモータパラメータを用いて，式(9.9)に推定器用インダクタンス $\hat{L}_i = L_d$ を適用した場合の放物線軌跡，$\hat{L}_i = L_i$ を適用した場合の双曲線軌跡，さらには式(9.10)の最小電流軌跡（双曲線軌跡）を，150% 定格トルクの範囲において図9.3に描画した（図4.3参照）。

同図より，式(9.18)の特性すなわち最小電流軌跡は，定格以下では $\hat{L}_i = L_d$ に対応した放物線軌跡に高い類似性をもつ特性が確認される。また，最小電流軌跡は，十分に大きなd軸電流に対し，式(9.20)の双曲線軌跡と偏差 $\pm\Phi/4L_m$ をもった並行的な軌跡となることも確認された。最小電流軌跡は他の2軌跡のあいだに存在しており，間接的ながら式(9.13)，式(9.14)の正当性が確認される。

定理9.5の式(9.12)を利用して推定器用インダクタンスを決定する場合には，同式

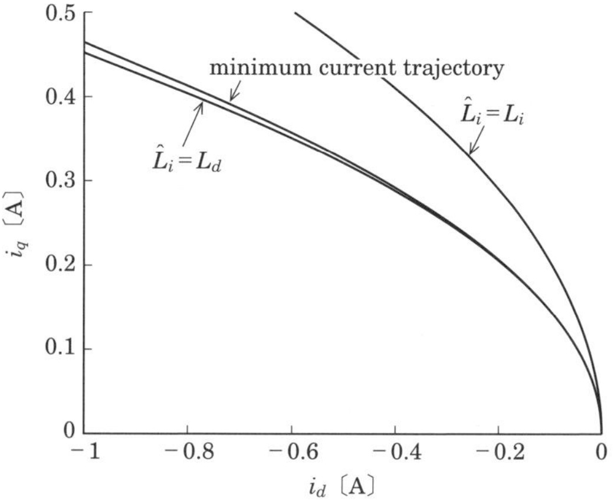

図9.3 最小電流軌跡の近傍に存在する双曲線軌跡と放物線軌跡の例

右辺を δ 軸電流 i_δ のみで表現する必要がある。最小電流軌跡上では，d 軸，q 軸電流は，δ 軸電流より一意に定められる。この d 軸，q 軸電流を式(9.12)右辺に用いれば，推定器用インダクタンス $\widehat{L}_i$ を δ 軸電流のみで決定できるようになる。たとえば，最小電流軌跡上の d 軸電流と δ 軸電流との 1 対 1 の関係式を式(9.16)，式(9.17)に用いれば（式(4.17)参照）[1]，推定器用インダクタンス $\widehat{L}_i$ の決定式として次を得る[6]。

$$\widehat{L}_i = L_d - \frac{2L_m i_d^2}{i_\delta^2} = L_i + \frac{\Phi i_d}{2i_\delta^2} \tag{9.22a}$$

$$i_d = \frac{-1}{2}\left(\frac{\Phi}{4L_m} + \sqrt{\frac{\Phi^2}{16L_m^2} + 2i_\delta^2}\right) \tag{9.22b}$$

式(9.22b)は d 軸電流と δ 軸電流との 1 対 1 の関係式であり，式(9.22a)の第 1 式は下限値 L_d を基準にした決定式であり，式(9.22a)の第 2 式は上限値 L_i を基準にした決定式である[6]。

推定器用インダクタンス $\widehat{L}_i$ を d 軸インダクタンス L_d と等しく選定することにより得られる放物線軌跡は，定格電流以下の電流を利用する通常の駆動では，最小電流軌跡に準じた効率的な駆動をもたらす。この認識に基づき，以下では簡単で実際的な選択 $\widehat{L}_i = L_d$ を採用することを考える。この選択に関しては，次の定理が成立する。

《定理 9.6（位相偏差定理）》

軌跡指向形ベクトル制御において，推定器用インダクタンスを $\widehat{L}_i = L_d$ と選定する場合，式(9.24)の条件下では，次式に示すように位相偏差 $\Delta\theta_d$ の正弦値は δ 軸電流におおむね比例する。

$$\sin \Delta\theta_d \approx \frac{L_q - L_d}{\Phi} i_\delta = \frac{-2L_m}{\Phi} i_\delta \tag{9.23}$$

ただし，

$$\left(\frac{4L_m i_\delta}{\Phi}\right)^2 \ll 1 \tag{9.24}$$

〈証明〉

式(9.4)の左辺を推定器用インダクタンス $\widehat{L}_i$ に置換し，$\widehat{L}_i = L_d$ の条件を適用すると次式を得る。

$$\widehat{L}_i = L_q + x\left(2L_m x - \frac{\Phi}{|i_\delta|}\right) = L_d \tag{9.25}$$

ただし，

$$0 < x = |\sin \Delta\theta_d| < 1 \tag{9.26}$$

式(9.25)を位相偏差正弦値の絶対値 x に関して整理すると，次式を得る。

$$x^2-\frac{\Phi}{|i_\delta|}\cdot\frac{1}{2L_m}x-1=0 \tag{9.27}$$

式(9.27)の正値の解として次式を得る。

$$x=\frac{\dfrac{\Phi}{|i_\delta|}\cdot\dfrac{1}{2L_m}+\sqrt{\left(\dfrac{\Phi}{|i_\delta|}\cdot\dfrac{1}{2L_m}\right)^2+4}}{2} \tag{9.28}$$

式(9.24)のもとでは，式(9.28)は以下のように近似・整理される。

$$\begin{aligned}
x&=\frac{\dfrac{\Phi}{|i_\delta|}\cdot\dfrac{1}{2L_m}+\dfrac{\Phi}{|i_\delta|}\cdot\dfrac{1}{|2L_m|}\sqrt{1+4\left(\dfrac{2L_m|i_\delta|}{\Phi}\right)^2}}{2}\\
&\approx\frac{\dfrac{\Phi}{|i_\delta|}\cdot\dfrac{1}{2L_m}+\dfrac{\Phi}{|i_\delta|}\cdot\dfrac{1}{|2L_m|}\left(1+2\left(\dfrac{2L_m|i_\delta|}{\Phi}\right)^2\right)}{2}\\
&=\frac{-2L_m|i_\delta|}{\Phi}=\frac{(L_q-L_d)|i_\delta|}{\Phi}\geq 0
\end{aligned} \tag{9.29}$$

図 9.1 に示した位相偏差正弦値の極性と δ 軸電流の極性とを考慮すると，式(9.29)は式(9.23)を意味する。

■

式(9.23)は，式(9.24)の前提のもとに得られたものである。この点を考慮し，式(9.23)の妥当性を検証する。式(9.23)を式(9.25)中辺に用いると，推定器用インダクタンス $\widehat{L_i}$ は以下のように展開される。

$$\begin{aligned}
\widehat{L_i}&=L_q+\frac{-2L_m|i_\delta|}{\Phi}\left(\frac{-4L_m^2|i_\delta|}{\Phi}-\frac{\Phi}{|i_\delta|}\right)\\
&=L_q+\left(2L_m+\frac{8L_m^3|i_\delta|^2}{\Phi^2}\right)\\
&=L_d+2L_m\left(\frac{2L_m|i_\delta|}{\Phi}\right)^2
\end{aligned} \tag{9.30}$$

式(9.30)の右辺第 2 項は式(9.24)のもとでは十分に小さく，式(9.30)の右辺は実質的に d 軸インダクタンス L_d となる。ひいては，式(9.23)の妥当性が確認される。

9.3 電圧制限下の制御

9.3.1 楕円軌跡指向形ベクトル制御法

式(9.8)に規定した推定器用インダクタンスを用いた軌跡指向形ベクトル制御法は，定理 9.1～定理 9.4 に基づき構築されたものである。しかしながら，定理 9.1～定理 9.4 は，式(9.8)の条件を必要としない。推定器用インダクタンスの選定範囲を定めた式(9.8)は，非電圧制限下の効率駆動のために追加的に付与されたものである。以降では，軌跡指向形ベクトル制御法に基づく非電圧制限下の効率駆動に加えて，電圧制限下の駆動をも考慮し，推定器用インダクタンスの選定範囲を以下のように改める。

$$\left(1-\frac{\Phi}{L_d|i_\delta|}\right)L_d < \hat{L}_i \le L_d \tag{9.31}$$

式(9.31)に示した上限値 $\hat{L}_i=L_d$ は，図 9.3，定理 9.6 に関連して説明した効率駆動を考慮したものである。式(9.31)の下限値は，以下の検討に基づき定めた。

図 9.1 より明らかなように，位相偏差 $\varDelta\theta_d$ の最大値は次式となる。

$$\varDelta\theta_d = \begin{cases} \dfrac{\pi}{2} & ; i_\delta > 0 \\ \dfrac{-\pi}{2} & ; i_\delta < 0 \end{cases} \tag{9.32}$$

式(9.4)の左辺を推定器用インダクタンス $\hat{L}_i$ に置換すると，次式を得る。

$$\hat{L}_i = L_q + |\sin\varDelta\theta_d|\left(2L_m|\sin\varDelta\theta_d| - \frac{\Phi}{|i_\delta|}\right) \tag{9.33}$$

これに式(9.32)を用いると，式(9.32)に対応した推定器用インダクタンス $\hat{L}_i$ の理論的最小値を以下のように得る。

$$\hat{L}_i = L_d - \frac{\Phi}{|i_\delta|} = \left(1-\frac{\Phi}{L_d|i_\delta|}\right)L_d \;;\; i_\delta \ne 0 \tag{9.34}$$

位相偏差の理論限界値 $|\varDelta\theta_d|=\pi/2$ では，トルク発生はいっさい行われないので，この限界値を排除すると，式(9.31)左辺の下限値を得る。

式(9.31)左辺の下限値の採用は，少なくとも次の 3 点を意味する。

①推定器用インダクタンス $\hat{L}_i$ として負値を積極的に採用する。

②使用する δ 軸電流は，次式に示した範囲内とする。

$$|i_\delta| < \frac{\Phi}{L_d - \widehat{L_i}} \tag{9.35}$$

③ δ 軸電流は，式(9.35)の右辺を楕円長径とし，$i_d = -\Phi/2(L_d - \widehat{L_i})$ を中心とする楕円軌跡上の１点をとる（図 9.1 参照）。

以降では，上記第③を考慮し，推定器用インダクタンスを式(9.8)に代わって式(9.31)の条件で選定する軌跡指向形ベクトル制御法を，とくに楕円軌跡指向形ベクトル制御法とよぶ。ただし，楕円軌跡指向形ベクトル制御法における位相推定構成要素として，推定器用インダクタンス $\widehat{L_i}$ の逆数を必要とする同一次元 D 因子状態オブザーバは使用しないものとする。

楕円軌跡指向形ベクトル制御法による楕円軌跡の例を示す。式(9.31)を式(9.9)に適用し，表 4.1 のモータパラメータを利用すると，図 9.4 の楕円軌跡を得る。同図では，推定器用インダクタンス $\widehat{L_i}$ を $\widehat{L_i} = L_d$ から $0.2L_d$ ずつ低減させ，これらに対応した楕円軌跡を描画している。また，最後に $\widehat{L_i} = -10L_d < 0$ に対応した楕円軌跡を描画している。同図より以下が確認される。

- 推定器用インダクタンスの低減に応じ，楕円の縮小が連続単調に起きる。楕円縮小の方向は座標系の原点である。
- 推定器用インダクタンスが負になる場合にも，楕円の連続単調縮小特性は維持される。
- 推定器用インダクタンスに応じた楕円の縮小幅は，次第に小さくなる。

図 9.4 には，参考までに δ 軸電流 $i_\delta = 3$〔A〕の真円軌跡も描画した。$i_\delta = 3$〔A〕の電

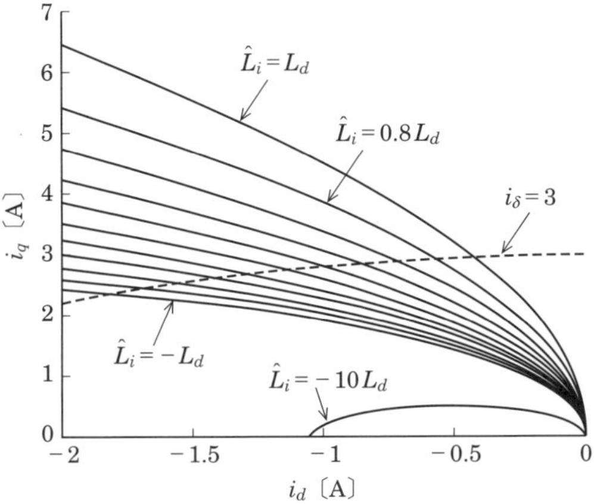

図 9.4 楕円軌跡指向形ベクトル制御による楕円軌跡の例

流制御が遂行されている場合，推定器用インダクタンス $\widehat{L}_i$ で指定した楕円軌跡と真円軌跡との交点が，$\gamma\delta$ 軌跡座標系の δ 軸位相となる。交点の存在には，式(9.35)が必要十分条件となる。式(9.33)，式(9.34)に従えば，本条件はつねに満たされる。

たとえば，表4.1のモータパラメータと $i_\delta=3$〔A〕を式(9.34)に用いれば，最大位相偏差 $|\varDelta\theta_d|=\pi/2$ を達成する最小推定器用インダクタンスは $\widehat{L}_i=-2.85L_d$ と求まる。図9.4において，$\widehat{L}_i=-10L_d$ に基づく楕円と δ 軸電流 $i_\delta=3$〔A〕の真円軌跡との交点が存在しないのは，$\widehat{L}_i=-10L_d$ が最大位相偏差 $|\varDelta\theta_d|=\pi/2$ をもたらす $\widehat{L}_i=-2.85L_d$ を超えているため，すなわち式(9.31)左辺の大小関係を逸脱しているためである。式(9.31)左辺の大小関係の逸脱は，式(9.35)の逸脱を意味する。

電圧制限に対抗して高速駆動を行うには，高速化に応じた弱め磁束制御を遂行せざるをえない。高速化に応じた弱め磁束制御は，固定子電流の電圧制限楕円内の維持と言い換えることもできる（電圧制限楕円の詳細は文献1）を参照)。

固定子抵抗による電圧低下を相対的に無視できる高速駆動時においては，定常状態での電圧制限楕円は，楕円中心を $i_d=-\varPhi/L_d$ とする次式で与えられる[1)]。

$$c_v^2 \approx \omega_{2n}^2((L_q i_q)^2+(L_d i_d+\varPhi)^2) \tag{9.36}$$

ここに，c_v は電力変換器のバス電圧（リンク電圧），短絡防止期間（デッドタイム）などにより定まる電圧制限値である。発生すべき固定子電圧は，この制限値以下でなくてはならない。

図9.5に，表4.1のモータパラメータを利用して，式(9.36)に基づく電圧制限楕円の例を描画した[1)]。この例より明らかなように，電圧制限楕円は速度向上に応じて楕

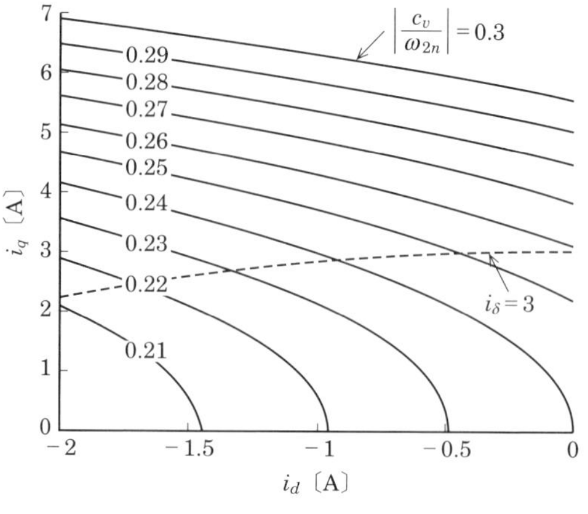

図9.5　電圧制限楕円の例

円中心 $i_d=-\Phi/L_d$ に向け縮小する。このモータでは，$|c_v/\omega_{2n}|\le 0.25$ に対応した速度を超えるころから，電圧制限楕円が楕円中心に向け急速に縮小している。同図には，参考までに δ 軸電流 $i_\delta=3$〔A〕の真円軌跡も描画した。同図より明白なように，一定の δ 軸電流を電圧制限楕円内に存在させるには，速度向上に応じ δ 軸電流を d 軸寄りに変位させる必要がある。換言するならば，速度向上に応じ $\gamma\delta$ 軌跡座標系の δ 軸位相 $|\Delta\theta_d|$，あるいはこれと単調な $|\sin\Delta\theta_d|$ を増大させる必要がある（図 9.1 参照）。

式(9.33)，図 9.4 より明らかなように，$|\sin\Delta\theta_d|$ と推定器用インダクタンス $\widehat{L_i}$ とは単調な関係にある。すなわち，$|\sin\Delta\theta_d|$ の増大（減少）は，推定器用インダクタンス $\widehat{L_i}$ の減少（増大）に対応する。これらの事実は，「電圧制限楕円の縮小に応じて推定器用インダクタンス $\widehat{L_i}$ を減少させれば，高速駆動が可能となる」ことを意味している。楕円軌跡指向形ベクトル制御法における推定器用インダクタンスの調整方針は，「電圧制限状況に応じた推定器用インダクタンス $\widehat{L_i}$ の自動調整」である。次にこれを提示する。

9.3.2 推定器用インダクタンスの再帰自動調整法 I

推定器用インダクタンスの自動調整を考える。式(9.33)において $|\sin\Delta\theta_d|=x$ と置くと，x を用いた次の式(9.37a)を得る。このとき，x がとりうる範囲は，定理 9.6 および式(9.31)より式(9.37b)となる。式(9.37b)が工学的意味をもつ値をとるには，δ 軸電流は少なくとも式(9.37c)の条件を満たす必要がある。

$$\widehat{L_i}=L_q+x\left(2L_m x-\frac{\Phi}{|i_\delta|}\right) \tag{9.37a}$$

$$\frac{-2L_m|i_\delta|}{\Phi}\le x<1 \tag{9.37b}$$

$$\max\left\{0,\ \frac{\Phi-\dfrac{c_v}{|\omega_{2n}|}}{L_d}\right\}\le|i_\delta|\le\min\left\{I_{\max},\ \frac{\Phi}{L_d}\right\} \tag{9.37c}$$

電圧制限状況に応じて式(9.37b)の x を自動調整すれば，式(9.37a)に従った推定器用インダクタンスは電圧制限状況に応じて自動調整されることになる。

式(9.37c)は，x の自動調整のための δ 軸電流の上下限を定めたものである。式(9.37c)の上限値を構成する $I_{\max}$ は，モータの焼損を防止するための電流制限値（多くの場合，定格値）である（式(9.11)参照）。Φ/L_d は，電圧制限楕円の d 軸上の楕円中心 $i_d=-\Phi/L_d$ を極性反転したものである。推定器用インダクタンスの自動調整法を単純化すべく付した（表 4.1 参照)。

式(9.37c)における下限値のひとつである $(\Phi - c_v/|\omega_{2n}|)/L_d$ は，電圧制限楕円の長径右端と d 軸との交点の極性反転値である。δ 軸電流が電圧制限楕円内に存在する最低限の条件として，これを付与している。

調整方針「電圧制限状況に応じた推定器用インダクタンス $\widehat{L_i}$ の自動調整」の具現化には，次の 3 点に留意する必要がある。

- δ 軸電流の大きさが一定の場合，電圧制限下の最小銅損を達成する電流は，電流の真円軌跡と電圧制限楕円の交点にある。換言するならば，電圧制限に応じて，δ 軸位相 $|\Delta\theta_d|$ あるいは $|\sin \Delta\theta_d|$ が大きくなるように，固定子電流を真円軌跡上で滑らせることができれば，電圧制限下での最小銅損駆動を達成できる。
- 固定子電流の真円軌跡上での滑りが静止する第 1 の原因は，「設計に利用した回転子磁束強度（誘起電圧係数）Φ の公称値が，同真値より小さい」などの理由により，推定器用インダクタンスが同最小値に十分に漸近しないことによる（式(9.31)参照)。この場合には，式(9.37)の推定器用インダクタンス決定式に利用する Φ などのモータパラメータを再設定することになる。
- 固定子電流の真円軌跡上での滑りが静止する第 2 の原因は，固定子電流が電圧制限楕円外に出ることによる。第 3 の原因は，モータの発生トルクが外乱トルクと拮抗することによる。いずれの原因も固定子電流（δ 軸電流）の増大を通じ除去でき，さらなる高速化が可能である。

以下に，調整方針に従った推定器用インダクタンス $\widehat{L_i}$ の実際的な自動調整法を示す。

(1) 出力ゲイン形調整法

定常的な電圧制限の範囲を示した電圧制限楕円の利用に代わって，過渡時を含めて電圧制限抵触の有無を直接的に検出し，推定器用インダクタンスを自動調整することを考える。このための基本式として式(9.37)を用い，式(9.37)に次の自動調整機能を付与することを考える。

- 電圧制限にいっさい抵触しない場合には，推定器用インダクタンスを支配する位相偏差の絶対正弦値 $|\sin \Delta\theta_d| = x$ は，式(9.37b)の最小値を自動選定させる。
- 電圧制限に抵触する場合には，位相偏差の絶対正弦値 $|\sin \Delta\theta_d| = x$ を再帰的，かつ指数的に最大値 1 へ自動的に漸近させる。
- 電圧制限に抵触しない場合に遭遇した場合には，位相偏差の絶対正弦値 $|\sin \Delta\theta_d| = x$ を再帰的かつ指数的に最小値へ自動的に漸近させる

上記機能を有する推定器用インダクタンス自動調整法（出力ゲイン形再帰自動調整法 I）は，次式で与えることができる。

◆ **出力ゲイン形再帰自動調整法 I**

$$u(k)=\begin{cases}0\ ;\ \|\boldsymbol{v}_1^*(k)\|<c_v(k)\\ 1\ ;\ \|\boldsymbol{v}_1^*(k)\|\geq c_v(k)\end{cases} \tag{9.38a}$$

$$x'(k)=\alpha_1 x'(k-1)+(1-\alpha_1)u(k)\ ;\ 0<\alpha_1<1 \tag{9.38b}$$

$$x(k)=\frac{-2L_m|i_\delta(k)|}{\Phi}+\left(1+\frac{2L_m|i_\delta(k)|}{\Phi}\right)x'(k) \tag{9.38c}$$

$$\widehat{L}_i(k)=L_q+x(k)\left(2L_m x(k)-\frac{\Phi}{|i_\delta(k)|+\Delta_0}\right)\ ;\ \Delta_0>0 \tag{9.38d}$$

■

式(9.38)では，制御周期を T_s で表現するとき，時刻 $t=kT_s$ における信号を簡単に (k) を用い表現している（以降では，同様な表現法を採用する）。式(9.38a)は，印加すべき固定子電圧を示す固定子電圧指令値が電圧制限値以下ならば，$u(k)=0$ をセットし，固定子電圧指令値が電圧制限値を超える電圧制限抵触の場合には，$u(k)=1$ をセットすることを意味している。電圧制限抵触の判定信号の生成は，三相固定子電圧指令値を PWM スイッチング信号に変換する段階で実施するとよい。この最終段階では，電圧制限抵触の判定に，電力変換器の短絡防止期間（デッドタイム）なども考慮することが可能である。すなわち，設計者の意図・判定を最も正確に信号 $u(k)$ に反映することができる。式(9.38b)は，信号 $u(k)$ を用いて信号 $x'(k)$ を再帰的，かつ指数的に算定している。式(9.38c)は，式(9.37b)に基づき，信号 $x'(k)$ を信号 $x(k)$ へ線形変換している。式(9.38d)は，式(9.37a)に基づき，信号 $x(k)$ を用いて推定器用インダクタンス $\widehat{L}_i(k)$ を最終的に定めている。この際，$i_\delta=0$ による「ゼロ割り」を回避すべく，微小な正値 Δ_0 を導入している。

式(9.38)に従って生成された信号に関しては，次の式(9.39)が成立している。

$$\left.\begin{array}{l} 0\leq x'(k)\leq 1 \\ \dfrac{-2L_m|i_\delta|}{\Phi}\leq x(k)\leq 1 \\ L_d-\dfrac{\Phi}{|i_\delta(k)|+\Delta_0}\leq \widehat{L}_i(k)\leq L_d \end{array}\right\} \tag{9.39}$$

すなわち，位相偏差の絶対正弦値 $x(k)$ は，式(9.37b)を実質満足している。また，推定器用インダクタンス $\widehat{L}_i(k)$ は，微小な正値 Δ_0 の導入により，式(9.31)左辺の不等

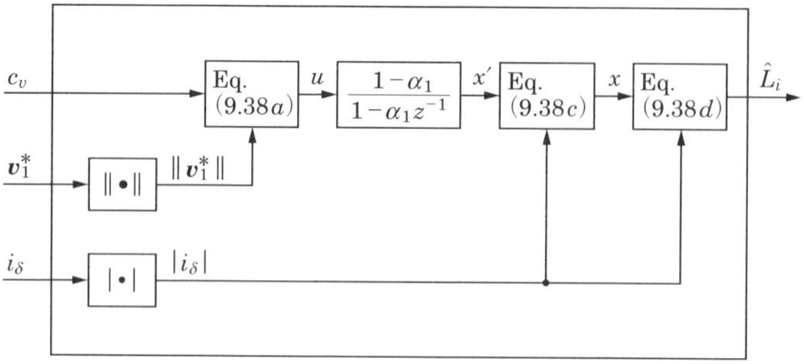

図 9.6　推定器用インダクタンスの出力ゲイン形再帰自動調整法 I

関係を等号を含むかたちで，同式を満足している。式(9.38)が示す内容を図 9.6 に描画した。

(2) 入力ゲイン形調整法

式(9.38)に示した出力ゲイン形再帰自動調整法 I は，以下の入力ゲイン形再帰自動調整法 I に変更することも可能である（図 9.7 参照)。

◆ 入力ゲイン形再帰自動調整法 I

$$u(k) = \begin{cases} 0 \ ; \ \|\boldsymbol{v}_1^*(k)\| < c_v(k) \\ 1 \ ; \ \|\boldsymbol{v}_1^*(k)\| \geq c_v(k) \end{cases} \tag{9.40a}$$

$$x'(k) = \alpha_1 x'(k-1) + (1-\alpha_1)\left(1 + \frac{2L_m|i_\delta(k)|}{\varPhi}\right)u(k) \ ; \ 0 < \alpha_1 < 1 \tag{9.40b}$$

$$x(k) = \frac{-2L_m|i_\delta(k)|}{\varPhi} + x'(k) \tag{9.40c}$$

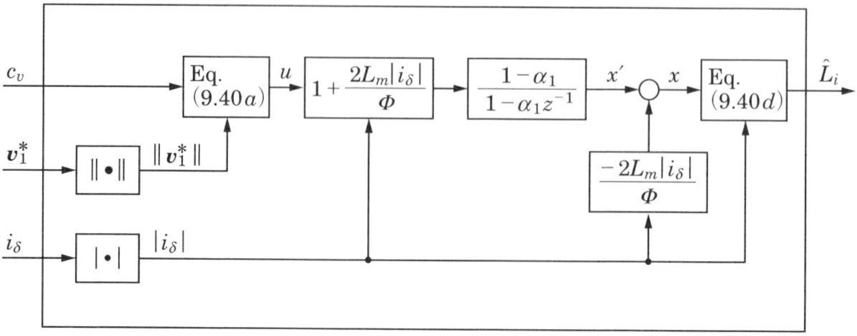

図 9.7　推定器用インダクタンスの入力ゲイン形再帰自動調整法 I

$$\widehat{L_i}(k) = L_q + x(k)\left(2L_m x(k) - \frac{\Phi}{|i_\delta(k)| + \Delta_0}\right) ; \Delta_0 > 0 \tag{9.40d}$$

■

9.3.3 推定器用インダクタンスの再帰自動調整法 II

(1) 出力ゲイン形調整法

式(9.38)に示した出力ゲイン形再帰自動調整法 I は，位相偏差の絶対正弦値 $|\sin \Delta\theta_d| = x$ を再帰的かつ指数的に算定し，この算定値を介して推定器用インダクタンスを自動調整するものであった。推定器用インダクタンスの自動調整を位相偏差の絶対正弦値の算定を介せず，直接行うことも可能である。これは次式で与えられる。

◆ **出力ゲイン形再帰自動調整法 II**

$$u(k) = \begin{cases} 0 ; \|\boldsymbol{v}_1^*(k)\| < c_v(k) \\ 1 ; \|\boldsymbol{v}_1^*(k)\| \geq c_v(k) \end{cases} \tag{9.41a}$$

$$x'(k) = \alpha_1 x'(k-1) + (1-\alpha_1) u(k) ; 0 < \alpha_1 < 1 \tag{9.41b}$$

$$\widehat{L_i}(k) = L_d - \frac{\Phi}{|i_\delta(k)| + \Delta_0} x'(k) ; \Delta_0 > 0 \tag{9.41c}$$

■

式(9.41)が示す内容を図 9.8 に描画した。なお，式(9.41)の調整法においては，式(9.39)と同様な次の関係が成立している。

$$\left.\begin{array}{l} 0 \leq x'(k) \leq 1 \\ L_d - \dfrac{\Phi}{|i_\delta(k)| + \Delta_0} \leq \widehat{L_i}(k) \leq L_d \end{array}\right\} \tag{9.42}$$

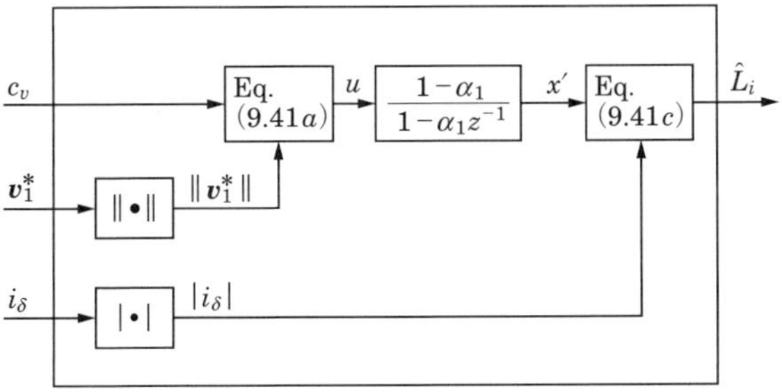

図 9.8 推定器用インダクタンスの出力ゲイン形再帰自動調整法 II

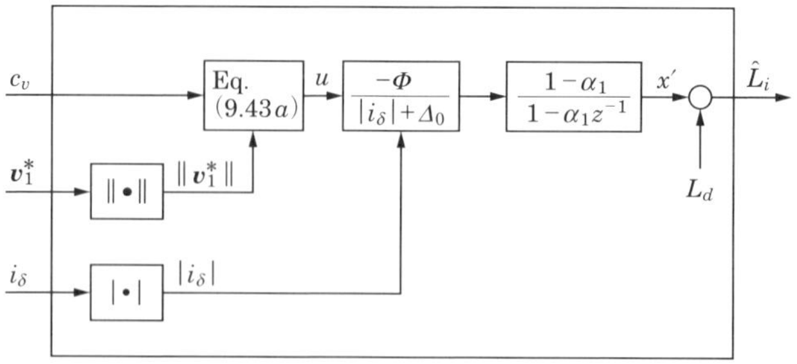

図 9.9　推定器用インダクタンスの入力ゲイン形再帰自動調整法 II

(2) 入力ゲイン形調整法

式(9.41)に示した出力ゲイン形再帰自動調整法 II は，以下の入力ゲイン形再帰自動調整法 II に変更することも可能である（図 9.9 参照）。

◆ 入力ゲイン形再帰自動調整法 II

$$u(k)=\begin{cases}0\ ;\ \|\boldsymbol{v}_1^*(k)\|<c_v(k)\\1\ ;\ \|\boldsymbol{v}_1^*(k)\|\geq c_v(k)\end{cases}\tag{9.43a}$$

$$x'(k)=\alpha_1 x'(k-1)-(1-\alpha_1)\frac{\Phi}{|i_\delta(k)|+\Delta_0}u(k)\ ;\ \begin{matrix}0<\alpha_1<1\\\Delta_0>0\end{matrix}\tag{9.43b}$$

$$\widehat{L_i}(k)=L_d+x'(k)\tag{9.43c}$$

■

9.3.4　センサレスベクトル制御系の構成

楕円軌跡指向形ベクトル制御法に基づくセンサレスベクトル制御系の全体構成は，図 9.2 の非電圧制限下の軌跡指向形ベクトル制御法に基づくセンサレスベクトル制御系と実質同一である。両ベクトル制御系の構成上の違いは，基本的に 2 点ある。第 1 点が位相速度推定器であり，第 2 点が $\gamma\delta$ 軌跡座標系上の δ 軸電流指令値に対するリミッタ処理である。以下に順次説明する。

(1) $\alpha\beta$ 固定座標系上の構成

楕円軌跡指向形ベクトル制御法に基づくセンサレスベクトル制御系のための位相速度推定器を，$\alpha\beta$ 固定座標系上で構成することを考える。この 1 構成例は，図 9.10 のように与えられる。位相速度推定器の入力信号は，$\alpha\beta$ 固定座標系上の固定子電流応答値 $\boldsymbol{i}_{1s}$，uvw 座標系上の最終リミッタ処理ずみ電圧指令値 $\bar{\boldsymbol{v}}_{1t}^*$，$\gamma\delta$ 軌跡座標系上の δ 軸電流 i_δ，電圧制限抵触の判定信号 u である。

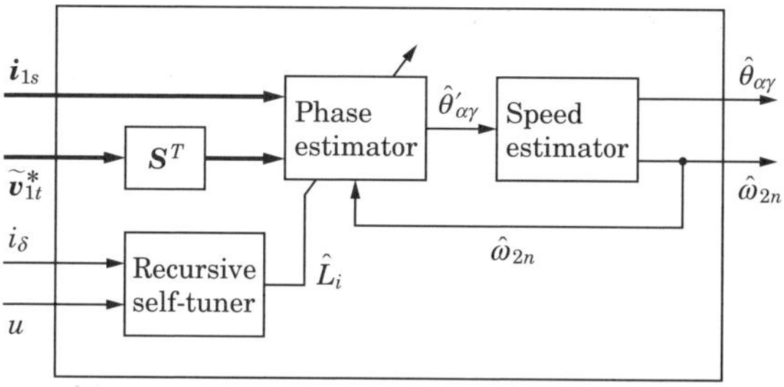

図 9.10 $\alpha\beta$ 固定座標系上の位相速度推定器の構造

図 9.2 により理解されるように，δ 軸電流 i_δ は電流制御器への入力信号としてすでに生成ずみであり，これを再利用している。最終リミッタ処理ずみ電圧指令値 $\widetilde{\boldsymbol{v}}_{1t}^{*}$ は，電力変換器のスイッチング信号と実効的に等価な信号であり，3/2 相変換器 $\boldsymbol{S}^T$ で $\alpha\beta$ 固定座標系上の指令値に変換して利用している。電圧制限抵触の判定信号 u は，最終リミッタ処理ずみ電圧指令値 $\widetilde{\boldsymbol{v}}_{1t}^{*}$ の生成と同時に生成されるので，これを利用している。

この構成における基本部分（位相推定器と速度推定器）は，図 4.6 の標準的な位相速度推定器と原則的には同一である（後掲（3）を参照）。基本部分に追加した再帰自動調整器（recursive self-tuner）には，再帰自動調整法 I または II が実装されており，推定器用インダクタンス $\widehat{L}_i$ を出力している。位相推定器は，再帰自動調整された $\widehat{L}_i$ を利用して初期位相推定値 $\hat{\theta}'_{\alpha\gamma}$ を生成している。

(2) $\gamma\delta$ 軌跡座標系上の構成

楕円軌跡指向形ベクトル制御法に基づくセンサレスベクトル制御系のための位相速度推定器を，$\gamma\delta$ 軌跡座標系上で構成することを考える。この 1 構成例は，図 9.11 の

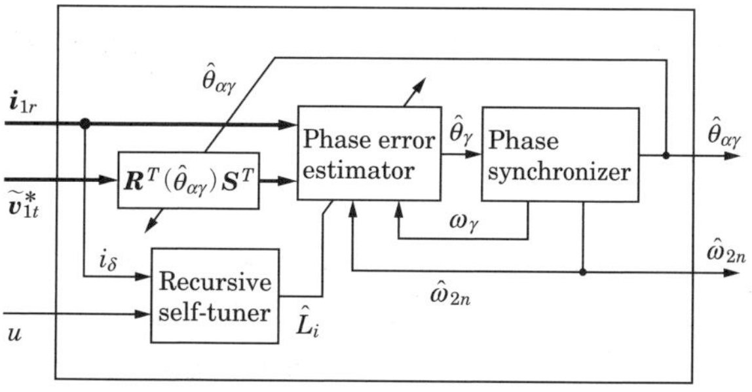

図 9.11 $\gamma\delta$ 軌跡座標系上の位相速度推定器の構造

ように与えられる。位相速度推定器の入力信号は，$\gamma\delta$ 軌跡座標系上の固定子電流応答値 $\boldsymbol{i}_{1r}$，uvw 座標系上の最終リミッタ処理ずみ電圧指令値 $\tilde{\boldsymbol{v}}_{1t}^{*}$，電圧制限抵触の判定信号 u である。δ 軸電流 i_δ は，固定子電流応答値 $\boldsymbol{i}_{1r}$ の δ 軸要素として得ている。最終リミッタ処理ずみ電圧指令値 $\tilde{\boldsymbol{v}}_{1t}^{*}$ は，電力変換器のスイッチング信号と実効的に等価な信号であり，3/2 相変換器 $\boldsymbol{S}^T$，ベクトル回転器 $\boldsymbol{R}^T(\hat{\theta}_{\alpha r})$ を用いて，$\gamma\delta$ 軌跡座標系上の指令値に変換して利用している。

この構成における基本部分（位相偏差推定器と位相同期器）は，図 4.8 の標準的な位相速度推定器と原則的には同一である（後掲（3）を参照）。基本部分に追加した再帰自動調整器には，再帰自動調整法 I または II が実装されており，推定器用インダクタンス $\hat{L}_i$ を出力している。位相推定器は，再帰自動調整された $\hat{L}_i$ を利用して位相偏差推定値 $\hat{\theta}_\gamma$ を生成している。

(3) 位相偏差拡大時の問題と対策

$\alpha\beta$ 固定座標系上の位相速度推定器の位相推定器による初期位相推定値 $\hat{\theta}'_{\alpha r}$, $\gamma\delta$ 軌跡座標系上の位相速度推定器の位相偏差推定器による位相偏差推定値 $\hat{\theta}_\gamma$，これらは回転子磁束推定値相当値に逆正接処理を施して得るのが一般的である。しかしながら，位相偏差 $\Delta\theta_d$ が $|\Delta\theta_d|>\pi/3$〔rad〕を超えるころから，単なる逆正接処理では，所期の信号を得ることができなくなることがある。以下にこの原因と対策を示す。

簡単のため，$\gamma\delta$ 軌跡座標系上で考える。電流制御は正常動作しており，γ 軸電流はゼロに制御されているものとする。この場合の回路方程式は，式(1.46)〜式(1.50)に $i_\gamma=0$，$\theta_\gamma=-\Delta\theta_d$ を用いると以下のように得られる。

$$
\begin{aligned}
\boldsymbol{v}_1 &= R_1\boldsymbol{i}_1+\boldsymbol{D}(s,\omega_\gamma)\boldsymbol{\phi}_1 \\
&= R_1\boldsymbol{i}_1+\boldsymbol{D}(s,\omega_\gamma)[\boldsymbol{\phi}_i+\boldsymbol{\phi}_m] \\
&= R_1\begin{bmatrix}0\\ i_\delta\end{bmatrix}+\boldsymbol{D}(s,\omega_\gamma)\left[\begin{bmatrix}-L_m\sin 2\Delta\theta_d\\ L_i-L_m\cos 2\Delta\theta_d\end{bmatrix}i_\delta+\Phi\begin{bmatrix}\cos\Delta\theta_d\\ -\sin\Delta\theta_d\end{bmatrix}\right]
\end{aligned}
\tag{9.44a}
$$

上式は，推定器用インダクタンスを導入し，以下のように書き換えることができる。

$$
\boldsymbol{v}_1=\begin{bmatrix}0\\ R_1 i_\delta\end{bmatrix}+\boldsymbol{D}(s,\omega_\gamma)\begin{bmatrix}0\\ \hat{L}_i i_\delta\end{bmatrix}+\boldsymbol{D}(s,\omega_\gamma)\tilde{\boldsymbol{\phi}}_m \tag{9.44b}
$$

ただし，

$$
\tilde{\boldsymbol{\phi}}_m=\begin{bmatrix}\tilde{\phi}_{m\gamma}\\ \tilde{\phi}_{m\delta}\end{bmatrix}=\begin{bmatrix}(-L_m\sin 2\Delta\theta_d)\,i_\delta+\Phi\cos\Delta\theta_d\\ (-\hat{L}_i+L_i-L_m\cos 2\Delta\theta_d)\,i_\delta-\Phi\sin\Delta\theta_d\end{bmatrix} \tag{9.45}
$$

指定の推定器用インダクタンス $\hat{L}_i$ に対応した $\gamma\delta$ 軌跡座標系の位相偏差 $\Delta\theta_d$ は，原理的には，回転子磁束相当値 $\tilde{\boldsymbol{\phi}}_m$ の δ 軸要素 $\tilde{\phi}_{m\delta}$ がゼロとなるように調整される。す

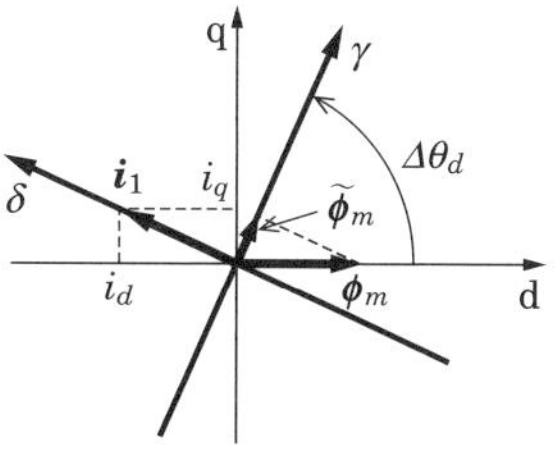

図 9.12 軌跡指向形ベクトル制御系における回転子磁束，回転子磁束相当値，固定子電流の関係

なわち，原理的には，位相偏差 $\varDelta\theta_d$ は次式が成立するように調整される。

$$\tilde{\phi}_{m\delta}=(-\widehat{L}_i+L_i-L_m\cos 2\varDelta\theta_d)\,i_\delta-\varPhi\sin\varDelta\theta_d=0 \tag{9.46}$$

回転子磁束相当値 $\tilde{\boldsymbol{\phi}}_m$ の γ 軸要素 $\tilde{\phi}_{m\gamma}$ がしかるべきレベルを有する場合には，回転子磁束相当値の γ 軸，δ 軸の両要素による逆正接処理を通じて，式(9.46)の成立を保証する位相偏差を検出することができる。しかし，回転子磁束相当値 $\tilde{\boldsymbol{\phi}}_m$ の γ 軸要素 $\tilde{\phi}_{m\gamma}$ は次の式(9.47)のように近似され，$|\varDelta\theta_d|>\pi/3$ の領域では位相偏差 $\varDelta\theta_d$ の $\pm\pi/2$ への漸近に比例して，ゼロに漸近する。

$$\tilde{\phi}_{m\gamma}=(-L_m\sin 2\varDelta\theta_d)\,i_\delta+\varPhi\cos\varDelta\theta_d\approx\varPhi\cos\varDelta\theta_d \tag{9.47}$$

すなわち，位相偏差 $\varDelta\theta_d$ の $\pm\pi/2$ への漸近に応じ，回転子磁束相当値 $\tilde{\boldsymbol{\phi}}_m$ そのものがゼロに漸近し，逆正接処理の遂行は不能となる。図 9.12 に，回転子磁束相当値 $\tilde{\boldsymbol{\phi}}_m$ の位相偏差に応じた収縮の概略的ようすを例示した。

この問題に対する簡単な対応策は，とくに $\gamma\delta$ 軌跡座標系上で位相速度推定器を構成する場合の簡単な対応策は，次式の信号の推定値を位相同期器への入力信号（一般化積分形 PLL 法の入力信号）u_{PLL} とすることである。

$$\frac{\tilde{\phi}_{m\delta}}{\varPhi}=\frac{(-\widehat{L}_i+L_i-L_m\cos 2\varDelta\theta_d)\,i_\delta}{\varPhi}-\sin\varDelta\theta_d \tag{9.48}$$

式(9.48)の推定値すなわち u_{PLL} は，位相偏差推定器の δ 軸要素出力を磁束強度 $\varPhi$ で除することにより，簡単に得ることができる。この対応策をとるならば，位相偏差 $|\varDelta\theta_d|<\pi/2$ の範囲において，$\gamma\delta$ 軌跡座標系上で位相速度推定器の正常動作を確保することができる。

(4) δ 軸電流指令値に対する制限

δ 軸電流指令値には，少なくとも式(9.37c)を考慮した電流制限を付与する必要がある。電流制限の上限値は，基本的にはモータの焼損を防止するためのものである。高速駆動時には，弱め磁束制御に必要な電流を確保する必要があり，δ 軸電流絶対値に対し下限が存在する。すなわち，高速駆動には電流制限下限値を考慮する必要がある。

速度向上に応じて，電流制限下限値は増大する。これは外乱トルクが存在しない場合にも起きる。無負荷駆動時において，電流下限値が電流制限上限値に実効的に等しくなる速度が，理論上の最高速度となる。これは，式(9.37c)より以下のように与えられる。

$$|\omega_{2n}| = \frac{c_v}{\Phi - L_d|i_\delta|} \tag{9.49}$$

表4.1のモータに関しては，$c_v=170$〔V〕，$i_\delta=3$〔A〕の条件下では，無負荷時の達成可能な理論最高速度は，以下のように算定される。

$$|\omega_{2n}| = 956, \qquad |\omega_{2m}| = 318 \tag{9.50}$$

すなわち，本モータに関しては，上記条件下の無負荷時の達成可能な理論最高速度は，定格速度の約170%である。

9.4　楕円軌跡指向形ベクトル制御法の数値検証

9.3節で説明した楕円軌跡指向形ベクトル制御法の妥当性検証のための数値実験を行った。以下にその要点を示す。

9.4.1　数値検証システム

(1) システムの概要

数値検証のためのセンサレスベクトル制御系を図9.13に示す。本ベクトル制御系は，駆動対象であるモータに負荷装置を結合している点，速度制御器を撤去している点を除けば，位相速度推定器を$\gamma\delta$軌跡座標系上で構成した図9.2 (b) のものと基本的に同一である。駆動対象PMSMは，図1.10の二相ベクトルシミュレータを$\alpha\beta$固

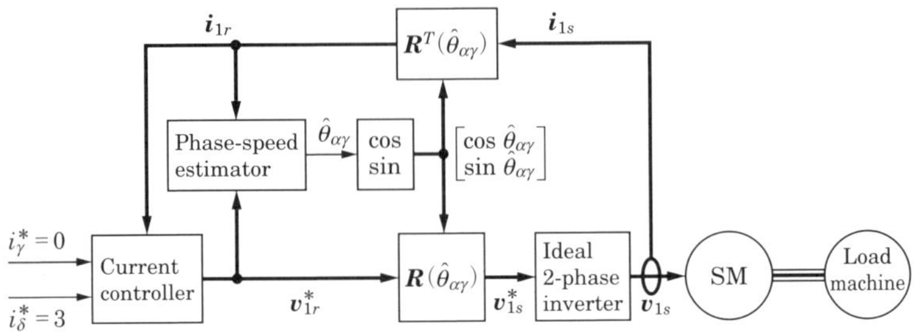

図9.13　数値検証のためのセンサレスベクトル制御系

定座標系上で実現し用意した。これに対応して，電力変換器は理想特性をもつ二相電力変換器とした。電流制御器は，式(4.5)，式(4.6)に基づく PI 制御器とした。ただし，電流制御器の出力信号である電圧指令値に対するリミッタ処理は省略した。

位相速度推定器は，図 9.11 のように構成した。位相速度推定器内の位相偏差推定器は，図 6.2 の 1 次フィルタリング推定法（外装Ⅱ形）に基づき構成し，同器内の位相同期器は，図 4.11 の一般化積分形 PLL 法に基づき構成した。このときの位相制御器 $C(s)$ は PI 制御器とし，その入力信号 u_{PLL} は式(9.48)左辺に従い合成した。推定器用インダクタンスの自動調整には，式(9.38)の出力ゲイン形再帰自動調整法 I を用いた。この具体的構成は，図 9.6 のとおりである。

(2) 設計条件

設計パラメータは，次のように定めた。供試モータは，表 4.1 のものを採用した。PI 電流制御器は，式(4.6)に従い $w_1=0.3$ とし，電流制御系帯域幅 $\omega_{ic}=2\,000$〔rad/s〕が得られるようにその係数を定めた。すなわち，d 軸，q 軸電流制御器の係数は，ともに次のものを使用した。

$$\left.\begin{aligned} d_{d1} &= L_i\omega_{ic} = 53.24 \\ d_{d0} &= L_i w_1(1-w_1)\omega_{ic}^2 = 22\,361 \end{aligned}\right\} \tag{9.51}$$

位相速度推定器の主構成要素である位相偏差推定器は，1 次フィルタリング推定法（外装Ⅱ形）に基づき構成し，そのゲインは式(6.7)の g1-1 形固定ゲインを採用した。ゲインの具体値は次のとおりである。

$$g_1 = 1, \quad g_2 = 1 \tag{9.52}$$

位相同期器内の位相制御器 $C(s)$ は，PLL 帯域幅 150 rad/s が得られるよう，次のように定めた。

$$C(s) = 150 + \frac{1\,000}{s} \tag{9.53}$$

推定器用インダクタンスの自動調整のための係数は，制御周期を $T_s=0.0001$〔s〕として，次のように定めた。

$$\alpha_1 = 0.999, \quad \varDelta_0 = 0.01 \tag{9.54}$$

9.4.2 数値検証結果

数値実験は，次のように実施した。負荷装置を用い供試モータの速度を制御した。制御速度は，供試モータの定格速度 180 rad/s を考慮のうえ，1～300 rad/s の速度範囲において加速度 ± 50 rad/s^2 で変化する台形形状とした（式(9.50)参照）。供試モー

タの γ 軸電流指令値，δ 軸電流指令値は，おのおの 0 A，3 A の一定値にセットした。この電流指令値は，定格電流 1.7〔A, rms〕に相当する。また，電圧制限値 c_v は $c_v=170$〔V〕の一定値とした。

数値実験結果を図 9.14 に示す。同図 (a) は，上から回転子の機械速度 ω_{2m}，固定子電圧のノルム $\|\boldsymbol{v}_1\|$，推定器用インダクタンスの正規化値 $\widehat{L_i}/L_d$ である。また，同図 (b) は，固定子電流を dq 同期座標系上でとらえたものであり（図 9.12 参照），上から q 軸電流 i_q，d 軸電流 i_d を示している。図 (a) の回転子速度より，供試モータは指定どおりの速度で加減速制御されていることが確認される。また，図 (a) の固定子電圧

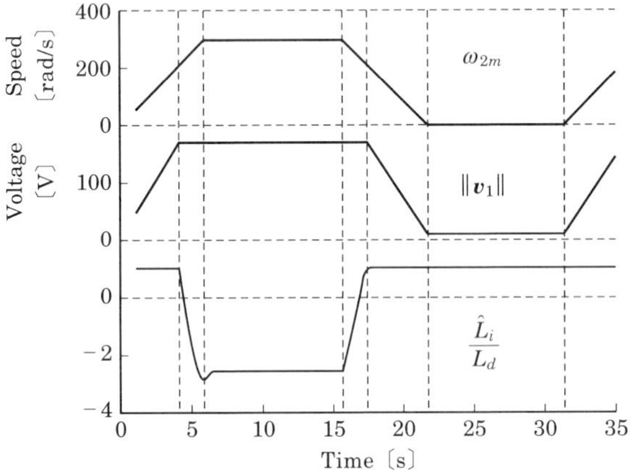

（a）　回転子速度，固定子電圧ノルム，推定器用インダクタンス

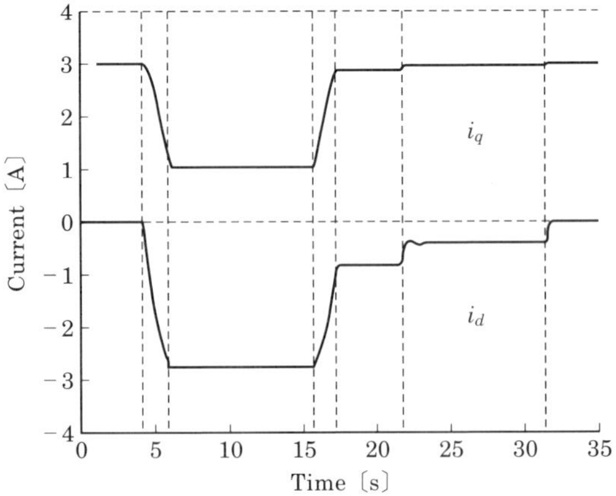

（b）　固定子電流（d 軸電流，q 軸電流）

図 9.14　数値実験の結果

ノルムより，機械速度が 200 rad/s 近傍を超えたころ（約 4 s 付近）から，固定子電圧は電圧制限値に達するが，爾後のこの速度を超える駆動においても固定子電圧は制限値に抑えられていることが確認される。推定器用インダクタンス $\widehat{L_i}$ は，固定子電圧の制限値への到達までは，最小銅損制御を達成する一定の正値 $\widehat{L_i}=L_d$ を維持しているが，到達と同時に（約 4 s 付近）負方向へ減少を開始している。また，一定の最高速度では（約 6～16 s のあいだ），一定の負値 $\widehat{L_i}\approx-2.8L_d$ を維持している（式(9.34)，図 9.4 参照）。さらには，供試モータの減速に応じて正方向へ増加し，固定子電圧ノルムが電圧制限値以下になると同時に（約 17 s 付近），最小銅損制御を達成する一定の正値 $\widehat{L_i}=L_d$ に収斂している。これらは，すべて期待どおりの応答である。

図 9.14（a）に対応した図 9.14（b）によれば，固定子電圧ノルムの電圧制限値への到達と同時に，q 軸電流の減少と d 軸電流の負方向への増大が開始されているようすが確認される。また，最高速度からの減速に応じ，q 軸電流が増加し，d 軸電流が減少しているようすも確認される。電圧制限内の一定速度駆動では（約 22～32 s のあいだ），d 軸電流，q 軸電流とも所期の最小銅損値 $i_d\approx-0.42$〔A〕，$i_q\approx2.98$〔A〕を維持している。なお，電圧制限以下といえども，加減速時には固定子電流が最小銅損値をとっていない。これは，加減速応答固有の特性である。軌跡指向形ベクトル制御の構築は，原理的には定常応答に基づいている。

図 9.15 は，図 9.14 の応答波形を別の観点から再描画したものである。同図（a）は，回転子の機械速度に対する推定器用インダクタンスの変化を正規化値 $\widehat{L_i}/L_d$ で描画し，同図（b）は，固定子電流の空間的軌跡を dq 同期座標系上で描画している（式(9.50)，式(9.34)，図 9.4 参照）。図 9.15（a）によれば，推定器用インダクタンス $\widehat{L_i}$

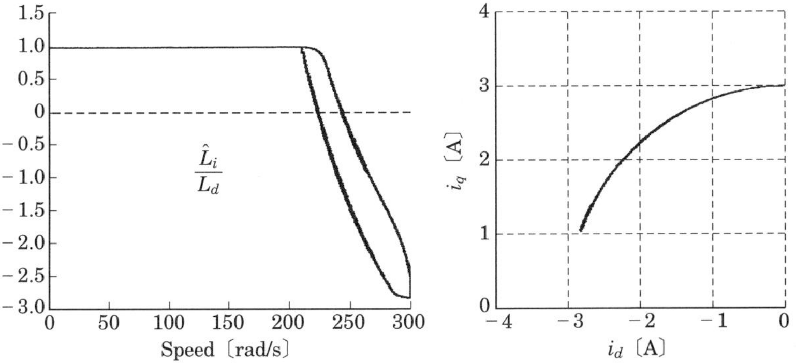

（a） 速度変化に対する推定器用インダクタンス　（b） 固定子電流の空間軌跡

図 9.15 数値実験の結果

は，同一速度においても加速時と減速時では異なる値を示しているが，これは力行（加速）と回生（減速）に起因している。回生状態の推定器用インダクタンスは，同一速度の力行状態の推定器用インダクタンスと比較し，より負側寄りの値をとることになる。

図 9.15（b）の固定子電流は真円軌跡を示しており，電流指令値に従った電流制御が遂行されていることが確認される。これらは，期待どおりの応答である。

数値実験結果の図 9.14，図 9.15 は，「楕円軌跡指向形ベクトル制御法に基づくセンサレスベクトル制御系が，電流制限，電圧制限，効率駆動，低高速間の広範囲駆動を同時に達成しているようす」を示しており，楕円軌跡指向形ベクトル制御法の妥当性を裏づけるものである。

なお，推定器用インダクタンスの再帰自動調整法のひとつである出力ゲイン形再帰自動調整法Ⅰに加えて，他の再帰自動調整法である入力ゲイン形再帰自動調整法Ⅰ，出力ゲイン形再帰自動調整法Ⅱ，入力ゲイン形再帰自動調整法Ⅱも，$\alpha\beta$ 固定座標系，$\gamma\delta$ 軌跡座標系の両座標系上において，所期の自動調整機能を発揮することが数値実験的に確認されている[7]。

9.5　楕円軌跡指向形ベクトル制御法の実機検証

楕円軌跡指向形ベクトル制御法の妥当性検証を，数値実験につづきモータ実機を用いて行った。実機による検証は，基本的に数値実験と同様な内容・条件で実施した。以下にその要点を説明する。

9.5.1　実機検証システム

(1)　システムの概要

図 9.2（b）のセンサレスベクトル制御系と同様なベクトル制御系を構成した。ただし，このベクトル制御系は，図 9.13 と同様に駆動対象であるモータに負荷装置を結合した反面，速度制御器を撤去した。

図 9.16 に実機検証システムの概観を示す。供試モータは，㈱安川電機製 400 W PMSM（SST4-20P4AEA-L）である（図 9.16 左端）。その仕様概要は，表 4.1 のとおりである。このモータには，実効 4 096 p/r のエンコーダが装着されているが，これは回転子の位相・速度を計測するためのものであり，制御には利用されていない。負荷装置（図 9.16 右端）は三菱電機㈱製の 2.0 kW 永久磁石同期モータ（HC-RP203K）

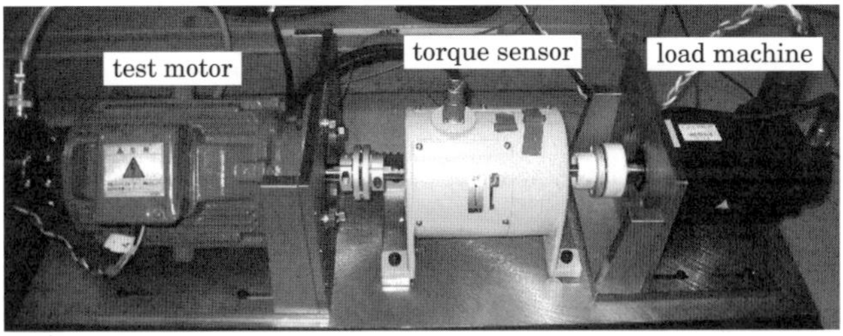

図 9.16 実機検証システム

である。

(2) 設計条件

位相速度推定器は，数値実験と同様図 9.11 のように構成した。PI 電流制御器は，数値実験と同様に設計した。位相速度推定器内の位相偏差推定器は，図 6.1 の 1 次フィルタリング推定法（外装 I 形）に基づき構成した。同器内の位相推定器，位相同期器は，数値実験の場合と同様に構成し，これらのゲインも同様に設計した。推定器用インダクタンスの自動調整には，数値実験と同様に式(9.38)の出力ゲイン形再帰自動調整法 I を用いた。ただし，電力変換器の電圧制限値 c_v は，負荷装置の許容速度を考慮のうえ，数値実験と異なる低電圧 $c_v=100$〔V〕を意図的に設定した。

9.5.2 実機検証結果

実機実験は，数値実験と同様に実施した。すなわち，まず負荷装置を用い供試モータの速度を制御した。制御速度は，低電圧 $c_v=100$〔V〕を考慮のうえ，10〜120 rad/s の速度範囲において加速度 ±20 rad/s^2 で変化する台形形状とした。供試モータの γ 軸電流指令値，δ 軸電流指令値は，おのおの 0 A，3 A の一定値にセットした。

実験結果を図 9.17 に示す。同図（a）は，上から回転子の機械速度 ω_{2m} と同推定値 $\widehat{\omega}_{2m}$（速度真値と同推定値は重なっており，単一台形波形に見えている），電圧制限値 c_v，固定子電圧のノルム $\|\boldsymbol{v}_1\|$，推定器用インダクタンスの正規化値 $\widehat{L}_i/L_d$ である。また，同図（b）の波形の意味は，図 9.14（b）と同一である。図（a）の固定子電圧ノルムより，機械速度が 90 rad/s 近傍を超えたころから，固定子電圧は電圧制限値に達するが，爾後のこの速度を超える駆動においても固定子電圧は制限値に抑えられていることが確認される。推定器用インダクタンス $\widehat{L}_i$ は，固定子電圧の制限値への到達までは，最小銅損制御を達成する一定の正値 $\widehat{L}_i=L_d$ を維持しているが，到達と同時

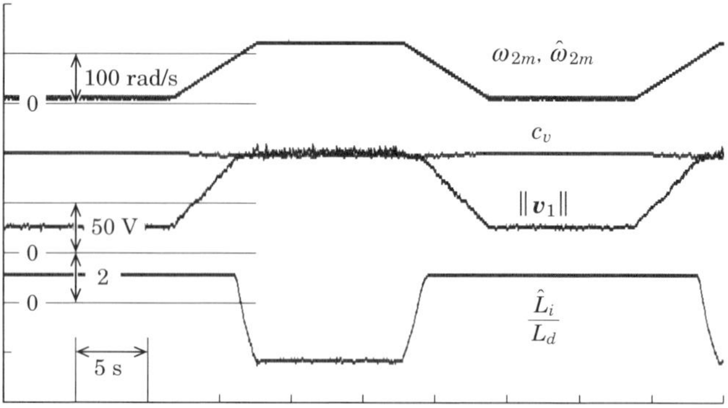

（a）　回転子速度，固定子電圧ノルム，推定器用インダクタンス

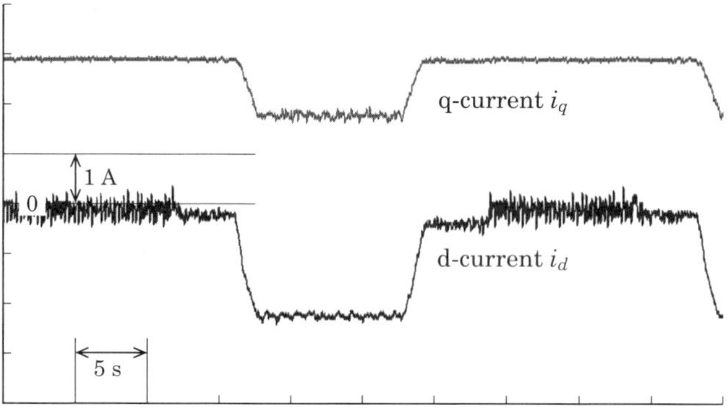

（b）　固定子電流（d 軸電流，q 軸電流）

図 9.17　実機実験の結果

に負方向へ減少を開始している。また，一定の最高速度 120 rad/s では，一定の負値 $\widehat{L}_i \approx -2.3L_d$ を維持している。さらには，供試モータの減速に応じて正方向へ増加し，固定子電圧ノルムが電圧制限値以下になると同時に，最小銅損制御を達成する一定の正値 $\widehat{L}_i = L_d$ に収斂している。図 9.14（a）の数値実験結果と類似したこれらは，すべて期待どおりの応答である。図 9.17（a）に対応した図 9.17（b）も，数値実験結果の図 9.14（a）に対応した図 9.14（b）と同様，期待どおりの応答を示している。

図 9.18 は，図 9.17 の応答波形を別の観点から再描画したものである。波形の意味は，図 9.15 と同一である。図 9.18（b）の固定子電流は真円軌跡を示しており，電流指令値に従った電流制御が遂行されていることが確認される。数値実験結果と類似したこれらは，期待どおりの応答である。

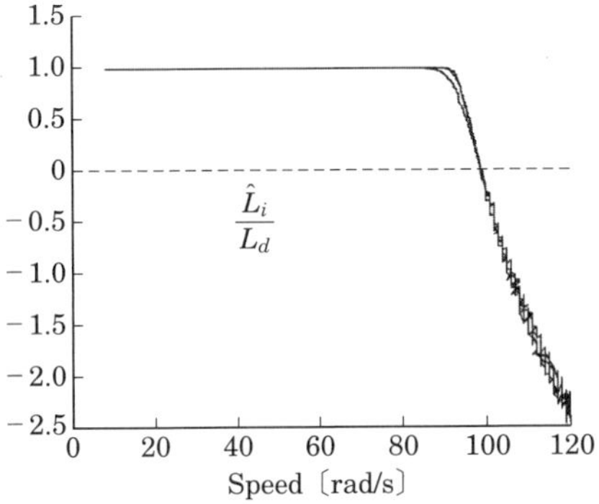

（a）速度変化に対する推定器用インダクタンス

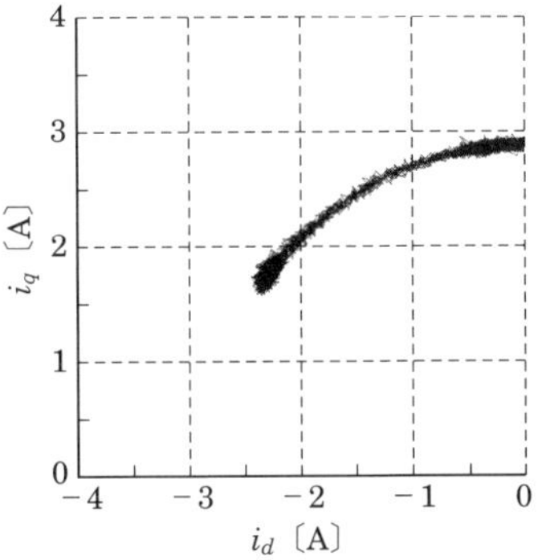

（b）固定子電流の空間軌跡

図 9.18　実機実験の結果

実機実験結果の図 9.17，図 9.18 は，「楕円軌跡指向形ベクトル制御法に基づくセンサレスベクトル制御系は，電流制限，電圧制限，効率駆動，低高速間の広範囲駆動を同時に達成しているようす」を示しており，楕円軌跡指向形ベクトル制御法の妥当性を裏づけるものである。

なお，出力ゲイン形再帰自動調整法Ⅰに加えて，他の再帰自動調整法である入力ゲイン形再帰自動調整法Ⅰ，出力ゲイン形再帰自動調整法Ⅱ，入力ゲイン形再帰自動調整法Ⅱも，$\alpha\beta$ 固定座標系，$\gamma\delta$ 軌跡座標系の両座標系上において，所期の自動調整機能を発揮することが実機実験的に確認されている。さらには，電流制御系の上位に速度制御系を構成して δ 軸電流指令値を可変する場合も，これら調整法は適切に動作することが実機実験的に確認されている（このための速度制御器の設計法に関しては文献 5）を参照)。

本書の解説では，楕円軌跡形ベクトル制御法における推定物理として回転子磁束を選定したが，推定対象を誘起電圧，拡張誘起電圧（ただし，位相推定構成要素における d 軸インダクタンス部分には d 軸インダクタンス真値 L_d を利用し，q 軸インダクタンス部分にのみ推定器用インダクタンス $\widehat{L_i}$ を利用）に選定する場合にも，所期の機能が適切に遂行されることが実機実験的に確認されている。

第4部

高周波電圧印加による位相推定

第10章

システム構造と高周波電圧印加

ゼロ速度を含む低速域においても回転子位相を推定できる位相推定法として，高周波電圧印加法（広義）が知られている。第10章では，高周波電圧印加法を利用したセンサレスベクトル制御系の基本的な構造を説明する。高周波電圧印加法による位相推定性能は，印加すべき高周波電圧の形状と対応の高周波電流の処理とにより支配的影響を受ける。高周波電流の処理は，実際的には位相推定そのものである。第10章では，位相推定法の基本となる主要な印加高周波電圧とこれに対応した高周波電流の解析解とを与える。

10.1 背景とシステム構造

10.1.1 背景

ゼロ速度近傍の低速域（速域は速度領域と同義）では，トルク発生に寄与する駆動用電圧のレベルおよびS/N比がきわめて低くなるため，一般に駆動用電圧・電流を用いた回転子位相推定法による適切な位相推定は著しく困難になる。これに加え，この種の回転子位相推定法は，この速度領域では固定子抵抗に対するパラメータ感度が高くなるという傾向を有している。こうした原因により，駆動用電圧・電流を用いた回転子位相推定法では，低速域での適切な回転子位相推定に基づく高トルク発生は困難とされている。

この課題の現実的な解決方法として，電流制御の観点からは外乱になる高周波信号をPMSM駆動電力に重畳印加する高周波信号印加法（high-frequency signal injection method, carrier injection method）が種々報告されている。高周波信号印加法は，高周波電流に対するPMSMの突極性を利用するものであり，ゼロ速度から回転子位相推定が可能であり，固定子抵抗の変動に不感という特長を有している。

高周波信号印加法は，印加信号の観点から明瞭かつ容易に分類することができる。

印加高周波信号としては，高周波電圧と高周波電流とがある。前者の高周波電圧印加法は，PMSM に高周波電圧を印加し，その応答である高周波電流を検出処理して，回転子位相を推定するものである。これに対して，後者の高周波電流印加法は，PMSM に高周波電流を印加し，対応の高周波電圧を検出処理して回転子位相を推定するものである。電力変換器は，電圧形と電流形との 2 形式がある。高周波電圧印加法は電圧形電力変換器に，高周波電流印加法は電流形電力変換器に適用しやすいという特性がある。この特性のためか，現状では高周波電圧印加法のみが実用化されている。

高周波電圧印加法における処理は，印加すべき高周波電圧の形状を定めた変調（modulation）と，この応答である高周波電流を処理して同振幅から回転子位相推定値を得る復調（demodulation）とに 2 別することができる。変調における代表的な高周波電圧の時間的形状は，正弦形状と矩形形状である。印加すべき時間的電圧形状の選定は，印加高周波電圧の応答である高周波電流の処理と深く関係している。

時間的正弦形状の高周波電圧に対する高周波電流は，同じく時間的正弦形状となり，ひいては高周波電流へのフィルタリングを中心とした信号処理により，回転子位相情報を有する振幅を分離・抽出することができる。しかも，多くの場合，これらの処理は通常の駆動制御系上でソフトウェアのみで遂行することができる。これに対し，時間的矩形形状の電圧に対応した高周波電流は時間的三角波形状を呈し，概してより高度な信号処理手段が位相推定に要求される。

より平易な位相推定を可能とする時間的正弦形状の高周波電圧は，空間的形状の観点からさらに細分化される。代表的な細分化空間形状は，楕円形状，真円形状，直線形状の 3 種である。真円形状は楕円形状の短軸と長軸を同一化した場合，また直線形状は楕円形状の短軸をゼロとした場合ととらえることができ，時間的正弦形状は空間的には楕円形状を呈すると理解することもできる。第 10 章では，これら 3 種の細分化高周波電圧とこれに対応した高周波電流を説明する。

10.1.2 システムの基本構造

高周波電圧の印加は，理論上は $\alpha\beta$ 固定座標系上，$\gamma\delta$ 準同期座標系上のいずれの座標系上でも印加可能である。高周波電圧印加は，高周波電圧指令値の駆動用電圧指令値への重畳を介して行う。2 種の電圧指令値の合成値が，電力変換器にひき渡される最終的な固定子電圧指令値となる。

印加高周波電圧の応答である高周波電流の処理は，概して高周波電圧が印加された座標系上での遂行が平易である。高周波電流処理の観点からは，高周波電流と駆動用電流の周波数差が可能なかぎり大なることが望まれる。$\alpha\beta$ 固定座標系上では，駆動用電流の周波数は PMSM の速度向上につれて高くなるため，両電流の周波数差は速度向上に応じ低減する。これに反し，$\gamma\delta$ 準同期座標系上では，駆動用電流の周波数は定常的にはゼロであり，PMSM の速度いかんを問わず両電流の周波数差は高周波電流の周波数そのものとなる。高周波電流処理の平易さを考慮するならば，一般的には高周波電圧印加，高周波電流検出の座標系は $\gamma\delta$ 準同期座標系が望ましいといえる。

(1) 全系の構成

図 10.1 に，高周波電圧印加と高周波電流検出のための座標系を，$\gamma\delta$ 準同期座標系に選定したセンサレスベクトル制御系の概略構成を示した。なお，同図ではベクトル信号が定義されている座標系を明示すべく，脚符 r（$\gamma\delta$ 準同期座標系），s（$\alpha\beta$ 固定座標系），t（uvw 座標系）を付与した。また，駆動用電圧・電流，高周波電圧・電流にはおのおの脚符 f, h を付した。このセンサレスベクトル制御系と位置・速度センサを利用した通常のベクトル制御系との基本的な違いは，バンドストップフィルタ（band-stop filter, band-elimination filter）$F_{bs}(s)$ および dq 同期座標系への収斂をめざした $\gamma\delta$ 準同期座標系上の電流情報から回転子の位相と電気速度とを推定する位相速度推定器（phase-speed estimator）の有無にあり，他は同一である。

固定子電流には，トルク発生に寄与する駆動用成分に加え，回転子位相推定のための高周波成分が含まれている。バンドストップフィルタ $F_{bs}(s)$ は，高周波成分の電流制御器への混入を防止するためのものであり，その中心周波数は印加高周波電圧に用いられた一定高周波数 ω_h に設定されている。一定高周波数 ω_h が電流制御系帯域幅の外部に存在する場合は，このバンドストップフィルタは撤去することができる。この点を考慮し，図 10.1 ではこのフィルタのブロックを破線で示している。

位相速度推定器は，回転子の位相・速度の推定値，高周波電圧指令値の生成機能を担っている。すなわち，$\gamma\delta$ 準同期座標系上で定義された固定子電流の測定値 $\boldsymbol{i}_1$ を入

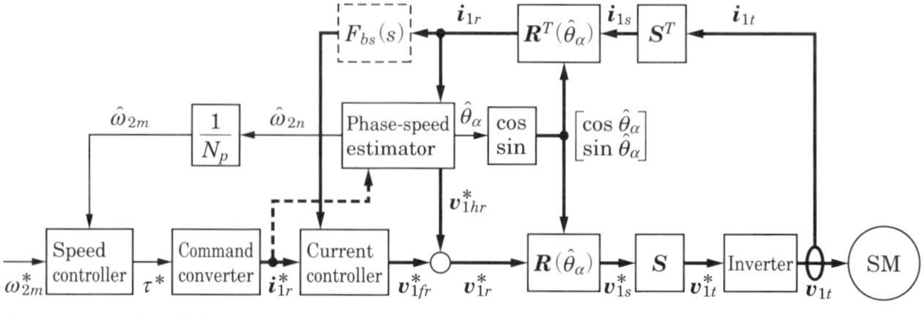

図 10.1　$\gamma\delta$ 準同期座標系上の位相速度推定器を利用したセンサレスベクトル制御系の構成例

力信号として受け，ベクトル回転器に使用される $\alpha\beta$ 固定座標系上の回転子位相推定値（$\gamma\delta$ 準同期座標系の位相と同一）$\hat{\theta}_\alpha$，回転子の電気速度推定値 $\hat{\omega}_{2n}$ および高周波電圧指令値 $\boldsymbol{v}_{1h}^*$ の3信号を出力している。

なお，位相速度推定器には駆動用電流指令値が入力されているが，これは回転子位相（N極位相）に対する突極位相の位相偏差を補正するためのものである。また，出力のひとつである電気速度推定値 $\hat{\omega}_{2n}$ は，極対数 N_p で除されて機械速度推定値 $\hat{\omega}_{2m}$ へ変換後，速度制御器にも送られている。機械速度推定値は，速度制御を遂行するためのものであり，当然のことながらトルク制御には機械速度推定値は必要ない。

図10.1のベクトル制御系において，センサレス駆動上最重要な機器は，位相速度推定器である。以下この詳細を説明する。

(2) 位相速度推定器の構成 I

位相速度推定器の構成例を図10.2に示した。位相速度推定器は，大きくは高周波電流を処理して回転子位相推定値，回転子速度推定値を生成する復調系と，高周波電圧指令値を生成する変調系とから構成されている。図10.2(a)を用いて，位相速度推定器の内部構造を説明する。

回転子位相推定値，回転子速度推定値を生成する復調系の主要機器は，直流成分除去／バンドパスフィルタ（dc-elimination / band-pass filter），相関信号生成器（correlation signal generator），位相同期器（phase synchronizer）である。補助的機器として，位相補償器（phase compensator），ローパスフィルタ（low-pass filter）が用いられることもある。

高周波電圧指令値を生成する変調系の主要機器は，高周波電圧指令器（HFVC: high-frequency voltage commander）である。補助機器として，ローパスフィルタ（low-pass filter）が用いられることもある。これを用いる場合には，しばしば速度推定値用のローパスフィルタが兼用される。

(3) 直流成分除去／バンドパスフィルタ

直流成分除去／バンドパスフィルタのブロックの役割は，固定子電流からの高周波電流を位相遅れ・位相進みなく抽出することにある。高周波電流における位相遅れ・位相進みの発生は，位相推定値に位相遅れ・位相進みの位相誤差をもたらすことになるのでこの回避は必須である。固定子電流の主要成分は，直流的な駆動用電流と高周波電流との2成分であるので，このブロックを直流成分除去フィルタあるいはバンドパスフィルタで構成すれば所期の目的を達成することができる。

このブロックを直流成分除去フィルタで構成する場合には，抽出された高周波電流

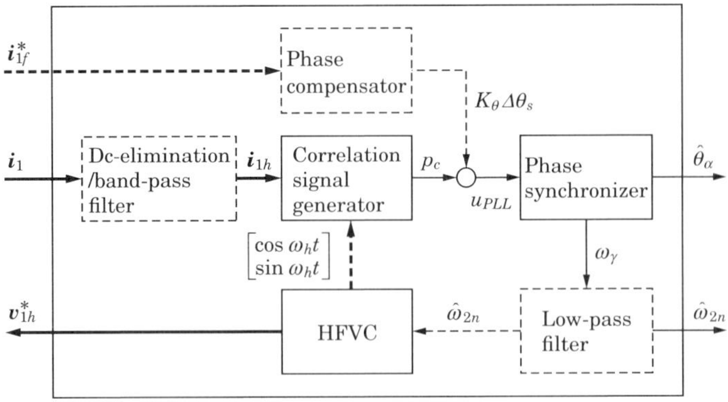

（a）　入力端フィルタを利用した構造

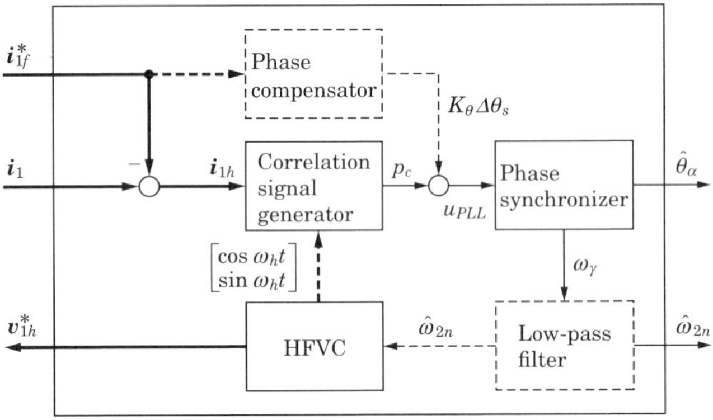

（b）　入力端フィルタを排した構造

図10.2　$\gamma\delta$準同期座標系上の位相速度推定器の構造

が位相進みを発生しないように，印加高周波電圧の高周波数ω_hに対しカットオフ周波数を小さく選定しておくことが重要である。

一方，このブロック構成にバンドパスフィルタを利用する場合には，その中心周波数は印加高周波電圧の高周波数ω_hに選定することになる。これにより，抽出された高周波電流は位相遅れ・位相進みをもつことはない。バンドパスフィルタの通過帯域幅は，十分に大きく選定しなければならない。通過帯域幅がせまくなるにつれ選択性が向上するが，この代償として速応性が低下する。速応性の低下は，回転子位相推定システムの致命傷となる。

なお，後続の相関信号生成器の構成いかんによっては，このブロックは必ずしも必要とされない。図 10.2 (a) ではこの点を考慮して，このブロックを破線で示している(11.2.2 項の移動平均フィルタの解説を参照)。

(4) 相関信号生成器

相関信号生成器の役割は，高周波電流を処理して高周波電流の振幅を抽出し，γ 軸から評価した回転子位相すなわち位相偏差 θ_γ と正相関をもつ正相関信号（positive correlation signal）p_c を生成することである（図 4.4 参照)。復調系における正相関信号 p_c は，理想的には回転子位相（位相偏差）θ_γ そのものであり，実効的な位相偏差推定値（位相偏差相当値ともよばれる）である。

正相関信号（位相偏差相当値）の生成には，多くの場合高周波電圧指令器より印加高周波電圧指令値の情報を受ける。一定値の情報としては，高周波電圧の基本振幅 V_h，周波数 ω_h であるが，これは事前に把握されている。価値ある時変情報は，高周波数 ω_h の積分値（位相）$\omega_h t$ の余弦値，正弦値である。相関信号生成器の構成によっては，時変情報を必要としないものもある。このため，図 10.2 のブロック図では余弦値，正弦値の信号線を破線で示した。

正相関信号（位相偏差相当値）としては，$-\pi/2 \le \theta_\gamma \le \pi/2$〔rad〕の領域において，信号係数 K_θ を介し比例関係にある次の信号が理想的である。

$$p_c = K_\theta \theta_\gamma \ ; K_\theta = \text{const} \tag{10.1}$$

達成可能な正相関領域（式(10.1)が近似的に成立する領域）は，突極特性の周期性により，最大で $\pm\pi/2$ rad である。しかし，正相関信号の生成法いかんによっては，上式の近似成立の領域はたかだか $\pm\pi/6$ rad 程度となる。このような場合の信号係数 K_θ は，$\theta_\gamma \approx 0$ における値をもって代用する。

正相関領域が狭小な正相関信号（位相偏差相当値）に対しても，信号極性の同一性を理論的最大領域である $-\pi/2 \le \theta_\gamma \le \pi/2$〔rad〕において付与すること，すなわち次式の保持が重要である。

$$\text{sgn}(p_c) = \text{sgn}(\theta_\gamma) \ ; |\theta_\gamma| \le \frac{\pi}{2} \tag{10.2}$$

図 10.3 に正相関信号（位相偏差相当値）の 6 例を示した。横軸は γ 軸から評価した回転子位相（位相偏差）θ_γ を，縦軸は正相関信号 p_c を意味する。両軸の単位はともに rad である。良好な正相関信号は，回転子位相（位相偏差）θ_γ の増大に単調に応じて増大するものであり，同図においてはより上位に位置するものがより良好である。最上位の正相関信号は，$-\pi/2 \le \theta_\gamma \le \pi/2$〔rad〕の領域で式(10.1)を満足し，最下位の正相関信号は，$-\pi/4 \le \theta_\gamma \le \pi/4$〔rad〕の領域で式(10.1)を満足している。また，いずれ

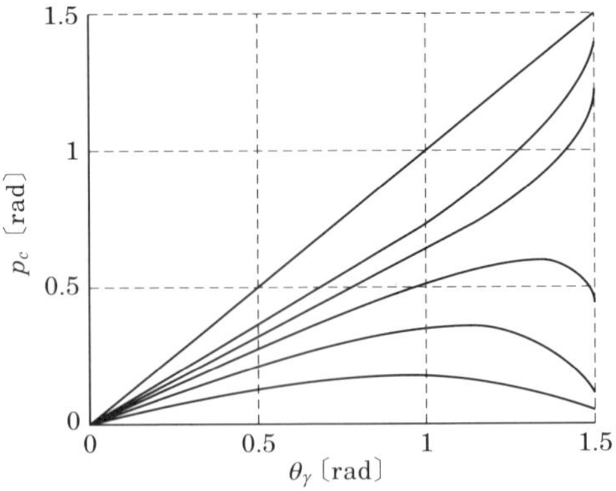

図 10.3　正相関信号の 6 例

の相関信号も式(10.2)は満足している。

単調増加の領域においては，正相関信号（位相偏差相当値）p_c のゼロ収束 $p_c \to 0$ は，回転位相のゼロ収束 $\theta_\gamma \to 0$ を意味する。回転位相のゼロ収束 $\theta_\gamma \to 0$ は，$\gamma\delta$ 準同期座標系の dq 同期座標系への収束を意味する。正相関信号 p_c のゼロ収束 $p_c \to 0$ は，位相同期器を用いた PLL の原理に基づいている。なお，PLL の効果によりゼロ速度かつ無負荷のような静止的な状態では，式(10.2)の極性一致の領域で $p_c \to 0$，$\theta_\gamma \to 0$ が達成される。

相関信号生成器は，位相速度推定器を構成する最も重要な機器である。この詳細は，第 11 章～第 13 章で詳しく説明する。

(5) 位相補償器

高周波電圧を印加する場合には，dq 軸間磁束干渉などの影響により，突極位相 $\theta_{\gamma s}$ が回転子位相 θ_γ に対して変位することが，実験的に確認されている。変位する位相偏差は，印加高周波電圧の形状，回転子の形状，固定子電流などに依存し，一様ではない。3.3.2 項の数学モデルを用いた解析によれば，dq 軸間磁束干渉をもつ PMSM においては，次の位相偏差 $\Delta\theta_s$ が発生する（式(3.37)参照）。

$$\begin{aligned}\Delta\theta_s &= \theta_{\gamma s} - \theta_\gamma \\ &= \frac{1}{2}\tan^{-1}\frac{L_c}{L_m} = \frac{1}{2}\tan^{-1}\frac{2L_c}{L_d - L_q}\end{aligned} \tag{10.3}$$

ここに，L_c は dq 軸間の干渉インダクタンスである。

図 10.2 に明示しているように，位相同期器への入力信号 u_{PLL} は，基本的には相関信号生成器の出力信号である正相関信号 p_c である。上述の位相偏差が出現しこの補

正が必要な場合には，信号係数 K_θ を用いた位相補正信号 $K_\theta \Delta\theta_s$ を正相関信号に加算して，位相同期器への最終的入力信号 u_{PLL} を生成する[1)]。すなわち，次式のように u_{PLL} を生成する。

$$
\begin{aligned}
u_{PLL} &= p_c + K_\theta \Delta\theta_s \approx K_\theta(\theta_{\gamma s} + \Delta\theta_s) \\
&= K_\theta \theta_\gamma
\end{aligned}
\tag{10.4}
$$

位相補正信号 $K_\theta \Delta\theta_s$ 生成に利用した位相補正値 $\Delta\theta_s$ のひとつの算定法は，次のものである[1)]。

$$
\Delta\theta_s \approx -K_c i_{\delta f} \approx -K_c i_{\delta f}^* \, ; \, K_c \geq 0 \tag{10.5}
$$

式(10.5)における $i_{\delta f}, i_{\delta f}^*$ は，おのおの固定子駆動用電流の δ 軸要素（q 軸要素），同指令値である。位相補正信号を定めるための位相補正係数 K_c は，可変，一定のいずれでもよい。多くの場合，実験的に定めることになる。図 10.2 の位相補償器には，必要に応じ位相補正信号 $K_\theta \Delta\theta_s$ の生成手段が組み込まれることになる。なお，位相補償器の補助的役割を考慮し，これは破線で示している

(6) 位相同期器

位相同期器の役割は，正相関信号（位相偏差相当値）p_c を主たる成分とする入力信号 u_{PLL} を用いて，入力信号 u_{PLL} のゼロへの収斂 $u_{PLL} \to 0$ を介し，$\gamma\delta$ 準同期座標系の位相 $\hat{\theta}_\alpha$ と速度 ω_γ を生成することである。位相同期器の構成原理は PLL であり，基本的には一般化積分形 PLL 法に基づき構成されている。位相同期器の具体的構造は図 4.11 のとおりである。

高周波電圧印加法における位相同期器は，駆動用電圧・電流を用いた位相・速度推定法における位相同期器と基本的には同一であるが，相関信号生成器によって生成された相関信号の特性に応じ，改良を加えることがある。改良は，相関信号生成器と深く関係しているので，相関信号生成器に関連して第 11 章以降で説明する。

(7) ローパスフィルタ

ローパスフィルタの目的は，$\gamma\delta$ 準同期座標系の速度に含まれ得る高調波成分を除去し，回転子の電気速度推定値 $\hat{\omega}_{2n}$ を生成することである。外部出力用電気速度推定値のためのフィルタの次数は，多くの場合 1 次でよい。相関信号生成器によって生成された相関信号の特性，位相同期器によって構成される PLL の帯域幅によっては，このフィルタは省略できることがある。省略の場合には，$\hat{\omega}_{2n} = \omega_\gamma$ となる。この点を考慮し，図 10.2 ではこのローパスフィルタは破線のブロックで表示している。

(8) 高周波電圧指令器

高周波電圧指令器の役割は，高周波電圧指令値の生成である。生成された高周波電

圧指令値は，高周波電圧指令器の外部へ出力され，駆動用電圧指令値に重畳加算される。高周波電圧指令値の高周波数 ω_h は一定であるが，その振幅は基本振幅 V_h と同一の一定に選定する場合と電気速度推定値 $\widehat{\omega}_{2n}$ に応じて変更する場合とがある。図 10.2 では，この点を考慮して高周波電圧指令器への入力信号である電気速度推定値を破線で示した。

図 10.2 は，外部出力用電気速度推定値のためのローパスフィルタと高周波電圧指令器用電気速度推定値のためのローパスフィルタとを共有した例を示している。しかしながら，高周波電圧指令器用電気速度推定値は，外部出力用電気速度推定値以上に高周波成分抑圧を求められることがある。抑圧性の向上には，外部出力用ローパスフィルタに加えてさらにローパスフィルタを追加する，あるいは高周波電圧指令器専用ローパスフィルタを別途用意するといった処置を講ずることになる。

多くの場合，高周波数 ω_h の積分値（位相）$\omega_h t$ の余弦値，正弦値が相関信号生成器で再利用される。この点を考慮し，図 10.2 ではこの信号線を破線で示した。

(9) 位相速度推定器の構成 II

図 10.2 (b) には，位相速度推定器の第 2 構成例を与えた。第 1 例との違いは，位相速度推定器の入力端に設置されていた直流成分除去／バンドパスフィルタを撤去し，これに代わって駆動用電流指令値を極性反転のうえ，固定子電流に加算している点にある。固定子電流の主要成分は，駆動用電流と高周波電流との 2 成分であるので，駆動用電流測定値の近似としての同指令値を極性反転して加算すれば，高周波電流がおおむね抽出されることになる。

この処理による場合には，フィルタリングで問題視された 2 点，すなわち①高周波電流における位相遅れ・位相進み，②フィルタの速応性からおのずと解放される。ただし，単純加算後の信号には，期待に反して高周波電流以外の成分も多少残留することになる。幸いにも，相関信号生成器の構成によっては，残留成分の影響を受けることなく，所期の正相関信号（位相偏差相当値）を生成できる。

10.1.3 新中ノッチフィルタ

図 10.1 を再び考える。同図では，固定子電流に含まれる高周波成分の除去を目的に，バンドストップフィルタ $F_{bs}(s)$ を用意した。このバンドストップフィルタに課された信号処理の特徴は，次の 3 点である。

①除去すべき高周波成分の周波数 ω_h は，一定かつ既知。

②高周波成分は，可能なかぎり完全に除去されることが望ましい

③フィルタの挿入は，固定子電流主成分である駆動用電流の制御を妨げるものであってはならない。

この目的に合致するバンドストップフィルタとしては，鋭い選択性をもつノッチフィルタ（notch filter）がある。ノッチフィルタの実装は，離散時間フィルタとしてソフトウェア的に行われる。離散時間ノッチフィルタは，設計ずみの連続時間ノッチフィルタを離散時間化して得ることもできるが，離散時間化に伴い，除去中心周波数のシフト，高域側ゲインの不要な向上が発生することがある。以下に，著者が開発し，長年の使用実績のある新中ノッチフィルタを紹介する。

z 変換演算子を z で表現し，除去対象の周波数を ω_h〔rad/s〕，制御周期を T_s〔s〕とし，除去対象の正規化周波数 $\overline{\omega}_h$〔rad〕を次のように定める（正規化周波数の単位は位相と同じ rad である）。

$$\overline{\omega}_h = \omega_h T_s \tag{10.6}$$

このとき，n 次新中ノッチフィルタは，次式で与えられる。

◆ n 次新中ノッチフィルタ

$$\tilde{F}_{bs}(z^{-1}) = \frac{\tilde{b}(1-2\cos\overline{\omega}_h z^{-1}+z^{-2})}{(1-\tilde{a}z^{-1})^n} \quad ; n = 1, 2, 3, \cdots \tag{10.7a}$$

$$\tilde{a} = \frac{(1+\cos\overline{\omega}_h)^{1/n}-(1-\cos\overline{\omega}_h)^{1/n}}{(1+\cos\overline{\omega}_h)^{1/n}+(1-\cos\overline{\omega}_h)^{1/n}}$$

$$= \frac{1-\tan^{2/n}\dfrac{\overline{\omega}_h}{2}}{1+\tan^{2/n}\dfrac{\overline{\omega}_h}{2}} \tag{10.7b}$$

$$\tilde{b} = \frac{(1-\tilde{a})^n}{2(1-\cos\overline{\omega}_h)} \tag{10.7c}$$

■

新中ノッチフィルタは，分子多項式に関しては z 平面（複素平面）単位円上の $\exp(\pm j\overline{\omega}_h)=\cos\overline{\omega}_h \pm j\sin\overline{\omega}_h$ に零（零点ともいう）をもたせて完全減衰 $H(\exp(\pm j\overline{\omega}_h))=0$ を達成し，n 次分母多項式に関しては実軸上に n 重極をもたせ，極の位置は式(10.7b)の $\tilde{a}$ で指定している。正規化周波数 $\overline{\omega}_h$ は，基本的に $0<\overline{\omega}_h<\pi$ であるので式(10.7b)より $|\tilde{a}|<1$ が達成され，フィルタの安定性は保証されている。分母多項式の次数の向上により，ノッチの先鋭化を向上させることができる。

具体例を示す。分母多項式の次数を $n=1, 2$ と選定した場合の新中ノッチフィルタは，式(10.7)より以下のように与えられる。

◆1次新中ノッチフィルタ

$$\widetilde{F}_{bs}(z^{-1}) = \frac{1-2\cos\overline{\omega}_h z^{-1}+z^{-2}}{2(1-\cos\overline{\omega}_h z^{-1})} \tag{10.8}$$

■

◆2次新中ノッチフィルタ

$$\widetilde{F}_{bs}(z^{-1}) = \frac{\tilde{b}(1-2\cos\overline{\omega}_h z^{-1}+z^{-2})}{(1-\tilde{a}z^{-1})^2}$$

$$= \frac{(1+\sin\overline{\omega}_h)(1-2\cos\overline{\omega}_h z^{-1}+z^{-2})}{(1+\sin\overline{\omega}_h-\cos\overline{\omega}_h z^{-1})^2} \tag{10.9a}$$

$$\tilde{a} = \frac{\cos\overline{\omega}_h}{1+\sin\overline{\omega}_h} \tag{10.9b}$$

$$\tilde{b} = \frac{1}{1+\sin\overline{\omega}_h} \tag{10.9c}$$

■

1次新中ノッチフィルタにおいては，実軸上の単一極の位置 $\tilde{a}$ は共役零の実数部と完全同一である。すなわち，$\tilde{a} = \mathrm{R_e}\{e^{\pm j\overline{\omega}_h}\}=\cos\overline{\omega}_h$ であり，正規化周波数 $\overline{\omega}_h$ の余弦値となる。

2次新中ノッチフィルタにおいては，実軸上の二重極の位置は共役零の実数部より原点側に存在する。図10.4に極零の位置特性を示した。同図（a）は，極零位置の概念図である。また，同図（b）の実線は式(10.9b)に基づく正規化周波数 $\overline{\omega}_h$ に対する極

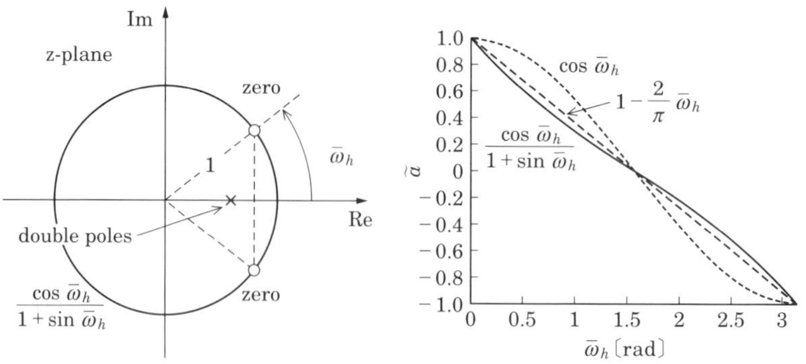

（a）　極零の位置　　　（b）　極位置の特性

図10.4　2次新中ノッチフィルタの極零位置

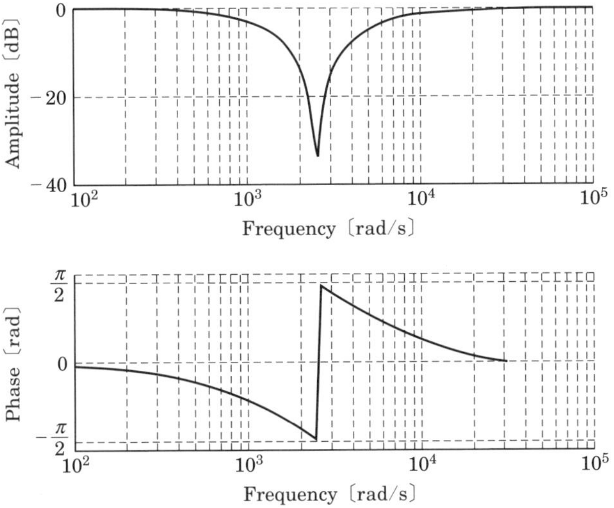

図 10.5　2 次新中ノッチフィルタの周波数特性例

位置 $\tilde{a}$ を，破線は近似直線を，鎖線は正規化周波数の余弦値（換言するならば，1 次フィルタの極位置）を示している。二重極の位置は，共役零の実数部より原点側に位置する近似直線よりもさらに原点側に存在すること，すなわち次の関係が成立していることがわかる。

$$|\tilde{a}| = \left|\frac{\cos\overline{\omega}_h}{1+\sin\overline{\omega}_h}\right| \leq \left|1-\frac{2}{\pi}\overline{\omega}_h\right| \leq |\cos\overline{\omega}_h| < 1\ ;\ 0 < \overline{\omega}_h < \pi \qquad (10.9\text{d})$$

ノッチ特性の一例を示す。2 次新中ノッチフィルタにおいて除去対象成分の周波数を $\omega_h=800\pi$〔rad/s〕，制御周期を $T_s=0.0001$〔s〕と選定した場合の周波数特性を図 10.5 に示した。離散時間フィルタの特性上，表示はナイキスト周波数（Nyquist frequency）の範囲 $\omega=\pi/T_s=10\,000\pi$〔rad/s〕にとどめている。$\omega_h=800\pi$〔rad/s〕での完全減衰と，同周波数を中心とする対称性のよい減衰特性が得られている。

10.2　印加高周波電圧と応答高周波電流

10.2.1　高周波電流の一般解

高周波電圧印加法の要点は，印加高周波電圧の応答である高周波電流をいかに処理し，回転子位相情報を含む高周波電流振幅をいかに抽出し，抽出した高周波電流振幅をいかに合成して正相関信号（位相偏差相当値）を生成するかにある。これらの鍵になるのが，高周波電流の解析解である。10.2.1 項ではこの認識のもとに，高周波電圧印加により発生する高周波電流の解を，各種の印加高周波電圧に対応できる一般性のあるかたちで導出・整理しておく。

モータ駆動用電圧に高周波電圧を重畳することを考える。この場合には，次のように固定子の電圧，電流，磁束は，大きくは2成分の合成ベクトルとして表現することができる。

$$\left.\begin{aligned} \boldsymbol{v}_1 &= \boldsymbol{v}_{1f}+\boldsymbol{v}_{1h} \\ \boldsymbol{i}_1 &= \boldsymbol{i}_{1f}+\boldsymbol{i}_{1h} \\ \boldsymbol{\phi}_1 &= \boldsymbol{\phi}_{1f}+\boldsymbol{\phi}_{1h} \end{aligned}\right\} \tag{10.10}$$

ここに，脚符 f, h は，それぞれ駆動周波数（fundamental driving frequency），高周波（high frequency）の成分であることを示している。なお，位相推定用に重畳した高周波電圧の高周波数 ω_h は，次の関係が成立する十分に高いものとする。

$$\|R_1 \boldsymbol{i}_{1h}\| \ll \|\boldsymbol{D}(s, \omega_\gamma)\boldsymbol{\phi}_{1h}\| \tag{10.11}$$

式(10.10)を $\gamma\delta$ 一般座標系上の回路方程式(1.46)～式(1.50)に用い，式(10.11)を考慮すると，固定子の高周波成分である $\boldsymbol{v}_{1h}$，$\boldsymbol{i}_{1h}$，$\boldsymbol{\phi}_{1h}$ に関し次の関係を得る。

$$\boldsymbol{v}_{1h} = \boldsymbol{D}(s, \omega_\gamma)\boldsymbol{\phi}_{1h} \tag{10.12}$$

$$\boldsymbol{\phi}_{1h} = [L_i \boldsymbol{I} + L_m \boldsymbol{Q}(\theta_\gamma)]\boldsymbol{i}_{1h} \tag{10.13}$$

高周波電圧 $\boldsymbol{v}_{1h}$ の印加に起因する高周波磁束 $\boldsymbol{\phi}_{1h}$，高周波電流 $\boldsymbol{i}_{1h}$ は，式(10.12)，式(10.13)の逆行列をとることにより，ただちに求めることができる。すなわち，以下に示すとおりである。

$$\boldsymbol{\phi}_{1h} = \boldsymbol{D}^{-1}(s, \omega_\gamma)\boldsymbol{v}_{1h} = \frac{\boldsymbol{D}(s, -\omega_\gamma)}{s^2+\omega_\gamma^2}\boldsymbol{v}_{1h} \tag{10.14}$$

$$\boldsymbol{i}_{1h} = [L_i \boldsymbol{I} + L_m \boldsymbol{Q}(\theta_\gamma)]^{-1}\boldsymbol{\phi}_{1h} = \frac{1}{L_d L_q}[L_i \boldsymbol{I} - L_m \boldsymbol{Q}(\theta_\gamma)]\boldsymbol{\phi}_{1h} \tag{10.15}$$

式(10.14)，式(10.15)は，高周波電圧 $\boldsymbol{v}_{1h}$ の形状いかんにかかわらず適用可能な解である。式(10.15)が明示しているように，高周波電流 $\boldsymbol{i}_{1h}$ はその振幅に回転子位相 θ_γ の情報を有している。この位相は，鏡行列 $\boldsymbol{Q}(\theta_\gamma)$ の位相そのものである。換言するならば，これらは，鏡行列位相の推定を通じて回転子位相を推定できること意味している。鏡行列 $\boldsymbol{Q}(\theta_\gamma)$ は，鏡相インダクタンス L_m とつねに一体的に出現する。この事実は，鏡相インダクタンスがゼロとなる非突極 PMSM には，高周波電圧印加法は適用できないことを意味している。

以下の議論では，一般性を失うことなく，PMSM はゼロ速度を含め正方向へ回転するもの，すなわち $\omega_{2n} \geq 0$ とする，これに応じて $\gamma\delta$ 一般座標系の速度も $\omega_\gamma \geq 0$ とする。高周波電圧の一定周波数 ω_h も正とする。この前提は，印加高周波電圧に起因する高周波磁束，高周波電流の正相，逆相成分を区別するためのものである。回転方向あるいは周波数の極性が反転すると，正逆相反転が起きることがある。この前提は，正逆相反転に起因する記述上の混乱を避けるためのものであり，これにより議論の一般性が失われることはない。

以下の議論のため，$\gamma\delta$ 一般座標系上に存在し，一定高周波数 ω_h，かつ単位ノルムをもつ単位信号 $\boldsymbol{u}_p(\omega_h t)$，$\boldsymbol{u}_n(\omega_h t)$ を以下のように定義しておく[1)]。

$$\boldsymbol{u}_p(\omega_h t) = \begin{bmatrix} \sin\omega_h t \\ -\cos\omega_h t \end{bmatrix};\ \omega_h = \text{const} \tag{10.16a}$$

$$\boldsymbol{u}_n(\omega_h t) = \begin{bmatrix} \sin\omega_h t \\ \cos\omega_h t \end{bmatrix};\ \omega_h = \text{const} \tag{10.16b}$$

高周波電圧の高周波数 ω_h を正とする場合，単位信号 $\boldsymbol{u}_p(\omega_h t)$，$\boldsymbol{u}_n(\omega_h t)$ は，おのおの高周波数 ω_h をもつ正相ベクトル，逆相ベクトルを意味する。

10.2.2　一般化楕円形高周波電圧

(1)　高周波電圧の形状と高周波電流の解

$\gamma\delta$ 一般座標系上で印加すべき高周波電圧として，座標系速度 ω_γ に応じて空間的楕円軌跡の長短両軸を同時に変化させる式(10.17)の一般化楕円形高周波電圧 $\boldsymbol{v}_{1h}$ を考える。この応答である高周波電流 $\boldsymbol{i}_{1h}$ は，式(10.18)および式(10.21)で与えられる（高周波電流の導出に関しては，文献 1）を参照)。

◆ 印加高周波電圧

$$\boldsymbol{v}_{1h} = V_h \begin{bmatrix} \left(1+K\dfrac{\omega_\gamma}{\omega_h}\right)\cos\omega_h t \\ \left(K+\dfrac{\omega_\gamma}{\omega_h}\right)\sin\omega_h t \end{bmatrix};\ \begin{matrix} V_h = \text{const} \\ \omega_h = \text{const} \end{matrix} \tag{10.17a}$$

$$0 \leq K \leq 1 \tag{10.17b}$$

■

◆ 対応高周波電流Ⅰ（正相逆相表現）

$$\boldsymbol{i}_{1h} = \boldsymbol{i}_{hp} + \boldsymbol{i}_{hn} \tag{10.18a}$$

$$\begin{aligned}\boldsymbol{i}_{hp} &= \frac{V_h}{2\omega_h L_d L_q}[(1+K)L_i\boldsymbol{I}-(1-K)L_m\boldsymbol{R}(2\theta_\gamma)]\boldsymbol{u}_p(\omega_h t)\\ &= [g_{pi}\boldsymbol{I}+g_{pm}\boldsymbol{R}(2\theta_\gamma)]\boldsymbol{u}_p(\omega_h t)\\ &= [c_p\boldsymbol{I}+s_p\boldsymbol{J}]\boldsymbol{u}_p(\omega_h t)\end{aligned} \tag{10.18b}$$

$$\begin{aligned}\boldsymbol{i}_{hn} &= \frac{V_h}{2\omega_h L_d L_q}[(1-K)L_i\boldsymbol{I}-(1+K)L_m\boldsymbol{R}(2\theta_\gamma)]\boldsymbol{u}_n(\omega_h t)\\ &= [g_{ni}\boldsymbol{I}+g_{nm}\boldsymbol{R}(2\theta_\gamma)]\boldsymbol{u}_n(\omega_h t)\\ &= [c_n\boldsymbol{I}+s_n\boldsymbol{J}]\boldsymbol{u}_n(\omega_h t)\end{aligned} \tag{10.18c}$$

ただし，

$$\left.\begin{aligned}g_{pi} &= \frac{V_h}{2\omega_h L_d L_q}(1+K)L_i\\ g_{pm} &= \frac{V_h}{2\omega_h L_d L_q}(-(1-K)L_m)\\ g_{ni} &= \frac{V_h}{2\omega_h L_d L_q}(1-K)L_i\\ g_{nm} &= \frac{V_h}{2\omega_h L_d L_q}(-(1+K)L_m)\end{aligned}\right\} \tag{10.19}$$

$$\begin{bmatrix}c_p\\ s_p\end{bmatrix}=\begin{bmatrix}g_{pi}+g_{pm}\cos 2\theta_\gamma\\ g_{pm}\sin 2\theta_\gamma\end{bmatrix} \tag{10.20a}$$

$$\begin{bmatrix}c_n\\ s_n\end{bmatrix}=\begin{bmatrix}g_{ni}+g_{nm}\cos 2\theta_\gamma\\ g_{nm}\sin 2\theta_\gamma\end{bmatrix} \tag{10.20b}$$

■

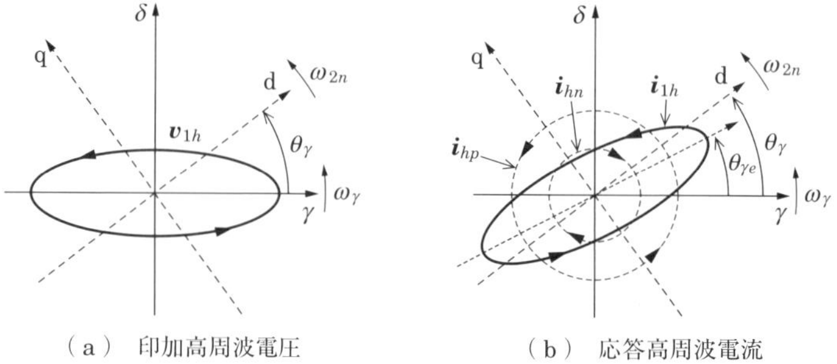

（a）印加高周波電圧　（b）応答高周波電流

図 10.6　$\gamma\delta$ 一般座標上での一般化楕円形高周波電圧と高周波電流

◆ 対応高周波電流Ⅱ（軸要素表現）

$$\boldsymbol{i}_{1h} = \frac{V_h}{\omega_h L_d L_q}\begin{bmatrix} L_i - L_m\cos 2\theta_\gamma & KL_m\sin 2\theta_\gamma \\ -L_m\sin 2\theta_\gamma & -K(L_i + L_m\cos 2\theta_\gamma) \end{bmatrix}\begin{bmatrix} \sin\omega_h t \\ \cos\omega_h t \end{bmatrix}$$
$$= \begin{bmatrix} c_\gamma & s_\gamma \\ s_\delta & c_\delta \end{bmatrix}\boldsymbol{u}_n(\omega_h t) \tag{10.21}$$

$$\left.\begin{aligned} c_\gamma &= \frac{V_h}{\omega_h L_d L_q}(L_i - L_m\cos 2\theta_\gamma) \\ s_\gamma &= \frac{V_h}{\omega_h L_d L_q}KL_m\sin 2\theta_\gamma \\ s_\delta &= \frac{V_h}{\omega_h L_d L_q}(-L_m\sin 2\theta_\gamma) \\ c_\delta &= \frac{V_h}{\omega_h L_d L_q}(-K(L_i + L_m\cos 2\theta_\gamma)) \end{aligned}\right\} \tag{10.22}$$

■

(2) 高周波電圧の特徴

式(10.17a)に定めた印加高周波電圧 $\boldsymbol{v}_{1h}$ の基本振幅 V_h は，一定であるが，$\boldsymbol{v}_{1h}$ の γ 軸要素と δ 軸要素の振幅は，座標系速度 ω_γ に応じて変化する。両軸要素の振幅が異なる場合には，高周波電圧 $\boldsymbol{v}_{1h}$ が空間的に描く軌跡は楕円となる。図 10.6 (a) にこのようすを示した。

楕円係数 K は，設計者に選定が委ねられた設計パラメータである。この選定範囲は式(10.17b)のとおりである。楕円係数 K に負値を選定しても問題はない。正の一定高周波数 $\omega_h>0$ に対し負の楕円係数 $K<0$ を採用するということは，負の一定高周波数 $(-\omega_h<0)$ に対し正の楕円係数 $(-K>0)$ を採用することと等価である。これは，次式より明らかである。

$$\boldsymbol{v}_{1h} = V_h\begin{bmatrix} \left(1+K\dfrac{\omega_\gamma}{\omega_h}\right)\cos\omega_h t \\ \left(K+\dfrac{\omega_\gamma}{\omega_h}\right)\sin\omega_h t \end{bmatrix}$$
$$= V_h\begin{bmatrix} \left(1+(-K)\dfrac{\omega_\gamma}{(-\omega_h)}\right)\cos(-\omega_h t) \\ \left((-K)+\dfrac{\omega_\gamma}{(-\omega_h)}\right)\sin(-\omega_h t) \end{bmatrix} \tag{10.23}$$

一般化楕円形高周波電圧は，楕円係数 K を $K=1$ と選定する場合には真円形高周波電圧または応速真円形高周波電圧とよばれ，楕円係数 K を $K=0$ と選定する場合には楕円形高周波電圧とよばれる。

楕円係数は原則一定に設計するが，センサレスベクトル制御系に高い加減速性能を要求するような場合には速度に応じて可変することもある。この一例は，次のようなものである。

$$K=\begin{cases}\dfrac{|\omega_\gamma|}{\omega_{rat}} & ;\ |\omega_\gamma|<\alpha_\omega\omega_{rat}\\ 1 & ;\ |\omega_\gamma|\geq\alpha_\omega\omega_{rat}\end{cases} \tag{10.24}$$

ここに，ω_{rat} は正の定格速度，α_ω は $0<\alpha_\omega\leq1$ の範囲の設計パラメータである。

(3) 高周波電流の特徴

印加された一般化楕円形高周波電圧の応答としての高周波電流は，式(10.18)の解Ⅰと式(10.21)の解Ⅱの2種を与えた。両解は，数学的には同一である。前者は，高周波電流 $\boldsymbol{i}_{1h}$ を正相成分 $\boldsymbol{i}_{hp}$ と逆相成分 $\boldsymbol{i}_{hn}$ に分離したかたちで，4振幅 c_p, s_p, c_n, s_n を用い与えている。高周波数が正 $\omega_h>0$，楕円係数が正 $K>0$ の場合には，式(10.18b)の $\boldsymbol{i}_{hp}$ が正相成分を，式(10.18c)の $\boldsymbol{i}_{hn}$ が逆相成分を示す。一方，後者は γ 軸要素と δ 軸要素のかたちで，4振幅 $c_\gamma, s_\gamma, c_\delta, s_\delta$ を用い与えている。

2種の電流解の4振幅のあいだには，式(10.18)と式(10.21)との比較より明白なように，次の相互変換関係が成立している。

$$\begin{bmatrix}c_\gamma & s_\gamma\\ s_\delta & c_\delta\end{bmatrix}=\begin{bmatrix}c_p+c_n & s_p-s_n\\ s_p+s_n & -c_p+c_n\end{bmatrix} \tag{10.25}$$

上式は，次式のように書き改めることもできる。

$$\left.\begin{aligned}\begin{bmatrix}c_\gamma\\ c_\delta\end{bmatrix}&=\begin{bmatrix}1 & 1\\ -1 & 1\end{bmatrix}\begin{bmatrix}c_p\\ c_n\end{bmatrix}\\ &=\begin{bmatrix}(g_{pi}+g_{ni})+(g_{pm}+g_{nm})\cos2\theta_\gamma\\ (-g_{pi}+g_{ni})+(-g_{pm}+g_{nm})\cos2\theta_\gamma\end{bmatrix}\\ \begin{bmatrix}s_\gamma\\ s_\delta\end{bmatrix}&=\begin{bmatrix}1 & -1\\ 1 & 1\end{bmatrix}\begin{bmatrix}s_p\\ s_n\end{bmatrix}\\ &=\begin{bmatrix}(g_{pm}-g_{nm})\sin2\theta_\gamma\\ (g_{pm}+g_{nm})\sin2\theta_\gamma\end{bmatrix}\end{aligned}\right\} \tag{10.26}$$

回転子位相 θ_γ の情報は，高周波電流の4振幅のみに含まれている。また，この4振幅には座標系速度 ω_γ が出現していない。換言するならば，4振幅の値は，座標系速度の影響を受けず，速度いかんにかかわらず一定である。本電流特性は，速度独立性(speed independence) とよばれる。

$\gamma\delta$ 一般座標系が $\gamma\delta$ 準同期座標系として利用される場合には，座標系速度 ω_γ は回転子速度 ω_{2n} と平均的に等しくなる。ひいては，低速から高速に至る広い速度領域で安定した高周波電流を得ることができれば，これに基づく位相推定も広い速度範囲で安定に遂行できるようになる。速度独立性は，一般化楕円形高周波電圧の特長のひとつである。

図 10.6 (b) に高周波電流の空間的軌跡の一例を示した。実線の正回転の楕円軌跡が高周波電流 $\boldsymbol{i}_{1h}$ の軌跡を，破線の正回転真円軌跡が正相成分 $\boldsymbol{i}_{hp}$ の軌跡を，破線の負回転真円軌跡が逆相成分 $\boldsymbol{i}_{hp}$ の軌跡をおのおの意味する。楕円長軸位相 $\theta_{\gamma e}$ は，必ずしも回転子位相 θ_γ と同一ではない。すなわち，楕円長軸の方向は，必ずしも d 軸の方向とはならないが，d 軸寄りの軸となる。唯一の例外が，楕円係数 K を $K=1$ と選定する真円形高周波電圧を印加する場合である。この場合には，楕円長軸は d 軸と同一方向を向く。

10.2.3 一定真円形高周波電圧

(1) 高周波電圧の形状と高周波電流の解

$\gamma\delta$ 一般座標系上で印加すべき高周波電圧として，速度いかんにかかわらず空間的に一定振幅の真円軌跡を示す式(10.27)の一定真円形高周波電圧 $\boldsymbol{v}_{1h}$ を考える。この応答である高周波電流 $\boldsymbol{i}_{1h}$ は，式(10.28)および式(10.31)で与えられる（高周波電流の導出に関しては，文献 1）を参照)。

◆ 印加高周波電圧

$$\boldsymbol{v}_{1h} = V_h \begin{bmatrix} \cos \omega_h t \\ \sin \omega_h t \end{bmatrix} ; \quad \begin{matrix} V_h = \text{const} \\ \omega_h = \text{const} \end{matrix} \tag{10.27}$$

■

◆ 対応高周波電流 I （正相逆相表現）

$$\boldsymbol{i}_{1h} = \boldsymbol{i}_{hp} + \boldsymbol{i}_{hn} \tag{10.28a}$$

$$\begin{aligned} \boldsymbol{i}_{hp} &= \frac{L_i V_h}{(\omega_h + \omega_\gamma) L_d L_q} \boldsymbol{u}_p(\omega_h t) \\ &= g_{pi} \boldsymbol{u}_p(\omega_h t) \\ &= c_p \boldsymbol{u}_p(\omega_h t) \end{aligned} \tag{10.28b}$$

$$\begin{aligned}\boldsymbol{i}_{hn} &= \frac{-L_m V_h}{(\omega_h+\omega_\gamma)L_d L_q}\boldsymbol{R}(2\theta_\gamma)\boldsymbol{u}_n(\omega_h t)\\ &= g_{nm}\boldsymbol{R}(2\theta_\gamma)\,\boldsymbol{u}_n(\omega_h t)\\ &= [c_n\boldsymbol{I}+s_n\boldsymbol{J}]\,\boldsymbol{u}_n(\omega_h t)\end{aligned} \tag{10.28c}$$

ただし,

$$\left.\begin{aligned}g_{pi} &= \frac{V_h}{(\omega_h+\omega_\gamma)L_d L_q}L_i\\ g_{nm} &= \frac{V_h}{(\omega_h+\omega_\gamma)L_d L_q}(-L_m)\end{aligned}\right\} \tag{10.29}$$

$$\begin{bmatrix}c_p\\ s_p\end{bmatrix}=\begin{bmatrix}g_{pi}\\ 0\end{bmatrix} \tag{10.30a}$$

$$\begin{bmatrix}c_n\\ s_n\end{bmatrix}=\begin{bmatrix}g_{nm}\cos 2\theta_\gamma\\ g_{nm}\sin 2\theta_\gamma\end{bmatrix} \tag{10.30b}$$

■

◆ 対応高周波電流Ⅱ（軸要素表現）

$$\begin{aligned}\boldsymbol{i}_{1h} &= \frac{V_h}{(\omega_h+\omega_\gamma)L_d L_q}\begin{bmatrix}L_i-L_m\cos 2\theta_\gamma & L_m\sin 2\theta_\gamma\\ -L_m\sin 2\theta_\gamma & -(L_i+L_m\cos 2\theta_\gamma)\end{bmatrix}\begin{bmatrix}\sin\omega_h t\\ \cos\omega_h t\end{bmatrix}\\ &= \begin{bmatrix}c_\gamma & s_\gamma\\ s_\delta & c_\delta\end{bmatrix}\boldsymbol{u}_n(\omega_h t)\end{aligned} \tag{10.31}$$

$$\left.\begin{aligned}c_\gamma &= \frac{V_h}{(\omega_h+\omega_\gamma)L_d L_q}(L_i-L_m\cos 2\theta_\gamma)\\ s_\gamma &= \frac{V_h}{(\omega_h+\omega_\gamma)L_d L_q}L_m\sin 2\theta_\gamma\\ s_\delta &= \frac{V_h}{(\omega_h+\omega_\gamma)L_d L_q}(-L_m\sin 2\theta_\gamma)\\ c_\delta &= \frac{V_h}{(\omega_h+\omega_\gamma)L_d L_q}(-(L_i+L_m\cos 2\theta_\gamma))\end{aligned}\right\} \tag{10.32}$$

■

(2) 高周波電圧の特徴

式(10.27)の一定真円形高周波電圧 $\boldsymbol{v}_{1h}$ の γ 軸要素と δ 軸要素の振幅は，同一の一定値 V_h であり，この空間的軌跡は真円となる。図10.7（a）にこのようすを示した。

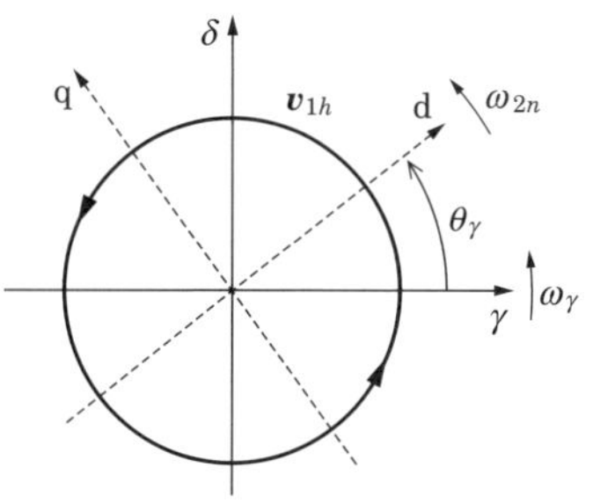

（a） 印加高周波電圧

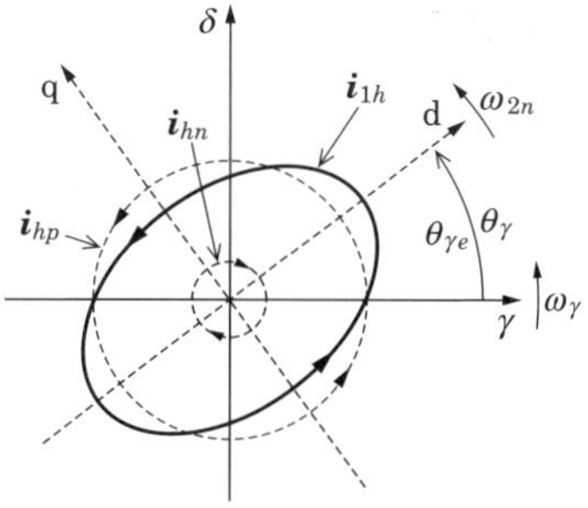

（b） 応答高周波電流

図 10.7 γδ 一般座標上での一定真円形高周波電圧と高周波電流

(3) 高周波電流の特徴

一定真円形高周波電圧に対応した高周波電流は，一般化楕円形高周波電圧に対応した高周波電流の振幅に対し，以下の形式的置換を実施したものと等価となる。

$$K \to 1, \qquad \frac{1}{\omega_h} \to \frac{1}{(\omega_h + \omega_\gamma)} \tag{10.33}$$

すなわち，高周波電流の振幅は，座標系の速度に応じて変化することになり，速度独立性は維持されない。幸いにも，座標系速度（センサレス駆動時の回転子速度）ω_γ に比較し，高周波数 ω_h を十分に高く選定することにより，速度依存の影響は無視できる程度に小さくできる。

回転子位相情報は，高周波電流 $\boldsymbol{i}_{1h}$ の振幅に出現するが，一定真円形高周波電圧に対応した高周波電流においては，式(10.28)が示しているように位相情報は正相成分 $\boldsymbol{i}_{hp}$ には出現せず，逆相成分 $\boldsymbol{i}_{hn}$ のみに出現する。この単純化された効果により，高周波電流の空間的楕円軌跡においては，楕円長軸位相 $\theta_{\gamma e}$ は d 軸位相 θ_γ と同一となる。しかしながら，楕円の扁平度は最も弱い。図 10.7（b）にこのようすを示した。

4 振幅 c_p, s_p, c_n, s_n と $c_\gamma, s_\gamma, c_\delta, s_\delta$ とのあいだには，式(10.25)，式(10.26)が成立している。

10.2.4 直線形高周波電圧

(1) 高周波電圧の形状と高周波電流の解

γδ 一般座標系上で印加すべき高周波電圧として，速度いかんにかかわらず空間的に一定振幅の直線軌跡を示す式(10.34)の直線形高周波電圧 $\boldsymbol{v}_{1h}$ を考える。この応答である高周波電流 $\boldsymbol{i}_{1h}$ は，周波数比 K_ω を用いた式(10.35)および式(10.38)で与えられる（高周波電流の導出に関しては文献 1）を参照)。

◆ 印加高周波電圧

$$\boldsymbol{v}_{1h} = V_h \begin{bmatrix} \cos \omega_h t \\ 0 \end{bmatrix} ; \quad \begin{matrix} V_h = \text{const} \\ \omega_h = \text{const} \end{matrix} \tag{10.34}$$

■

◆ 対応高周波電流 I（正相逆相表現）

$$\boldsymbol{i}_{1h} = \boldsymbol{i}_{hp} + \boldsymbol{i}_{hn} \tag{10.35a}$$

$$\begin{aligned} \boldsymbol{i}_{hp} &= \frac{\omega_h V_h}{2(\omega_h^2 - \omega_\gamma^2) L_d L_q} [(1-K_\omega) L_i \boldsymbol{I} - (1+K_\omega) L_m \boldsymbol{R}(2\theta_\gamma)] \boldsymbol{u}_p(\omega_h t) \\ &= [g_{pi} \boldsymbol{I} + g_{pm} \boldsymbol{R}(2\theta_\gamma)] \boldsymbol{u}_p(\omega_h t) \\ &= [c_p \boldsymbol{I} + s_p \boldsymbol{J}] \boldsymbol{u}_p(\omega_h t) \end{aligned} \tag{10.35b}$$

$$\begin{aligned} \boldsymbol{i}_{hn} &= \frac{\omega_h V_h}{2(\omega_h^2 - \omega_\gamma^2) L_d L_q} [(1+K_\omega) L_i \boldsymbol{I} - (1-K_\omega) L_m \boldsymbol{R}(2\theta_\gamma)] \boldsymbol{u}_n(\omega_h t) \\ &= [g_{ni} \boldsymbol{I} + g_{nm} \boldsymbol{R}(2\theta_\gamma)] \boldsymbol{u}_n(\omega_h t) \\ &= [c_n \boldsymbol{I} + s_n \boldsymbol{J}] \boldsymbol{u}_n(\omega_h t) \end{aligned} \tag{10.35c}$$

$$K_\omega = \frac{\omega_\gamma}{\omega_h} \tag{10.35d}$$

ただし,

$$\left. \begin{aligned} g_{pi} &= \frac{\omega_h V_h}{2(\omega_h^2 - \omega_\gamma^2) L_d L_q} (1-K_\omega) L_i \\ g_{pm} &= \frac{\omega_h V_h}{2(\omega_h^2 - \omega_\gamma^2) L_d L_q} (-(1+K_\omega) L_m) \\ g_{ni} &= \frac{\omega_h V_h}{2(\omega_h^2 - \omega_\gamma^2) L_d L_q} (1+K_\omega) L_i \\ g_{nm} &= \frac{\omega_h V_h}{2(\omega_h^2 - \omega_\gamma^2) L_d L_q} (-(1-K_\omega) L_m) \end{aligned} \right\} \tag{10.36}$$

$$\begin{bmatrix} c_p \\ s_p \end{bmatrix} = \begin{bmatrix} g_{pi} + g_{pm} \cos 2\theta_\gamma \\ g_{pm} \sin 2\theta_\gamma \end{bmatrix} \tag{10.37a}$$

$$\begin{bmatrix} c_n \\ s_n \end{bmatrix} = \begin{bmatrix} g_{ni} + g_{nm} \cos 2\theta_\gamma \\ g_{nm} \sin 2\theta_\gamma \end{bmatrix} \tag{10.37b}$$

■

◆ 対応高周波電流Ⅱ（軸要素表現）

$$\boldsymbol{i}_{1h} = \frac{\omega_h V_h}{(\omega_h^2 - \omega_\gamma^2) L_d L_q} \begin{bmatrix} L_i - L_m \cos 2\theta_\gamma & -K_\omega L_m \sin 2\theta_\gamma \\ -L_m \sin 2\theta_\gamma & K_\omega (L_i + L_m \cos 2\theta_\gamma) \end{bmatrix} \begin{bmatrix} \sin \omega_h t \\ \cos \omega_h t \end{bmatrix}$$

$$= \begin{bmatrix} c_\gamma & s_\gamma \\ s_\delta & c_\delta \end{bmatrix} \boldsymbol{u}_n(\omega_h t) \tag{10.38}$$

$$\left. \begin{aligned} c_\gamma &= \frac{\omega_h V_h}{(\omega_h^2 - \omega_\gamma^2) L_d L_q} (L_i - L_m \cos 2\theta_\gamma) \\ s_\gamma &= \frac{\omega_h V_h}{(\omega_h^2 - \omega_\gamma^2) L_d L_q} (-K_\omega L_m \sin 2\theta_\gamma) \\ s_\delta &= \frac{\omega_h V_h}{(\omega_h^2 - \omega_\gamma^2) L_d L_q} (-L_m \sin 2\theta_\gamma) \\ c_\delta &= \frac{\omega_h V_h}{(\omega_h^2 - \omega_\gamma^2) L_d L_q} K_\omega (L_i + L_m \cos 2\theta_\gamma) \end{aligned} \right\} \tag{10.39}$$

■

(2) 高周波電圧の特徴

式(10.34)の直線形高周波電圧 $\boldsymbol{v}_{1h}$ の γ 軸要素の振幅は一定 V_h であるが，δ 軸要素の振幅はゼロである。このため，この空間的軌跡は直線となる。図 10.8 (a) にこのようすを示した。

(3) 高周波電流の特徴

直線形高周波電圧に対応した高周波電流は，一般化楕円形高周波電圧に対応した高周波電流の振幅に対し，以下の形式的置換を実施したものと等価となる。

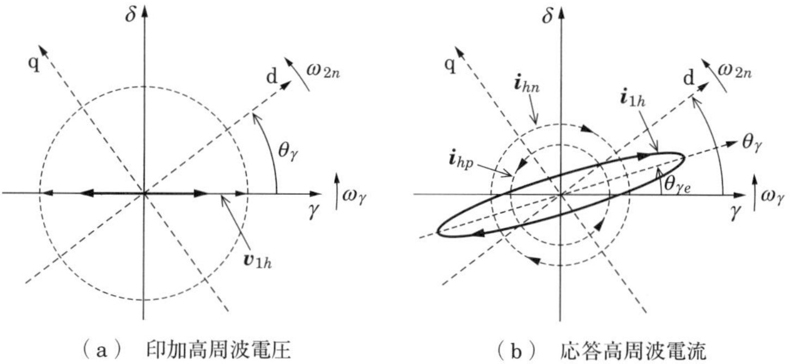

図 10.8　$\gamma\delta$ 一般座標上での直線形高周波電圧と高周波電流

$$K \rightarrow (-K_\omega) = \frac{-\omega_\gamma}{\omega_h}, \qquad \frac{1}{\omega_h} \rightarrow \frac{\omega_h}{(\omega_h^2 - \omega_\gamma^2)} \tag{10.40}$$

一般に，座標系速度（センサレス駆動時の回転子速度）ω_γ の最大値に比較し，高周波数 ω_h の値は1桁高いと考えられるので，次式が十分な精度で成立していると考えてよい。

$$\frac{\omega_h}{(\omega_h^2 - \omega_\gamma^2)} \approx \frac{1}{\omega_h} \tag{10.41}$$

したがって，実際的には，式(10.40)の第1の形式的置換のみを考えればよい。

回転子位相情報は高周波電流 $\boldsymbol{i}_{1h}$ の振幅に出現するが，直線形高周波電圧に対応した高周波電流においては，式(10.35)，式(10.36)が示しているように，ゼロ速度では正相成分 $\boldsymbol{i}_{hp}$ と逆相成分 $\boldsymbol{i}_{hn}$ の振幅は同一であり，高周波電流 $\boldsymbol{i}_{1h}$ の空間的軌跡は直線軌跡となる。しかし，正回転速度の向上につれ正相成分 $\boldsymbol{i}_{hp}$ の振幅が小さくなり，逆相成分 $\boldsymbol{i}_{hn}$ の振幅が大きくなる。この結果，高周波電流 $\boldsymbol{i}_{1h}$ の空間的軌跡は負回転の楕円軌跡となる。図10.8（b）にこのようすを示した。楕円の扁平度は強い。一方，楕円長軸はd軸に傾くが，その傾きはいずれの高周波電流よりも小さい。すなわち，楕円長軸位相 $\theta_{\gamma e}$ のd軸位相 θ_γ に対する変位は最大となる。

4振幅 c_p, s_p, c_n, s_n と $c_\gamma, s_\gamma, c_\delta, s_\delta$ とのあいだには，式(10.25)，式(10.26)が成立している。

10.2.5　一定楕円形高周波電圧

(1)　高周波電圧の形状と高周波電流の解

$\gamma\delta$ 一般座標系上で印加すべき高周波電圧として，一般化楕円形高周波電圧を簡略化し，速度いかんにかかわらず楕円形状を一定とした式(10.42)の一定楕円形高周波電圧 $\boldsymbol{v}_{1h}$ を考える。この応答である高周波電流 $\boldsymbol{i}_{1h}$ は，周波数比 K_ω を用いた式(10.43)および式(10.46)で与えられる。

◆ 印加高周波電圧

$$\boldsymbol{v}_{1h} = V_h \begin{bmatrix} \cos\omega_h t \\ K \sin\omega_h t \end{bmatrix}; \quad \begin{matrix} V_h = \text{const} \\ \omega_h = \text{const} \end{matrix} \tag{10.42a}$$

$$0 \le K \le 1 \tag{10.42b}$$

■

◆ 対応高周波電流 I（正相逆相表現）

$$\boldsymbol{i}_{1h}=\boldsymbol{i}_{hp}+\boldsymbol{i}_{hn} \tag{10.43a}$$

$$\begin{aligned}\boldsymbol{i}_{hp}&=\frac{\omega_h V_h}{2(\omega_h^2-\omega_\gamma^2)L_dL_q}[(1-K_\omega)(1+K)L_i\boldsymbol{I}-(1+K_\omega)(1-K)L_m\boldsymbol{R}(2\theta_\gamma)]\boldsymbol{u}_p(\omega_h t)\\&=[g_{pi}\boldsymbol{I}+g_{pm}\boldsymbol{R}(2\theta_\gamma)]\boldsymbol{u}_p(\omega_h t)\\&=[c_p\boldsymbol{I}+s_p\boldsymbol{J}]\boldsymbol{u}_p(\omega_h t)\end{aligned} \tag{10.43b}$$

$$\begin{aligned}\boldsymbol{i}_{hn}&=\frac{\omega_h V_h}{2(\omega_h^2-\omega_\gamma^2)L_dL_q}[(1+K_\omega)(1-K)L_i\boldsymbol{I}-(1-K_\omega)(1+K)L_m\boldsymbol{R}(2\theta_\gamma)]\boldsymbol{u}_n(\omega_h t)\\&=[g_{ni}\boldsymbol{I}+g_{nm}\boldsymbol{R}(2\theta_\gamma)]\boldsymbol{u}_n(\omega_h t)\\&=[c_n\boldsymbol{I}+s_n\boldsymbol{J}]\boldsymbol{u}_n(\omega_h t)\end{aligned} \tag{10.43c}$$

ただし，

$$\left.\begin{aligned}g_{pi}&=\frac{\omega_h V_h}{2(\omega_h^2-\omega_\gamma^2)L_dL_q}(1-K_\omega)(1+K)L_i\\g_{pm}&=\frac{\omega_h V_h}{2(\omega_h^2-\omega_\gamma^2)L_dL_q}(-(1+K_\omega)(1-K)L_m)\\g_{ni}&=\frac{\omega_h V_h}{2(\omega_h^2-\omega_\gamma^2)L_dL_q}(1+K_\omega)(1-K)L_i\\g_{nm}&=\frac{\omega_h V_h}{2(\omega_h^2-\omega_\gamma^2)L_dL_q}(-(1-K_\omega)(1+K)L_m)\end{aligned}\right\} \tag{10.44}$$

$$\begin{bmatrix}c_p\\s_p\end{bmatrix}=\begin{bmatrix}g_{pi}+g_{pm}\cos 2\theta_\gamma\\g_{pm}\sin 2\theta_\gamma\end{bmatrix} \tag{10.45a}$$

$$\begin{bmatrix}c_n\\s_n\end{bmatrix}=\begin{bmatrix}g_{ni}+g_{nm}\cos 2\theta_\gamma\\g_{nm}\sin 2\theta_\gamma\end{bmatrix} \tag{10.45b}$$

■

◆ 対応高周波電流 II（軸要素表現）

$$\begin{aligned}\boldsymbol{i}_{1h}&=\begin{bmatrix}c_\gamma & s_\gamma\\s_\delta & c_\delta\end{bmatrix}\begin{bmatrix}\sin\omega_h t\\\cos\omega_h t\end{bmatrix}\\&=\begin{bmatrix}c_\gamma & s_\gamma\\s_\delta & c_\delta\end{bmatrix}\boldsymbol{u}_n(\omega_h t)\end{aligned} \tag{10.46}$$

$$
\left.
\begin{aligned}
c_\gamma &= \frac{\omega_h V_h}{(\omega_h^2-\omega_\gamma^2)L_d L_q}(1-K_\omega K)(L_i-L_m\cos 2\theta_\gamma)\\
s_\gamma &= \frac{\omega_h V_h}{(\omega_h^2-\omega_\gamma^2)L_d L_q}(K-K_\omega)(L_m\sin 2\theta_\gamma)\\
s_\delta &= \frac{\omega_h V_h}{(\omega_h^2-\omega_\gamma^2)L_d L_q}(1-K_\omega K)(-L_m\sin 2\theta_\gamma)\\
c_\delta &= \frac{\omega_h V_h}{(\omega_h^2-\omega_\gamma^2)L_d L_q}(K_\omega-K)(L_i+L_m\cos 2\theta_\gamma)
\end{aligned}
\right\}
\tag{10.47}
$$

■

(2) 高周波電圧の特徴

式(10.42)の一定楕円形高周波電圧 $\boldsymbol{v}_{1h}$ は，式(10.17)の一般化楕円形高周波電圧を簡略化したものとして，あるいは式(10.27)の一定真円形高周波電圧と式(10.34)の直線形高周波電圧におのおの重み K, $(1-K)$ を乗じて加算したものとしてとらえることができる。対応の高周波電流は，後者の考えに基づき得ることができる。なお，楕円係数 K と一定高周波数 ω_h とに関し，式(10.23)と同様な関係が成立している。

当然のことながら，楕円係数 K を $K=1$ と選定する場合には，この高周波電圧は一定真円形高周波電圧となり，楕円係数 K を $K=0$ と選定する場合には，この高周波電圧は直線形高周波電圧となる。

(3) 高周波電流の特徴

一定楕円形高周波電圧に対応した高周波電流は，これまでの高周波電流のいずれと比較しても複雑なものとなる。正相逆相表現においては，一定楕円形高周波電圧に対応した高周波電流は，一般化楕円形高周波電圧に対応した高周波電流の振幅に対し，以下の形式的置換を実施したものと等価となる。

$$
\left.
\begin{aligned}
&\frac{1}{\omega_h} \rightarrow \frac{\omega_h}{(\omega_h^2-\omega_\gamma^2)}\\
&(1+K) \rightarrow (1-K_\omega)(1+K)\\
&(1-K) \rightarrow (1+K_\omega)(1-K)
\end{aligned}
\right\}
\tag{10.48}
$$

すなわち，高周波電流の振幅は座標系の速度に応じて変化し，速度独立性は維持されない。

軸要素表現において，一般化楕円形高周波電圧，一定真円形高周波電圧，直線形高周波電圧に対応した高周波電流の c_γ, s_δ 要素にかぎっては，因子 $K_\omega K$ は出現しない。これに対して，一定楕円形高周波電圧に対応した高周波電流の c_γ, s_δ 要素には因子

$K_\omega K$ が出現するようになる。ただし，その影響は小さい。

高周波電流が描く空間軌跡は複雑である。$K \gg |K_\omega|$ の場合の高周波電流軌跡は，一般化楕円形高周波電圧に対応した高周波電流軌跡に類似したものとなる。一方，$K \ll |K_\omega|$ の場合の高周波電流軌跡は，直線形高周波電圧に対応した高周波電流軌跡に類似したものとなる。

4 振幅 c_p, s_p, c_n, s_n と $c_\gamma, s_\gamma, c_\delta, s_\delta$ とのあいだには，式(10.25)，式(10.26)が成立している。

第11章

高周波電流の正相逆相分離による位相推定

高周波電圧印加法における高周波電流の処理は，位相推定そのものととらえられることがある。この事実は，高周波電流の処理いかんによって位相推定性能が左右され，高周波電流処理が位相推定の中核的処理であることによっている。高周波電流の効果的処理方法のひとつが，高周波電流の正相成分と逆相成分との振幅を分離抽出し，これらより回転子位相と正相関を有する信号（位相偏差相当値）を合成する方法である。第 11 章では，この種の位相推定法を説明する。

11.1 相関信号生成器の基本構造

第 11 章で考える問題は，図 10.2 の位相速度推定器の主要機器である相関信号生成器の具体的内容を定めることである。相関信号生成器は，大きくは振幅抽出器（amplitude extractor）と相関信号合成器（correlation signal synthesizer）とから構成される。図 11.1 にこれを示した。

振幅抽出器は，外部から入力として高周波電流 $\boldsymbol{i}_{1h}$ と高周波電圧位相 $\omega_h t$ の余弦・正弦値 $(\cos\omega_h t, \sin\omega_h t)$ とを受け，高周波電流の正相成分 $\boldsymbol{i}_{hp}$ と逆相成分 $\boldsymbol{i}_{hn}$ の振幅 c_p, s_p, c_n, s_n を抽出し，相関信号合成器へ向け出力する。相関信号合成器は，正相成分と逆相成分の振幅を用いて回転子位相と正相関を有する正相関信号（位相偏差相当値）p_c を合成し，外部の位相同期器へ向け出力する。以下，振幅抽出器，相関信号合成器の細部を個別に説明する。

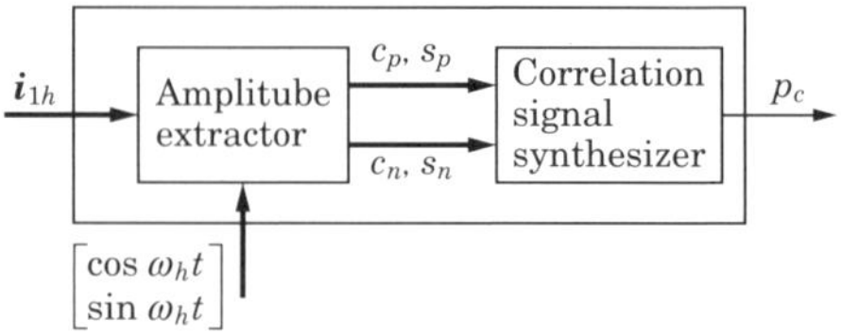

図 11.1　相関信号生成器の基本信号

11.2 振幅抽出器

11.2.1 振幅抽出の原理と実際

一般化楕円形高周波電圧，一定楕円形高周波電圧（一定真円形高周波電圧，直線形高周波電圧を含む）に対応する高周波電流 $\boldsymbol{i}_{1h}$ は，第10章の検討により，一般に以下のように表現される（式(10.18)，式(10.20)，式(10.28)，式(10.30)，式(10.35)，式(10.37)，式(10.43)，式(10.45)参照）。

◆ 高周波電流の正相逆相表現

$$\boldsymbol{i}_{1h} = \boldsymbol{i}_{hp} + \boldsymbol{i}_{hn} \tag{11.1a}$$

$$\begin{aligned}\boldsymbol{i}_{hp} &= [g_{pi}\boldsymbol{I} + g_{pm}\boldsymbol{R}(2\theta_\gamma)]\boldsymbol{u}_p(\omega_h t)\\ &= [c_p\boldsymbol{I} + s_p\boldsymbol{J}]\boldsymbol{u}_p(\omega_h t)\end{aligned} \tag{11.1b}$$

$$\begin{aligned}\boldsymbol{i}_{hn} &= [g_{ni}\boldsymbol{I} + g_{nm}\boldsymbol{R}(2\theta_\gamma)]\boldsymbol{u}_n(\omega_h t)\\ &= [c_n\boldsymbol{I} + s_n\boldsymbol{J}]\boldsymbol{u}_n(\omega_h t)\end{aligned} \tag{11.1c}$$

ただし，

$$\begin{bmatrix} c_p \\ s_p \end{bmatrix} = \begin{bmatrix} g_{pi} + g_{pm}\cos 2\theta_\gamma \\ g_{pm}\sin 2\theta_\gamma \end{bmatrix} \tag{11.2a}$$

$$\begin{bmatrix} c_n \\ s_n \end{bmatrix} = \begin{bmatrix} g_{ni} + g_{nm}\cos 2\theta_\gamma \\ g_{nm}\sin 2\theta_\gamma \end{bmatrix} \tag{11.2b}$$

■

式(11.1)，式(11.2)より明白なように，回転子位相情報は，高周波電流の振幅に含まれている。より具体的には，高周波電流の正相，逆相成分の4振幅 c_p, s_p, c_n, s_n に含まれている。11.2節で考える問題は，高周波電流から位相情報を含む4振幅 c_p, s_p, c_n, s_n の抽出である。

この準備として，正相ベクトル，逆相ベクトルの単位信号 $\boldsymbol{u}_p(\omega_h t)$，$\boldsymbol{u}_n(\omega_h t)$ に関する次の性質を整理しておく。

$$\begin{aligned}[\boldsymbol{u}_p(\omega_h t) \quad \boldsymbol{J}\boldsymbol{u}_p(\omega_h t)] &= \begin{bmatrix} \sin\omega_h t & \cos\omega_h t \\ -\cos\omega_h t & \sin\omega_h t \end{bmatrix}\\ &= \boldsymbol{J}^T\boldsymbol{R}(\omega_h t)\end{aligned} \tag{11.3a}$$

$$\begin{aligned}[\boldsymbol{u}_n(\omega_h t) \quad \boldsymbol{J}\boldsymbol{u}_n(\omega_h t)] &= \begin{bmatrix} \sin\omega_h t & -\cos\omega_h t \\ \cos\omega_h t & \sin\omega_h t \end{bmatrix}\\ &= \boldsymbol{J}\boldsymbol{R}^T(\omega_h t)\end{aligned} \tag{11.3b}$$

$$[\boldsymbol{u}_p(\omega_h t) \quad \boldsymbol{J}\boldsymbol{u}_p(\omega_h t)]\boldsymbol{u}_n(\omega_h t) = [\boldsymbol{u}_n(\omega_h t) \quad \boldsymbol{J}\boldsymbol{u}_n(\omega_h t)]\boldsymbol{u}_p(\omega_h t) = \begin{bmatrix} 1 \\ 0 \end{bmatrix} \tag{11.4}$$

これに関しては，次の振幅定理Ⅰが成立する[3),4)]。

《定理 11.1（振幅定理Ⅰ）》[3),4)]

高周波電流正相成分 $\boldsymbol{i}_{hp}$ の2振幅 c_p, s_p は式(11.5a)により，高周波電流逆相成分 $\boldsymbol{i}_{hn}$ の2振幅 c_n, s_n は式(11.5b)により評価することができる。

$$\begin{bmatrix} c_p \\ s_p \end{bmatrix} = [\boldsymbol{u}_n(\omega_h t) \quad \boldsymbol{J}\boldsymbol{u}_n(\omega_h t)]\boldsymbol{i}_{hp} \tag{11.5a}$$

$$\begin{bmatrix} c_n \\ s_n \end{bmatrix} = [\boldsymbol{u}_p(\omega_h t) \quad \boldsymbol{J}\boldsymbol{u}_p(\omega_h t)]\boldsymbol{i}_{hn} \tag{11.5b}$$

〈証明〉

式(11.5a)右辺の高周波電流正相成分に式(11.1b)を用い，さらに2×2行列に交換則を適用し式(11.4)を考慮すると，式(11.5a)右辺は以下のように整理される。

$$\begin{aligned}
[\boldsymbol{u}_n(\omega_h t) \quad \boldsymbol{J}\boldsymbol{u}_n(\omega_h t)]\boldsymbol{i}_{hp} &= [\boldsymbol{u}_n(\omega_h t) \quad \boldsymbol{J}\boldsymbol{u}_n(\omega_h t)][c_p\boldsymbol{I} + s_p\boldsymbol{J}]\boldsymbol{u}_p(\omega_h t) \\
&= [c_p\boldsymbol{I} + s_p\boldsymbol{J}][\boldsymbol{u}_n(\omega_h t) \quad \boldsymbol{J}\boldsymbol{u}_n(\omega_h t)]\boldsymbol{u}_p(\omega_h t) \\
&= [c_p\boldsymbol{I} + s_p\boldsymbol{J}]\begin{bmatrix} 1 \\ 0 \end{bmatrix} \\
&= \begin{bmatrix} c_p \\ s_p \end{bmatrix}
\end{aligned} \tag{11.6a}$$

同様にして，

$$\begin{aligned}
[\boldsymbol{u}_p(\omega_h t) \quad \boldsymbol{J}\boldsymbol{u}_p(\omega_h t)]\boldsymbol{i}_{hn} &= [\boldsymbol{u}_p(\omega_h t) \quad \boldsymbol{J}\boldsymbol{u}_p(\omega_h t)][c_n\boldsymbol{I} + s_n\boldsymbol{J}]\boldsymbol{u}_n(\omega_h t) \\
&= [c_n\boldsymbol{I} + s_n\boldsymbol{J}][\boldsymbol{u}_p(\omega_h t) \quad \boldsymbol{J}\boldsymbol{u}_p(\omega_h t)]\boldsymbol{u}_n(\omega_h t) \\
&= [c_n\boldsymbol{I} + s_n\boldsymbol{J}]\begin{bmatrix} 1 \\ 0 \end{bmatrix} \\
&= \begin{bmatrix} c_n \\ s_n \end{bmatrix}
\end{aligned} \tag{11.6b}$$

式(11.6)は，定理を意味する。

■

定理11.1に従い，高周波電流 $\boldsymbol{i}_{1h}$ の正相成分 $\boldsymbol{i}_{hp}$，逆相成分 $\boldsymbol{i}_{hn}$ の振幅 c_p, s_p, c_n, s_n を得るには，これに先立って高周波電流より正相成分，逆相成分を抽出しなければならない。高周波電流の正相成分，逆相成分を用いることなく，高周波電流そのものからこれら成分の振幅を抽出することを考える。これに関して，次の振幅定理Ⅱが成立する[3),4)]。

《定理 11.2（振幅定理Ⅱ）》[3),4)]

高周波電流正相成分 $\boldsymbol{i}_{hp}$ の 2 振幅 c_p, s_p は高周波電流を用いた式(11.7a)により，高周波電流逆相成分 $\boldsymbol{i}_{hn}$ の 2 振幅 c_n, s_n は高周波電流を用いた式(11.7b)により抽出することができる。

$$\begin{bmatrix} c_p \\ s_p \end{bmatrix} \approx \langle \boldsymbol{J}\boldsymbol{R}^T(\omega_h t)\boldsymbol{i}_{1h} \rangle \tag{11.7a}$$

$$\begin{bmatrix} c_n \\ s_n \end{bmatrix} \approx \langle \boldsymbol{J}^T\boldsymbol{R}(\omega_h t)\boldsymbol{i}_{1h} \rangle \tag{11.7b}$$

ここに，$\langle\cdot\rangle$ は，周波数ゼロで減衰ゼロを，また周波数 $2\omega_h$ で十分な減衰を示すローパスフィルタリング処理を意味する（具体的なローパスフィルタに関しては，11.2.2 項を参照）。

〈証明〉

式(11.7a)右辺は，式(11.1a)を用い式(11.3b)，式(11.6a)を考慮すると，以下のように展開される。

$$\begin{aligned} \langle \boldsymbol{J}\boldsymbol{R}^T(\omega_h t)\boldsymbol{i}_{1h} \rangle &= \langle \boldsymbol{J}\boldsymbol{R}^T(\omega_h t)\boldsymbol{i}_{hp} + \boldsymbol{J}\boldsymbol{R}^T(\omega_h t)\boldsymbol{i}_{hn} \rangle \\ &= \left\langle \begin{bmatrix} c_p \\ s_p \end{bmatrix} \right\rangle + \langle \boldsymbol{J}\boldsymbol{R}^T(\omega_h t)\boldsymbol{i}_{hn} \rangle \\ &\approx \begin{bmatrix} c_p \\ s_p \end{bmatrix} \end{aligned} \tag{11.8}$$

この際，式(11.8)右辺の第 1 項は直流成分を，第 2 項は周波数 $2\omega_h$ の高周波成分を意味すること，ローパスフィルタリング処理がこの高周波成分を十分に除去できることを考慮した。

同様にして，次式を得る。

$$\begin{aligned} \langle \boldsymbol{J}^T\boldsymbol{R}(\omega_h t)\boldsymbol{i}_{1h} \rangle &= \langle \boldsymbol{J}^T\boldsymbol{R}(\omega_h t)\boldsymbol{i}_{hp} + \boldsymbol{J}^T\boldsymbol{R}(\omega_h t)\boldsymbol{i}_{hn} \rangle \\ &= \langle \boldsymbol{J}^T\boldsymbol{R}(\omega_h t)\boldsymbol{i}_{hp} \rangle + \left\langle \begin{bmatrix} c_n \\ s_n \end{bmatrix} \right\rangle \\ &\approx \begin{bmatrix} c_n \\ s_n \end{bmatrix} \end{aligned} \tag{11.9}$$

■

定理 11.2 は，高周波電流の正相成分，逆相成分に代わって，高周波電流そのものを

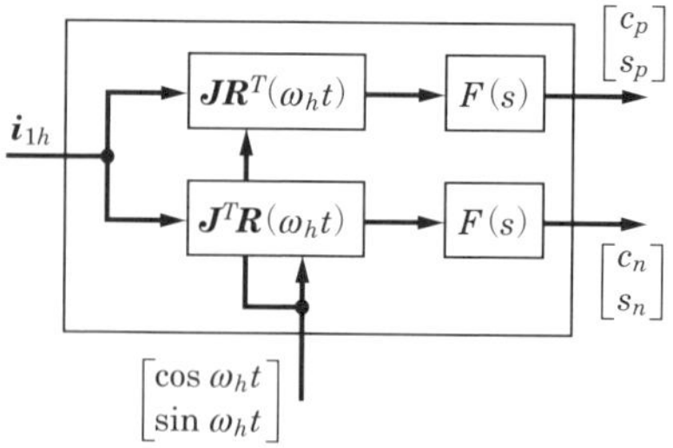

図 11.2　振幅抽出器の 1 構成例

式(11.7)に従って処理することにより，定理 11.1 の正相成分，逆相成分に対する処理と等価な処理効果（すなわち，振幅抽出効果）が得られることを示すものである。これを支えているのが，所定の減衰特性を有するローパスフィルタリングである。

定理 11.2 による処理のようすを図 11.2 に描画した。同図における $F(s)$ はローパスフィルタを意味する。なお，図 11.2 の処理過程は，次式の関係を利用して変更が可能である。

$$\left.\begin{aligned}\langle \boldsymbol{J}\boldsymbol{R}^T(\omega_h t)\boldsymbol{i}_{1h}\rangle &= \boldsymbol{J}\langle \boldsymbol{R}^T(\omega_h t)\boldsymbol{i}_{1h}\rangle \\ \langle \boldsymbol{J}^T\boldsymbol{R}(\omega_h t)\boldsymbol{i}_{1h}\rangle &= \boldsymbol{J}^T\langle \boldsymbol{R}(\omega_h t)\boldsymbol{i}_{1h}\rangle\end{aligned}\right\} \tag{11.10}$$

ローパスフィルタ $F(s)$ が，周波数 $2\omega_h$ の成分に加えて周波数 ω_h の成分に対しても十分な減衰特性を示すことができれば，処理対象電流を高周波電流 $\boldsymbol{i}_{1h}$ から固定子電流 $\boldsymbol{i}_1(\boldsymbol{i}_1=\boldsymbol{i}_{1f}+\boldsymbol{i}_{1h})$ へと変更することが可能である。このようなローパスフィルタを利用する場合には，図 10.2 の位相速度推定器において直流成分除去／バンドパスフィルタは不要となる（11.2.2 項の移動平均フィルタの解説参照）。

11.2.2　ローパスフィルタリング

(1)　フィルタの伝達関数と減衰特性

図 11.2 に描画した振幅抽出器が所期の性能を発揮するには，周波数ゼロで減衰ゼロを，また周波数 $2\omega_h$ で十分な減衰を示すローパスフィルタが必要である。このためのローパスフィルタとしては，次の 3 種が考えられる[5),12)]。

◆ n 次全極形フィルタ

$$F(s) = \frac{a_0}{s^n + a_{n-1}s^{n-1} + a_{n-2}s^{n-2} + \cdots + a_0} \tag{11.11}$$

■

◆ ノッチ同伴の n 次フィルタ[12)]

$$F(s) = \frac{\dfrac{a_0}{4\omega_h^2}s^2 + a_0}{s^n + a_{n-1}s^{n-1} + a_{n-2}s^{n-2} + \cdots + a_0}$$

$$= \frac{\dfrac{a_0}{4\omega_h^2}(s^2 + 4\omega_h^2)}{s^n + a_{n-1}s^{n-1} + a_{n-2}s^{n-2} + \cdots + a_0} \ ; n \geq 2 \qquad (11.12a)$$

$$F(s) = \frac{\dfrac{a_0}{4\omega_h^4}(s^2 + 4\omega_h^2)(s^2 + \omega_h^2)}{s^n + a_{n-1}s^{n-1} + a_{n-2}s^{n-2} + \cdots + a_0} \ ; n \geq 4 \qquad (11.12b)$$

■

◆ 移動平均フィルタ[5)]

$$F(s) = \frac{(1 - e^{-T_i s})}{T_i s} \qquad (11.13)$$

上式の T_i は，高周波数 ω_h をもつ印加高周波電圧の周期 T_h の整数 N_h 倍に選定するものとする。すなわち，次の関係を維持するものとする。

$$T_i = N_h \frac{2\pi}{\omega_h} = N_h T_h \ ; N_h = 1, 2, 3, \cdots \qquad (11.14)$$

■

式(11.11)の n 次全極形フィルタ（all-pole low-pass filter）により所期のローパスフィルタリング効果を得るには，周波数 $2\omega_h$ の高周波成分に対して十分な減衰を確保しなければならない。このフィルタは，阻止帯域（stopband）において，次数 n に比例した $-20n$〔dB/dec〕の減衰特性（attenuation characteristic）を示す。実験結果によれば，2 次以上の減衰特性が必要のようである。

全極形フィルタ $F(s)$ の通過帯域幅を ω_c〔rad〕とし，この分母多項式 $F_a(s)$ をバタワース（Butterworth）ルールに従って設計する場合，これは以下のよう与えられる。

$$F_a(s) = \begin{cases} s + \omega_c & ; n = 1 \\ s^2 + \sqrt{2}\omega_c s + \omega_c^2 & ; n = 2 \\ (s + \omega_c)(s^2 + \omega_c s + \omega_c^2) & ; n = 3 \\ (s^2 + 1.848\omega_c s + \omega_c^2)(s^2 + 0.7653\omega_c s + \omega_c^2) & ; n = 4 \end{cases} \qquad (11.15)$$

式(11.12a)のノッチ（notch）同伴の n 次フィルタに関しては，$-20n$〔dB/dec〕の減衰特性に加え，ノッチ効果により周波数 $2\omega_h$ で完全減衰を得る。すなわち，次の特性が得られる。

$$F(j2\omega_h)=0 \tag{11.16}$$

式(11.12b)のように分子多項式に因子 $(s^2+\omega_h^2)$ をもたせるならば，周波数 ω_h での完全減衰も得ることができる。

式(11.13)に与えた移動平均フィルタ（moving average filter）は，伝達関数が示すように積分器同伴の櫛形フィルタ（comb filter）ととらえることもできる。この周波数応答は，以下のように評価される[5]。

$$\begin{aligned}F(j\omega)&=\frac{(1-e^{-jT_i\omega})}{jT_i\omega}=\frac{e^{-jT_i\omega/2}(e^{jT_i\omega/2}-e^{-jT_i\omega/2})}{jT_i\omega}\\&=\frac{\sin\left(\dfrac{T_i\omega}{2}\right)}{\dfrac{T_i\omega}{2}}e^{-jT_i\omega/2}=\mathrm{sinc}\left(\frac{T_i\omega}{2}\right)e^{-jT_i\omega/2}\end{aligned} \tag{11.17}$$

ここに，sinc(・)はシンク関数（sinc function）を意味する[6]。図11.3に正規化周波数 $\overline{\omega}=T_i\omega/2$〔rad〕に対するシンク関数を描画した。$k$ を正整数とするとき，$\overline{\omega}=k\pi$（$\omega=k\omega_h/N_h$ に該当）において振幅がゼロになり，完全減衰が達成される。すなわち，次の特性が得られる。

$$F\left(j\frac{k\omega_h}{N_h}\right)=0\ ;\ \begin{matrix}N_h=1,2,3,\cdots\\k=1,2,3,\cdots\end{matrix} \tag{11.18a}$$

完全減衰がとくに求められる周波数は，$\omega=2\omega_h$ と $\omega=\omega_h$ である。$\omega=\omega_h$ での完全

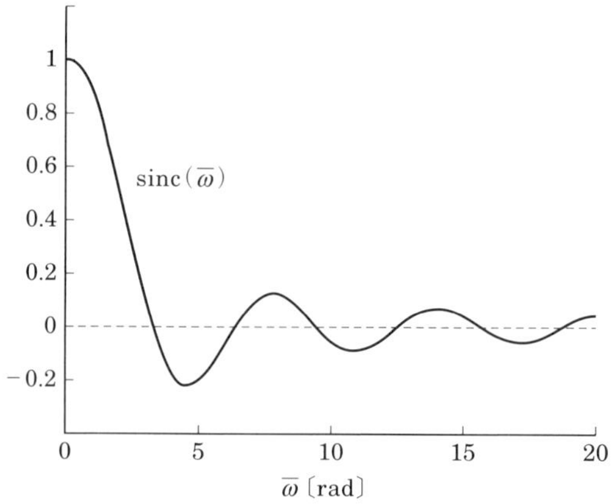

図11.3　シンク関数

減衰が得られる場合には，図 10.2 の位相速度推定器の入力端に使用した直流成分除去／バンドパスフィルタを撤去することができる。換言するならば，高周波電流に代わって固定子電流そのものを相関信号生成器（より正確には，同器内の振幅抽出器）への入力信号とすることができる。移動平均フィルタを利用する場合には，これが可能である。

なお，シンク関数の包絡線が示す全般的な減衰特性は −20 dB/dec である。シンク関数の通過帯域幅（−3dB 減衰幅）ω_{snc} は，次式で与えられる[5)]。

$$\omega_{snc} \approx \frac{2.78}{T_i} = \frac{2.78}{N_h T_h} = \frac{1.39}{\pi N_h}\omega_h \tag{11.18b}$$

式(11.13)の移動平均フィルタで信号 $x(t)$ をフィルタリングするということは，信号 $x(t)$ を次の定積分処理することと等価である。

$$\langle x(t) \rangle = \frac{1}{T_i}\int_{t-T_i}^{t} x(\tau)d\tau \tag{11.19}$$

ローパスフィルタ $F(s)$ は，正相関信号合成の基本信号としての振幅を抽出するために用意したものである。正相関信号（位相偏差相当値）は，位相同期器への入力信号となる（図 10.2 参照）。また，位相同期器は，正相関信号（位相偏差相当値）を利用して PLL を構成している。この事実は，PLL を構成する主要動的機器は，位相同期器に加えローパスフィルタも含まれることを意味する。PLL の安定性・速応性を確保する観点からは，基本的にはローパスフィルタと位相同期器とは一体的に設計されねばならない。一体設計に関しては，11.5 節で改めて説明する。

ローパスフィルタ $F(s)$ を位相同期器と独立的に設計する場合には，ローパスフィルタの帯域幅が概略ながら PLL 帯域幅の 1.5 倍以上になるように，ローパスフィルタを設計する必要がある（一応の設計目安は，PLL 帯域幅の 1.5〜3 倍程度，11.5 節の「帯域幅の 3 倍ルール」を参照）。移動平均フィルタを採用する場合には，式(11.18b)が示しているように一般にこの条件は余裕をもって満足される。たとえば，PLL の帯域幅 ω_{PLLc} を $\omega_{PLLc}=150$ と設計する場合，$\omega_h=800\pi, N_h=1$ と選定すれば次の関係を確保できる。

$$\omega_{snc}(=1\,110) \gg \omega_{PLLc}(=150) \tag{11.20}$$

(2) フィルタの離散時間化

式(11.11)〜式(11.14)に与えた連続時間ローパスフィルタによるフィルタリング処理は，実際的には離散時間的に遂行することになる。この点を考慮し，これらフィルタをサンプリング周期 T_s で離散時間化を図る。簡単な離散時間化としては，極零変換法，演算子変換法がある。

前者は，連続時間伝達関数の極，零 s_i を，次式に従い離散時間伝達関数の極，零 z_i と変換するものである。

$$s_i \rightarrow z_i = e^{s_i T_s} \tag{11.21}$$

後者は，連続時間伝達関数におけるラプラス演算子 s に対し，次式の演算子変換（新中変換：Shinnaka transformation）を形式的に行い，離散時間伝達関数を得るものである[1)]。

$$s \rightarrow \frac{1}{T_s} \cdot \frac{1-z^{-1}}{(1-r)+rz^{-1}} \quad ; 0 \leq r \leq 1 \tag{11.22}$$

ここに，z は z 変換における演算子であり，r は設計パラメータである。

全極形フィルタに対して，式(11.22)の演算子変換を施すことを考える。フィルタに対する設計パラメータ r の選定は，周波数の逆正接圧縮 $\tan^{-1}(\omega T_s/2) \rightarrow (\omega T_s/2)$ をもたらす $r=0.5$（双 1 次変換：bilinear transformation に該当）が基本である。$r=0.5$ の条件で演算子変換を実施すると，次の離散時間ローパスフィルタを得る。

$$\tilde{F}(z^{-1}) = \frac{a_0}{\left(\dfrac{2(1-z^{-1})}{T_s(1+z^{-1})}\right)^n + a_{n-1}\left(\dfrac{2(1-z^{-1})}{T_s(1+z^{-1})}\right)^{n-1} + \cdots + a_0} \tag{11.23a}$$

式(11.23a)の離散時間ローパスフィルタは，連続時間全極形フィルタの s 平面上の n 個の極を s_i とするとき，z 平面上に式(11.23b)の n 個の極 z_i をもち，n 個の零を $z_i = -1$ にもつ。当然のことながら，式(11.23a)は IIR（infinite impulse response）フィルタを意味する。

$$z_i = \frac{2+s_i T_s}{2-s_i T_s} \quad ; i = 1, 2, \cdots, n \tag{11.23b}$$

式(11.12a)のノッチ同伴フィルタを考える。伝達関数の分子に関しては式(11.21)の極零変換を行い，分母に関しては $r=0.5$ を条件に式(11.22)の演算子変換を式(11.12)に施すと，次の離散時間ローパスフィルタを得る。

$$\tilde{F}(z^{-1}) = \frac{\dfrac{a_0}{2(1-\cos(2\omega_h T_s))}(1-2\cos(2\omega_h T_s)z^{-1}+z^{-2})}{\left(\dfrac{2(1-z^{-1})}{T_s(1+z^{-1})}\right)^n + a_{n-1}\left(\dfrac{2(1-z^{-1})}{T_s(1+z^{-1})}\right)^{n-1} + \cdots + a_0} \tag{11.24}$$

なお，式(11.24)においては，式(11.21)の極零変換に際しゲイン調整を行っている。式(11.12b)のノッチ同伴フィルタも同様に離散時間化される。

式(11.13)の移動平均フィルタを考える。伝達関数の分子に関しては式(11.21)の極零変換を行い，積分器を意味する分母に関しては設計パラメータ $r=0$ の簡易選定（後進差分近似に該当）のうえで式(11.22)の演算子変換を施すと，次の離散時間ローパスフィルタを得る。

$$\tilde{F}(z^{-1}) = \frac{1-z^{-N_s}}{N_s(1-z^{-1})} \approx \frac{1-r_d^{N_s}z^{-N_s}}{N_s(1-r_d z^{-1})} \tag{11.25}$$

ここに，N_s は次式を満足する正整数である。

$$T_i = N_s T_s \tag{11.26}$$

また，r_d は，離散時間処理に伴う不安定化を回避するために導入した正の小数である。実際的な r_d としては，演算素子（マイクロプロセッサ，DSP など）許容の 1 に近い最大小数を選定する（たとえば，$r_d=0.99999$）。

式(11.25)は，再帰形構造（recursive structure）をしており，このフィルタは IIR フィルタのような印象を与えるが，正しくは FIR（finite impulse response）フィルタである。これは，次の等式より明白である。

$$\frac{1-z^{-N_s}}{N_s(1-z^{-1})} = \frac{1}{N_s}\sum_{k=0}^{N_s-1} z^{-k} \tag{11.27}$$

式(11.27)の右辺は，式(11.19)の定積分の直接的な離散時間化にもなっており，さらには同フィルタが移動平均フィルタであることを明瞭に示すものでもある。

なお，式(11.27)右辺に基づき信号処理する場合には，不安定化の問題は発生しないので式(11.25)で導入した r_d は必要ない。ただし，加算数 N_s の増大に比例して演算負荷が増大するという難点をもつ。

11.3 相関信号合成器

11.3.1 相関信号合成法 I

印加高周波電圧に対応した高周波電流の解析を通じて明らかになったように，回転子位相 θ_γ と強い正相関をもつ正相関信号（位相偏差相当値）は，高周波電流の空間的楕円軌跡が描く楕円長軸位相 $\theta_{\gamma e}$ である（図 10.6〜図 10.8 参照）。

参考までに，回転子位相 θ_γ に対する楕円長軸位相 $\theta_{\gamma e}$ の正相関特性の一例を示しておく。一般化楕円形高周波電圧に対応した高周波電流の楕円軌跡の長軸位相は，次式で与えられる[2)]。

$$\theta_{\gamma e}=\frac{1}{2}\tan^{-1}\left(\frac{(1-K^2)r_s^2\sin 4\theta_\gamma+2(1+K^2)r_s\sin 2\theta_\gamma}{(1-K^2)(1+r_s^2\cos 4\theta_\gamma)+2(1+K^2)r_s\cos 2\theta_\gamma}\right) \tag{11.28}$$

ここに，r_s は次式で定義された突極比である。

$$r_s=\frac{-L_m}{L_i} \tag{11.29}$$

表 4.1 の供試モータパラメータを式(11.28)に適用して算定した楕円長軸位相を図 11.4 に示した。同図 (a), (b) は，おのおの楕円係数を $K=0.5, K=0$ と選定した場合の例である。正相関特性は，楕円係数 K と突極比 r_s とに依存し，ともにこれらが大きくなるにつれ強くなる。なお，$K=1, r_s\neq 0$ の場合には，楕円長軸位相 $\theta_{\gamma e}$ は回転子位相 θ_γ に収斂する。すなわち，同図 (a), (b) における直線上の破線となる。

高周波電流 $\boldsymbol{i}_{1h}$ の正相成分 $\boldsymbol{i}_{hp}$ と逆相成分 $\boldsymbol{i}_{hn}$ とは，楕円長軸位相 $\theta_{\gamma e}$ に関して鏡相関係にある[2)]。すなわち，正相成分 $\boldsymbol{i}_{hp}$ と逆相成分 $\boldsymbol{i}_{hn}$ の位相をおのおの θ_p, θ_n とするとき，次の鏡相関係が成立している[2)]。

$$\theta_{\gamma e}=\frac{\theta_p+\theta_n}{2} \tag{11.30}$$

図 11.5 に，正相成分 $\boldsymbol{i}_{hp}$ の位相 θ_p と逆相成分 $\boldsymbol{i}_{hn}$ の位相 θ_n との楕円長軸位相 $\theta_{\gamma e}$ を基準とした鏡相関係を例示した。

式(11.30)に三角関数の加法定理を適用すると，これは次式に展開される。

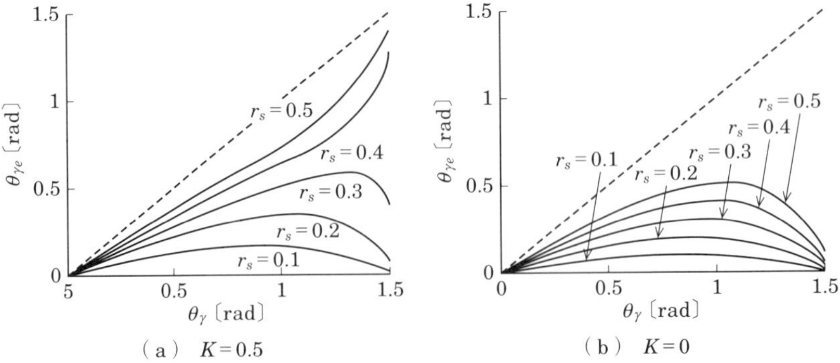

図 11.4　回転子位相に対する楕円長軸位相の正相関特性
（一般化楕円形高周波電圧に対応した高周波電流）

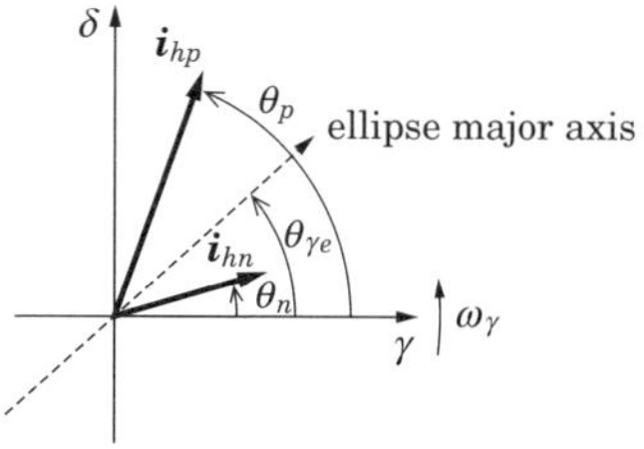

図 11.5 正相成分位相と逆相成分位相の楕円長軸位相を基準とした鏡相関係

$$
\left.\begin{aligned}
\cos 2\theta_{\gamma e} &= \cos\theta_p \cos\theta_n - \sin\theta_p \sin\theta_n \\
\sin 2\theta_{\gamma e} &= \sin\theta_p \cos\theta_n + \cos\theta_p \sin\theta_n
\end{aligned}\right\} \tag{11.31}
$$

式(11.31)右辺の正相成分位相，逆相成分位相の余弦正弦値を，高周波電流 $\boldsymbol{i}_{1h}$ の正相成分 $\boldsymbol{i}_{hp}$，逆相成分 $\boldsymbol{i}_{hn}$ を用いて表現するならば，正相成分，逆相成分より楕円長軸位相 $\theta_{\gamma e}$ を直接的に得ることができる。この方法は，鏡相推定法（mirror-phase estimation method）とよばれ，以下のように与えられる[2)]。

◆ **鏡相推定法**

$$
\begin{bmatrix} C_{2p} \\ S_{2p} \end{bmatrix} = [\boldsymbol{i}_{hp} \quad \boldsymbol{J}\boldsymbol{i}_{hp}]\boldsymbol{i}_{hn} = [\boldsymbol{i}_{hn} \quad \boldsymbol{J}\boldsymbol{i}_{hn}]\boldsymbol{i}_{hp} \tag{11.32a}
$$

$$
\theta_{\gamma e} = \frac{1}{2}\tan^{-1}\frac{S_{2p}}{C_{2p}} \tag{11.32b}
$$

■

鏡相推定法は，高周波電流 $\boldsymbol{i}_{1h}$ から正相成分 $\boldsymbol{i}_{hp}$ と逆相成分 $\boldsymbol{i}_{hn}$ を分離抽出して，式(11.32a)の処理を通じて信号 C_{2p}, S_{2p} を定め，これを式(11.32b)に用いて逆正接処理（atan2 処理）し，楕円長軸位相を推定的に得るものである（鏡相推定法の詳細は文献 2）を参照)。しかしながら，正相成分 $\boldsymbol{i}_{hp}$ と逆相成分 $\boldsymbol{i}_{hn}$ を用いずとも，信号 C_{2p}, S_{2p} を定めることは可能である。これに関しては，次の楕円長軸位相定理が成立する。なお，以降では，2 変数を用いた逆正接処理は，原則として，atan2 処理を意味するものとする。

《定理 11.3（楕円長軸位相定理）》

式(11.32a)の信号 C_{2p}, S_{2p} は，4 振幅 c_p, s_p, c_n, s_n を用いた次式により定めることができる。

$$
\begin{bmatrix} C_{2p} \\ S_{2p} \end{bmatrix} = [c_p\boldsymbol{I} + s_p\boldsymbol{J}]\begin{bmatrix} c_n \\ s_n \end{bmatrix}
$$

$$= [c_n \boldsymbol{I} + s_n \boldsymbol{J}] \begin{bmatrix} c_p \\ s_p \end{bmatrix}$$

$$= \begin{bmatrix} c_p c_n - s_p s_n \\ s_p c_n + c_p s_n \end{bmatrix} \tag{11.33}$$

〈証明〉

式(11.32a)右辺に式(11.1)を用い，2×2 行列に交換則を適用したうえで，式(11.4)を考慮すると次式を得る。

$$\begin{bmatrix} C_{2p} \\ S_{2p} \end{bmatrix} = [\boldsymbol{i}_{hp} \quad \boldsymbol{J}\boldsymbol{i}_{hp}]\boldsymbol{i}_{hn}$$
$$= [c_p \boldsymbol{I} + s_p \boldsymbol{J}][\boldsymbol{u}_p(\omega_h t) \quad \boldsymbol{J}\boldsymbol{u}_p(\omega_h t)][c_n \boldsymbol{I} + s_n \boldsymbol{J}]\boldsymbol{u}_n(\omega_h t)$$
$$= [c_p \boldsymbol{I} + s_p \boldsymbol{J}][c_n \boldsymbol{I} + s_n \boldsymbol{J}][\boldsymbol{u}_p(\omega_h t) \quad \boldsymbol{J}\boldsymbol{u}_p(\omega_h t)]\boldsymbol{u}_n(\omega_h t)$$
$$= [c_p \boldsymbol{I} + s_p \boldsymbol{J}][c_n \boldsymbol{I} + s_n \boldsymbol{J}] \begin{bmatrix} 1 \\ 0 \end{bmatrix}$$
$$= [c_n \boldsymbol{I} + s_n \boldsymbol{J}][c_p \boldsymbol{I} + s_p \boldsymbol{J}] \begin{bmatrix} 1 \\ 0 \end{bmatrix} \tag{11.34}$$

式(11.34)は，定理を意味する。

■

式(11.33)の第3式は，式(11.31)の加法定理と同一形式の関係を示している。興味深い同一性であるが，正相・逆相成分の4振幅 c_p, s_p, c_n, s_n と正相・逆相成分の位相 θ_p, θ_n の余弦正弦値とは必ずしも同一ではない。回転子位相 θ_γ が一定の場合にも，正相成分 $\boldsymbol{i}_{hp}$ の位相 θ_p は一定の正速度 ω_h で正方向に増加し，逆相成分 $\boldsymbol{i}_{hn}$ の位相 θ_n は一定の負速度 $(-\omega_h)$ で負方向に増加する。したがって，正相・逆相成分位相の余弦正弦値は，周波数 ω_h で振動する余弦・正弦信号となる。一方，回転子位相 θ_γ が一定であるかぎり，正相・逆相成分の4振幅 c_p, s_p, c_n, s_n は一定である。

定理11.3を鏡相推定法の式(11.32b)に適用すると，楕円長軸位相 $\theta_{\gamma e}$ を正相関信号（位相偏差相当値）p_c とする相関信号合成法Ⅰを次のように得る。

◆ 相関信号合成法Ⅰ

$$\begin{bmatrix} C_{2p} \\ S_{2p} \end{bmatrix} = \begin{bmatrix} c_p c_n - s_p s_n \\ s_p c_n + c_p s_n \end{bmatrix}$$
$$\approx \begin{bmatrix} c_p c_n \\ s_p c_n + c_p s_n \end{bmatrix} \tag{11.35a}$$

$$p_c = \frac{1}{2}\tan^{-1}\frac{S_{2p}}{C_{2p}} \tag{11.35b}$$

■

相関信号合成法Ⅰによる正相関信号は，たとえば一般化楕円形高周波電圧に対応した高周波電流においては，回転子位相が小さい場合には，回転子位相 θ_γ と正相関信号 p_c（楕円長軸位相 $\theta_{\gamma e}$）との関係は，信号係数 K_θ を用いた次の線形関係として近似される（図 11.4 の例ではおおよそ $|\theta_\gamma| \le 1$ の節囲，式(10.1)を参照)。

$$p_c \approx K_\theta \theta_\gamma \tag{11.36a}$$

$$\begin{aligned} K_\theta &= \frac{2r_s((1+r_s)+K^2(1-r_s))}{(1+r_s)^2-K^2(1-r_s)^2} \\ &= \frac{(L_q-L_d)(L_q+K^2L_d)}{L_q^2-K^2L_d^2} \\ &= \frac{1}{1+\dfrac{(1-K^2)L_dL_q}{(L_q+K^2L_d)(L_q-L_d)}} \; ; 0 \le K \le 1 \end{aligned} \tag{11.36b}$$

上式が示しているように，この相関信号合成法による正相関信号は，高周波電圧の基本振幅 V_h と周波数 ω_h との影響を排除したものとなる。さらには，式(10.11)が成立しない，すなわち周波数 ω_h が十分に高くない場合にも，固定子抵抗 R_1 の正相関信号 p_c への影響を排除できる。

この相関信号合成法は，一般化楕円形高周波電圧のみならず，一定楕円形高周波電圧（一定真円形，直線形高周波電圧を含む）に対応した高周波電流に適用可能である。図 11.1 の相関信号合成器には，式(11.35)が実装される。

構築過程より理解されるように，相関信号合成法Ⅰで合成した正相関信号は，式(11.32)の鏡相推定法に従い合成した正相関信号（楕円長軸位相）と同一となる。ひいては，相関信号合成法Ⅰによる正相関信号は，鏡相推定法による正相関信号の特長を継承する。

11.3.2 相関信号合成法Ⅱ

(1) 相関信号合成法Ⅱ-N

相関信号合成法Ⅰにおける式(11.35a)を考える。正相成分振幅に関し $|s_p/c_p| \ll 1$ が成立する場合には，同式は次式のように書き改めることができる。

$$\begin{bmatrix} C_{2p} \\ S_{2p} \end{bmatrix} = c_p \begin{bmatrix} c_n - \dfrac{s_p}{c_p} s_n \\ \dfrac{s_p}{c_p} c_n + s_n \end{bmatrix} \approx c_p \begin{bmatrix} c_n \\ s_n \end{bmatrix} \tag{11.37}$$

上式より，高周波電流逆相成分の振幅 c_n, s_n のみを利用した次の相関信号合成法Ⅱ-N を得る。

◆ **相関信号合成法Ⅱ-N**

$$p_c = \frac{1}{2}\tan^{-1}\frac{s_n}{c_n} \tag{11.38}$$

■

式(11.38)の正相関信号（位相偏差相当値）p_c は，高周波電流が描く楕円長軸位相 $\theta_{\gamma e}$ に必ずしも正確に収束しない。しかしながら，正相関信号 p_c は，回転子位相 θ_γ に対し楕円長軸位相 $\theta_{\gamma e}$ と類似した正相関特性をもつ。

正相関特性の類似例証の一例として，一般化楕円形高周波電圧を印加した場合を考える。この場合，高周波電流の楕円長軸位相 $\theta_{\gamma e}$ は回転子位相 θ_γ に対し，式(11.28)の正相関特性をもつ。一般に，突極比は $r_s \le 0.5$ であることを考えると，式(11.28)は次のように近似することができる。

$$\theta_{\gamma e} \approx \frac{1}{2}\tan^{-1}\left(\frac{2(1+K^2)r_s \sin 2\theta_\gamma}{(1-K^2)+2(1+K^2)r_s \cos 2\theta_\gamma}\right) \tag{11.39}$$

次に，式(11.38)右辺に，式(10.19)と式(10.20b)とを用いて定めた逆相成分振幅 c_n, s_n を適用すると，式(11.38)の正相関信号 p_c は，次式のように評価される。

$$\begin{aligned} p_c &= \frac{1}{2}\tan^{-1}\frac{s_n}{c_n} \\ &= \frac{1}{2}\tan^{-1}\left(\frac{(1+K)r_s \sin 2\theta_\gamma}{(1-K)+(1+K)r_s \cos 2\theta_\gamma}\right) \end{aligned} \tag{11.40}$$

式(11.39)と式(11.40)との比較より，回転子位相 θ_γ と合成法Ⅱ-N による正相関信号 p_c との正相関特性は，回転子位相 θ_γ と楕円長軸位相 $\theta_{\gamma e}$（合成法Ⅰによる相関信号 p_c）との正相関特性に類似していることが理解される。

一般には，式(11.40)の正相関信号 p_c は，式(11.28)の楕円長軸位相 $\theta_{\gamma e}$ に対し，次の不等関係と近似関係を有する。

$$\frac{1}{2}|\theta_{\gamma e}| \le |p_c| \le |\theta_{\gamma e}| \tag{11.41a}$$

$$p_c \approx \frac{(1+K)((1+r_s)+K(1-r_s))}{2((1+r_s)+K^2(1-r_s))}\theta_{\gamma e}$$

$$= \frac{(1+K)\left(\dfrac{1+r_s}{1-r_s}+K\right)}{2\left(\dfrac{1+r_s}{1-r_s}+K^2\right)}\theta_{\gamma e}$$

$$\approx \frac{1+K}{2}\theta_{\gamma e} \quad ; 0 \le K \le 1 \tag{11.41b}$$

式(11.41)は，「正相関信号（位相偏差相当値）p_c は楕円長軸位相 $\theta_{\gamma e}$ とおおむね比例関係にあり，このときの信号係数は楕円係数 K が定まれば決定される」ことを示している。ひいては，式(11.41)は，「正相関信号（位相偏差相当値）p_c の回転子位相 θ_γ に対する正相関領域（式(10.1)が近似的に成立する領域）は，楕円長軸位相 $\theta_{\gamma e}$ の回転子位相 θ_γ に対する正相関領域と同一である」ことを意味する。

式(11.41)は，楕円係数 K の増加に応じ（換言するならば，$|s_p/c_p| \ll 1$ の減少に応じ）$p_c \to \theta_{\gamma e}$ が成立することを意味する。とくに，楕円係数 K を $K=1$ と選定する場合には，すなわち真円形高周波電圧を印加する場合には次式が成立する。

$$p_c = \theta_{\gamma e} = \theta_\gamma \tag{11.42}$$

反対に，式(11.41)は，楕円係数 K の低下に応じ $p_c \to \theta_{\gamma e}/2$ となることを意味する。とくに，楕円係数 K を $K=0$ と選定する場合には次式が成立する。

$$p_c = \frac{1}{2}\theta_{\gamma e} \tag{11.43}$$

上記解析の妥当性を確認すべく式(11.40)に従い，楕円係数 K を $K=0.5, 0$ と選定した場合について，正相関信号 p_c の回転子位相 θ_γ に対する正相関特性を図 11.6 に描画した。図（c）は図（b）の特性を，縦軸スケーリングを変更し，拡大したものである。図 11.6 (a)～(c) においては，参考までに式(11.42)の理想的正相関特性を破線で示した。

図 11.6 と図 11.4 との比較より，上記解析の妥当性が確認される。また，この図より正相関領域が最も狭小となる $K=0$ の場合にも，式(11.40)の正相関信号 p_c は，楕円長軸位相 $\theta_{\gamma e}$ と同様に $\pi/4$ rad 以上の正相関領域を有することが確認される。

この相関信号合成法による正相関信号（位相偏差相当値）は，たとえば一般化楕円形高周波電圧に対応した高周波電流においては，回転子位相が小さい場合には，回転子位相 θ_γ と正相関信号との関係は信号係数 K_θ を用いた次の線形関係として近似さ

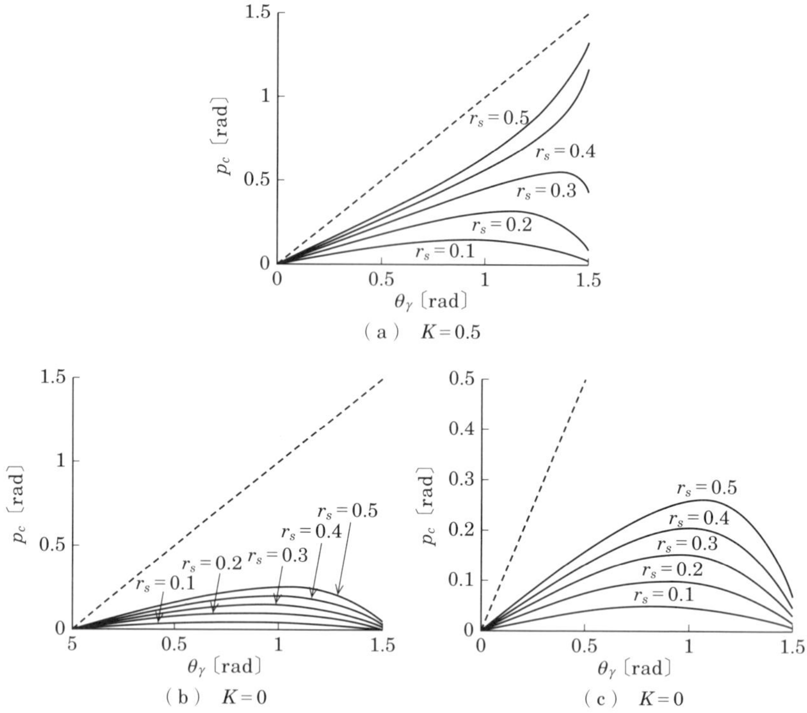

図 11.6　式(11.40)の正相関信号 p_c の正相関特性

れる（図 11.6，式(10.1)を参照）。

$$p_c \approx K_\theta \theta_\gamma \tag{11.44a}$$

$$\begin{aligned} K_\theta &= \frac{(1+K)r_s}{(1-K)+(1+K)r_s} \\ &= \frac{r_s}{r_s+\dfrac{1-K}{1+K}} \\ &= \frac{1}{1+\dfrac{(1-K)(L_q+L_d)}{(1+K)(L_q-L_d)}} \ ; 0 \le K \le 1 \end{aligned} \tag{11.44b}$$

上式が示しているように，この相関信号合成法による正相関信号は，高周波電圧の基本振幅 V_h，周波数 ω_h の影響を排除したものとなる。

しかしながら，式(10.11)が成立しない，すなわち周波数 ω_h が十分に高くない場合には，式(11.38)により合成された正相関信号 p_c は固定子抵抗 R_1 の影響を受けることになる（後掲の図 11.13，式(11.59)参照）。固定子抵抗の影響による誤差は，固定子抵抗の影響を排除した理想的な正相関信号を p_c^* とするとき，概略ながら次式で与えられる。

$$p_c - p_c^* \approx -\tan^{-1}\frac{R_1}{\omega_h L_i} \tag{11.45}$$

上式が示すように，固定子抵抗に起因する位相推定誤差は，高周波数 ω_h の向上により低減できる。しかし，許容可能な高周波数は，電力変換器のスイッチング周期 T_s によりおおむね次式のように制限され，周波数向上による誤差低減には限界がある。

$$\omega_h \leq \frac{\pi}{10T_s} \tag{11.46}$$

(2) 相関信号合成法Ⅱ-P

式(11.38)と同様にして，$|s_n/c_n| \ll 1$ の場合に有効な相関信号合成法として，高周波電流正相成分の振幅 c_p, s_p のみを利用した次を得る。

◆ 相関信号合成法Ⅱ-P

$$p_c = \frac{1}{2}\tan^{-1}\frac{s_p}{c_p} \quad ; K \neq 1 \tag{11.47}$$

■

相関信号合成法Ⅱ-P の特徴は，相関信号合成法Ⅱ-N の特徴と同様である。ただし，回転子位相が小さい場合における回転子位相 θ_γ と正相関信号（位相偏差相当値）p_c との関係は，信号係数 K_θ を用いた次の線形関係に変更される（式(10.1)を参照）。

$$p_c \approx K_\theta \theta_\gamma \tag{11.48a}$$

$$\begin{aligned} K_\theta &= \frac{(1-K)r_s}{(1+K)+(1-K)r_s} \\ &= \frac{r_s}{r_s + \dfrac{1+K}{1-K}} \\ &= \frac{1}{1+\dfrac{(1+K)(L_q+L_d)}{(1-K)(L_q-L_d)}} \quad ; 0 \leq K < 1 \end{aligned} \tag{11.48b}$$

相関信号合成法Ⅱは，振幅 c_n, s_n または c_p, s_p のいずれかを利用している。これに対応して，相関信号合成法Ⅱを利用する場合には，図 11.2 に示した振幅抽出器は下段あるいは上段のいずれかのみを動作させることになる。

相関信号合成法Ⅱ-N の効果的利用には振幅条件 $|s_p/c_p| \ll 1$ が，相関信号合成法Ⅱ-P の効果的利用には振幅条件 $|s_n/c_n| \ll 1$ が必要である。高周波電流の振幅を規定した式(11.2)が明示しているように，振幅が上記条件を満足するか否かは，印加高周波電圧の形状により指定される。たとえば，真円形高周波電圧を印加する場合には，$|s_p/c_p| = 0$ が達成される。

11.3.3　相関信号合成法Ⅲ

(1)　相関信号合成法

再び式(11.2)を考える。この第 2 要素である振幅 s_p, s_n は，ともに $\sin 2\theta_\gamma$ と比例関係にある。また，$\sin 2\theta_\gamma$ に関し，限定された回転子位相 $|\theta_\gamma| \leq 0.5$ においては次の近似が成立する。

$$\frac{1}{2}\sin 2\theta_\gamma \approx \theta_\gamma \; ; \; |\theta_\gamma| \leq 0.5 \tag{11.49}$$

参考までに，式(11.49)の特性を図 11.7 に図示した。実線が式(11.49)左辺を，破線が同式右辺（位相そのもの）θ_γ を示している。

式(11.49)の特性を考慮するならば，振幅 s_n, s_p そのものを正相関信号（位相偏差相当値）p_c とする次の相関信号合成法Ⅲを得る。

◆ 相関信号合成法Ⅲ-N

$$\begin{aligned} p_c = s_n &= g_{nm} \sin 2\theta_\gamma \\ &= \langle [-\cos \omega_h t \quad \sin \omega_h t] \boldsymbol{i}_{1h} \rangle \end{aligned} \tag{11.50}$$

■

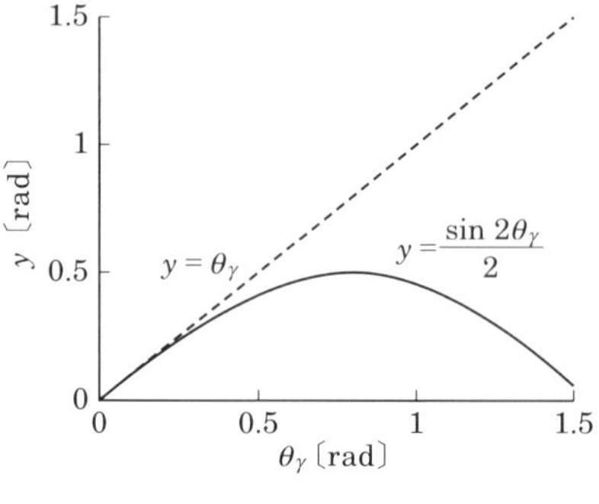

図 11.7　式(11.49)の特性

◆ 相関信号合成法Ⅲ-P

$$p_c = s_p = g_{pm} \sin 2\theta_\gamma$$
$$= \langle [\cos\omega_h t \quad \sin\omega_h t] \boldsymbol{i}_{1h} \rangle \; ; K \neq 1 \tag{11.51}$$

■

式(11.50)あるいは式(11.51)を利用して正相関信号（位相偏差相当値）p_c を得るには，当然のことながら，$g_{nm} \neq 0$ あるいは $g_{pm} \neq 0$ の条件が不可欠である。回転子位相が式(11.49)を満足する範囲での回転子位相 θ_γ と正相関信号 p_c との関係は，信号係数 K_θ を用いた次の線形関係として近似される（式(10.1)を参照）。

◆ 相関信号合成法Ⅲ-N

$$p_c \approx K_\theta \theta_\gamma \tag{11.52a}$$
$$K_\theta = 2g_{nm} \tag{11.52b}$$

■

◆ 相関信号合成法Ⅲ-P

$$p_c \approx K_\theta \theta_\gamma \tag{11.53a}$$
$$K_\theta = 2g_{pm} \tag{11.53b}$$

■

相関信号合成法Ⅲを利用する場合には，振幅そのものを正相関信号（位相偏差相当値）として扱うので，相関信号合成器は必要としない。また，使用する振幅も単一の s_n あるいは s_p である。このため，振幅抽出器においてもベクトル回転器 $\boldsymbol{R}(\omega_h t)$ は必要としない（図11.2参照）。相関信号合成法Ⅲを利用する場合には，振幅抽出器も簡略化される。簡略された振幅抽出器を図11.8に示した。

相関信号生成器の大幅な簡略化を可能とする相関信号合成法Ⅲは，以下のような特徴を有する。

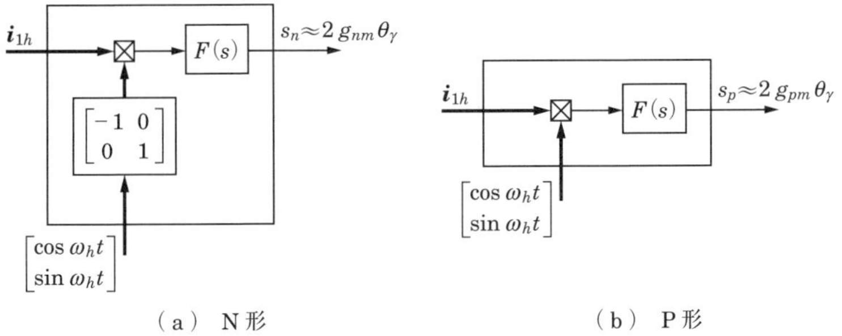

図11.8　相関信号合成法Ⅲのための振幅抽出器

①相関信号合成法Ⅲは，振幅 s_n, s_p のいずれかを正相関信号（位相偏差相当値）p_c とするので，相関信号合成器を必要としない。また，相関信号合成法Ⅰ，Ⅱで必要とされた逆正接処理も必要としない。

②簡略化の代償として振幅 s_n, s_p と回転子位相との正相関領域は狭小化し，突極比が十分に高い場合においても，また印加高周波電圧の空間形状が高い真円度をもつ場合においても，$\pm\pi/4$ rad を超えることはできない。実際的な正相関領域は，$|\theta_\gamma|\leq 0.5$ rad 程度である（図11.7参照）。

③式(11.52)，式(11.53)の信号係数 K_θ が信号 g_{nm}, g_{pm} に依存して変化する。また，信号 g_{nm}, g_{pm} は，印加高周波電圧の基本振幅 V_h，周波数 ω_h に依存して変化する。したがって，印加高周波電圧の基本振幅，周波数を変更するたびに信号係数 K_θ を再特定し，この影響を受ける位相同期器内の位相制御器ゲインを変更する必要がある。なお，信号 g_{nm}, g_{pm} は固定子インダクタンスの依存度も高い。

④上記の③と直接的に関連し，振幅抽出器の出力段に設けられたローパスフィルタ $F(s)$ と，位相同期器の入力段に設けられた位相制御器 $C(s)$（図4.11，図10.2参照）との一体的な実現が可能となる（次の（2）で改めて説明）。

⑤相関信号合成法Ⅱと同様に，固定子抵抗に起因した位相推定誤差として，式(11.45)に与えた誤差を発生する。

なお，相関信号合成法Ⅲ-N の原形は，$\alpha\beta$ 固定座標系上で印加された一定真円形高周波電圧に対応した高周波電流を処理し，正相関信号を生成することを目的としたベクトルヘテロダイン法（vector heterodyning method）として，Wang らにより2000年に報告されている[7)~9)]。

(2) 位相同期器との一体的実現

相関信号合成器を用いない場合には，振幅抽出器の出力信号が位相同期器への入力信号となる。すなわち，図11.8における出力信号が位相同期へ送られる。この場合，振幅抽出器の出力段に用いたローパスフィルタ $F(s)$ と位相同期器の入力段に設けられた位相制御器 $C(s)$ とを一体的に実現することが可能となる。図11.9に一体実現のようすを示した。同図では，一体実現を達成すべく，位相補正信号 $K_\theta\Delta\theta_s$ の加算点をローパスフィルタの入力側へ変更している。

振幅抽出器内のローパスフィルタと位相同期器内の位相制御器との設計は，「正相関信号の抽出」と「PLL の安定性・速応性」とを同時に考慮して，元来一体的に実施する必要がある。しかし，両者の実現を分離して行わなければならない場合には，一体設計に分離実現上の制約を課すことになる。図11.9のような一体実現（$C(s)F(s)$）

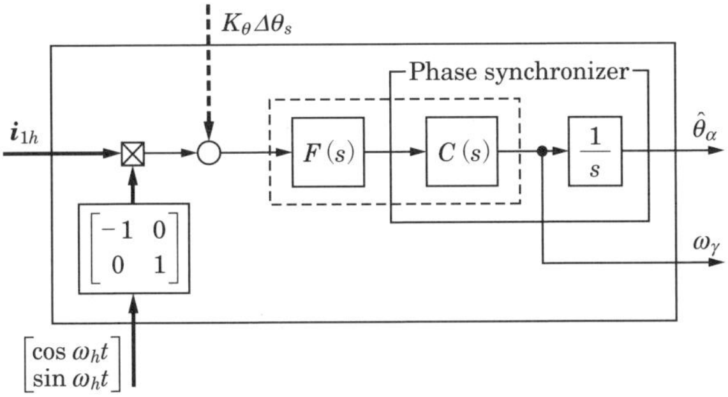

（a）　N形

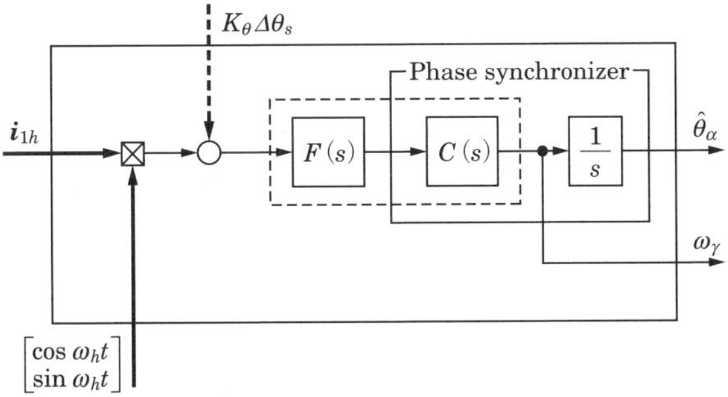

（b）　P形

図 11.9　相関信号合成法Ⅲのために再構成された振幅抽出器

が可能であれば，一体設計は大きな自由度をもつことができる。一体設計に関しては，11.5 節で詳しく説明する。

11.3.4　相関信号合成法の補足

(1)　補足Ⅰ

これまで，高周波電流の正相成分，逆相成分の振幅 c_p, s_p, c_n, s_n を用いた正相関信号（位相偏差相当値）p_c の代表的な合成法として，相関信号合成法Ⅰ～Ⅲを紹介した。3 種の合成法は，計算量の低減を図るべく，利用振幅数低減の観点から順次整理したものである。しかしながら，相関信号合成法はこれらに限定されるものではない。とくに，利用振幅数低減を考慮する必要のない状況では，さらに種々の相関信号合成法を考えることができる。

たとえば，一般化楕円形高周波電圧を用いる場合には，高周波電流の 4 振幅 c_p, s_p, c_n, s_n を加法処理して次のベクトルを生成し，この第 1 要素，第 2 要素を用いた逆正接処理信号を正相関信号（位相偏差相当値）p_c とすることも考えられる（式(12.7a)参照）。

$$(1+K)\begin{bmatrix} c_n \\ s_n \end{bmatrix} - (1-K)\begin{bmatrix} c_p \\ s_p \end{bmatrix} = K\frac{(L_q-L_d)V_h}{\omega_h L_d L_q}\begin{bmatrix} \cos 2\theta_\gamma \\ \sin 2\theta_\gamma \end{bmatrix} \ ; K \neq 0$$

また，一定楕円形高周波電圧を用いる場合には，高周波電流の4振幅 c_p, s_p, c_n, s_n を加法処理して次のベクトルを生成し，この第1要素，第2要素を用いた逆正接処理信号を正相関信号（位相偏差相当値）p_c とすることも考えられる（式(12.7b)参照）。

$$(1-K_\omega)(1+K)\begin{bmatrix} c_n \\ s_n \end{bmatrix} - (1+K_\omega)(1-K)\begin{bmatrix} c_p \\ s_p \end{bmatrix}$$
$$= (1-K_\omega K)(K-K_\omega)\frac{\omega_h(L_q-L_d)V_h}{(\omega_h^2-\omega_\gamma^2)L_d L_q}\begin{bmatrix} \cos 2\theta_\gamma \\ \sin 2\theta_\gamma \end{bmatrix} \ ; K \neq K_\omega$$

(2) 補足Ⅱ

新規な相関信号合成法の開発は，式(10.25)，式(10.26)の関係を利用して，振幅 c_p, s_p, c_n, s_n を振幅 $c_\gamma, s_\gamma, c_\delta, s_\delta$ に変換し，変換後の振幅 $c_\gamma, s_\gamma, c_\delta, s_\delta$ を用いて行うこともできる。印加高周波電圧の形状，応答高周波電流の形状（軌跡）によっては，振幅 c_p, s_p, c_n, s_n に代わって振幅 $c_\gamma, s_\gamma, c_\delta, s_\delta$ を利用したほうが，総合特性のよい正相関信号（位相偏差相当値）を合成しやすいこともある。たとえば，相関信号合成法Ⅲで生成した s_n と s_p とを用いて，s_δ あるいは s_γ を合成してもよい。

(3) 補足Ⅲ

式(10.21)，式(10.22)が示しているように，振幅 $c_\gamma, s_\gamma, c_\delta, s_\delta$ は，周波数 ω_h の高周波電流の γ 軸，δ 軸要素を構成する余弦成分，正弦成分の振幅を意味している。この認識に基づき，高周波電流の γ 軸要素，δ 軸要素より，直接的に振幅 $c_\gamma, s_\gamma, c_\delta, s_\delta$ を抽出することもできる。高周波電流の γ 軸要素，δ 軸要素からの直接的な振幅 $c_\gamma, s_\gamma, c_\delta, s_\delta$ の抽出法，さらには振幅 $c_\gamma, s_\gamma, c_\delta, s_\delta$ を用いた相関信号合成法に関しては，第12章で詳しく説明する。

11.4　相関信号生成器の特性検証

11.4.1　検証システム

以上提示した相関信号生成器（振幅抽出器，相関信号合成器）に関し，解析結果の妥当性を数値的に検証する。検証の目的は，相関信号生成器の原理的正当性の確認と，相関信号合成の簡略化の最大代償である固定子抵抗に起因する位相推定誤差特性解析の妥当性の確認である。

数値検証のためのシステムを図 11.10 に示した。供試 PMSM の速度は，負荷装置により制御されている。PMSM は，図 1.10 の A 形ベクトルシミュレータを $\alpha\beta$ 固定座標系上で実現し，このための電力変換器は理想的な二相電力変換器（ideal two-phase inverter）とした。PMSM 自体は，固定子電圧として高周波電圧のみを印加し，固定子電流を検出するようにしている。なお，同図では固定子電圧，固定子電流が定義された座標系を明示すべく，信号の脚符に s（$\alpha\beta$ 固定座標系），r（$\gamma\delta$ 準同期座標系）を付した。

同システムでは，α 軸から評価した回転子位相真値 θ_α に対し，ベクトル回転器に利用する位相（$\gamma\delta$ 準同期座標系位相）$\hat{\theta}_\alpha$ を $\hat{\theta}_\alpha=\theta_\alpha-\theta_\gamma$ とし，γ 軸から評価した回転子位相すなわち位相偏差 $\theta_\gamma=\theta_\alpha-\hat{\theta}_\alpha$ を指定できるようにしている（図 4.4 参照）。検出した固定子電流 $\boldsymbol{i}_1$ から，直流成分除去／バンドパスフィルタを用いて直流成分を除去し，高周波電流 $\boldsymbol{i}_{1h}$ を抽出している（図 10.2（a）参照）。

高周波電流 $\boldsymbol{i}_{1h}$ は，2 個の相関信号生成器へ入力されている。相関信号生成器のひとつは，式(11.32)の鏡相推定法に基づき，他のひとつは振幅定理 II と式(11.35)の相関信号合成法 I とに基づき構成されている（図 11.1 参照，鏡相推定法に基づく相関信号生成器に関しては文献 2）を参照）。2 個の相関信号生成器への入力信号である高周

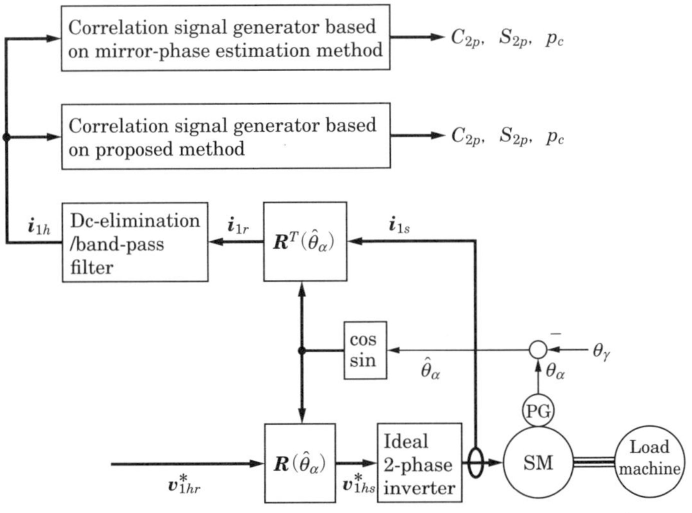

図 11.10　振幅抽出器と相関信号合成器の検証システム

波電流は同一である。このシステムによれば，鏡相推定法に基づく相関信号生成器の出力信号と本書提案の相関信号生成器の出力信号との比較を通じ，提案相関信号生成器の原理的正当性の検証と位相推定誤差の定量的評価とができる。

相関信号生成器の出力は，信号 C_{2p}, S_{2p} とこれに基づく正相関信号（楕円長軸位相に該当）p_c とした（図 10.6～図 10.8，図 11.4 参照）。なお，相関信号（楕円長軸位相）p_c と位相偏差 θ_γ は，必ずしも同一ではない点には注意されたい（図 10.3，図 11.4 参照）。

供試 PMSM としては，表 4.1 のものを利用した。検証に利用する高周波電圧は，楕円係数 K の選定を通じて高周波電流の正相成分と逆相成分の調整が可能な一般化楕円形高周波電圧とした。高周波電圧指令値生成に必要な回転子速度情報は，真値を利用し，この基本振幅，周波数はおのおの次式とした。

$$V_h = 23\,〔\mathrm{V}〕,\quad \omega_h = 800\cdot\pi\,〔\mathrm{rad/s}〕 \tag{11.54}$$

固定子電流 $\boldsymbol{i}_1$ から直流成分を除去するための直流成分除去／バンドパスフィルタとしては，次の広通過帯域幅をもつバンドパスフィルタで代用した。

$$F_{bp}(s) = \frac{\Delta\omega_c s}{s^2+\Delta\omega_c s+\omega_h^2}\ ;\ \Delta\omega_c = 300 \tag{11.55}$$

振幅抽出器におけるローパスフィルタ $F(s)$ としては，式(11.11)の定義に従う次の 2 次全極形フィルタとした。

$$F(s) = \frac{a_0}{s^2+a_1 s+a_0}\ ;\ \begin{array}{l} a_1 = 2\cdot 250 = 500 \\ a_0 = 250^2 = 62\,500 \end{array} \tag{11.56}$$

このローパスフィルタの帯域幅は，おおむね $0.65\cdot 250\approx 160$〔rad/s〕であり，減衰特性は -40 dB/dec である[1)]。

11.4.2　第 1 検証例（相関信号合成法 I）

負荷装置で供試 PMSM を定格速度 180 rad/s に保持したうえで，一般化楕円形高周波電圧を，楕円係数 $K=0$ を条件に印加した。この楕円係数のもとでは，高周波電流の正相成分と逆相成分との振幅は同一となる。具体的には，$g_{pi}=g_{ni}, g_{pm}=g_{nm}$ が成立し（式(10.19)，式(10.20)参照），$\gamma\delta$ 準同期座標系上の高周波電流軌跡は直線となる。なお，位相偏差 $\theta_\gamma=\theta_\alpha-\hat{\theta}_\alpha$ は，$\theta_\gamma=\pi/4$〔rad〕に設定した。

高周波電流を処理して得た数値結果を図 11.11 に示す。同図 (a) は鏡相推定法による結果を，同図 (b) は振幅定理 II と相関信号合成法 I とによる結果を示している。波形は，上から信号 C_{2p}, S_{2p}，正相関信号（楕円長軸位相相当値）p_c である。応答図より

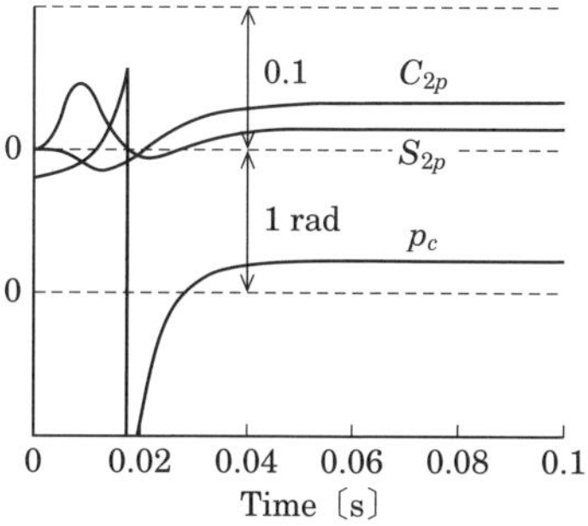

（a）　鏡相推定法による合成信号

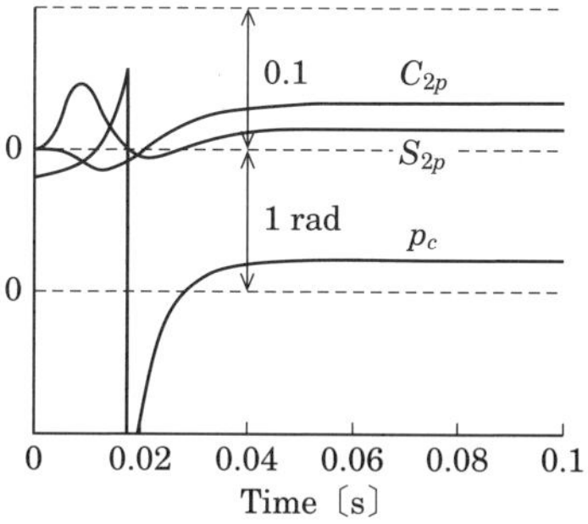

（b）　相関信号合成法Ⅰによる合成信号

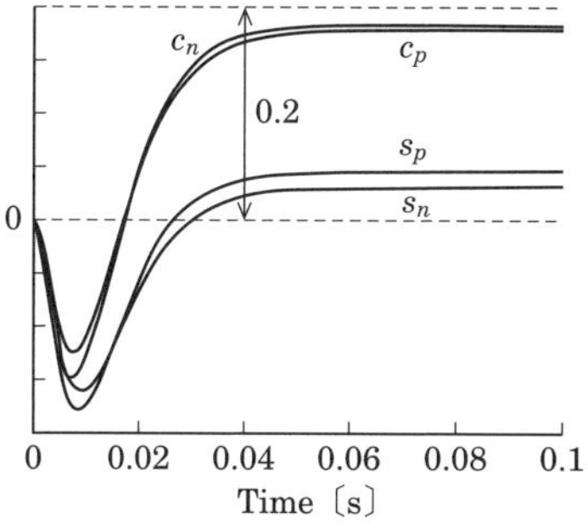

（c）　振幅抽出器による抽出振幅

図 11.11　$K=0$ での振幅定理Ⅱと相関信号合成法Ⅰの検証結果

確認されるように，振幅定理Ⅱと相関信号合成法Ⅰによる相関信号生成器の応答は，鏡相推定法によるそれと実質的に同一である。

同図（c）には，振幅抽出器の出力信号である 4 振幅 c_p, s_p, c_n, s_n を示した。$g_{pi}=g_{ni}$, $g_{pm}=g_{nm}$ の成立は，式(11.2)より $c_p=c_n, s_p=s_n$ の等式関係の成立を意味する。ところが，同図（c）では定常状態においてさえもこの関係が正確には成立していない。この関係における誤差発生は，式(10.11)の前提のもとに無視した固定子抵抗 R_1 に起因している（式(11.45)，後掲の図 11.13，式(11.59)参照）。

この数値検証の条件下では，表 4.1 と式(11.28)より正相関信号（楕円長軸位相）の真値は次式となる。

$$p_c = \theta_{re} = 0.2174 \tag{11.57}$$

図 11.11 の正相関信号 p_c は，式(11.57)の値と一致している。すなわち，$c_p=c_n, s_p=s_n$ の等式関係が正確に成立しない場合にも，正相関信号は正しく生成されている。換言するならば，楕円長軸位相は正しく推定されている。固定子抵抗の影響を排除す

る推定特性は，高周波電流の正相，逆相の両成分を対称的に利用する鏡相推定法の魅力的特性のひとつであり，振幅定理Ⅱと相関信号合成法Ⅰに基づく相関信号生成器においても本特性が維持されていることが確認される。

信号 C_{2p}, S_{2p}，正相関信号 p_c における微小な脈動（図11.11では，必ずしも明瞭でない）は，式(11.56)で設計したローパスフィルタ $F(s)$ で除去しきれなかった $2\omega_h=1\,600\pi$〔rad/s〕の残留高周波成分に起因している（式(11.7)，式(11.11)参照)。この微小脈動は，振幅抽出器の出力信号である4振幅 c_p, s_p, c_n, s_n にも出現している。微小脈動は，フィルタ次数の増加あるいは式(11.12)のノッチ同伴フィルタを利用すれば，実質的に完全除去できる。

なお，過渡応答における速応性の支配要因は，ローパスフィルタ $F(s)$ である。このフィルタの時定数の概略値は0.005 sである。図11.11の過渡応答に出現した速応性は，設計のフィルタ特性と整合している。

11.4.3　第2検証例（相関信号合成法Ⅰ）

負荷装置で供試PMSMを定格速度180 rad/sに保持したうえで，一般化楕円形高周波電圧を，楕円係数 $K=1$ を条件に印加した。この楕円係数の選定は，真円形高周波電圧の印加を意味し，高周波電流の逆相成分の振幅は最小となる。一方，式(11.28)より式(11.42)の関係が成立し，正相関信号（楕円長軸位相）と γ 軸から評価した回転子位相は同一となる。位相偏差 $\theta_\gamma=\theta_\alpha-\hat{\theta}_\alpha$ に関しては，正相関領域を考慮のうえ，$\theta_\gamma=\pi/3$〔rad〕という大きな値に設定した。

高周波電流を処理して得た数値結果を図11.12に示す。同図(a)は鏡相推定法による結果を，同図(b)は振幅定理Ⅱと相関信号合成法Ⅰとによる結果を示している。波形は，上から信号 S_{2p}，正相関信号 p_c，信号 C_{2p} を意味している。振幅定理Ⅱと相関信号合成法Ⅰとに基づく相関信号生成器の応答は，鏡相推定法の基づくそれと実質的に同一である。両図では，正相関信号 p_c が次の所期の値（楕円長軸位相，γ 軸から評価した回転子位相）を示していることも確認される。

$$p_c=\theta_{\gamma e}=\theta_\gamma=1.047 \tag{11.58}$$

同図(c)には，振幅抽出器の出力信号である4振幅 c_p, s_p, c_n, s_n を示した。固定子抵抗の影響が完全に無視できる場合には振幅 s_p はゼロになるが，図11.12(c)では式(10.11)の前提のもとに無視した固定抵抗の影響により，振幅 s_p は非ゼロの微小正値を示している。しかしながら，鏡相推定法，振幅定理Ⅱと相関信号合成法Ⅰに基づく正相関信号は，固定子抵抗の影響を受けることなく，式(11.58)に示した同真値に実質

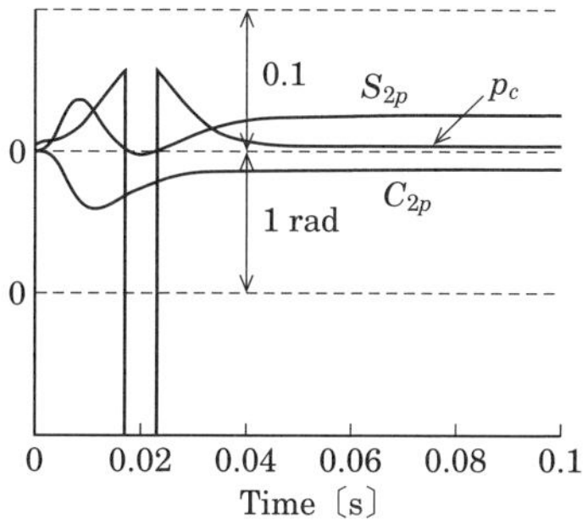

（a） 鏡相推定法による合成信号

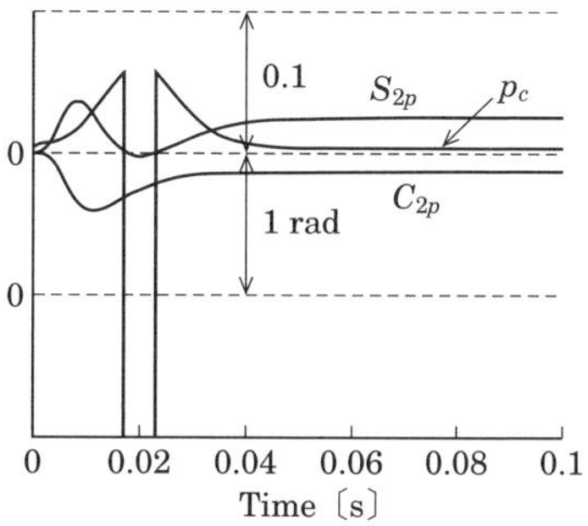

（b） 相関信号合成法Ⅰによる合成信号

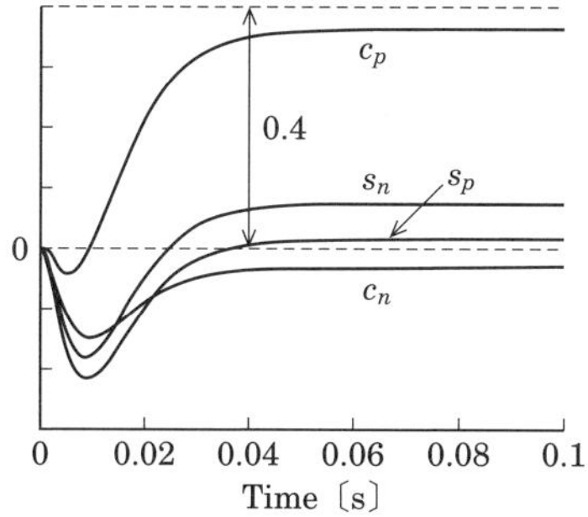

（c） 振幅抽出器による抽出振幅

図 11.12 $K=1$ での振幅定理Ⅱと相関信号合成法Ⅰの検証結果

的に収束している（式(11.45)，後掲の図 11.13，式(11.59)参照）。

図 11.11，図 11.12 における鏡相推定法による応答と，振幅定理Ⅱと相関信号合成法Ⅰによる応答との同一性は，振幅定理Ⅱと相関信号合成法Ⅰの原理的正当性と固定子抵抗に起因する位相推定誤差の特性解析の妥当性を裏づけるものである。

11.4.4 第 3 検証例（相関信号合成法Ⅱ）

相関信号合成法Ⅱ-N を利用した数値検証を，第 2 検証例と同一条件で行った。すなわち，楕円係数 $K=1$ の条件下の図 11.12（c）と同一の振幅 c_n, s_n を用いて，相関信号合成法Ⅱ-N の応答を調べた。図 11.13（a）は，相関信号合成法Ⅱ-N による結果である。波形は，上から振幅 s_n，正相関信号（楕円長軸位相，回転子位相の推定値に該当）p_c，振幅 c_n である（式(11.38)，式(11.41)，式(11.42)参照）。

相関信号合成法Ⅱ-N は，高周波電流の逆相成分しか利用していない。このため，正相関信号 p_c の過渡応答に関しては，その細部は相関信号合成法Ⅰと異なるが，同一

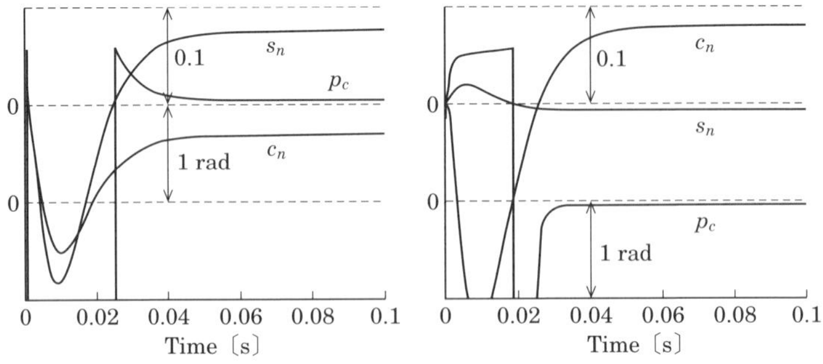

（a）　速度 180 rad/s　　（b）　速度 0 rad/s

図 11.13　相関信号合成法IIの検証結果

の振幅抽出器を利用しているので速応性はこれらと同一である。速応性の同一性より，相関信号は約 0.04 s 後には実質的に収束している。

図 11.13（a）では必ずしも明瞭ではないが，正相関信号は，正相関真値（楕円長軸位相真値）に対して約 0.03 rad 小さくなっている。これは，式(10.11)の前提のもとに無視した固定子抵抗 R_1 の影響による。固定子抵抗に起因する位相推定誤差は，式(11.45)に解析解が与えられている。この解析式に数値検証条件を付与すると，次の値を得る。

$$p_c - p_c^* = -\tan^{-1}\frac{R_1}{\omega_h L_i} = -0.0338 \qquad (11.59)$$

図 11.13（a）の正相関信号（楕円長軸位相，回転子位相の推定値に該当）p_c は，式(11.59)の位相推定誤差特性と高い整合性を示している。

式(11.45)に与えた位相推定誤差特性を再度確認すべく，図 11.13（a）と同様な数値検証を，回転子速度と位相偏差を変更して行った。具体的には，回転子速度をゼロ速度に，位相偏差 $\theta_\gamma = \theta_\alpha - \hat{\theta}_\alpha$ を $\theta_\gamma = 0$〔rad〕に変更した。検証結果を図 11.13（b）に示す。波形は，上から振幅 c_n, s_n，正相関信号 p_c である。図 11.13（b）から，回転子速度，位相偏差の変更にもかかわらず，約 −0.03 rad の位相推定誤差が確認される。図 11.13 の応答は，相関信号合成法II-N の原理的正当性と位相推定誤差の特性解析の妥当性を裏づけるものである。

11.4.5　第 4 検証例（相関信号合成法III）

図 11.13（b）の応答は，以下に示すように相関信号合成法III-N の原理的正当性と位相推定誤差解析の妥当性を裏づけるものでもある。

この例の検証条件を式(11.50)に適用すると，振幅 s_n として次式を得る。

$$
\begin{aligned}
s_n &= g_{nm}\sin 2\theta_\gamma \approx 2g_{nm}\theta_\gamma \\
&= \frac{-2L_m V_h}{\omega_h L_d L_q}\theta_\gamma = 0.1597\theta_\gamma\ ;\ |\theta_\gamma| < 0.5
\end{aligned}
\tag{11.60}
$$

$\theta_\gamma=0$〔rad〕の条件下である図 11.13 (b) においては，振幅 s_n は相関信号合成法Ⅱ-N による正相関信号 p_c（楕円長軸位相 $\theta_{\gamma e}=\theta_\gamma=0$ の推定値）とおおむね比例関係にあり，上記の解析値の妥当性が確認される。

位相推定誤差の解析結果によれば，振幅 s_n は，定常的には固定子抵抗に起因した式(11.59)相当の誤差，すなわち次の誤差 $\varDelta s_n$ を有することになる。

$$
\varDelta s_n = 0.1597\cdot(-0.0338) = -5.398\cdot 10^{-3} \tag{11.61}
$$

図 11.13 (b) より，式(11.61)の解析値をもつ誤差 $\varDelta s_n$ が発生していることも確認される。

相関信号合成Ⅰと同一性能をもつ鏡相推定法の実機実験データは，文献 2) に詳しく紹介されている。

11.5 高周波積分形 PLL 法

11.5.1 PLL の基本構成

PLL を構成する主要機器は，位相同期器である。位相同期器への入力信号 u_{PLL} は，理想的には低周波の正相関信号（位相偏差相当値）p_c である。11.5 節では，位相同期器への入力信号 u_{PLL} が，元来の低周波成分に加えて，$2\omega_h$ の高周波成分を有する場合を考える。このような入力信号 u_{PLL} に対する位相同期器の設計原理を与えるものが，次の高周波積分形 PLL 法である[2),10)～13)]。

◆ 高周波積分形 PLL 法[2),10)～13)]

$$
\omega_\gamma = C(s)u_{PLL} \tag{11.62a}
$$

$$
\hat{\theta}_\alpha = \frac{1}{s}\omega_\gamma \tag{11.62b}
$$

$$
\begin{aligned}
C(s) &= \frac{C_N(s)}{C_D(s)} \\
&= \frac{c_{nm}s^m + c_{nm-1}s^{m-1} + \cdots + c_{n0}}{s(s^{m-1} + c_{dm-1}s^{m-2} + \cdots + c_{d1})}
\end{aligned}
\tag{11.62c}
$$

■

高周波積分形PLL法において，回転子速度推定値 $\widehat{\omega}_{2n}$ が必要な場合には，$\gamma\delta$ 準同期座標系速度 ω_γ を本推定値として利用すればよい。この際，次式のように必要に応じローパスフィルタ $F_l(s)$ を用い，座標系速度 ω_γ に含まれる高周波成分を除去することになる。

$$\widehat{\omega}_{2n} = F_l(s)\omega_\gamma \tag{11.63}$$

高周波積分形PLL法の形式的な特徴は，位相制御器 $C(s)$ の分母多項式が s を独立因子としてつねに有する点にある。以降では，高周波積分形PLL法に利用される位相制御器をとくに高周波位相制御器と呼称する。高周波位相制御器は，図11.9などにおいて，入力信号に高周波成分が存在しないと仮定した通常の位相制御器 $C(s)$ と高周波成分除去用ローパスフィルタ $F(s)$ とを一体化したもの $(C(s)F(s))$ に該当する。

高周波位相制御器への入力信号 u_{PLL} は，高周波正相関信号 s_h，高周波残留外乱 n_h の2成分から構成されているものとする。

$$u_{PLL} = s_h + n_h \tag{11.64}$$

このとき，高周波正相関信号 s_h は，回転子位相 θ_γ を有する次式で表現できるものとする。

$$s_h = K_\theta K_h \theta_\gamma \ ; \ K_\theta = \text{const} \tag{11.65a}$$

$$K_h = 1 - K_{hc}\cos(2\omega_h t + \varphi_s) \ ; \ 0 \le K_{hc} \le 1 \tag{11.65b}$$

信号係数 K_θ に付随した等価係数 K_h は，回転子位相 θ_γ と独立しており，かつ次の非負関係を満足している。

$$0 \le K_h \le 2 \tag{11.66}$$

等価係数 K_h はゼロとなりうるが，ゼロをとるのは瞬時である。また，等価係数の平均値は1である。

高周波残留外乱 n_h は，基本的に位相情報を有せず，位相同期状態 $\theta_\gamma=0$ が達成された場合においても残留しうる外乱であり，次式で表現されるものとする。

$$n_h = \frac{1}{2}K_n \sin(2\omega_h t + \varphi_n) \tag{11.67}$$

なお，式(11.67)における係数 K_n は外乱係数とよばれる。

式(11.62)～式(11.67)に基づき，PLLが構成するフィードバックループを図11.14に示した。同図では，参考までに位相補正信号 $K_\theta \Delta\theta_s$ の入力のようすも示した。

図11.9のPLLは，近似的には図11.14，式(11.65)において $K_{hc}=0$，$K_h=1$ とした

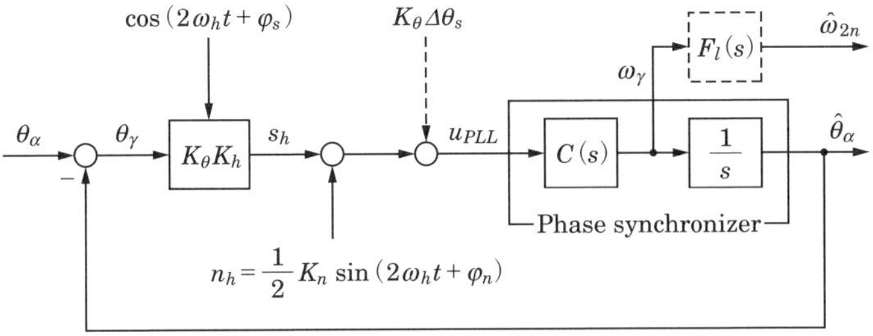

図 11.14　高周波積分形 PLL 法のシステム原理

場合に該当する。

11.5.2　高周波位相制御器の設計原理

(1) 設計の必要性

高周波位相制御器 $C(s)$ への入力信号 u_{PLL} は，一般に高周波残留外乱 n_h を含む。高周波残留外乱は，回転子位相推定値が同真値へ収束した後にもゼロにはならず常時残留する。この結果，高周波残留外乱の影響が位相推定値，速度推定値に常時出現することになる。

ここでは，高周波積分形 PLL の効果により，すなわち図 11.14 に示した高周波位相制御器 $C(s)$ と位相積分器 $1/s$ との効果により，高周波残留外乱の位相推定値，速度推定値への影響を抑圧することを考える。

(2) PLL 安定化のための条件

図 11.14 の高周波積分形 PLL 法のシステム原理を考える。回転子位相真値 θ_α から同推定値 $\hat{\theta}_\alpha$ に至る伝達特性 $F_C(s)$ は，以下のように近似表現することができる。

$$F_C(s) = \frac{F_N(s)}{F_D(s)} = \frac{K_\theta K_h C_N(s)}{sC_D(s) + K_\theta K_h C_N(s)} \tag{11.68}$$

「等価係数 K_h は，周波数 $2\omega_h$ で変化する高周波信号が回転子位相と独立して振動する」ことを考慮し，上式ではこれを係数として組み込んでいる。

高周波残留外乱 n_h が存在しない場合には，高周波位相制御器 $C(s)$ を次の式(11.69)で定義した $F_D(s)$ が，任意の $0<K_h\le 2$ に対してフルビッツ多項式となるよう設計するならば，回転子位相推定値は同真値に安定収束し，所期の目的が達成される[2),10)~13)]。

$$F_D(s) = sC_D(s) + K_\theta K_h C_N(s)\ ;\ 0 < K_h \le 2 \tag{11.69}$$

任意の $0<K_h\le 2$ に対して $F_D(s)$ をフルビッツ多項式とするための原理は，次の定

理として整理される。

《定理 11.4（高周波位相制御器定理）》

①$C_D(s)$が単独形式でs因子をもつ高周波位相制御器$C(s)$を，式(11.70)の1次制御器（PI制御器）として設計する場合には，$F_D(s)$は任意の$0<K_h\leq 2$に対してフルビッツ多項式となる。

$$C(s)=\frac{c_{n1}s+c_{n0}}{s} \tag{11.70a}$$

$$c_{n0}>0,\ \ c_{n1}>0 \tag{11.70b}$$

②$C_D(s)$が単独形式でs因子をもつ高周波位相制御器$C(s)$を，式(11.71)の2次制御器として設計する場合には，$F_D(s)$は任意の$0<K_h\leq 2$に対してフルビッツ多項式となる。

$$C(s)=\frac{c_{n1}s+c_{n0}}{s(s+c_{d1})}$$
$$=\frac{\left(\dfrac{c_{n1}}{c_{d1}}\right)s+\left(\dfrac{c_{n0}}{c_{d1}}\right)}{s}\cdot\frac{c_{d1}}{s+c_{d1}} \tag{11.71a}$$

$$c_{n0}>0,\ \ c_{n1}>0,\ \ c_{d1}>\frac{c_{n0}}{c_{n1}}>0 \tag{11.71b}$$

③$C_D(s)$が単独形式でs因子をもつ高周波位相制御器$C(s)$を，式(11.72)の1/3形3次制御器として構成する。$F_D(s)$が$K_h=2$に対してフルビッツ多項式となるとき，$F_D(s)$は任意の$0<K_h\leq 2$に対してフルビッツ多項式となる。

$$C(s)=\frac{c_{n1}s+c_{n0}}{s(s^2+c_{d2}s+c_{d1})}$$
$$=\frac{\left(\dfrac{c_{n1}}{c_{d1}}\right)s+\left(\dfrac{c_{n0}}{c_{d1}}\right)}{s}\cdot\frac{c_{d1}}{s^2+c_{d2}s+c_{d1}} \tag{11.72a}$$

$$c_{ni}>0,\ \ c_{di}>0 \tag{11.72b}$$

④$C_D(s)$が単独形式でs因子をもつ高周波位相制御器$C(s)$を，式(11.73)の3/3形3次制御器として構成する。$F_D(s)$が$K_h=2$に対してフルビッツ多項式となるとき，$F_D(s)$は任意の$0<K_h\leq 2$に対してフルビッツ多項式となる。

$$C(s)=\frac{(s^2+4\omega_h^2)(c_{n3}s+c_{n2})}{s(s^2+c_{d2}s+c_{d1})}$$

$$= \frac{\left(\dfrac{4\omega_h^2 c_{n3}}{c_{d1}}\right)s + \left(\dfrac{4\omega_h^2 c_{n2}}{c_{d1}}\right)}{s} \cdot \frac{\left(\dfrac{c_{d1}}{4\omega_h^2}\right)(s^2 + 4\omega_h^2)}{s^2 + c_{d2}s + c_{d1}} \tag{11.73a}$$

$$c_{ni} > 0, \quad c_{di} > 0 \tag{11.73b}$$

〈証明〉

①次の 2 次多項式 $H(s)$ を考える。

$$H(s) = s^2 + h_1 s + h_0 \tag{11.74}$$

多項式 $H(s)$ がフルビッツ多項式となるための必要十分条件は，すべての係数 h_i が正であることである。

$C_D(s)$ が単独形式で s 因子をもつには，式(11.70a)より $c_{n0} \neq 0$ の条件が必要である。この場合，式(11.70a)に対する $F_D(s)$ は，式(11.69)より次式となる。

$$F_D(s) = s^2 + K_\theta K_h (c_{n1}s + c_{n0}) \tag{11.75}$$

したがって，$F_D(s)$ が $0 < K_h \leq 2$ の値に関係せず，フルビッツ多項式となる条件は式(11.70b)となる。

②次の 3 次多項式 $H(s)$ を考える。

$$H(s) = s^3 + h_2 s^2 + h_1 s + h_0 \tag{11.76a}$$

多項式 $H(s)$ がフルビッツ多項式となるための必要十分条件は，すべての係数 h_i が正であり，かつ次式を満足することである。

$$h_0 < h_1 h_2 \tag{11.76b}$$

$C_D(s)$ が単独形式で s 因子をもつには，式(11.71a)より $c_{n0} \neq 0$ の条件が必要である。この場合，式(11.71a)に対する $F_D(s)$ は，式(11.69)より次式となる。

$$F_D(s) = s^3 + c_{d1}s^2 + K_\theta K_h (c_{n1}s + c_{n0}) \tag{11.77}$$

したがって，$F_D(s)$ が $0 < K_h \leq 2$ の値に関係せず，フルビッツ多項式となる条件は，式(11.71b)となる。

③次の 4 次多項式 $H(s)$ を考える。

$$H(s) = s^4 + h_3 s^3 + h_2 s^2 + h_1 s + h_0 \tag{11.78a}$$

多項式 $H(s)$ がフルビッツ多項式となるための必要十分条件は，すべての係数 h_i が正であり，かつ次式を満足することである。

$$h_3 h_2 h_1 - h_3^2 h_0 - h_1^2 > 0 \tag{11.78b}$$

$C_D(s)$ が単独形式で s 因子をもつには，式(11.72a)より $c_{n0} \neq 0$ の条件が必要である。この場合，式(11.72a)に対する $F_D(s)$ は，式(11.69)より次式となる。

$$F_D(s) = s^4 + c_{d2}s^3 + c_{d1}s^2 + K_\theta K_h (c_{n1}s + c_{n0}) \tag{11.79}$$

式(11.79)の係数に式(11.78b)の関係を適用すると，次式を得る。

$$c_{d2}c_{d1}K_\theta K_h c_{n1} - c_{d2}^2 K_\theta K_h c_{n0} - K_\theta^2 K_h^2 c_{n1}^2 > 0 \tag{11.80a}$$

式(11.80a)を $K_h K_\theta c_{n1} > 0$ で除すると，$F_D(s)$ がフルビッツ多項式となる必要十分条件として次式を得る。

$$c_{d2}c_{d1} - c_{d2}^2 \frac{c_{n0}}{c_{n1}} - K_\theta K_h c_{n1} > 0 \tag{11.80b}$$

$K_h=2$ で式(11.80b)の不等関係が成立するならば，任意の $0<K_h\leq 2$ で式(11.80b)の不等関係が成立する。これは定理を意味する。

④$C_D(s)$ が単独形式で s 因子をもつには，式(11.73a)より $c_{n2}\neq 0$ の条件が必要である。この場合，式(11.73a)に対する $F_D(s)$ は，式(11.69)より次式となる。

$$\begin{aligned} F_D(s) &= s^4 + (c_{d2} + K_\theta K_h c_{n3})s^3 + (c_{d1} + K_\theta K_h c_{n2})s^2 \\ &\quad + 4\omega_h^2 K_\theta K_h c_{n3} s + 4\omega_h^2 K_\theta K_h c_{n2} \end{aligned} \tag{11.81}$$

式(11.81)の係数に式(11.78b)の関係を適用すると，次式を得る。

$$\begin{aligned} &(c_{d2} + K_\theta K_h c_{n3})(c_{d1} + K_\theta K_h c_{n2})(4\omega_h^2 K_\theta K_h c_{n3}) \\ &- (c_{d2} + K_\theta K_h c_{n3})^2 (4\omega_h^2 K_\theta K_h c_{n2}) - (4\omega_h^2 K_\theta K_h c_{n3})^2 > 0 \end{aligned} \tag{11.82a}$$

式(11.82a)を $4\omega_h^2 K_\theta K_h (c_{d2} + K_\theta K_h c_{n3}) > 0$ で除すると，$F_D(s)$ がフルビッツ多項式となる必要十分条件として次式を得る。

$$c_{d1}c_{n3} - c_{d2}c_{n2} - \frac{4\omega_h^2 K_\theta c_{n3}^2}{\dfrac{c_{d2}}{K_h} + K_\theta c_{n3}} > 0 \tag{11.82b}$$

$K_h=2$ で式(11.82b)の不等関係が成立するならば，任意の $0<K_h\leq 2$ で式(11.82b)の不等関係が成立する。これは定理を意味する。

■

等価係数 K_h は，式(11.65b)が示しているように，瞬時的には $K_h=0$ となる。$K_h=0$ の瞬時発生は，図11.14より明らかなように，高周波位相制御器への主要成分である高周波正相関信号 s_h がゼロとなることを意味する。高周波位相制御器は積分要素をもつので，高周波正相関信号ゼロ $s_h=0$ の瞬時発生に対しては，高周波位相制御器のこれに対応した内部信号と出力信号は瞬時ゼロ発生の直前値を維持する。一方，高周波位相制御器の高周波残留外乱 n_h に対応した内部信号と出力信号は，11.5.3項で説明するように，等価係数 K_h の変動に関係なく所期の減衰を受ける。この結果，$s_h=0$ の瞬時発生に対して，高周波位相制御器は最も好ましい応答を示し，PLLを不安定化することはない。

式(11.71)の 2 次制御器は，1 次全極形ローパスフィルタと PI 制御器との積として（式(11.11)参照），式(11.72)の 1/3 形 3 次制御器は，2 次全極形ローパスフィルタと PI 制御器との積として（式(11.11)参照），また式(11.73)の 3/3 形 3 次制御器は，ノッチ同伴 2 次フィルタと PI 制御器との積として（式(11.12)参照），おのおのとらえることができる。定理 11.4 が示す係数条件から理解されるように，PLL を構成するローパスフィルタは，位相制御器と一体的に設計しなければならない（11.3.3 項の（2）参照）。

(3) 高周波残留外乱の抑圧

高周波位相制御器の設計の目的は，PLL の安定性・速応性の確保と同時に，回転子の位相推定値，速度推定値における高周波残留外乱の影響抑圧にある。高周波残留外乱の影響抑圧を検討すべく，図 11.14 の PLL の伝達特性を考える。PLL の帯域幅 ω_{PLLc} に比較して，高周波残留外乱の周波数 $2\omega_h$ が十分に高い場合には，高周波残留外乱は，高周波残留外乱にとって開ループ伝達関数で表現された動的処理を受けて外部へ出現する。すなわち，高周波残留外乱は，座標系速度 ω_γ には $C(s)$ の抑圧（あるいは増幅）を受けて，回転子位相推定値 $\hat{\theta}_\alpha$ には $C(s)/s$ の抑圧を受けて出現する。以下に，周波数 $2\omega_h$ の高周波残留外乱の定常抑圧性を，個々の高周波位相制御器 $C(s)$ について示す。

①式(11.70)に示した 1 次の高周波位相制御器 $C(s)$ を利用する場合には，概略次の定常関係が成立する。

$$|C(j2\omega_h)| \approx c_{n1}, \quad \frac{|C(j2\omega_h)|}{2\omega_h} \approx \frac{c_{n1}}{2\omega_h} \tag{11.83}$$

②式(11.71)に示した 2 次の高周波位相制御器 $C(s)$ を利用する場合には，概略次の定常関係が成立する。

$$|C(j2\omega_h)| \approx \frac{c_{n1}}{2\omega_h}, \quad \frac{|C(j2\omega_h)|}{2\omega_h} \approx \frac{c_{n1}}{4\omega_h^2} \tag{11.84}$$

③式(11.72)に示した 3 次の高周波位相制御器（1/3 形）$C(s)$ を利用する場合には，概略次の定常関係が成立する。

$$|C(j2\omega_h)| \approx \frac{c_{n1}}{4\omega_h^2}, \quad \frac{|C(j2\omega_h)|}{2\omega_h} \approx \frac{c_{n1}}{8\omega_h^3} \tag{11.85}$$

④式(11.73)に示した 3 次の高周波位相制御器（3/3 形）$C(s)$ を利用する場合には，次の定常関係が成立する。

$$|C(j2\omega_h)| = 0, \quad \frac{|C(j2\omega_h)|}{2\omega_h} = 0 \tag{11.86}$$

式(11.83)が示しているように，1次の高周波位相制御器による場合には，定常的な高周波残留外乱は，座標系速度には制御器係数 c_{n1} に比例増幅したかたちで出現する。また，回転子位相推定値にも相当程度出現することが推測される。

式(11.84)〜式(11.86)より，高周波残留外乱抑圧の観点からは，2次または3次の高周波位相制御器の利用が実際的であることがわかる。とくに，式(11.73)の3/3形3次高周波位相制御器を利用する場合には，式(11.86)に明示したように，ノッチ効果により高周波残留外乱の定常的影響は完全に除去できる。

11.5.3　高周波位相制御器の設計例

設計例を通じて，高周波位相制御器の設計法を示す。設計法は，PLLの帯域幅指定を通じ高周波位相制御器を設計するものである。

高周波位相制御器 $C(s)$ の設計に際しては，以下の2点を設定して行う。

- 等価係数 K_h は，原則としてその平均値である $K_h=1$ と考える。
- 高周波残留外乱は，PLLの安定性に影響を及ぼさないので，高周波位相制御器の安定性に基づく設計には，この存在を無視する。

具体的設計例のための数値としては，以下を使用する。

$$\omega_h = 800 \cdot \pi, \quad K_\theta = 0.0577, \quad \frac{1}{2}K_n = -0.0621, \quad \omega_{PLLc} = 150 \tag{11.87}$$

(1) 1次制御器

式(11.70)を式(11.68)に用いてPLLの伝達関数 $F_C(s)$ を算定し，このうえで伝達関数分母多項式 $F_D(s)$ がフルビッツ多項式 $H(s)$ と等しくなるように高周波位相制御器を設計することを考える。この場合，次式を得る。

$$\begin{aligned} F_C(s) &= \frac{F_N(s)}{F_D(s)} = \frac{K_\theta K_h(c_{n1}s + c_{n0})}{s^2 + K_\theta K_h(c_{n1}s + c_{n0})} \\ &= \frac{F_N(s)}{H(s)} = \frac{K_\theta K_h(c_{n1}s + c_{n0})}{s^2 + h_1 s + h_0} \end{aligned} \tag{11.88}$$

ただし，

$$\left.\begin{aligned} c_{n1} &= \frac{h_1}{K_\theta K_h} = \frac{h_1}{K_\theta} \\ c_{n0} &= \frac{h_0}{K_\theta K_h} = \frac{h_0}{K_\theta} \end{aligned}\right\} \tag{11.89}$$

フルビッツ多項式 $H(s)$ の係数が選定できれば，式(11.89)より制御器係数はただちに設計できる。本書では，フルビッツ多項式の係数を PLL の帯域幅の観点より定める。式(11.88)の形式の伝達関数に関しては，フルビッツ多項式の係数と帯域幅 ω_{PLLc} とのあいだには次式が成立する[1)]。

$$\omega_{PLLc} \approx h_1 \tag{11.90}$$

フルビッツ多項式 $H(s)$ に安定な 2 重根をもたせるものとする。この条件と式(11.90)を式(11.89)に用いると，次の制御器係数を得る。

$$\left.\begin{aligned} c_{n1} &= \frac{h_1}{K_\theta} \approx \frac{\omega_{PLLc}}{K_\theta} \approx 2.600\cdot 10^3 \\ c_{n0} &= \frac{0.25h_1^2}{K_\theta} \approx \frac{0.25\omega_{PLLc}^2}{K_\theta} \approx 9.748\cdot 10^4 \end{aligned}\right\} \tag{11.91}$$

上の値は，式(11.70b)の条件を満足している。

式(11.83)に示した高周波残留外乱の定常抑圧性に関し，以下を得る。

$$c_{n1} \approx 2.600\cdot 10^3, \quad \frac{c_{n1}}{2\omega_h} \approx 0.5171 \tag{11.92}$$

上式より，高周波残留外乱は，座標系速度には約 2 600 倍増幅されて出現することが，また回転子位相推定値には約 0.5 倍に低減されて出現することがわかる。式(11.87)の外乱係数に関しては，約 2 600 倍増幅は許容できない大きな値である。

一般に，高周波位相制御器への入力信号が高周波残留外乱を有しない場合にかぎり，すなわち実質的に外乱係数ゼロ $K_n=0$ の場合にかぎり，1 次制御器は利用可能である。

(2) 2 次制御器

式(11.71)を式(11.68)に用いて PLL の伝達関数 $F_C(s)$ を算定し，このうえで伝達関数分母多項式 $F_D(s)$ がフルビッツ多項式 $H(s)$ と等しくなるように高周波位相制御器を設計することを考える。この場合，次式を得る。

$$\begin{aligned} F_C(s) &= \frac{F_N(s)}{F_D(s)} = \frac{K_\theta K_h(c_{n1}s + c_{n0})}{s^3 + c_{d1}s^2 + K_\theta K_h(c_{n1}s + c_{n0})} \\ &= \frac{F_N(s)}{H(s)} = \frac{K_\theta K_h(c_{n1}s + c_{n0})}{s^3 + h_2 s^2 + h_1 s + h_0} \end{aligned} \tag{11.93}$$

ただし，

$$\left.\begin{aligned} c_{d1} &= h_2 \\ c_{n1} &= \frac{h_1}{K_\theta K_h} = \frac{h_1}{K_\theta} \\ c_{n0} &= \frac{h_0}{K_\theta K_h} = \frac{h_0}{K_\theta} \end{aligned}\right\} \tag{11.94}$$

フルビッツ多項式 $H(s)$ の係数が選定できれば，式(11.94)より制御器係数はただちに設計できる。本書では，フルビッツ多項式の係数をPLLの帯域幅の観点より定める。これに関しては，次の2次制御器定理が成立する。

《定理 11.5（2次制御器定理）》

次の伝達関数 $F(s)$ を考える。

$$F(s) = \frac{f_1 s + f_0}{s^3 + f_2 s^2 + f_1 s + f_0} \tag{11.95}$$

伝達関数の分母多項式が3重実根をもつとき，伝達関数の帯域幅 ω_c と0次係数 f_0 とは次の関係を有する。

$$\left.\begin{aligned} f_0^{1/3} &\approx 0.746\omega_c \\ \omega_c &\approx 1.34 f_0^{1/3} \end{aligned}\right\} \tag{11.96}$$

〈証明〉

式(11.95)の伝達関数の相対次数は2であり，帯域幅近傍およびこれ以遠の周波数領域では，本伝達関数は相対次数2の2次遅れ系として次のように近似される。

$$\begin{aligned} F(s) &\approx \frac{f_1}{s^2 + f_2 s + f_1} \\ &= \frac{\omega_n^2}{s^2 + 2\zeta\omega_n s + \omega_n^2} \end{aligned} \tag{11.97}$$

2次遅れ系の帯域幅 ω_c と係数とのあいだには，次の関係が成立している[1)]。

$$\frac{\omega_c}{\omega_n} \approx \begin{cases} 1.55(1 - 0.707\zeta^2) \ ; \zeta \le 0.7 \\ \dfrac{0.5}{\sqrt{\zeta^2 - 0.5\zeta + 0.1}} \ ; \zeta \ge 0.7 \end{cases} \tag{11.98}$$

さてここで，式(11.95)の分母多項式に3重実根をもたせることを考える。このとき，次式が成立する。

$$f_2 = 3 f_0^{1/3}, \qquad f_1 = 3 f_0^{2/3} \tag{11.99}$$

式(11.97)は，式(11.99)を用いると，以下のように書き改められる。

$$F(s) \approx \frac{(\sqrt{3}f_0^{1/3})^2}{s^2+2\zeta(\sqrt{3}f_0^{1/3})s+(\sqrt{3}f_0^{1/3})^2} \;;\; \zeta=\frac{\sqrt{3}}{2} \tag{11.100}$$

式(11.100)の $F(s)$ における係数と帯域幅との関係は，$\zeta=\sqrt{3}/2$ の条件を式(11.98)に用いると，所期の次式となる。

$$\begin{aligned} f_0^{1/3} &= \frac{\omega_n}{\sqrt{3}} \approx \frac{\sqrt{\zeta^2-0.5\zeta+0.1}}{0.5\sqrt{3}}\omega_c \\ &\approx 0.746\omega_c \end{aligned} \tag{11.111}$$

■

定理 11.5 の式(11.96)の妥当性を確認するために，式(11.99)を条件に式(11.95)の周波数応答を調べた。図 11.15 にこれを示した。同図では，周波数軸を正規化周波数 $\overline{\omega}=\omega/f_0^{1/3}$ で表示している。正規化周波数 $\overline{\omega}=1.34$〔rad/s〕の近傍において約 -3 dB の減衰と約 $-\pi/2$ rad の位相遅れが得られており，式(11.96)の妥当性が確認される。

高周波位相制御器係数は，フルビッツ多項式 $H(s)$ が安定な 3 重根をもつように定めることにする。$f_i=h_i, \omega_c=\omega_{PLLc}$ として式(11.96)，式(11.99)を式(11.94)に適用すると，次の制御器係数を得る。

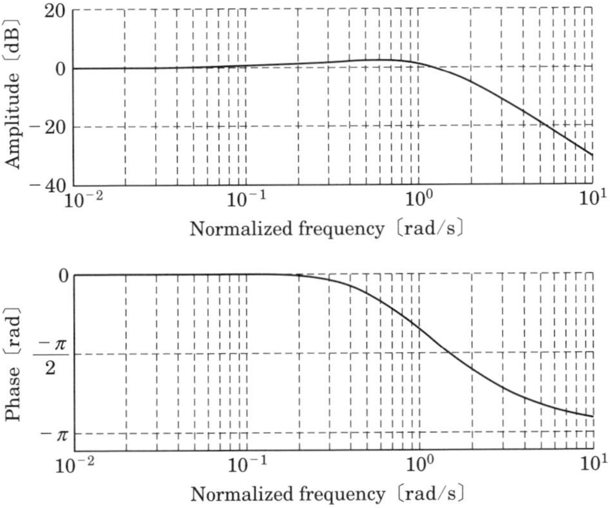

図 11.15 周波数応答

$$\left.\begin{aligned} c_{d1} &= 3h_0^{1/3} \approx 2.24\omega_{PLLc} \approx 336 \\ c_{n1} &= \frac{3h_0^{2/3}}{K_\theta} \approx \frac{1.67\omega_{PLLc}^2}{K_\theta} \approx 6.51\cdot 10^5 \\ c_{n0} &= \frac{h_0}{K_\theta} \approx \frac{0.415\omega_{PLLc}^3}{K_\theta} \approx 2.43\cdot 10^7 \end{aligned}\right\} \tag{11.112}$$

上の値は，式(11.71b)の条件を満足している。

2次制御器は，式(11.71a)が示すように係数 c_{d1} をもつ1次全極形ローパスフィルタと PI 制御器との直列結合としてとらえることもできる。式(11.71a)に基づく等価的な PI 制御器係数に関しては，次の関係が成立している。

$$\left.\begin{aligned} \frac{c_{n1}K_\theta}{c_{d1}} &= \frac{h_1}{h_2} = h_0^{1/3} \approx 0.746\omega_{PLLc} \\ \frac{c_{n0}K_\theta}{c_{d1}} &= \frac{h_0}{h_2} = \frac{h_0^{2/3}}{3} \approx 0.186\omega_{PLLc}^2 \end{aligned}\right\} \tag{11.113}$$

2次制御器のこのとらえ方においては，1次ローパスフィルタの帯域幅と PI 制御器のみによって構成された PLL の帯域幅とのあいだには，次の「帯域幅の3倍ルール」が成立している。

$$\frac{c_{d1}^2}{c_{n1}K_\theta} = \frac{h_2^2}{h_1} = 3 \tag{11.114}$$

また，高周波残留外乱の定常抑圧性に関しては，式(11.84)より次式を得る。

$$\frac{c_{n1}}{2\omega_h} \approx 130, \qquad \frac{c_{n1}}{4\omega_h^2} \approx 0.0258 \tag{11.115}$$

高周波残留外乱の振幅である外乱係数を考慮するならば（図11.14，式(11.87)参照），回転子位相推定値に対する外乱抑圧性は，十分な余裕をもって許容範囲に入っていることがわかる。しかしながら，座標系速度 ω_γ には，高周波残留外乱が約130倍増幅して出現しており，座標系速度を回転子速度推定値 $\widehat{\omega}_{2n}$ に利用するには，簡単なローパスフィルタ $F_l(s)$ による追加処理が必要であることもわかる（図11.14参照）。

(3)　1/3形3次制御器

式(11.72)を式(11.68)に用いて PLL の伝達関数 $F_C(s)$ を算定し，このうえで伝達関数分母多項式 $F_D(s)$ がフルビッツ多項式 $H(s)$ と等しくなるように高周波位相制御器を設計することを考える。この場合，次式を得る。

$$F_C(s) = \frac{F_N(s)}{F_D(s)} = \frac{K_\theta K_h(c_{n1}s + c_{n0})}{s^4 + c_{d2}s^3 + c_{d1}s^2 + K_\theta K_h(c_{n1}s + c_{n0})}$$

$$= \frac{F_N(s)}{H(s)} = \frac{K_\theta K_h(c_{n1}s + c_{n0})}{s^4 + h_3 s^3 + h_2 s^2 + h_1 s + h_0} \tag{11.116}$$

ただし,

$$\left.\begin{aligned} c_{d2} &= h_3 \\ c_{d1} &= h_2 \\ c_{n1} &= \frac{h_1}{K_\theta K_h} = \frac{h_1}{K_\theta} \\ c_{n0} &= \frac{h_0}{K_\theta K_h} = \frac{h_0}{K_\theta} \end{aligned}\right\} \tag{11.117}$$

制御器係数は,式(11.116)の多項式 $H(s)$ が安定な 4 重根をもつように定める。この場合,PLL の帯域幅と制御器係数に関し,実験的にはおおむね $h_0^{1/4} = 0.77\omega_{PLLc}$ の関係をもつ。本関係を式(11.117)に適用すると,次の制御器係数を得る。

$$\left.\begin{aligned} c_{d2} &= h_3 = 4h_0^{1/4} \approx 3.08\omega_{PLLc} \approx 462 \\ c_{d1} &= h_2 = 6h_0^{1/2} \approx 3.56\omega_{PLLc}^2 \approx 8.00 \cdot 10^4 \\ c_{n1} &= \frac{h_1}{K_\theta} = \frac{4h_0^{3/4}}{K_\theta} \approx \frac{1.83\omega_{PLLc}^3}{K_\theta} \approx 1.07 \cdot 10^8 \\ c_{n0} &= \frac{h_0}{K_\theta} \approx \frac{0.352\omega_{PLLc}^4}{K_\theta} \approx 3.08 \cdot 10^9 \end{aligned}\right\} \tag{11.118}$$

1/3 形 3 次制御器は,式(11.72a)が示すように係数 c_{d2}, c_{d1} をもつ 2 次全極形ローパスフィルタと PI 制御器との直列結合としてとらえることもできる。式(11.72a)に基づく等価的な PI 制御器係数に関しては,次の関係が成立している。

$$\left.\begin{aligned} \frac{c_{n1}K_\theta}{c_{d1}} &= \frac{h_1}{h_2} = \frac{2}{3}h_0^{1/4} \approx 0.513\omega_{PLLc} \\ \frac{c_{n0}K_\theta}{c_{d1}} &= \frac{h_0}{h_2} = \frac{h_0^{1/2}}{6} \approx 0.0988\omega_{PLLc}^2 \end{aligned}\right\} \tag{11.119}$$

係数 c_{d2}, c_{d1} をもつ 2 次ローパスフィルタは,固有周波数 $\omega_n = \sqrt{6}\,h_0^{1/4}$,減衰係数 $\zeta = \sqrt{2/3}$ をもつ 2 次遅れ系としてとらえることができる。この認識より,本 2 次ローパスフィルタの帯域幅 ω_c は,式(11.98)より以下のように算定される。

$$\omega_c \approx \frac{0.5\sqrt{6}}{\sqrt{\zeta^2 - 0.5\zeta + 0.1}}h_0^{1/4} \approx 2.05h_0^{1/4} \tag{11.120}$$

1/3 形 3 次制御器に関するこのとらえ方においては,2 次ローパスフィルタの帯域幅と PI 制御器のみによって構成された PLL の帯域幅とに関し,次の「帯域幅の 3 倍ルール」が成立している。

$$\frac{\omega_c c_{d1}}{c_{n1} K_\theta} \approx 3 \tag{11.121}$$

式(11.85)に示した高周波残留外乱の定常抑圧性に関し，以下を得る。

$$\frac{c_{n1}}{4\omega_h^2} \approx 4.21, \qquad \frac{c_{n1}}{8\omega_h^3} \approx 8.38 \cdot 10^{-4} \tag{11.122}$$

上記の値は，高周波残留外乱は十分な抑圧を受けることを示している。3 次の高周波位相制御器を使用する場合には，座標系速度 ω_γ を回転子速度推定値 $\widehat{\omega}_{2n}$ として，追加処理を行うことなく直接利用してよいことがわかる。

(4)　3/3 形 3 次制御器

式(11.73)を式(11.68)に用いて PLL の伝達関数 $F_C(s)$ を算定し，このうえで伝達関数分母多項式 $F_D(s)$ がフルビッツ多項式 $H(s)$ と等しくなるように高周波位相制御器を設計することを考える。この場合，次式を得る。

$$\begin{aligned}
F_C(s) &= \frac{F_N(s)}{F_D(s)} \\
&= \frac{K_\theta K_h (c_{n3} s + c_{n2})(s^2 + 4\omega_h^2)}{s^4 + (c_{d2} + K_\theta K_h c_{n3}) s^3 + (c_{d1} + K_\theta K_h c_{n2}) s^2 + 4\omega_h^2 K_\theta K_h c_{n3} s + 4\omega_h^2 K_\theta K_h c_{n2}} \\
&= \frac{F_N(s)}{H(s)} = \frac{K_\theta K_h (c_{n3} s + c_{n2})(s^2 + 4\omega_h^2)}{s^4 + h_3 s^3 + h_2 s^2 + h_1 s + h_0}
\end{aligned} \tag{11.123}$$

ただし，

$$\left.\begin{aligned}
c_{d2} &= h_3 - \frac{h_1}{4\omega_h^2} \\
c_{d1} &= h_2 - \frac{h_0}{4\omega_h^2} \\
c_{n3} &= \frac{h_1}{4\omega_h^2 K_\theta K_h} = \frac{h_1}{4\omega_h^2 K_\theta} \\
c_{n2} &= \frac{h_0}{4\omega_h^2 K_\theta K_h} = \frac{h_0}{4\omega_h^2 K_\theta}
\end{aligned}\right\} \tag{11.124}$$

制御器係数は，式(11.123)の多項式 $H(s)$ が安定な 4 重根をもつように定める。この場合，PLL の帯域幅と制御器係数に関し，実験的にはおおむね $h_0^{1/4} = 0.667\omega_{PLLc}$ の関係をもつ。この関係を式(11.123)に適用すると，次の制御器係数を得る。

$$\left.\begin{aligned} c_{d2} &= h_3 - \frac{h_1}{4\omega_h^2} \approx h_3 = 4h_0^{1/4} \approx 2.667\omega_{PLLc} \approx 400 \\ c_{d1} &= h_2 - \frac{h_0}{4\omega_h^2} \approx h_2 = 6h_0^{1/2} \approx 2.67\omega_{PLLc}^2 \approx 6.00 \cdot 10^4 \\ c_{n3} &= \frac{h_1}{4\omega_h^2 K_\theta} = \frac{h_0^{3/4}}{\omega_h^2 K_\theta} = \frac{0.297\omega_{PLLc}^3}{\omega_h^2 K_\theta} \approx 2.74 \\ c_{n2} &= \frac{h_0}{4\omega_h^2 K_\theta} = \frac{0.0494\omega_{PLLc}^4}{\omega_h^2 K_\theta} \approx 68.6 \end{aligned}\right\} \tag{11.125}$$

上式の近似では，十分な大小関係 $h_0^{1/4}=0.667\omega_{PLLc} \ll 2\omega_h$ を考慮した。

3/3 形 3 次制御器は，式(11.73a)が示すように係数 c_{d2}, c_{d1} をもつノッチ同伴 2 次フィルタと PI 制御器との直列結合としてとらえることもできる。式(11.73a)に基づく等価的な PI 制御器係数に関しては，次の関係が成立している。

$$\left.\begin{aligned} \frac{4\omega_h^2 c_{n3} K_\theta}{c_{d1}} &= \frac{h_1}{h_2 - \dfrac{h_0}{4\omega_h^2}} \approx \frac{h_1}{h_2} = \frac{2}{3} h_0^{1/4} \approx 0.444\omega_{PLLc} \\ \frac{4\omega_h^2 c_{n2} K_\theta}{c_{d1}} &= \frac{h_0}{h_2 - \dfrac{h_0}{4\omega_h^2}} \approx \frac{h_0}{h_2} = \frac{h_0^{1/2}}{6} \approx 0.0741\omega_{PLLc}^2 \end{aligned}\right\} \tag{11.126}$$

係数 c_{d2}, c_{d1} をもつノッチ同伴 2 次フィルタのノッチ周波数 $2\omega_h$ に関しては，$h_0^{1/4}=0.667\omega_{PLLc} \ll 2\omega_h$ が成立しているので，ノッチ周波数 $2\omega_h$ の 1/10 以下の低い周波数におけるノッチ同伴 2 次フィルタの周波数特性は，固有周波数 $\omega_n=\sqrt{6}\,h_0^{1/4}$，減衰係数 $\zeta=\sqrt{2/3}$ をもつ 2 次遅れ系と同等な特性を示す。この認識より，このノッチ同伴 2 次フィルタの低域側の帯域幅 ω_c に関しては，式(11.120)が成立する。3/3 形 3 次制御器に関するこのとらえ方においては，ノッチ同伴 2 次フィルタの低域側の帯域幅と PI 制御器のみによって構成された PLL の帯域幅とに関し，次の「帯域幅の 3 倍ルール」が成立している。

$$\frac{\omega_c c_{d1}}{4\omega_h^2 c_{n3} K_\theta} \approx 3 \tag{11.127}$$

なお，高周波残留外乱の定常抑圧性に関しては，ノッチ効果により式(11.86)に示した完全減衰が成立している。

第12章 高周波電流の軸要素成分分離による位相推定

高周波電圧印加法における高周波電流の処理は，位相推定そのものととらえられることがある。この事実は，高周波電流の処理いかんによって位相推定性能が左右され，高周波電流処理が位相推定の中核的処理であることによっている。高周波電流処理の第2の代表的方法は，$\gamma\delta$ 準同期座標系上における高周波電流の軸要素に含まれる正弦成分と余弦成分の振幅を分離抽出し，これらより回転子位相と正相関を有する信号（位相偏差相当値）を合成する方法である。第12章では，この種の方法を説明する。

12.1 相関信号生成器の基本構造

第12章で考える問題は，図10.2の位相速度推定器における主要機器である相関信号生成器の第2の代表的構成を提示することである。相関信号生成器は，大きくは振幅抽出器（amplitude extractor）と相関信号合成器（correlation signal synthesizer）とから構成される。図12.1にこれを示した。この基本構成は，図11.1の第1の代表的構成と同様である。

振幅抽出器は，外部から入力として高周波電流 $\boldsymbol{i}_{1h}$ と高周波電圧位相 $\omega_h t$ の余弦・正弦値 $(\cos\omega_h t, \sin\omega_h t)$ とを受け，高周波電流の γ 軸要素 $i_{\gamma h}$ と δ 軸要素 $i_{\delta h}$ の振幅 $c_\gamma, s_\gamma, c_\delta, s_\delta$ を抽出し，抽出した振幅を相関信号合成器へ向け出力する。相関信号合成器は，γ 軸要素と δ 軸要素の振幅を用いて，回転子位相と正相関を有する正相関信号

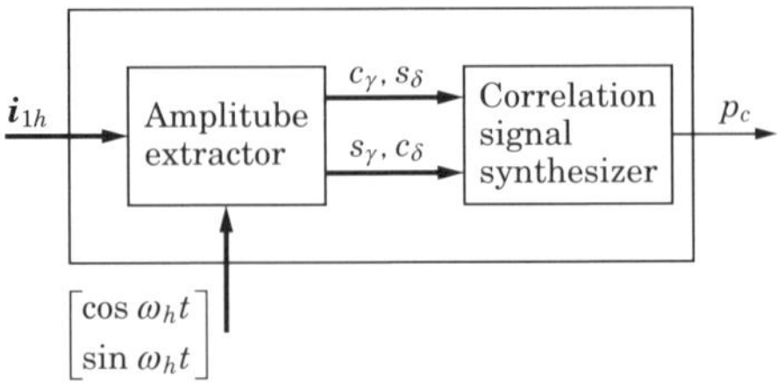

図12.1 相関信号生成器の基本構造

（位相偏差相当値）p_c を合成し，外部の位相同期器へ向け出力する。以下，振幅抽出器，相関信号合成器の細部を個別に説明する。

12.2　振幅抽出器

一般化楕円形高周波電圧，一定楕円形高周波電圧（一定真円形高周波電圧，直線形高周波電圧を含む）に対応する高周波電流 $\boldsymbol{i}_{1h}$ は，第 10 章の検討により一般に以下のように表現される（式(10.21)，式(10.22)，式(10.31)，式(10.32)，式(10.38)，式(10.39)，式(10.46)，式(10.47)参照）。

◆ 高周波電流の軸要素表現

$$\boldsymbol{i}_{1h} = \begin{bmatrix} i_{\gamma h} \\ i_{\delta h} \end{bmatrix} = \begin{bmatrix} c_\gamma & s_\gamma \\ s_\delta & c_\delta \end{bmatrix} \boldsymbol{u}_n(\omega_h t)$$
$$= \begin{bmatrix} c_\gamma & s_\gamma \\ s_\delta & c_\delta \end{bmatrix} \begin{bmatrix} \sin \omega_h t \\ \cos \omega_h t \end{bmatrix} \tag{12.1}$$

■

式(12.1)における軸要素の 4 振幅 $c_\gamma, s_\gamma, c_\delta, s_\delta$ は，印加高周波電圧の形状に依存して変化する。一般化楕円形高周波電圧，一定楕円形高周波電圧に対応した軸要素の 4 振幅 $c_\gamma, s_\gamma, c_\delta, s_\delta$ は，おのおの次式となる。

$$\left.\begin{aligned} c_\gamma &= \frac{V_h}{\omega_h L_d L_q}(L_i - L_m \cos 2\theta_\gamma) \\ s_\gamma &= \frac{V_h}{\omega_h L_d L_q} K L_m \sin 2\theta_\gamma \\ s_\delta &= \frac{V_h}{\omega_h L_d L_q}(-L_m \sin 2\theta_\gamma) \\ c_\delta &= \frac{V_h}{\omega_h L_d L_q}(-K(L_i + L_m \cos 2\theta_\gamma)) \end{aligned}\right\} \tag{12.2}$$

$$\left.\begin{aligned} c_\gamma &= \frac{\omega_h V_h}{(\omega_h^2 - \omega_\gamma^2) L_d L_q}(1 - K_\omega K)(L_i - L_m \cos 2\theta_\gamma) \\ s_\gamma &= \frac{\omega_h V_h}{(\omega_h^2 - \omega_\gamma^2) L_d L_q}(K - K_\omega)(L_m \sin 2\theta_\gamma) \\ s_\delta &= \frac{\omega_h V_h}{(\omega_h^2 - \omega_\gamma^2) L_d L_q}(1 - K_\omega K)(-L_m \sin 2\theta_\gamma) \\ c_\delta &= \frac{\omega_h V_h}{(\omega_h^2 - \omega_\gamma^2) L_d L_q}(K_\omega - K)(L_i + L_m \cos 2\theta_\gamma) \end{aligned}\right\} \tag{12.3}$$

式(12.1)〜式(12.3)より明白なように，回転子位相情報は，高周波電流の振幅に含まれている。より具体的には，高周波電流の γ 軸，δ 軸要素の 4 振幅 $c_\gamma, s_\gamma, c_\delta, s_\delta$ に含まれている。12.2 節で考える問題は，高周波電流から位相情報を含む 4 振幅 $c_\gamma, s_\gamma, c_\delta, s_\delta$ の抽出である。

高周波電流の γ 軸，δ 軸要素の 4 振幅 $c_\gamma, s_\gamma, c_\delta, s_\delta$ の抽出に関しては，次の定理が整理する[2)]。

《定理 12.1（振幅定理Ⅲ）》[2)]

高周波電流の γ 軸，δ 軸要素の 4 振幅 $c_\gamma, s_\gamma, c_\delta, s_\delta$ に関しては，次式により抽出することができる。

$$\begin{bmatrix} c_\gamma \\ s_\delta \end{bmatrix} \approx \langle 2(\sin\omega_h t)\boldsymbol{i}_{1h} \rangle \tag{12.4a}$$

$$\begin{bmatrix} s_\gamma \\ c_\delta \end{bmatrix} \approx \langle 2(\cos\omega_h t)\boldsymbol{i}_{1h} \rangle \tag{12.4b}$$

ここに，$\langle\cdot\rangle$ は，周波数ゼロで減衰ゼロを，また周波数 $2\omega_h$ で十分な減衰を示すローパスフィルタリング処理を意味する（具体的なローパスフィルタに関しては，11.2.2 項を参照）。

〈証明〉

式(12.4a)右辺は，式(12.1)を用いると以下のように展開される。

$$\begin{aligned}
\langle 2(\sin\omega_h t)\boldsymbol{i}_{1h} \rangle &= \begin{bmatrix} c_\gamma & s_\gamma \\ s_\delta & c_\delta \end{bmatrix} \langle 2(\sin\omega_h t)\boldsymbol{u}_n(\omega_h t) \rangle \\
&= \begin{bmatrix} c_\gamma & s_\gamma \\ s_\delta & c_\delta \end{bmatrix} \left\langle \begin{bmatrix} 1-\cos 2\omega_h t \\ \sin 2\omega_h t \end{bmatrix} \right\rangle \\
&= \begin{bmatrix} c_\gamma \\ s_\delta \end{bmatrix} + \begin{bmatrix} c_\gamma & s_\gamma \\ s_\delta & c_\delta \end{bmatrix} \left\langle \begin{bmatrix} -\cos 2\omega_h t \\ \sin 2\omega_h t \end{bmatrix} \right\rangle \\
&\approx \begin{bmatrix} c_\gamma \\ s_\delta \end{bmatrix}
\end{aligned} \tag{12.5}$$

この際，式(12.5)の第 3 式右辺の第 1 項は直流成分を，第 2 項は周波数 $2\omega_h$ の高周波成分を意味すること，ローパスフィルタリング処理がこの高周波成分を十分に除去できることを考慮した。

同様にして次式を得る。

$$\langle 2(\cos\omega_h t)\boldsymbol{i}_{1h} \rangle = \begin{bmatrix} c_\gamma & s_\gamma \\ s_\delta & c_\delta \end{bmatrix} \langle 2(\cos\omega_h t)\boldsymbol{u}_n(\omega_h t) \rangle$$

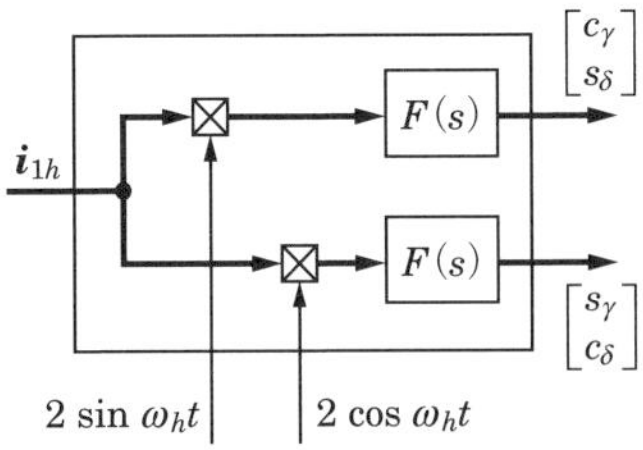

図 12.2 振幅抽出器の 1 構成例

$$
\begin{aligned}
&= \begin{bmatrix} c_\gamma & s_\gamma \\ s_\delta & c_\delta \end{bmatrix} \left\langle \begin{bmatrix} \sin 2\omega_h t \\ 1+\cos 2\omega_h t \end{bmatrix} \right\rangle \\
&= \begin{bmatrix} s_\gamma \\ c_\delta \end{bmatrix} + \begin{bmatrix} c_\gamma & s_\gamma \\ s_\delta & c_\delta \end{bmatrix} \left\langle \begin{bmatrix} \cos 2\omega_h t \\ \sin 2\omega_h t \end{bmatrix} \right\rangle \\
&\approx \begin{bmatrix} s_\gamma \\ c_\delta \end{bmatrix}
\end{aligned}
\tag{12.6}
$$

■

定理 12.1 による処理のようすを図 12.2 に描画した。同図における $F(s)$ はローパスフィルタを意味する。ローパスフィルタ $F(s)$ としては，11.2.2 項で説明した種々のフィルタ（n 次全極形フィルタ，ノッチ同伴 n 次フィルタ，移動平均フィルタ）が利用できる。

なお，ローパスフィルタ $F(s)$ が，周波数 $2\omega_h$ の成分に加えて，周波数 ω_h の成分に対しても十分な減衰特性を示すことができれば，処理対象電流を高周波電流 $\boldsymbol{i}_{1h}$ から固定子電流 $\boldsymbol{i}_1$（$\boldsymbol{i}_1 = \boldsymbol{i}_{1f} + \boldsymbol{i}_{1h}$）へと変更することが可能である。このようなローパスフィルタを利用する場合には，図 10.2 の位相速度推定器において，直流成分除去／バンドパスフィルタは不要となる。

12.3 相関信号合成器

式(12.4)に従い抽出した高周波電流の 4 振幅 $c_\gamma, s_\gamma, c_\delta, s_\delta$ は，回転子位相情報を内包しているが，必ずしも回転子位相 θ_γ そのものと広い範囲で正確な線形関係にあるわけではない。回転子位相推定の観点からは，式(12.4)の 4 振幅 $c_\gamma, s_\gamma, c_\delta, s_\delta$ を用いて回転子位相と広い範囲で正相関を有する正相関信号（位相偏差相当値）を合成することが重要である。以下に，4 振幅 $c_\gamma, s_\gamma, c_\delta, s_\delta$ を用いた正相関信号の合成法を提示する。

すなわち，図12.1における相関信号合成器の構成法を示す。なお，正相関信号合成法においては，2変数を用いた逆正接処理は，原則として，2変数を用いたatan2処理を意味する。

12.3.1　相関信号合成法 I

高周波電流の正相，逆相成分の振幅が異なる場合には，次の合成法に従い，正相関信号（位相偏差相当値）p_c を合成することができる。

◆ 相関信号合成法 I

一般化楕円形高周波電圧の場合

$$
\begin{aligned}
p_c &= \frac{1}{2}\tan^{-1}\left(\frac{K s_\delta - s_\gamma}{K c_\gamma + c_\delta}\right) \\
&= \frac{1}{2}\tan^{-1}\left(\frac{2K s_\delta}{K c_\gamma + c_\delta}\right) \\
&= \frac{1}{2}\tan^{-1}\left(\frac{-2s_\gamma}{K c_\gamma + c_\delta}\right) = \theta_\gamma\ ;\ K \neq 0
\end{aligned}
\tag{12.7a}
$$

一定楕円形高周波電圧の場合

$$
\begin{aligned}
p_c &= \frac{1}{2}\tan^{-1}\left(\frac{(K-K_\omega)s_\delta - (1-K_\omega K)s_\gamma}{(K-K_\omega)c_\gamma + (1-K_\omega K)c_\delta}\right) \\
&= \frac{1}{2}\tan^{-1}\left(\frac{2(K-K_\omega)s_\delta}{(K-K_\omega)c_\gamma + (1-K_\omega K)c_\delta}\right) \\
&= \frac{1}{2}\tan^{-1}\left(\frac{-2(1-K_\omega K)s_\gamma}{(K-K_\omega)c_\gamma + (1-K_\omega K)c_\delta}\right) = \theta_\gamma\ ;\ K \neq K_\omega
\end{aligned}
\tag{12.7b}
$$

■

上の相関信号合成法 I における K は，一般化楕円形高周波電圧，一定楕円形高周波電圧における楕円係数であり，印加高周波電圧に応じて変更することになる。

式(12.7)の正相関信号（位相偏差相当値）p_c は，γ 軸から評価した回転子位相 θ_γ と実質的に同一である。すなわち，この正相関信号は，いずれの高周波電圧印加法においても最大の正相関領域（式(10.1)が近似的に成立する領域）$|\theta_\gamma| \leq \pi/2$〔rad〕を有する。

式(12.7)の正相関信号は，印加高周波電圧の基本振幅，周波数に不感，モータパラメータに不感という特徴を備え，しかも演算負荷も比較的小さい。すなわち，相関信号合成法 I は，正相関領域と演算負荷を重視した合成法となっている。しかしながら，高周波電流の正相成分と逆相成分の振幅が実質的に同一となるような，微小な楕円係数をもつ高周波電圧印加法には利用できず，汎用性に欠ける。

12.3.2 相関信号合成法 II

正弦状の高周波電圧印加に起因する高周波電流は，図 10.6～図 10.8 に例示したような楕円軌跡を描く。楕円長軸位相 $\theta_{\gamma e}$ は，回転子位相 θ_γ と強い正相関を有し，楕円長軸位相を正相関信号（位相偏差相当値）p_c とすることができる。この正相関信号は，高周波成分の 4 振幅 $c_\gamma, s_\gamma, c_\delta, s_\delta$ を用い以下のように合成することができる。

◆ 相関信号合成法 II

$$p_c = \frac{1}{2}\tan^{-1}\left(\frac{2(c_\gamma s_\delta + s_\gamma c_\delta)}{c_\gamma^2 + s_\gamma^2 - s_\delta^2 - c_\delta^2}\right) \tag{12.8}$$

■

相関信号合成法 II の正当性は，たとえば一般化楕円形高周波電圧の場合には，式(12.8)の右辺が，式(12.2)を用いると式(11.28)に帰着されることにより，すなわち次の等式が得られることにより容易に確認される。

$$\frac{1}{2}\tan^{-1}\left(\frac{2(c_\gamma s_\delta + s_\gamma c_\delta)}{c_\gamma^2 + s_\gamma^2 - s_\delta^2 - c_\delta^2}\right)$$
$$= \frac{1}{2}\tan^{-1}\left(\frac{(1-K^2)r_s^2 \sin 4\theta_\gamma + 2(1+K^2)r_s \sin 2\theta_\gamma}{(1-K^2)(1+r_s^2 \cos 4\theta_\gamma) + 2(1+K^2)r_s \cos 2\theta_\gamma}\right) \tag{12.9}$$

楕円長軸位相を正相関信号とするという点において，式(12.8)に基づき合成された正相関信号は，式(11.35)に基づき合成された正相関信号と同一である。しかし，合成手順の相違に起因して演算誤差が異なり，両正相関信号は必ずしも同一の値を示さない。なお，楕円長軸位相の強い正相関特性に関しては，式(11.35)の正相関信号に関連して，すでに図 11.4 に例示している。

式(12.8)の相関信号合成法 II は，広大な正相関領域に加えて，すべての高周波電圧印加法に利用できるという高い汎用性を有する合成法である。反面，式(12.7)に比較し，正相関信号合成の演算負荷が相当大きいという短所も有する（12.3.5 項の補足 II を参照）。

12.3.3 相関信号合成法 III

正相関領域，演算負荷，汎用性を総合的に考慮した正相関信号（位相偏差相当値）の合成法として，次のものを考えることができる。

◆ 相関信号合成法Ⅲ

$$p_c = \frac{1}{1+K_b}\tan^{-1}\left(\frac{s_\delta - K_a s_\gamma}{c_\gamma + K_a c_\delta}\right) ; \begin{array}{l} 0 \le K_a \le 1 \\ 0 \le K_b \le 1 \end{array} \tag{12.10}$$

■

上式のK_a, K_bは，設計者に選定が委ねられた設計パラメータであり，この具体的選定例としては，次のものが考えられる。

$$K_a = 1,\ K_b = K \tag{12.11a}$$

$$K_a = K_b = 0 \tag{12.11b}$$

$$K_a = K_b = K \tag{12.11c}$$

式(12.10)の正相関信号がもつ正相関領域の例を示す。一般化楕円形高周波電圧に式(12.11a)の設計パラメータを利用する場合には，式(12.10)の正相関信号は次式のように評価される。

$$p_c = \frac{1}{1+K}\tan^{-1}\left(\frac{(1+K)r_s \sin 2\theta_\gamma}{(1-K)+(1+K)r_s \cos 2\theta_\gamma}\right) \tag{12.12}$$

この正相関信号は，式(12.9)の正相関領域に関する特長を受け継いでおり，式(12.9)の正相関信号と同様な値を示すが，式(12.9)と比較し演算負荷が低減されている。式(12.12)の正相関信号は，演算誤差を無視する場合には，式(11.40)の正相関信号と同一である。

式(12.11b)の選定は，とくに演算負荷と汎用性とを重視したパラメータ選定であり，楕円係数のいかんにかかわらず利用できる。この選定では，式(12.10)の正相関信号の正相関領域は，次式により評価される。

$$p_c = \tan^{-1}\left(\frac{s_\delta}{c_\gamma}\right) = \tan^{-1}\left(\frac{r_s \sin 2\theta_\gamma}{1+r_s \cos 2\theta_\gamma}\right) \tag{12.13}$$

図12.3に，式(12.13)を用いて種々の突極比における正相関特性（回転子位相に対する正相関信号の相関特性）を示した。大きい突極比$r_s=0.5$の場合には，正相関領域は$|\theta_\gamma| \le 1.2$〔rad〕であるが，小さい突極比$r_s=0.1$の場合には，$|\theta_\gamma| \le 0.8$〔rad〕程度である。

式(12.11c)は，式(12.11a)と式(12.11b)とを結合したものであり，両者の中間的な正相関特性を示す。

12.3.4　相関信号合成法Ⅳ

正相関信号（位相偏差相当値）の合成法として，逆正接処理を必要としない次のも

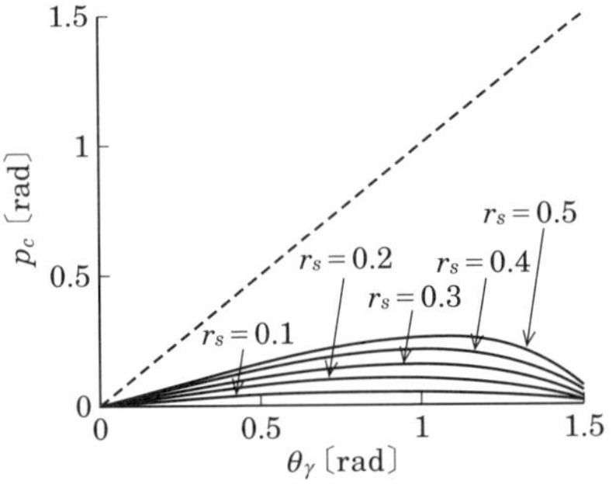

図 12.3　式(12.13)の正相関信号の正相関特性

のも考えることができる。

◆ 相関信号合成法Ⅳ

$$p_c = s_\delta - K_a \operatorname{sgn}(K_i) s_\gamma \propto \sin 2\theta_\gamma \ ; 0 \le K_a \le 1 \tag{12.14}$$

■

相関信号合成法Ⅳに要求される演算負荷は，前述のいずれの合成法よりも小さく，とくに演算負荷を重視した合成法といえる。しかし，この第 1 代償として，回転子位相とこの正相関信号の正相関領域は最小となっている。すなわち，高い突極比の PMSM に対しても，正相関領域はたかだか $|\theta_\gamma| \le \pi/4 \approx 0.7$〔rad〕程度である。さらには，第 2 代償として，この正相関信号は，他の正相関信号が相殺排除し得た振幅情報（式(12.2)における $V_h/(\omega_h L_d L_q)$ 相当の値）を含むことになる。この種の振幅情報は，一般には印加高周波電圧の基本振幅 V_h，周波数 ω_h に加え，回転速度などを含んでおり，この正相関信号（位相偏差相当値）p_c を利用した PLL の安定構成には，電力変換器の短絡防止期間による電圧振幅の実効的変動，速度変動などを別途考慮する必要がある。また，高周波電圧の基本振幅，周波数の変更のたびに，正相関信号（位相偏差相当値）p_c を利用した PLL の高周波位相制御器の再設計が必要である。

なお，式(12.14)において，$K_a=0$ とする場合には γ 軸成分振幅を正相関信号そのもの，すなわち $p_c=s_\delta$ とすることになる。この単純な正相関信号の生成法は，直線形高周波電圧の印加により発生した高周波電流に対する正相関信号生成法として，Jang らにより 2002 年に提案されている[3)~6)]。この生成法は，ヘテロダイン法あるいはスカラヘテロダイン法とよばれる。

12.3.5　相関信号合成法の補足

(1) 補足Ⅰ

これまで，高周波電流の軸要素成分の4振幅 $c_\gamma, s_\gamma, c_\delta, s_\delta$ を用いた正相関信号（位相偏差相当値）p_c の代表的な合成法として，4種を紹介した。4種の合成法は，正相関領域，演算負荷，汎用性の観点から構築したものであるが，相関信号合成法はこれらに限定されるものではない。さらに種々の相関信号合成法を考えることができる。

(2) 補足Ⅱ

12.3.1項～12.3.3項に提示した相関信号合成法は，高周波電流の軸要素成分の4振幅 $c_\gamma, s_\gamma, c_\delta, s_\delta$ の相対比を利用している。したがって，これら相関信号合成法を利用する場合には，高周波電流 $\boldsymbol{i}_{1h}$ と正弦値 $\sin\omega_h t$，余弦値 $\cos\omega_h t$ との乗算の際に用いた一定係数は，すべて撤去することが可能である。また，電力変換器の短絡防止期間により低速駆動時の高周波電圧振幅が実効的に変化する場合にも，この影響を受けることはない。ただし，12.3.4項に提示した相関信号合成法にかぎっては一定係数の撤去はできないので注意を要する。

(3) 補足Ⅲ

式(12.4)に用いたローパスフィルタリング $\langle\cdot\rangle$ に関しては，任意の信号 $x_1(t), x_2(t)$ に関し，次式が成立する。

$$\langle x_1(t)\rangle+\langle x_2(t)\rangle=\langle x_1(t)+x_2(t)\rangle \tag{12.15}$$

すなわち，加算処理とローパスフィルタリング処理の手順を変更することが可能である。加算処理を遂行したうえでローパスフィルタリング処理を遂行するようにすれば，ローパスフィルタリング処理回数を低減できる。処理手順変更を行うならば，12.3.1項の式(12.7)または12.3.3項の式(12.10)に基づく正相関信号合成に必要とされるローパスフィルタリング処理は，分母分子おのおの1回，総合で2回となる。また，12.3.4項の式(12.14)に基づく正相関信号合成に必要とされるローパスフィルタリング処理は実質1回となる。図12.4に式(12.10)の合成法を，加算処理とローパスフィルタリング処理との手順変更をしたうえで示した。

加算処理とローパスフィルタリング処理の手順変更は，図12.1のように相関信号生成器を振幅抽出器と相関信号合成器に分割することなく，振幅抽出器と相関信号合成器とを一体化し，相関信号生成器を構成することを意味する。

(4) 補足Ⅳ

式(12.4)の相関信号を利用する場合を考える。ただし，式(12.15)右辺の加算処理を遂行のうえで，最後にローパスフィルタリング処理をして，正相関信号を生成する

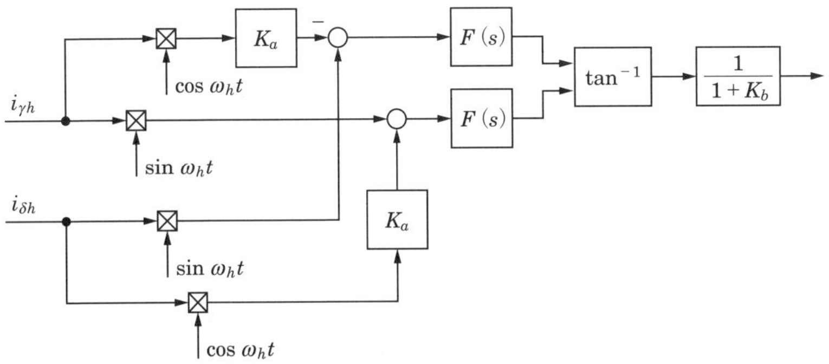

図 12.4 式(12.10)の実現例

ものとする。生成された正相関信号は，位相同期器へ入力されることになる（図 10.2 参照）。この場合には，図 11.9 に例示したようなローパスフィルタと位相同期器との一体実現が可能となる。

(5) 補足V

相関信号生成器内のローパスフィルタと位相同期器内の位相制御器とは，PLL の安定性の確保の観点から一体的に設計する必要がある。相関信号生成器と位相同期器とを分離実現せざるをえない多くの場合においても，これらは一体的設計が必要である。一体設計に関しては，11.5 節を参照のこと。また，両者を分割設計する場合には，一応の目安として「帯域幅の 3 倍ルール」を考慮する必要がある。ローパスフィルタの帯域幅を，PLL の設計帯域幅に比較して小さく選定する場合には，PLL の安定性の確保が困難となる。

12.4 実験結果

12.4.1 実験システムの構成と設計パラメータの概要

(1) 実験システムの構成

高周波電流の軸要素成分分離による正相関信号（位相偏差相当値）の生成法の妥当性を検証すべく実験を行った。実験システムの全体構成は，図 10.1 と同様である。実機のようすを図 12.5 に示す。

供試モータは，㈱安川電機製 400 W PMSM（SST4-20P4AEA-L）である（図 12.5 左端）。その仕様概要は表 4.1 のとおりである。このモータには，実効 4 096 p/r のエ

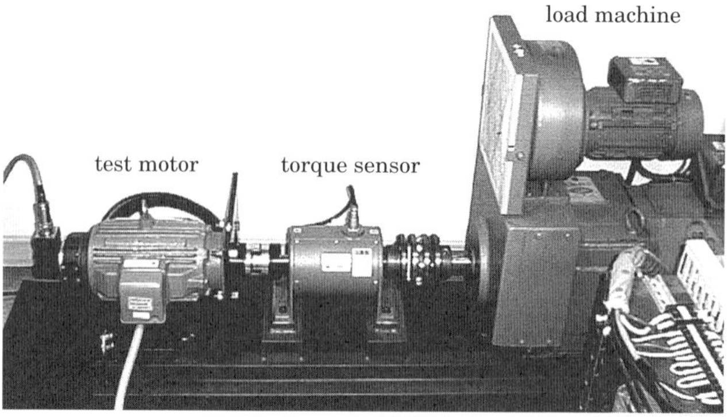

図 12.5　実験システム

ンコーダが装着されているが，これは回転子の位相・速度を計測するためのものであり，制御には利用されていない。負荷装置（図 12.5 右端）は，東洋電機製造㈱製の 3.7 kW 直流モータ（DK2114V-A02A-D01）であり，その慣性モーメントは J＝0.085〔kgm^2〕，定格速度は 183 rad/s である。トルクセンサ系（図 12.5 中間）は㈱共和電業製（TP-5KMCB, DPM-713B）である。

負荷装置は，供試モータに比し約 53 倍の慣性モーメントを有している。実験システムの用意の関係上，慣性モーメント的にはアンバランスの組合せとなったが，大慣性負荷駆動の性能確認には好都合である。

実験に際しては，鏡相推定法などの従前の位相推定法を用いたセンサレスベクトル制御系との定量的な性能比較が可能なかぎり行われるように，設計パラメータ，試験項目をこれらに準じて定めた[1)]。

(2) 設計パラメータの概要

実験用のセンサレスベクトル制御系における位相速度推定器は，図 10.2 のように構成した。位相速度推定器における高周波電圧指令器（HFVC）には，多様な電圧指令値の生成が可能な式(10.17)の一般化楕円形高周波電圧を用いた。ただし，高周波電圧指令値生成には，座標系速度 ω_γ に代わってこれをローパスフィルタリング処理した電気速度推定値 $\widehat{\omega}_{2n}$ を利用した（式(12.22)直後の解説参照）。主要な設計パラメータは以下のように定めた[1)]。

$$\left.\begin{aligned} &V_h = 23 \\ &\omega_h = 2\pi\cdot 400, \quad T_h = \frac{1}{400} \end{aligned}\right\} \qquad (12.16)$$

相関信号生成器内の振幅抽出器に利用するローパスフィルタ $F(s)$ としては，式(11.13)の移動平均フィルタを利用した。図 12.2，図 12.4 に示したように，「正弦信号，余弦信号との積を通じて得た信号に対して移動平均フィルタを利用する」ということは，「このフィルタリング処理はフーリエ係数の決定処理を実質遂行している」ことを意味する。すなわち，このフィルタリング処理は，フーリエ形定積分処理と解釈することも可能である。

移動平均フィルタの積分周期 T_i および制御周期 T_s は，式(11.14)，式(11.26)を考慮のうえ，$N_h=1, N_s=20$ として以下のように定めた。

$$T_i = N_h T_h = T_h = \frac{1}{400},\ N_h = 1 \tag{12.17a}$$

$$T_s = \frac{T_i}{N_s} = \frac{N_h}{N_s} T_h = \frac{1}{8\,000},\ N_s = 20 \tag{12.17b}$$

移動平均フィルタの実装は，式(11.25)に基づき行った。この際，正弦・余弦信号に乗じた係数 2 とサンプル数の逆数 $1/N_s$ を撤去した。すなわち，係数 $2/N_s$ を撤去した（12.3.5 項の補足 II を参照）。移動平均フィルタの離散時間化は，次の近似積分として行った。

$$\left.\begin{aligned}\tilde{F}(z^{-1}) &= \frac{1-r_d^{N_s} z^{-N_s}}{N_s(1-r_d z^{-1})}\\ r_d = 0.999,\ r_d^{N_s} &= r_d^{20} = 0.980\end{aligned}\right\} \tag{12.18}$$

なお，振幅抽出器用のローパスフィルタ $F(s)$ として移動平均フィルタの利用を考慮し，位相速度推定器の入力端直後に配置される直流成分除去／バンドパスフィルタは撤去した（図 10.2 参照）。ひいては，相関信号生成器への入力信号は，固定子電流そのものとした。

正相関信号 p_c は，一般化楕円形高周波電圧の利用に加え，相関領域，演算負荷，汎用性を総合的に考慮し，式(12.10)，式(12.11c)を用いて合成した。すなわち，次式を用いた。

$$p_c = \frac{1}{1+K} \tan^{-1}\left(\frac{s_\delta - K s_\gamma}{c_\gamma + K c_\delta}\right);\ 0 \le K \le 1 \tag{12.19}$$

式(12.19)を利用する際に必要とされるローパスフィルタリングは，楕円係数 K のいかんにかかわらず，2 回である（12.3.5 項の補足 III を参照）。

式(12.19)の正相関信号 p_c は，正相関領域内の回転子位相 θ_γ に対し次の関係を有する。

$$p_c \approx K_\theta \theta_\gamma \tag{12.20a}$$

$$K_\theta \approx \frac{-2(1+K^2)L_m}{(1+K)((1-K^2)L_i-(1+K^2)L_m)} \tag{12.20b}$$

式(12.20)が明示しているように，楕円係数 K によっては信号係数 K_θ の把握にインダクタンス情報を必要とする。このときのインダクタンスは，位相制御器設計の観点からは公称値などの概略値を把握できればよい。なお，信号係数 K_θ は，高周波電圧の振幅，周波数の影響を排除しており，電力変換器の短絡防止期間により低速駆動時の高周波電圧振幅が実効的に変化する場合にも，この影響を受けることはない（12.3.5項の補足Ⅱを参照）。

位相同期器を構成する位相制御器 $C(s)$ は，式(11.62)の高周波積分形PLL法に立脚して構成した。具体的には，次の2次制御器を用いた。

$$C(s)=\frac{c_{n1}s+c_{n0}}{s(s+c_{d1})} \tag{12.21}$$

式(11.112)に従うならば，（高周波）位相制御器係数は，帯域幅 ω_{PLLc} を用い次のように算定される。

$$c_{d1}=2.24\omega_{PLLc},\quad c_{n1}=\frac{1.67\omega_{PLLc}^2}{K_\theta},\quad c_{n0}=\frac{0.415\omega_{PLLc}^3}{K_\theta} \tag{12.22}$$

実験のためのPLLの帯域幅 ω_{PLLc} としては，式(11.113)の第1式の係数0.746を考慮のうえ，$\omega_{PLLc}=300$〔rad/s〕を選定した。

位相同期器が生成した座標系速度 ω_γ を処理するための速度推定値生成用ローパスフィルタは1次とした。この帯域幅は，速度制御系帯域幅とおおむね等しく選定した。

電流制御系は，制御周期125 μs と高周波電圧周波数 $\omega_h=800\pi$〔rad/s〕を考慮のうえ（式(12.16)，式(12.17)参照），低めの帯域幅1 800 rad/s が得られるよう設計した[1]。トルク指令値 τ^* から電流指令値 $\boldsymbol{i}_{1f}^*$ への変換は，回転子位相推定値の検証が行いやすいように，次式によった[1]。

$$\boldsymbol{i}_{1f}^*=\begin{bmatrix} 0 \\ \dfrac{1}{N_p\Phi}\tau^* \end{bmatrix} \tag{12.23}$$

また，図10.1において $F_{bs}(s)$ として示されたバンドストップフィルタを挿入した。このフィルタは高周波電流の電流制御ループへの回り込みを防止するためのものである。実験では，このフィルタとして式(10.9)の2次新中ノッチフィルタを正確に実現した。実験に使用したフィルタの周波数特性は，図10.5のとおりである。

速度制御系は，供試モータの約 53 倍にも及ぶ負荷装置の巨大な慣性モーメントを考慮し，線形速度応答が確保されるおおむね上限帯域幅である帯域幅 2 rad/s が得られるように設計した[1)]。

図 10.1 に示したセンサレスベクトル制御系において，3/2 相変換器 $\boldsymbol{S}^T$ から 2/3 相変換器 $\boldsymbol{S}$ に至るすべての機能は，単一の DSP（TMS320C32-50MHz）で実現した[1)]。

12.4.2 楕円係数が 1 の場合

(1) 実験の細部条件

式(10.17)の一般化楕円形高周波電圧を，楕円係数を $K=1$ として実験を行った（楕円係数のこの選択は，真円形高周波電圧の選択を意味する)。印加高周波電圧の基本振幅，周波数の具体的な値は，式(12.16)のとおりである。楕円係数 $K=1$ の場合，正相関信号 p_c を定めた式(12.19)は次式に帰着される。

$$p_c = \theta_\gamma \,;\, |\theta_\gamma| < \frac{\pi}{2} \tag{12.24}$$

すなわち，$|\theta_\gamma|<\pi/2$ の範囲で信号係数は $K_\theta=1$ となり，最大の正相関領域が確保される。

楕円係数 $K=1$ の本場合には，$\omega_{pll}=300$〔rad/s〕のもとでは，位相制御器係数は式(12.22)より以下のように算定される。

$$c_{d1} = 672,\ c_{n1} = 150 \cdot 10^3,\ c_{n0} = 112 \cdot 10^5 \tag{12.25}$$

位相補正値は，予備実験を通じ以下のように定めた（図 10.2 参照)[1)]。

$$\varDelta\theta_s = \begin{cases} 0.3-0.2238\, i_{\delta f}^* \,;\, i_{\delta f}^* \geq 0 \\ 0.3+0.0699\, i_{\delta f}^* \,;\, i_{\delta f}^* < 0 \end{cases} \tag{12.26}$$

(2) 定格負荷での微速度駆動定常応答

図 10.1 の構成において，センサレスベクトル制御の重要な性能である，微速度領域での速度制御性能を検証した[1)]。以下，波形データを用い検証結果を示す。

力行定格負荷のもとで，定格速度比で約 1/350 に相当する約 0.5 rad/s の微速度指令値を与えた場合の応答を図 12.6 に示す。図 12.6 の波形は，上から u 相電流，回転子機械速度（エンコーダ検出値），α 軸から評価した回転子位相の真値（スムーズな値）θ_α と推定値（脈動的な値）$\hat{\theta}_\alpha$ を意味している。時間軸は 1 s/div である。u 相電流からは，駆動用電流に重畳された高周波電流が明瞭に確認される。エンコーダにより測定した速度がスパイク状の突出を示しているが，これは微速度運転におけるエンコーダパルスの離散的入力に起因している。回転子位相がスムーズに変位しているこ

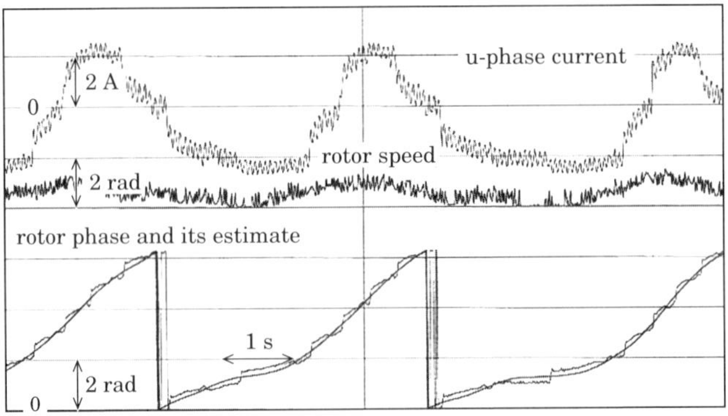

図 12.6　約 0.5 rad/s 速度指令値に対する力行定格負荷下での応答

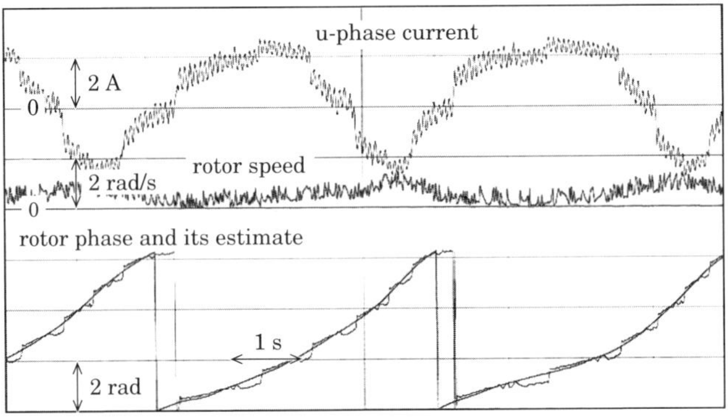

図 12.7　約 0.5 rad/s 速度指令値に対する回生定格負荷下での応答

とより明白なように，回転子はおおむね一定速度すなわち約 0.5 rad/s で回転を持続している。回転子位相の真値と推定値との差（位相偏差の極性反転値）$\hat{\theta}_\alpha - \theta_\alpha$ は，平均的には微少であるが，正負に脈動を示している。脈動の極性変換点は，三相電流のゼロクロス点と一致しており，これは電力変換器の短絡防止期間（2.6 μs）の影響によるものである[1)]。楕円係数を $K=1$ とする場合（すなわち，真円形高周波電圧を印加する場合）には，位相推定値には電力変換器の短絡防止期間の影響が出やすいことが指摘されているが[1)]，この実験においても，三相電流，位相推定値にこの特性が確認された。

回生定格負荷のもとで，定格速度比で約 1/350 に相当する約 0.5 rad/s の微速度指令値を与えた場合の応答を図 12.7 に示す。図 12.7 の波形の意味は，図 12.6 と同一である。u 相電流位相と回転子位相との位相逆転を除けば，力行の場合と同様に制御が行われていることがわかる。

コギングトルクなどが原因で発生した絶対的には小さな速度誤差も，定格速度比で約 1/350 に相当する約 0.5 rad/s の微速度指令値に対しては，相対的には大きな速度誤差になる。微速度駆動定常応答を示した図 12.6，図 12.7 での回転ムラは，これによるものである。

(3) 定格負荷での高速度駆動定常応答

楕円係数を $K=1$ とする場合（すなわち，真円形高周波電圧を印加する場合）には，式(12.24)が示しているように最大の正相関領域が確保される。広大な正相関領域が確保される場合には，比較的大きな瞬時位相推定誤差が起こりやすい高速回転においても，これに支えられて安定したセンサレス駆動が可能となる[1)]。

高速回転時の性能を確認するための実験を行った。定格速度では，定格負荷下での持続的な安定駆動は達成できなかった[1)]。定格負荷下で持続的に安定駆動が達成できた最大速度は，約 75% 定格速度であった。

図 12.8 に，力行定格負荷のもとで速度 100 rad/s（約 55% 定格速度）における応答例を示した[1)]。図中の波形の意味は，図 12.6 と同様である。ただし，図 12.8 においては，時間軸は 10 ms/div である。この応答においては，回転子電気速度が高周波電圧の周波数の 1/8 に達しているため，高周波電流が重畳された u 相電流は，正弦形状を呈していない。しかし，全体的には回転子位相が適切に推定され，良好な制御が維持されている。

回生定格負荷のもとで，速度指令値 100 rad/s を与えた場合の応答を図 12.9 に示す。図中の波形の意味は，前掲の図 12.6～図 12.8 と同一である。時間軸は 10 ms/div で

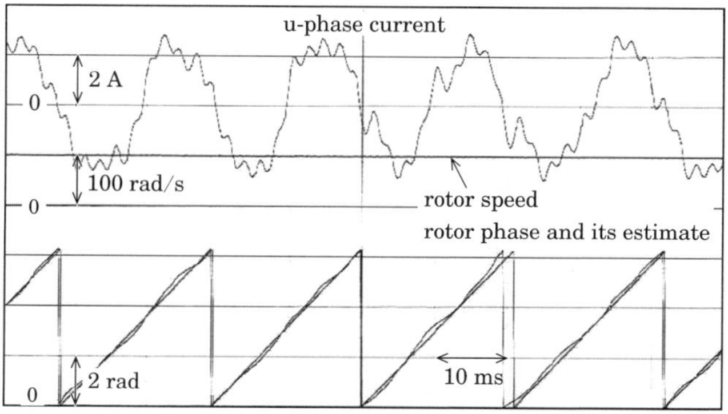

図 12.8 100 rad/s 速度指令値に対する力行定格負荷下での応答

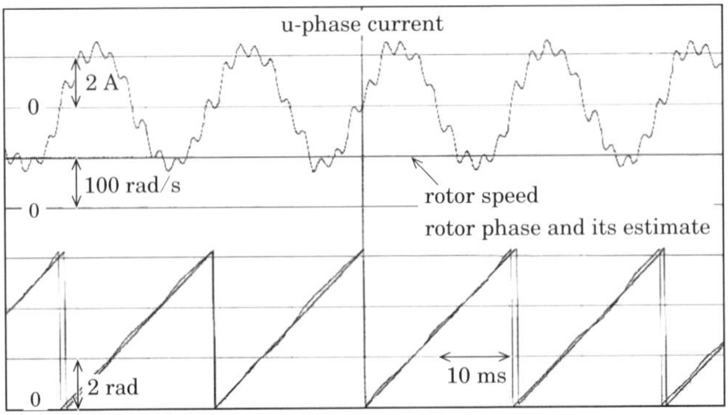

図 12.9　100 rad/s 速度指令値に対する回生定格負荷下での応答

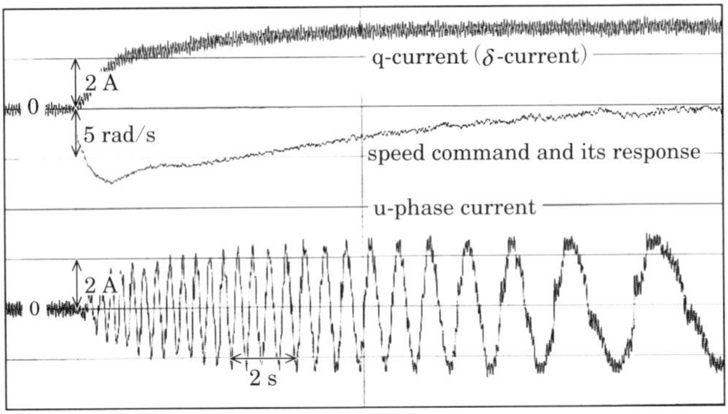

図 12.10　ゼロ速度での定格負荷による瞬時印加特性
（負荷慣性モーメント比：1/53）

ある。u 相電流位相と回転子位相との逆転を除けば，力行の場合と同様に良好な制御が行われている。

(4) ゼロ速度でのインパクト負荷特性

ゼロ速度で安定に制御がなされているか否かの最良の確認方法のひとつは，定格負荷の瞬時印加および除去に対する安定制御の可否である。図 12.10 は，この観点からゼロ速度指令値の速度制御状態で定格負荷を瞬時に印加し，負荷外乱抑圧に関する過渡応答を調べたものである[1)]。図中の信号は，上部から q 軸電流（δ 軸電流），速度指令値，同応答値，u 相電流を示している。時間軸は，2 s/div である。図より，瞬時負荷に対しても安定したゼロ速度制御を維持し，かつこの影響を排除していることが確認される。

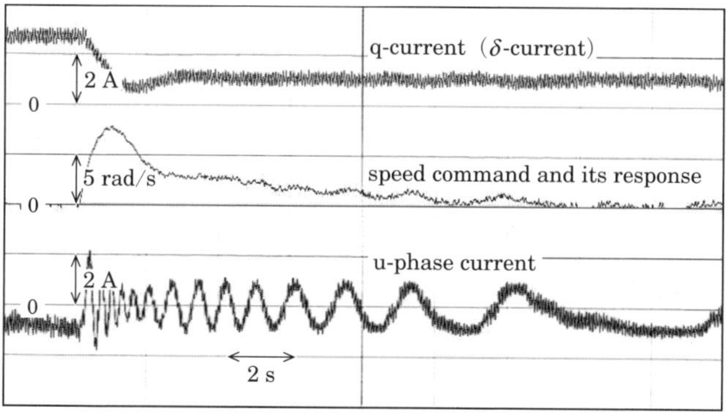

図 12.11 ゼロ速度での定格負荷による瞬時除去特性
(負荷慣性モーメント比：1/53)

図 12.11 は，ゼロ速度制御のうえ，あらかじめ印加された定格負荷を瞬時除去したときの応答である[1)]。波形の意味は前掲の図 12.10 と同様である。安定な速度制御が確認される。無負荷・定常状態に至っても，約 1 A の q 軸電流（δ 軸電流）が残っているが，これは速度制御器として PI 制御器を利用し，さらには静止摩擦が存在することに起因しており，正常な応答である。

なお，図 12.10，図 12.11 の両図において，ゼロ速度への回復が遅いが，これは供試モータの約 53 倍にも及ぶ負荷装置慣性モーメントを考慮し，速度制御帯域幅を 2 rad/s に設計したことに起因している。

(5) 無負荷での微速度駆動定常応答

高周波電圧印加法に基づくセンサレスベクトル制御の技術的挑戦のひとつは，軽慣性モーメント，軽負荷状態での微速域における適切な位相推定であるといわれている[1)]。軽慣性モーメント，軽負荷状態での微速域における駆動においては駆動用電流は微小であり，高周波電流が固定子電流の主成分を占める。この結果，固定子電流は一定高周波数 ω_h と同じ頻度でゼロクロスをひき起こし，ひいては電力変換器の短絡防止期間の影響が位相推定値に激しく出現するといわれている。しかも，非理想的なモータ特性に起因するわずかなコギングトルクは，軽慣性モーメントの回転子位相を容易かつ瞬時に変位させる。

上記のような状態における回転子位相推定性能を検証すべく，供試 PMSM を負荷装置から切り離し，供試モータに 0.00055 kg·m^2 の慣性モーメントをもつカップリングを装着した[1)]。この慣性モーメントは，供試 PMSM 単体の慣性モーメントの約 30% にあたる（表 4.1 参照）。慣性モーメントの変更に応じ，速度制御系の帯域幅を

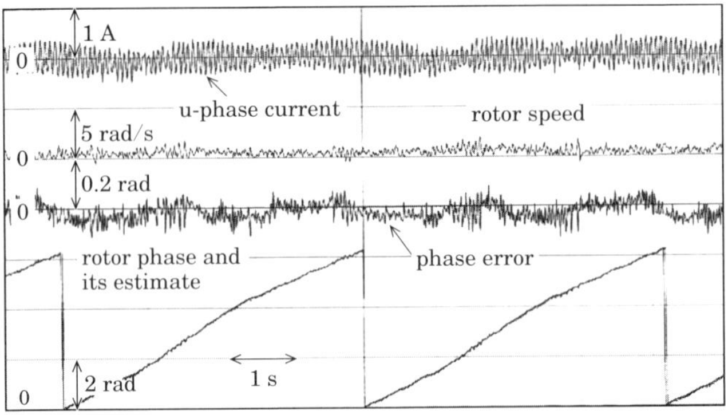

図 12.12　約 0.5 rad/s 速度指令値に対する無負荷時での応答

50 rad/s に設計し直した。他の設計パラメータは，図 12.6～図 12.9 の実験と同一である。速度指令値として，図 12.6，図 12.7 と同一の定格速度比で約 1/350 に相当する約 0.5 rad/s の微速度指令値を与えた。

図 12.12 はこの実験結果である。同図は，上から u 相電流，回転子速度，位相偏差の極性反転値 $\hat{\theta}_\alpha - \theta_\alpha$，回転子位相真値 θ_α，同推定値 $\hat{\theta}_\alpha$ を示している。時間軸は 1 s/div である。u 相電流の軸は，前掲の図 12.6～図 12.9 と異なり，1 A/div に変更している。図より，固定子電流は激しくゼロクロスを起こしているが，回転子位相はきわめて安定かつ適切に推定されている。驚くことに，回転子位相推定値は，図 12.6，図 12.7 の定格負荷時と異なり，電力変換器の短絡防止期間，固定子電流のゼロクロスの影響をほとんど受けていない。

12.4.3　楕円係数が 0 の場合

(1) 実験の細部条件

12.4.2 項と対照的な高周波電圧を用いて，12.4.2 項と同様な実験を行った。すなわち，式(10.17)の一般化楕円形高周波電圧を，楕円係数を $K=0$ として実験を行った。印加高周波電圧の振幅，周波数の具体値は式(12.16)のとおりである。楕円係数 $K=0$ の場合，正相関信号 p_c を定めた式(12.19)は次式となる。

$$p_c = \tan^{-1}\left(\frac{s_\delta}{c_\gamma}\right) = \tan^{-1}\left(\frac{-L_m \sin 2\theta_\gamma}{L_i - L_m \cos 2\theta_\gamma}\right) \tag{12.27}$$

正相関領域内の回転子位相（位相偏差）θ_γ に対しては，式(12.27)の正相関信号 p_c は式(12.20)より次のように近似される。

$$p_c \approx K_\theta \theta_\gamma, \ \ K_\theta \approx \frac{-2L_m}{L_q} \approx 0.362 \tag{12.28}$$

楕円係数 $K=0$ のこの場合には，$\omega_{PLLc}=300$〔rad/s〕のもとでの位相制御器係数は式(12.22)より以下のように算定される。

$$c_{d1} = 672, \ \ c_{n1} = 415 \cdot 10^3, \ \ c_{n0} = 310 \cdot 10^5 \tag{12.29}$$

位相補正値は，予備実験を通じ以下のように定めた（図 10.2 参照）[1]。

$$\varDelta\theta_s = -0.0616\, i_{\delta f}^* \tag{12.30}$$

(2) 定格負荷での微速度駆動定常応答

力行定格負荷のもとで，定格速度比で約 1/350 に相当する約 0.5 rad/s の微速度指令値を与えた場合の応答を図 12.13 に示す[1]。図 12.13 の波形の意味は図 12.6～図 12.9 と同一である。時間軸は 1 s/div である。α 軸から評価した回転子位相 θ_α がスムーズに変位していることより明白なように，回転子はおおむね一定速度，すなわち約 0.5 rad/s で回転を持続している。回転子位相の真値と推定値との差（位相偏差の極性反転値）$\hat{\theta}_\alpha - \theta_\alpha$ は，脈動もなく微少である。楕円係数を $K=0$ とする場合には，位相推定値は，電力変換器の短絡防止期間の影響を受けにくいことが指摘されているが[1]，本実験においても三相電流，位相推定値にこの特性が確認された。

回生定格負荷のもとで，定格速度比で約 1/350 に相当する約 0.5 rad/s の微速度指令値を与えた場合の応答を図 12.14 に示す。図 12.14 の波形の意味は，図 12.13 と同一である。u 相電流位相と回転子位相との位相逆転を除けば，力行の場合と同様に制御が行われていることがわかる。

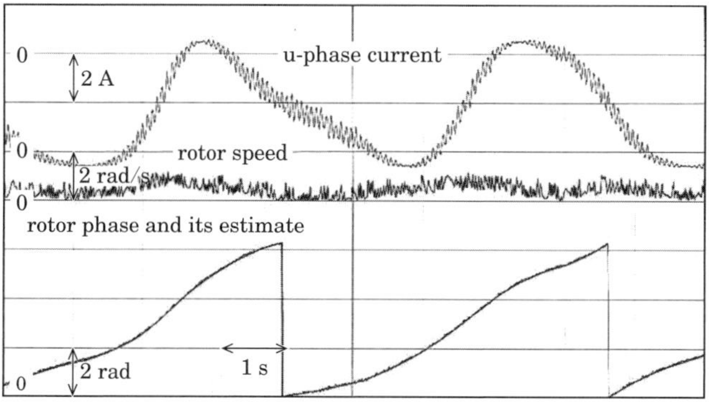

図 12.13 約 0.5 rad/s 速度指令値に対する力行定格負荷下での応答

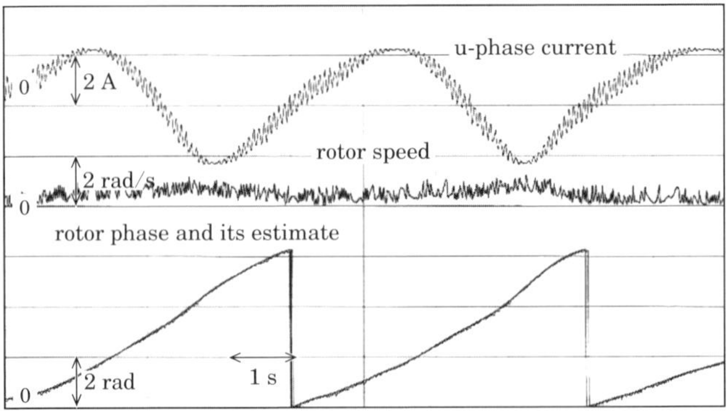

図 12.14　約 0.5 rad/s 速度指令値に対する回生定格負荷下での応答

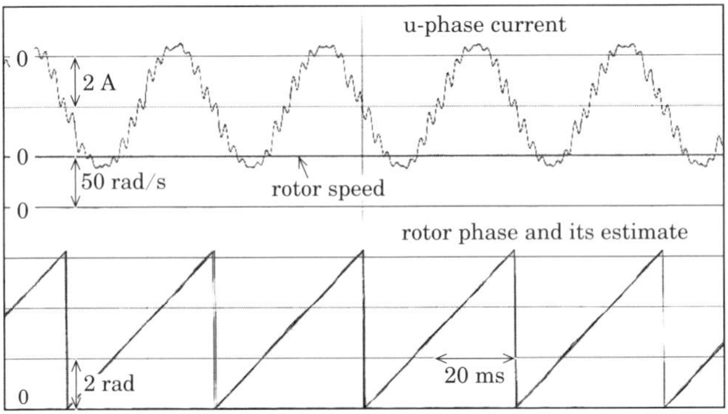

図 12.15　50 rad/s 速度指令値に対する力行定格負荷下での応答

(3) 定格負荷での中速度駆動定常応答

楕円係数を $K=0$ とする場合には，式(12.13)，図 12.3 が示しているように，正相関領域は狭小されることになる。このため，比較的大きな瞬時位相推定誤差が起こりやすい高速回転域では，この最高速度が制限されることが推測される[1)]。

これを確認するための実験を行った。図 12.8 に対応した速度 100 rad/s（約 55% 定格速度）においては，定格負荷下での持続的な安定駆動は達成できなかった。定格負荷下で持続的に安定駆動が達成できた最大速度は，$K=1$ の場合の約 50% 程度であった。

図 12.15 に，力行定格負荷のもとで速度 50 rad/s（約 28% 定格速度）における応答例を示した。図中の波形の意味は，図 12.13，図 12.14 と同様である。ただし，図 12.15 においては，時間軸は 20 ms/div である。全体的には回転子位相が適切に推定

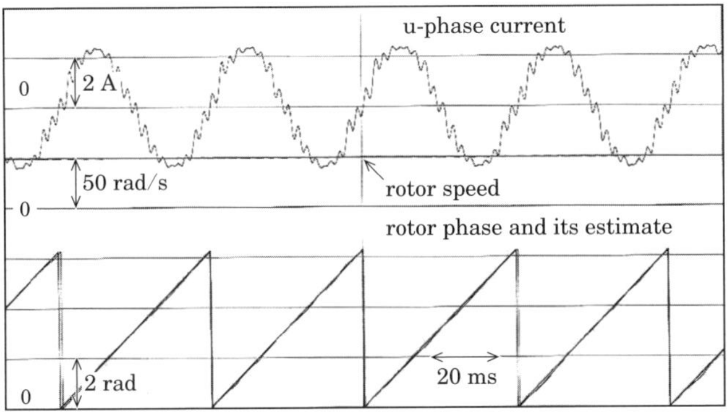

図 12.16 50 rad/s 速度指令値に対する回生定格負荷下での応答

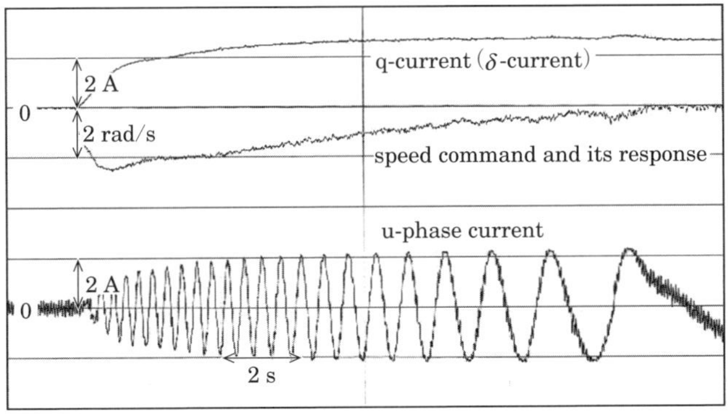

図 12.17 ゼロ速度での定格負荷による瞬時印加特性
(負荷慣性モーメント比：1/53)

され，良好な制御が維持されている。

回生定格負荷のもとで速度指令値 50 rad/s を与えた場合の応答を図 12.16 に示す。図中の波形の意味は前掲の図 12.13〜図 12.15 と同様である。時間軸は 20 ms/div である。u 相電流位相と回転子位相との逆転を除けば，力行の場合と同様に良好な制御が行われている。

(4) ゼロ速度でのインパクト負荷特性

図 12.17 は，ゼロ速度指令値の速度制御状態で定格負荷を瞬時に印加し，負荷外乱抑圧に関する過渡応答を調べたものである。図中の信号の意味は，図 12.10，図 12.11 と同一である。時間軸は 2 s/div である。図より，瞬時負荷に対しても安定したゼロ速度制御を維持し，かつこの影響を排除していることが確認される。

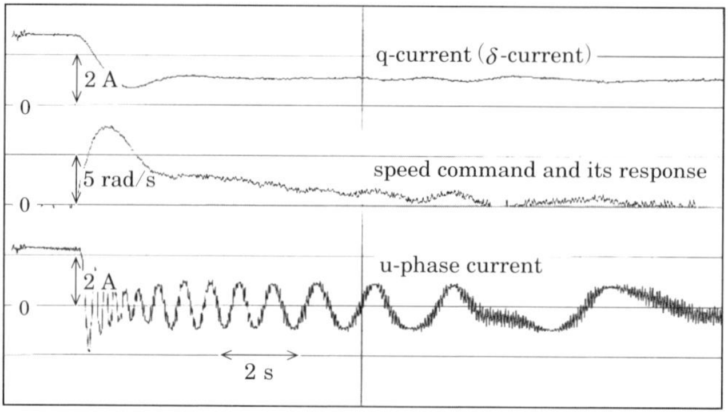

図 12.18　ゼロ速度での定格負荷による瞬時除去特性
（負荷慣性モーメント比：1/53）

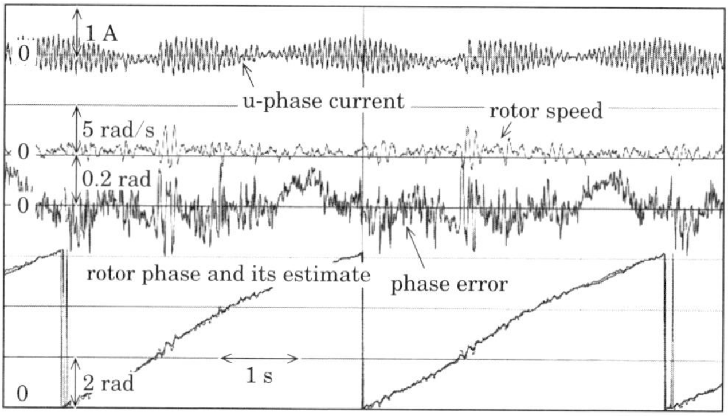

図 12.19　約 0.5 rad/s 速度指令値に対する無負荷時の応答

図 12.18 は，ゼロ速度制御のうえ，あらかじめ印加された定格負荷を瞬時除去したときの応答である。波形の意味は前掲の図 12.10，図 12.11，図 12.17 と同様である。安定な速度制御が確認される。

(5) 無負荷での微速度駆動定常応答

供試 PMSM を負荷装置から切り離し，供試モータに 0.00055 $kg \cdot m^2$ の慣性モーメントをもつカップリングを装着した。慣性モーメントの変更に応じ，速度制御系の帯域幅を 50 rad/s に設計し直した。他の設計パラメータは，これまでの実験と同一である。速度指令値として，図 12.13，図 12.14 と同一の定格速度比で約 1/350 に相当する約 0.5 rad/s の微速度指令値を与えた。

図 12.19 はこの実験結果である。波形の意味は，図 12.12 と同一である。u 相電流

の軸は，前掲の図 12.13〜図 12.18 と異なり，1 A/div に変更しているので注意されたい。図より，固定子電流は激しくゼロクロスを起こし，これに応じて回転子位相も同頻度で激しく変位しているが，回転子位相は迅速かつ適切に推定されていることがわかる。位相誤差の瞬時最大値は 0.15 rad 程度に収まっている。回転子位相推定値は，位相真値の激しい変動にもかかわらず，これによく追従していている。

以上，軸要素成分分離に基づく正相関信号の生成において，とくにローパスフィルタとして移動平均フィルタ（フーリエ形定積分処理）を用いた場合に関し，その原理的妥当性と有用性とを検証すべく，一般化楕円形高周波電圧を用いて遂行した実験の一結果例を示した。本書では，紙幅の関係で楕円係数を両端値である $K=1, 0$ の場合のみを示したが，全実験を通じ以下を確認した。

- 軸要素成分分離に基づく正相関信号（位相偏差相当値）の生成は，原理的妥当性を有する。また，所期の有用性を有する。移動平均フィルタは，4 振幅抽出のためのローパスフィルタとしての有効性を有する。
- 軸要素成分分離に基づく正相関信号生成の場合にも，正相逆相分離に基づく正相関信号生成の場合と同様に，印加高周波電圧がもつ元来の特性が，生成した正相関信号に出現する。すなわち，楕円係数の増大につれ，高周波電流の正相関領域が広大となり，より高い速度域での安定推定が可能である。一方，定格負荷下での推定値は，楕円係数の減少につれ，低速域での電力変換器の短絡防止期間の影響を受けにくくなる。
- 軸要素成分分離に基づく正相関信号の生成法は，微速度領域での無負荷に準じた軽負荷時においても，正常に正相関信号を生成できる。この状況では，例外的に楕円係数が大きくなるにつれ，生成した正相関信号の質が向上する。
- 軸要素成分分離に基づく正相関信号の生成法においても，正相逆相分離に基づく正相関信号生成の場合と同様に正相関信号は偏りをもつ。この偏りを補正し，最終的に精度よい位相推定値を得るには，正相関信号に対する位相補正処理が不可欠である。

軸要素成分分離に基づく正相関信号の生成法は，一般化楕円形高周波電圧のみならず，一定楕円形高周波電圧に対しても動作することを実験的に確認している。

実験を通じた概略的な印象であるが，軸要素成分分離に基づく正相関信号の生成法は，正相逆相分離に基づく正相関信号の生成法に比較し，正相関信号に演算誤差がより大きく出現するようである。正相逆相分離に基づく正相関信号生成法は，位相情報を有する4振幅の生成に伴う，正弦信号・余弦信号と γ 軸要素・δ 軸要素との積をつねに内積のかたち，すなわち対のかたちで遂行する（定理11.2，図11.2参照）。これに対して，軸要素成分分離に基づく正相関信号生成法は，位相情報を有する4振幅の生成に伴う，正弦信号・余弦信号と γ 軸要素・δ 軸要素との積を基本的に単独で遂行する。この信号処理上の違いが，正相関信号に含まれる誤差の差異に起因しているようである。

第13章 高周波電流の軸要素積による位相推定

高周波電圧印加法における高周波電流の処理は，位相推定そのものととらえられることがある。この事実は，高周波電流の処理いかんによって位相推定性能が左右され，高周波電流処理が位相推定の中核的処理であることによっている。高周波電流処理の第3の汎用的方法は，$\gamma\delta$ 準同期座標系上における高周波電流の軸要素の積そのものを，回転子位相と正相関を有する信号（位相偏差相当値）として扱う方法である。第13章では，最も簡単な正相関信号合成法ともいうべきこの方法を説明する。

13.1 相関信号生成器の基本構造

図10.2の位相速度推定器における主要機器である相関信号生成器の代表的な構成法を，第11章，第12章で提示した。これらの構成原理は，振幅抽出器と相関信号合成器との組合せにより相関信号生成器を構成するものであった。両構成法の本質的違いは，振幅抽出器にあった。第11章の相関信号生成器では，高周波電流の正相逆相成分分離を眼目に振幅抽出器を構成した。一方，第12章の相関信号生成器では，高周波電流の軸要素成分分離を眼目に振幅抽出器を構成した。抽出振幅は回転子位相情報を含んでおり，両構成法においては抽出振幅を用いた多様な正相関信号（位相偏差相当値）の合成が可能であった。

第13章では，前述の構成法に代わって振幅抽出の概念をいっさい使用しない新たな相関信号生成器の構成法を提示する[1)~4)]。図13.1に，新たな相関信号生成器を用いた位相速度推定器を示した。この構成の構造的特徴は，次の2点である。

- 固定子電流から高周波電流を得るためのフィルタとしては，バンドパスフィルタ（band-pass filter）に限定している。直流成分除去フィルタの利用は想定していない。また，バンドパスフィルタの利用は必須である。
- 相関信号生成器は，高周波電流の γ 軸要素と δ 軸要素の積信号 $i_{\gamma h} i_{\delta h}$ を生成する単一乗算器のみで構成している。積信号そのものを，基本的に後続の位相同期器

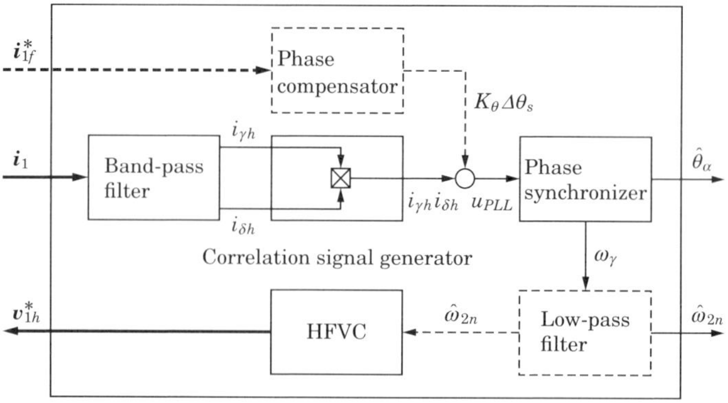

図13.1　高周波電流相関法に基づく位相速度推定器の構造

への入力信号としている。

高周波電流のγ軸要素とδ軸要素の積信号は，一般に直流成分に加えて高周波成分を含む。このため，後続の位相同期器は，処理対象信号が高周波成分を含むことを前提とした高周波積分形PLL法に立脚して設計・構築されたものでなくてはならない(11.5節参照)。

高周波電流のγ軸要素とδ軸要素とによる単純な積信号を高周波積分形PLL法に用いて位相推定する方法は，高周波電流相関法（high-frequency current correlation method）とよばれ，その原形は2006年に新中により示されている[1)~3)]。なお，位相同期器への入力信号として扱われる積信号$i_{\gamma h} i_{\delta h}$は，高周波電流相関信号（high-frequency current correlation signal）とよばれる。以下に，高周波電流相関法の詳細を説明する。

13.2　高周波電流相関信号の評価

一般化楕円形高周波電圧，一定楕円形高周波電圧（一定真円形高周波電圧，直線形高周波電圧を含む）に対応する高周波電流$\boldsymbol{i}_{1h}$は，第10章の検討により，一般に以下のように表現される（式(10.21)，式(10.22)，式(10.31)，式(10.32)，式(10.38)，式(10.39)，式(10.46)，式(10.47)参照）。

◆ 高周波電流の軸要素表現

$$\boldsymbol{i}_{1h} = \begin{bmatrix} i_{\gamma h} \\ i_{\delta h} \end{bmatrix} = \begin{bmatrix} c_\gamma & s_\gamma \\ s_\delta & c_\delta \end{bmatrix} \boldsymbol{u}_n(\omega_h t)$$

$$= \begin{bmatrix} c_\gamma & s_\gamma \\ s_\delta & c_\delta \end{bmatrix} \begin{bmatrix} \sin \omega_h t \\ \cos \omega_h t \end{bmatrix} \tag{13.1}$$

■

式(13.1)における軸要素の4振幅 $c_\gamma, s_\gamma, c_\delta, s_\delta$ は，印加高周波電圧の形状に依存して変化する。一般化楕円形高周波電圧，一定楕円形高周波電圧に対応した軸要素の4振幅 $c_\gamma, s_\gamma, c_\delta, s_\delta$ は，おのおの次式となる。

$$\left.\begin{aligned} c_\gamma &= \frac{V_h}{\omega_h L_d L_q}(L_i - L_m \cos 2\theta_\gamma) \\ s_\gamma &= \frac{V_h}{\omega_h L_d L_q} K L_m \sin 2\theta_\gamma \\ s_\delta &= \frac{V_h}{\omega_h L_d L_q}(-L_m \sin 2\theta_\gamma) \\ c_\delta &= \frac{V_h}{\omega_h L_d L_q}(-K(L_i + L_m \cos 2\theta_\gamma)) \end{aligned}\right\} \tag{13.2}$$

$$\left.\begin{aligned} c_\gamma &= \frac{\omega_h V_h}{(\omega_h^2 - \omega_\gamma^2) L_d L_q}(1 - K_\omega K)(L_i - L_m \cos 2\theta_\gamma) \\ s_\gamma &= \frac{\omega_h V_h}{(\omega_h^2 - \omega_\gamma^2) L_d L_q}(K - K_\omega)(L_m \sin 2\theta_\gamma) \\ s_\delta &= \frac{\omega_h V_h}{(\omega_h^2 - \omega_\gamma^2) L_d L_q}(1 - K_\omega K)(-L_m \sin 2\theta_\gamma) \\ c_\delta &= \frac{\omega_h V_h}{(\omega_h^2 - \omega_\gamma^2) L_d L_q}(K_\omega - K)(L_i + L_m \cos 2\theta_\gamma) \end{aligned}\right\} \tag{13.3}$$

式(13.2)，式(13.3)で表現された高周波電流の γ 軸，δ 軸要素による高周波相関信号に関しては，次の定理が成立する[4]。

《定理 13.1（高周波相関信号定理）》[4]

①式(13.2)，式(13.3)で定められた振幅 s_γ, s_δ を以下のように簡略表現する。

$$\left.\begin{aligned} s_\gamma &= A_\gamma \sin 2\theta_\gamma \\ s_\delta &= A_\delta \sin 2\theta_\gamma \end{aligned}\right\} \tag{13.4}$$

このとき，式(13.1)の高周波電流に基づく高周波電流相関信号 $i_{\gamma h} i_{\delta h}$ は，次式で与えられる。

$$i_{\gamma h} i_{\delta h} = s_h + n_h \tag{13.5a}$$

ただし，

$$s_h = \frac{1}{2} K_s \sin 2\theta_\gamma \tag{13.5b}$$

$$n_h = \frac{1}{2} K_n \sin 2\omega_h t \tag{13.5c}$$

$$\begin{aligned} K_s &= (c_\gamma A_\delta + c_\delta A_\gamma) - (c_\gamma A_\delta - c_\delta A_\gamma) \cos 2\omega_h t \\ &= (c_\gamma A_\delta + c_\delta A_\gamma)\left(1 - \frac{c_\gamma A_\delta - c_\delta A_\gamma}{c_\gamma A_\delta + c_\delta A_\gamma} \cos 2\omega_h t\right) \end{aligned} \tag{13.5d}$$

$$K_n = s_\gamma s_\delta + c_\gamma c_\delta \tag{13.5e}$$

②印加高周波電圧を一般化楕円形高周波電圧とする場合には，式(13.5d)の K_s，式(13.5e)の K_n は，おのおの以下のように評価される。

$$\begin{aligned} K_s = \frac{-V_h^2 L_i L_m}{\omega_h^2 L_d^2 L_q^2} &((1 + r_s \cos 2\theta_\gamma) + K^2(1 - r_s \cos 2\theta_\gamma)) \\ &\cdot\left(1 - \frac{1 - K^2 \dfrac{1 - r_s \cos 2\theta_\gamma}{1 + r_s \cos 2\theta_\gamma}}{1 + K^2 \dfrac{1 - r_s \cos 2\theta_\gamma}{1 + r_s \cos 2\theta_\gamma}} \cos 2\omega_h t\right) \end{aligned} \tag{13.6a}$$

$$K_n = \frac{-V_h^2 L_i^2}{\omega_h^2 L_d^2 L_q^2} K (1 - r_s^2 \cos 4\theta_\gamma) \tag{13.6b}$$

③印加高周波電圧を一定楕円形高周波電圧とする場合には，式(13.5d)の K_s，式(13.5e)の K_n は，おのおの以下のように評価される。

$$\begin{aligned} K_s = &\frac{-\omega_h^2 V_h^2 L_i L_m}{(\omega_h^2 - \omega_\gamma^2)^2 L_d^2 L_q^2} \\ &((1 - K_\omega K)^2 (1 + r_s \cos 2\theta_\gamma) + (K - K_\omega)^2 (1 - r_s \cos 2\theta_\gamma)) \\ &\cdot\left(1 - \frac{1 - \left(\dfrac{K - K_\omega}{1 - K_\omega K}\right)^2 \left(\dfrac{1 - r_s \cos 2\theta_\gamma}{1 + r_s \cos 2\theta_\gamma}\right)}{1 + \left(\dfrac{K - K_\omega}{1 - K_\omega K}\right)^2 \left(\dfrac{1 - r_s \cos 2\theta_\gamma}{1 + r_s \cos 2\theta_\gamma}\right)} \cos 2\omega_h t\right) \end{aligned} \tag{13.7a}$$

$$K_n = \frac{-\omega_h^2 V_h^2 L_i^2}{(\omega_h^2 - \omega_\gamma^2)^2 L_d^2 L_q^2} (K - K_\omega)(1 - K_\omega K)(1 - r_s^2 \cos 4\theta_\gamma) \tag{13.7b}$$

〈証明〉

①式(13.1)より，高周波電流相関信号 $i_{\gamma h} i_{\delta h}$ として次式を得る。

$$\begin{aligned} i_{\gamma h} i_{\delta h} &= c_\gamma s_\delta \sin^2 \omega_h t + c_\delta s_\gamma \cos^2 \omega_h t + (c_\gamma c_\delta + s_\gamma s_\delta) \sin \omega_h t \cos \omega_h t \\ &= \frac{1}{2} (c_\gamma (1 - \cos 2\omega_h t) s_\delta + c_\delta (1 + \cos 2\omega_h t) s_\gamma) \end{aligned}$$

$$+\frac{1}{2}(c_\gamma c_\delta + s_\gamma s_\delta)\sin 2\omega_h t \tag{13.8}$$

式(13.8)に式(13.4)を用いると，定理13.1①を得る。

②式(13.2)，式(13.4)を式(13.5d)に用い整理すると式(13.6a)を，また式(13.5e)に用い整理すると式(13.6b)を得る。

③式(13.3)，式(13.4)を式(13.5d)に用い整理すると式(13.7a)を，また式(13.5e)に用い整理すると式(13.7b)を得る。

■

式(13.5)に用いたs_h, n_hは，高周波正相関信号（位相偏差相当値），高周波残留外乱と呼称される（11.5節参照）。また，K_nが外乱係数と呼称されるのに対し，K_sは相関係数と呼称される。

式(13.5a)の高周波電流相関信号を構成する高周波正相関信号s_hは，$-\pi/4<\theta_\gamma<\pi/4$の範囲で$\gamma$軸から評価した回転子位相（位相偏差）$\theta_\gamma$と正相関を有する位相正弦値$\sin 2\theta_\gamma$を独立的に保持する（図11.7参照）。この意味において，高周波正相関信号s_hは回転子位相推定上最も重要な信号といえる。当然のことながら，回転子位相ゼロ$\theta_\gamma=0$の収束状態では，位相偏差相当値である本信号はゼロとなり消滅する。

一方，式(13.5a)の高周波電流相関信号を構成する高周波残留外乱n_hは，一般に周波数$2\omega_h$の高周波信号であり，回転子位相θ_γのいかんにかかわらず残留する。

一般化楕円形高周波電圧を印加する場合には，式(13.6b)が明示しているように，高周波残留外乱は楕円係数Kに比例した振幅をもつ。すなわち，高周波残留外乱は，$K=0$の場合を除き，$\theta_\gamma=0$の場合にも高周波電流相関信号に残留し，回転子位相推定上の外乱として作用する。なお，$\theta_\gamma=0$の収束状態では外乱係数K_nは次式となる。

$$K_n=\frac{-V_h^2 K}{\omega_h^2 L_d L_q} \tag{13.9}$$

上式から理解されるように，高周波残留外乱の観点からは，楕円係数Kは小さく選定することが好ましい。なお，高周波電流相関法の原形は，楕円係数を$K=0$，外乱係数を$K_n=0$とするものである[1)~3)]。

一定楕円形高周波電圧を印加する場合には，式(13.7b)が明示しているように，高周波残留外乱は$(K-K_\omega)(1-K_\omega K)$に比例した振幅をもつ。すなわち，高周波残留外乱は，$K=K_\omega$の場合を除き，$\theta_\gamma=0$の場合にも高周波電流相関信号に残留し，回転子位相推定上の外乱として作用する。なお，$\theta_\gamma=0$の収束状態では，外乱係数K_nは次式となる。

$$K_n = \frac{-\omega_h^2 V_h^2}{(\omega_h^2-\omega_\gamma^2)^2 L_d L_q}(K-K_\omega)(1-K_\omega K) \tag{13.10}$$

上式から理解されるように，高周波残留外乱の観点からは，一定楕円形高周波電圧の楕円係数 K は，$K=K_\omega$ が維持されるように速度に応じて変更することが好ましい。なお，一定楕円形高周波電圧における楕円係数 K の $K=K_\omega$ の選定による高周波電圧は，一般化楕円形高周波電圧における楕円係数 K の $K=0$ の選定による高周波電圧と同一となる（式(10.17)と式(10.42)を参照）。

13.3　高周波電流相関信号の正相関特性

位相正弦値 $\sin 2\theta_\gamma$ は，$-\pi/4<\theta_\gamma<\pi/4$ の範囲では，回転子位相 θ_γ と正相関を有する（図11.7参照）。また，高周波正相関信号 s_h は，位相正弦値 $\sin 2\theta_\gamma$ と相関係数 K_s との積である。これは，位相正弦値が回転子位相と正相関を有するといえども，相関係数いかんによっては高周波正相関信号は回転子位相との正相関を失うことを意味する。$\alpha\beta$ 固定座標系の α 軸から見た回転子位相推定値の生成に直接的に利用可能な信号は，高周波正相関信号（より厳密には，高周波正相関信号を含む高周波電流相関信号）である。換言するならば，回転子位相推定上は，回転子位相 θ_γ と高周波正相関信号 s_h との正相関の維持が重要である。この正相関の維持には，相関係数 K_s が正あるいは非負であればよい。相関係数に関しては次の定理が成立する[4)]。

《定理13.2（相関係数定理）》[4)]

①一般化楕円形高周波電圧に対応した式(13.6a)の相関係数 K_s を，次式のように信号係数 K_θ，等価係数 K_h を用い分離表現する。

$$\begin{aligned} K_s &= K_\theta K_h \\ &= K_\theta(1-K_{hc}\cos 2\omega_h t) \end{aligned} \tag{13.11a}$$

ただし，

$$K_\theta = \frac{-V_h^2 L_i L_m}{\omega_h^2 L_d^2 L_q^2}((1+r_s\cos 2\theta_\gamma)+K^2(1-r_s\cos 2\theta_\gamma)) \tag{13.11b}$$

$$K_h = 1-K_{hc}\cos 2\omega_h t \tag{13.11c}$$

$$K_{hc} = \frac{1-K^2\dfrac{1-r_s\cos 2\theta_\gamma}{1+r_s\cos 2\theta_\gamma}}{1+K^2\dfrac{1-r_s\cos 2\theta_\gamma}{1+r_s\cos 2\theta_\gamma}} \tag{13.11d}$$

このとき，次の関係が成立する。

$$K_\theta > 0 \tag{13.12a}$$

$$0 \leq K_h \leq 2 \tag{13.12b}$$

②一定楕円形高周波電圧に対応した式(13.7a)の相関係数 K_s を，次式のように信号係数 K_θ，等価係数 K_h を用い分離表現する。

$$\begin{aligned} K_s &= K_\theta K_h \\ &= K_\theta(1 - K_{hc}\cos 2\omega_h t) \end{aligned} \tag{13.13a}$$

ただし，

$$\begin{aligned} K_\theta = \frac{-\omega_h^2 V_h^2 L_i L_m}{(\omega_h^2-\omega_\gamma^2)^2 L_d^2 L_q^2}&((1-K_\omega K)^2(1+r_s\cos 2\theta_\gamma) \\ &+(K-K_\omega)^2(1-r_s\cos 2\theta_\gamma)) \end{aligned} \tag{13.13b}$$

$$K_h = 1 - K_{hc}\cos 2\omega_h t \tag{13.13c}$$

$$K_{hc} = \frac{1-\left(\dfrac{K-K_\omega}{1-K_\omega K}\right)^2\left(\dfrac{1-r_s\cos 2\theta_\gamma}{1+r_s\cos 2\theta_\gamma}\right)}{1+\left(\dfrac{K-K_\omega}{1-K_\omega K}\right)^2\left(\dfrac{1-r_s\cos 2\theta_\gamma}{1+r_s\cos 2\theta_\gamma}\right)} \tag{13.13d}$$

このとき，次の関係が成立する。

$$K_\theta > 0 \tag{13.14a}$$

$$0 \leq K_h \leq 2 \tag{13.14b}$$

〈証明〉

①突極 PMSM においては，突極比 r_s に関して次の関係が成立する。

$$0 < r_s < 1 \tag{13.15}$$

式(13.15)と楕円係数の選択範囲 $0 \leq K \leq 1$ を考慮すると，式(13.11b)の第 2 式に関し次の不等式が成立する。

$$\begin{aligned} &(1+r_s\cos 2\theta_\gamma)+K^2(1-r_s\cos 2\theta_\gamma) \\ &\quad = (1+K^2)+r_s(1-K^2)\cos 2\theta_\gamma > 0 \;;\; 0 \leq K \leq 1 \end{aligned} \tag{13.16}$$

式(13.16)を式(13.11b)に用いると，式(13.12a)を得る。

式(13.15)より，次の不等式が成立する。

$$0 < \frac{1-r_s\cos 2\theta_\gamma}{1+r_s\cos 2\theta_\gamma} \leq 1 \tag{13.17}$$

式(13.17)と楕円係数の選択範囲 $0 \leq K \leq 1$ を考慮すると，次の関係が得られる。

$$0 < \frac{1-K^2\dfrac{1-r_s\cos 2\theta_\gamma}{1+r_s\cos 2\theta_\gamma}}{1+K^2\dfrac{1-r_s\cos 2\theta_\gamma}{1+r_s\cos 2\theta_\gamma}} \leq 1\ ;\ 0 \leq K \leq 1 \tag{13.18}$$

式(13.18)と式(13.11c)，式(13.11d)より，式(13.12b)を得る。

②式(13.15)と楕円係数の選択範囲$0\leq K\leq 1$と周波数比の特性$|K_\omega|<1$とを考慮すると，式(13.13b)の第2式に関し次の不等式が成立する。

$$\begin{aligned}&(1-K_\omega K)^2(1+r_s\cos 2\theta_\gamma)+(K-K_\omega)^2(1-r_s\cos 2\theta_\gamma)\\&=((1-K_\omega K)^2+(K-K_\omega)^2)+r_s((1-K_\omega K)^2-(K-K_\omega)^2)\cos 2\theta_\gamma\\&=((1-K_\omega K)^2+(K-K_\omega)^2)+r_s(1-K^2)(1-K_\omega^2)\cos 2\theta_\gamma>0\end{aligned} \tag{13.19}$$

式(13.19)を式(13.13b)式に用いると，式(13.14a)を得る。

楕円係数の選択範囲$0\leq K\leq 1$と周波数比の特性$|K_\omega|<1$を考慮すると，次の不等式が成立する。

$$0 \leq \left(\frac{K-K_\omega}{1-K_\omega K}\right)^2 = 1-\frac{(1-K^2)(1-K_\omega^2)}{(1-K_\omega K)^2} \leq 1 \tag{13.20}$$

式(13.15)と式(13.20)を考慮すると，次の関係が得られる。

$$0 < \frac{1-\left(\dfrac{K-K_\omega}{1-K_\omega K}\right)^2\left(\dfrac{1-r_s\cos 2\theta_\gamma}{1+r_s\cos 2\theta_\gamma}\right)}{1+\left(\dfrac{K-K_\omega}{1-K_\omega K}\right)^2\left(\dfrac{1-r_s\cos 2\theta_\gamma}{1+r_s\cos 2\theta_\gamma}\right)} \leq 1 \tag{13.21}$$

式(13.21)と式(13.13c)，式(13.13d)より，式(13.14b)を得る。

■

一般化楕円形高周波電圧に対応した相関係数K_sを構成する信号係数K_θと等価係数K_hは，$\theta_\gamma\approx 0$の場合には，以下のように近似される（式(13.11)参照)。

$$K_\theta \approx \frac{-V_h^2 L_m(L_q+K^2L_d)}{\omega_h^2 L_d^2 L_q^2} \tag{13.22a}$$

$$\begin{aligned}K_h &= 1-K_{hc}\cos 2\omega_h t\\&\approx 1-\frac{1-K^2\dfrac{L_d}{L_q}}{1+K^2\dfrac{L_d}{L_q}}\cos 2\omega_h t\end{aligned} \tag{13.22b}$$

式(13.22)より理解されるように，楕円係数を大きく選定することにより，信号係数 K_θ をより大きく，また等価係数 K_h の最小値をより大きくできる。この結果，変動する相関係数 K_s の最小値を大きくすることができ，ひいては高周波正相関信号の正相関性を振幅的に強めることができる（式(13.5b)参照）。正相関性の観点からは，楕円係数 K は大きく選定することが好ましい。

一定楕円形高周波電圧に対応した相関係数 K_s を構成する信号係数 K_θ と等価係数 K_h は，$\theta_\gamma \approx 0$ の場合には，以下のように近似される（式(13.13)参照）。

$$K_\theta \approx \frac{-\omega_h^2 V_h^2 L_m((1-K_\omega K)^2 L_q + (K-K_\omega)^2 L_d)}{(\omega_h^2-\omega_\gamma^2)^2 L_d^2 L_q^2} \tag{13.23a}$$

$$\begin{aligned} K_h &= 1-K_{hc}\cos 2\omega_h t \\ &\approx 1-\frac{1-\left(\dfrac{K-K_\omega}{1-K_\omega K}\right)^2 \dfrac{L_d}{L_q}}{1+\left(\dfrac{K-K_\omega}{1-K_\omega K}\right)^2 \dfrac{L_d}{L_q}}\cos 2\omega_h t \end{aligned} \tag{13.23b}$$

13.4　位相推定特性の数値検証

高周波電流相関法においては，位相同期器への入力信号 u_{PLL} は，基本的には高周波電流の γ 軸要素と δ 軸要素との単純積による高周波電流相関信号 $i_{\gamma h} i_{\delta h}$ である。高周波電流相関信号は，位相情報を有する高周波正相関信号 s_h とこれを有しない高周波残留外乱 n_h とからなる。PLL の中心的機器である位相同期器は，入力信号に含まれる高周波残留外乱 n_h を考慮したものでなくてはならず，高周波積分形 PLL 法に立脚して設計・構築されねばならない（11.5 節参照）。13.4 節では，高周波電流相関信号 $i_{\gamma h} i_{\delta h}$ を位相同期器への入力とする高周波電流相関法に関し，その位相推定特性を定量的に検証する[4)]。

13.4.1　数値検証システム

(1) システムの概要

高周波電流相関法に基づく PLL の原理的構成を図 13.2 に示す。同図では，位相同期器への入力信号 u_{PLL} である高周波電流相関信号 $i_{\gamma h} i_{\delta h}$ は，高周波相関信号定理（定理 13.1）に従い生成されるものとしている。高周波電流相関信号の主要成分である高周波正相関信号 s_h の生成に必要な相関係数 K_s は，相関係数定理（定理 13.2）の表現

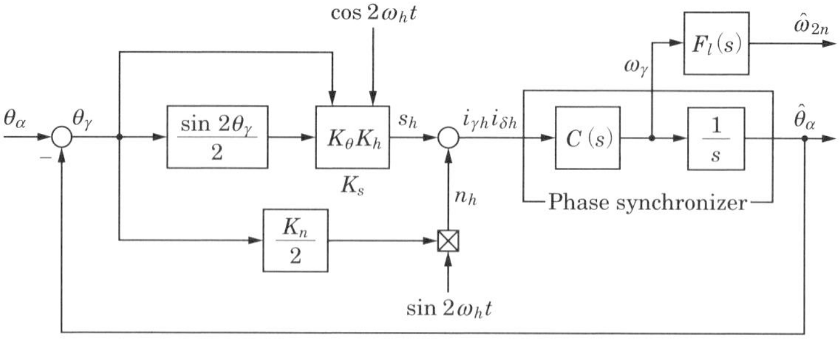

図 13.2　高周波電流相関法に基づく PLL の原理的構成

にならい，信号係数 K_θ，等価係数 K_h の積として表現している。高周波残留外乱 n_h は，高周波正相関信号 s_h と同様，高周波相関信号定理（定理 13.1）に従い生成している。なお，図 13.1 において破線で示した位相補正信号 $K_\theta \varDelta\theta_s$ は使用しないものとしている。

図 13.2 の PLL 構成は，基本的に図 11.14 の PLL 構成と同様である。ひいては，図 11.14 の PLL の位相同期器設計に利用した高周波積分形 PLL 法（11.5 節参照）が，原則無修正で図 13.2 の PLL の位相同期器設計に利用できる。

(2)　設計条件

供試 PMSM は表 4.1 の特性をもつものとする。印加高周波電圧は一般化楕円形高周波電圧とし，この基本振幅 V_h，周波数 ω_h は次式とする。

$$V_h = 23\,〔\mathrm{V}〕,\ \ \omega_h = 800\cdot\pi\,〔\mathrm{rad/s}〕 \tag{13.24}$$

楕円係数 K は，検証の観点から最も高周波残留外乱が大きくなる $K=1$ を採用する（この採用は，真円形高周波電圧の印加を意味する）。この場合，式(13.6b)で定義した外乱係数 K_n は，$\theta_\gamma=0$ のもとでは式(13.9)より次の値をとる。

$$\frac{1}{2}K_n = \frac{1}{2}\frac{-V_h^2 K}{\omega_h^2 L_d L_q} \approx -0.0621 \tag{13.25}$$

また，式(13.22a)で定義した $\theta_\gamma=0$ のもとでの信号係数 K_θ は，次の値をとる。

$$K_\theta = \frac{-V_h^2 L_m (L_q + K^2 L_d)}{\omega_h^2 L_d^2 L_q^2} = \frac{-2V_h^2 L_i L_m}{\omega_h^2 L_d^2 L_q^2} \approx 0.0577 \tag{13.26}$$

高周波位相制御器 $C(s)$ の設計は，基本として PLL の帯域幅 ω_{PLLc} がおおむね $\omega_{PLLc}=150$〔rad/s〕となるように行うものとする。以上の設計条件は，11.5.3 項で使用した式(11.87)と同一であり，ひいては 11.5.3 項における設計例を参考することができる。

位相推定特性（安定性と外乱抑圧性）の検証は，次のように実施した。まず，供試PMSMは，電気速度$\omega_{2n}=30$〔rad/s〕で一定速回転中とした。このうえで，PLLには回転子位相$\theta_\alpha=\pi/6$〔rad〕のときに位相推定値の初期値を$\hat{\theta}_\alpha=0$〔rad〕をもたせ（換言するならば，初期位相偏差が正相関領域に存在することを条件に），位相同期動作を開始させた。

以下に，高周波積分形PLL法に基づく位相同期器の設計例を示しつつ，高周波電流相関法に基づくPLLの位相推定特性（位相推定おける安定性と高周波外乱抑圧性）の検証結果を示す。なお，高周波位相制御器$C(s)$として式(11.70)の1次制御器を利用する場合，高周波残留外乱は，式(11.92)に解明されているように座標系速度には約2 600倍増幅され出現する。このため，式(13.25)のような外乱係数をもつ高周波残留外乱を含有する高周波電流相関信号には，1次制御器を利用することはできない。この解析結果の妥当性は確認しているが，約2 600倍増幅の波形表示が困難であるので，この結果の紹介は割愛する。楕円係数$K=0$，外乱係数$K_n=0$における1次制御器の有用性は，文献1)～文献3）に示されている。

13.4.2 2次制御器

高周波位相制御器$C(s)$として，式(11.71)の2次制御器を利用した。すなわち，次のものを利用した。

$$C(s)=\frac{c_{n1}s+c_{n0}}{s(s+c_{d1})} \tag{13.27}$$

制御器係数は，基本的には式(11.112)に従って定めた。より具体的には，対応の3次フルビッツ多項式$H(s)$の0次係数h_0が$h_0^{1/3}\approx 88$となるように，等価係数$K_h=1$を条件に制御器係数を定めた[4]。具体的な値は，以下のとおりである。

$$\left.\begin{aligned} c_{d1}&=3h_0^{1/3}\approx 265\\ c_{n1}&=\frac{3h_0^{2/3}}{K_\theta}\approx 4.05\cdot 10^5\\ c_{n0}&=\frac{h_0}{K_\theta}\approx 1.20\cdot 10^7 \end{aligned}\right\} \tag{13.28}$$

また，式(13.28)の制御器係数に対応した高周波残留外乱抑圧性は，式(11.84)より以下となる。

$$\frac{c_{n1}}{2\omega_h}\approx 80.52,\quad \frac{c_{n1}}{4\omega_h^2}\approx 0.0160 \tag{13.29}$$

制御器係数 c_{n1} を式(11.112)の値の約60% に選定したことにより，高周波残留外乱の理論上の残留度も式(11.115)の約60% に低下している。

数値検証結果を図13.3に示す。図13.3（a）は，位相同期のようすを示したものであり，上から，α 軸から評価した回転子位相真値 θ_α，同推定値 $\hat{\theta}_\alpha$，位相偏差 $\theta_\gamma=\theta_\alpha-\hat{\theta}_\alpha$ を示している。位相偏差の軸スケールは，位相真値，同推定値と比較し，5倍大きくしている。同図（b）は，これに対応した速度を示したものであり，上から回転子の電気速度真値 ω_{2n}，座標系速度 ω_γ，座標系速度を帯域幅150 rad/s の1次ローパスフィルタで処理して得た速度推定値 $\hat{\omega}_{2n}$ である。同図（c）は，時刻1 s近傍の定常状態におけるPLLへの入力信号 u_{PLL}，すなわち高周波電流相関信号 $i_{\gamma h}i_{\delta h}$ である。

図（a）より，回転子位相は約0.1 s後には正しく推定されていることが確認される。一方，座標系速度には高い振幅（約5 rad/s）の高周波成分が出現しており，速度推定値として利用するには，追加的なフィルタが不可欠であることが確認される。図（c）より，高周波電流相関信号 $i_{\gamma h}i_{\delta h}$ は，回転子位相推定値が同真値へ実質的に収束した

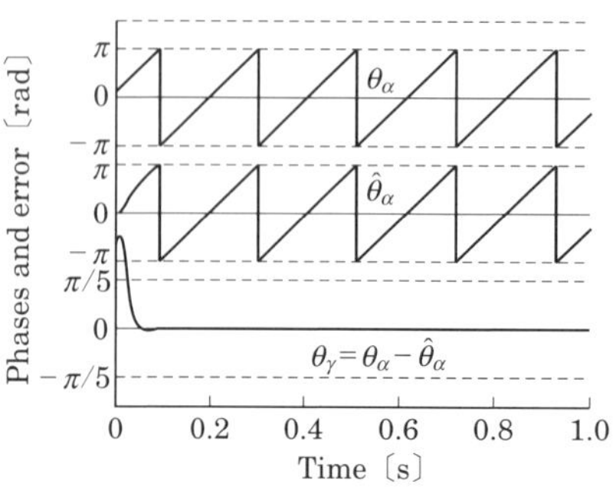

（a）　位相真値と同推定値

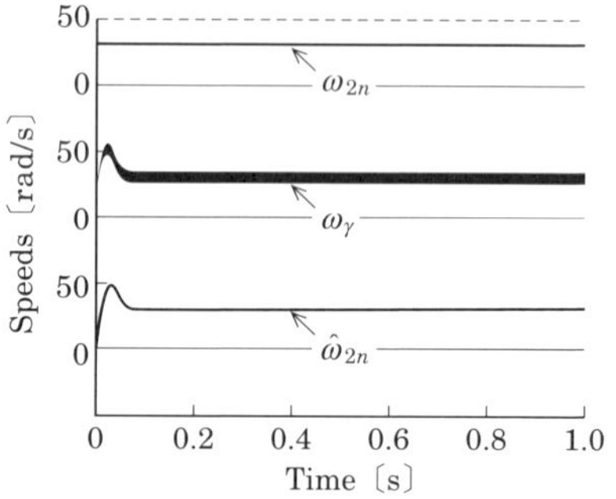

（b）　速度真値と同推定値

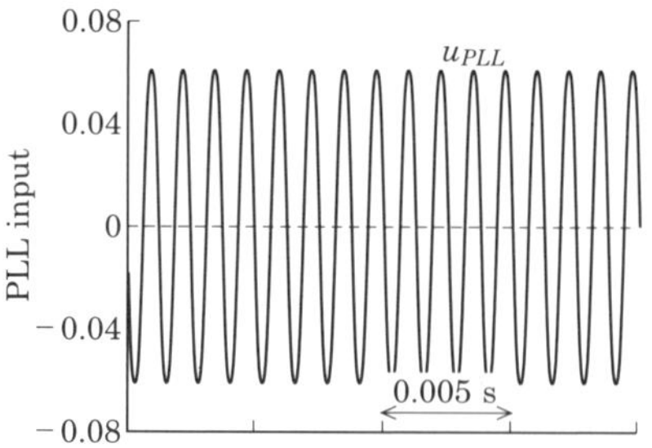

（c）　位相推定完了後の位相同期器入力信号

図13.3　2次高周波位相制御器による応答例

後も高周波残留外乱を有していることも確認される。なお，図（c）の高周波残留外乱の振幅（式(13.25)参照）と座標系速度 ω_γ に出現した高周波残留外乱の振幅（約5 rad/s）の関係は，式(13.29)と整合していることを確認している。

13.4.3 1/3形3次制御器

高周波位相制御器 $C(s)$ として，式(11.72)の1/3形3次制御器を利用した。すなわち，次のものを利用した。

$$C(s) = \frac{c_{n1}s + c_{n0}}{s(s^2 + c_{d2}s + c_{d1})} \tag{13.30}$$

制御器係数は，基本的には式(11.118)に従って定めた。より具体的には，対応の4次フルビッツ多項式 $H(s)$ の0次係数 h_0 が $h_0^{1/4} \approx 115$ となるように，等価係数を最大値 $K_h = 2$（余裕を見込んだ控え目な値，定理11.4参照）として制御器係数を定めた[4)]。具体的な値は以下のとおりである。

$$\left.\begin{aligned} c_{d2} &= h_3 = 4h_0^{1/4} \approx 462 \\ c_{d1} &= h_2 = 6h_0^{1/2} \approx 8.00 \cdot 10^4 \\ c_{n1} &= \frac{h_1}{K_\theta} = \frac{4h_0^{3/4}}{K_\theta} \approx 5.32 \cdot 10^7 \\ c_{n0} &= \frac{h_0}{K_\theta} \approx 1.54 \cdot 10^9 \end{aligned}\right\} \tag{13.31}$$

また，上の制御器係数に対応した高周波残留外乱抑圧性は，式(11.85)より以下となる。

$$\frac{c_{n1}}{4\omega_h^2} \approx 2.107, \quad \frac{c_{n1}}{8\omega_h^3} \approx 4.192 \cdot 10^{-4} \tag{13.32}$$

式(13.31)の制御器係数 c_{n1} は，等価係数を $K_h = 1$ とした式(11.118)の制御器係数 c_{n1} と比較し，$K_h = 2$ を用いてこの半値に設計している。この結果，式(13.32)の高周波残留外乱抑圧性は，式(11.122)のものの半値になっている。すなわち，抑圧性が向上している。

数値検証結果を図13.4に示す。図13.4の波形の意味は，図13.3と同様である。図（a）の位相偏差 $\theta_\gamma = \theta_\alpha - \hat{\theta}_\alpha$ から，約0.3 s後には回転子位相は適切に推定されていることが確認される。また，座標系速度 ω_γ には，若干の高周波残留外乱が出現しているが（同図では，必ずしも明瞭でない），その振幅は実用上の許容範囲内に収まっている。座標系速度 ω_γ とこのフィルタ処理後の信号である $\widehat{\omega}_{2n}$ とのあいだには，大き

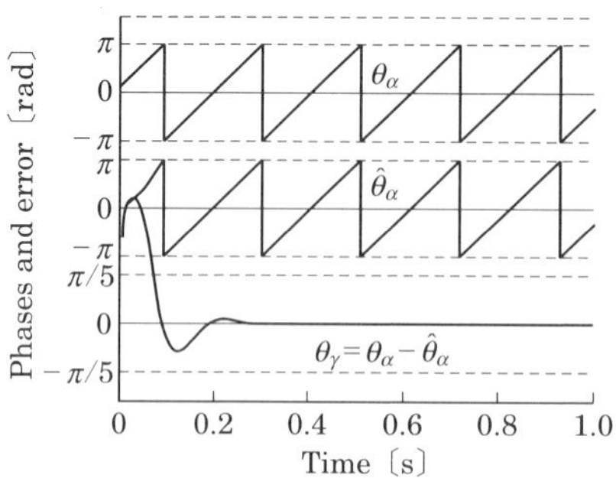

（a）位相真値と同推定値

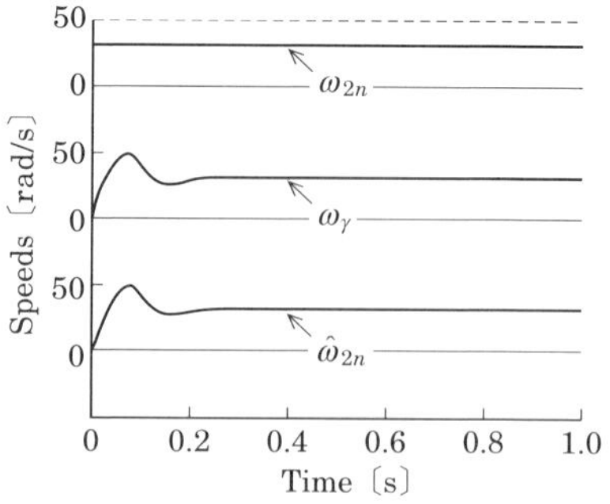

（b）速度真値と同推定値

図 13.4　1/3 形 3 次高周波位相制御器による応答例

な違いはない。座標系速度 ω_γ に出現した高周波残留外乱の振幅は，式(13.32)と整合した約 0.1 rad/s であることを確認している。なお，この数値検証における定常状態での入力信号 u_{PLL} は，図 13.3（c）と同様である。

13.4.4　3/3 形 3 次制御器

高周波位相制御器 $C(s)$ として，式(11.73)の 3/3 形 3 次制御器を利用した。すなわち，次のものを利用した。

$$C(s)=\frac{(s^2+4\omega_h^2)(c_{n3}s+c_{n2})}{s(s^2+c_{d2}s+c_{d1})} \tag{13.33}$$

制御器係数は，基本的には式(11.125)に従って定めた。より具体的には，対応の 4 次フルビッツ多項式 $H(s)$ の 0 次係数 h_0 が $h_0^{1/4}\approx 100$ となるように，等価係数を最大値 $K_h=2$（余裕を見込んだ控え目な値，定理 11.4 参照）として制御器係数を定めた[4)]。具体的な値は以下のとおりである。

$$\left.\begin{aligned}
c_{d2}&=h_3-\frac{h_1}{4\omega_h^2}\approx h_3=4h_0^{1/4}\approx 400\\
c_{d1}&=h_2-\frac{h_0}{4\omega_h^2}\approx h_2=6h_0^{1/2}\approx 6.00\cdot 10^4\\
c_{n3}&=\frac{h_1}{4\omega_h^2K_\theta}=\frac{h_0^{3/4}}{\omega_h^2K_\theta}\approx 1.37\\
c_{n2}&=\frac{h_0}{4\omega_h^2K_\theta}\approx 34.3
\end{aligned}\right\} \tag{13.34}$$

等価係数を最大値 $K_h=2$ に選定した関係上，制御器係数 c_{n1}, c_{n2} が，等価係数を $K_h=1$ に選定した式(11.125)の半値となっている。

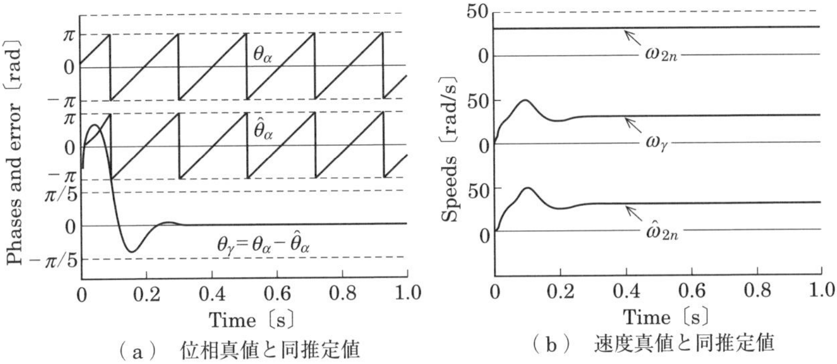

図 13.5　3/3 形 3 次高周波位相制御器による応答例

数値検証結果を図 13.5 に示す。図 13.5 の波形の意味は，図 13.3 と同様である。図（a）の位相偏差 $\theta_\gamma = \theta_\alpha - \hat{\theta}_\alpha$ から，約 0.3 s 後には回転子位相は適切に推定されていることが確認される。また，座標系速度 ω_γ には，高周波残留外乱が実質的に出現していないことも確認される。すなわち，式(11.86)の性質が確認される。高周波残留外乱の回転子速度推定値への出現を除けば，3/3 形高周波位相制御器による応答は，図 13.4 に示した 1/3 形高周波位相制御器による応答と，過渡応答においてもおおむね同様である。

以上の図 13.3～図 13.5 の応答は，高周波積分形 PLL 法により設計された位相同期器を同伴した高周波電流相関法の設計の妥当性，解析の妥当性を裏づけるものでもある。

13.5　位相推定特性の実機検証

13.4 節では，高周波電流相関信号 $i_{\gamma h} i_{\delta h}$ を位相同期器への入力とする高周波電流相関法の位相推定特性を，数値実験（シミュレーション）により検証した。このときの数値実験は，高周波電流相関法に基づく PLL の原理的構成に基づくものであった。13.5 節では，モータ実機を用いて高周波電流相関法に立脚したセンサレスベクトル制御系を構成し，高周波電流相関法の位相推定特性の検証を行う。なお，実機検証データは，文献 5）の岸田英生修士論文によった。

13.5.1　実機検証システム

(1)　システムの概要

図10.1のセンサレスベクトル制御系を構成した。同制御系における位相速度推定器は，高周波電流相関信号を用いた図13.1のものとした。

図13.6に実機検証システムの概要を示す。供試モータは，㈱安川電機製400W PMSM（SST4-20P4AEA-L）である（図13.6左端）。その仕様概要は表4.1のとおりである。このモータには，実効4096 p/rのエンコーダが装着されているが，これは回転子の位相・速度を計測するためのものであり，制御には利用されていない。負荷装置（図13.6右端）は，三菱電機㈱製の2.0 kW永久磁石同期モータ（HC-RP203K）であり，その慣性モーメントは $J_m=2.3\cdot10^{-4}$〔kgm^2〕，定格速度は314 rad/s，定格トルクは6.37 Nmである。トルクセンサ系（図13.6中間）は，㈱共和電業製（TP-2KMCB, DPM-911A）である。

(2)　設計条件

設計条件は，数値検証の場合とおおむね同じであるが，実験遂行上の都合上，若干の相違がある。このため，設計条件を改めて示す。

印加高周波電圧は，一定楕円形高周波電圧とし，この基本振幅 V_h，周波数 ω_h は次式とした。

$$V_h = 28\,〔\mathrm{V}〕,\quad \omega_h = 800\pi\,〔\mathrm{rad/s}〕 \tag{13.35}$$

楕円係数 K は，検証の観点から最も高周波残留外乱が大きくなる $K=1$ を採用した。すなわち，一定真円形高周波電圧を印加するものとした。この場合，ゼロ速度，かつ $\theta_\gamma=0$ のもとでの外乱係数 K_n，信号係数 K_θ は，数値検証の場合と同じ値，すなわちおのおの式(13.25)，式(13.26)となる。

高周波電流抽出用バンドパスフィルタは，中心周波数 $\omega_h=800\pi$〔rad/s〕，帯域幅800 rad/sが得られるように設計した。高周波位相制御器 $C(s)$ の設計は，数値検証と

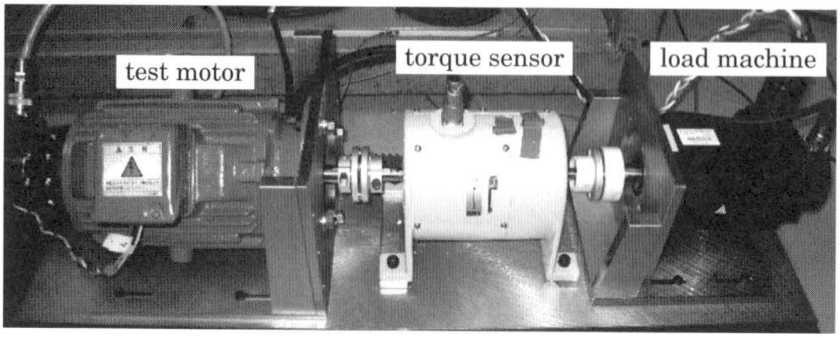

図13.6　実機検証システム

同様にPLLの帯域幅 ω_{PLLc} がおおむね $\omega_{PLLc}=150$〔rad/s〕となるように設計した。なお，図13.1は，位相補正信号 $K_\theta \Delta\theta_s$ の高周波位相制御器 $C(s)$ への入力を破線で示しているが，位相補正は実施していない。すなわち，位相補正信号は入力していない。

電流制御系は，制御周期100 μsと高周波電圧周波数 $\omega_h=800\pi$ を考慮のうえ，帯域幅2 000 rad/sが得られるよう設計した。トルク指令値 τ^* から電流指令値 $\boldsymbol{i}_{1f}^*$ への変換は，回転子位相推定値の検証が行いやすいように次式によった。

$$\boldsymbol{i}_{1f}^* = \begin{bmatrix} 0 \\ \dfrac{1}{N_p \Phi}\tau^* \end{bmatrix} \tag{13.36}$$

図10.1において，$F_{bs}(s)$ として示されたバンドストップフィルタを挿入した。除去中心周波数は，高周波電圧周波数 $\omega_h=800\pi$〔rad/s〕である。

図10.1に示したセンサレスベクトル制御系において，3/2相変換器 $\boldsymbol{S}^T$ から2/3相変換器 $\boldsymbol{S}$ に至るすべての機能は，単一のDSP（TMS320C6713-225）で実現した。

位相推定特性（安定性と外乱抑圧性）の検証は，次のように実施した。供試PMSMの速度は負荷装置で，電気速度 $\omega_{2n}=90$〔rad/s〕に制御した。このうえで，供試モータに一定電流指令値を印加した。

13.5.2 1次制御器

高周波位相制御器 $C(s)$ として，式(11.70)の1次制御器（PI制御器）を利用した。すなわち，次のものを利用した。

$$C(s) = \frac{c_{n1}s + c_{n0}}{s} \tag{13.37}$$

制御器係数は，基本的には式(11.91)に従って定めた。より具体的には，対応の2次フルビッツ多項式 $H(s)$ が重根をもち，かつ0次係数 h_0 が $h_0^{1/2} \approx 75$ となるように等価係数 $K_h=1$ を条件に制御器係数を定めた（$\omega_{PLLc}=150$〔rad/s〕に相当）。具体的な値は以下のとおりである。

$$\left.\begin{aligned} c_{n1} &= \frac{h_1}{K_\theta} \approx \frac{\omega_{PLLc}}{K_\theta} \approx 2.600 \cdot 10^3 \\ c_{n0} &= \frac{0.25h_1^2}{K_\theta} \approx \frac{0.25\,\omega_{PLLc}^2}{K_\theta} \approx 9.748 \cdot 10^4 \end{aligned}\right\} \tag{13.38}$$

約50%トルク指令（約50%定格電流指令）を付与した場合の実験結果を図13.7に示す。同図（a）は，上から $\gamma\delta$ 準同期座標系の速度 ω_γ，回転子速度真値 ω_{2n}，α 軸から

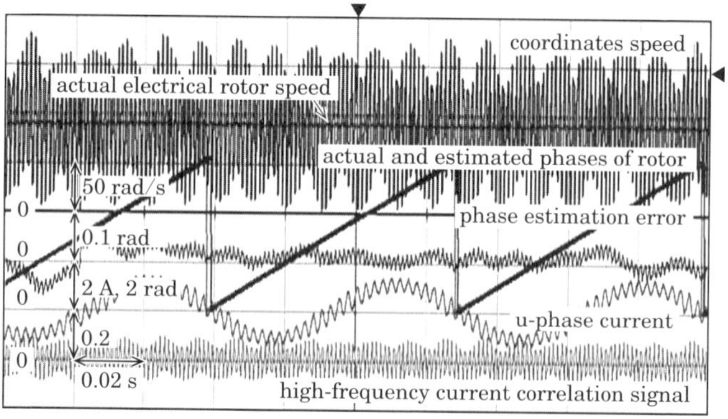

（a）　座標系速度と関連信号

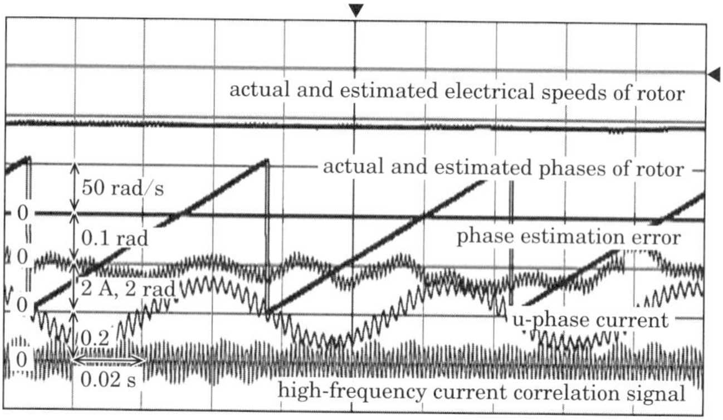

（b）　速度推定値と関連信号

図 13.7　1次高周波位相制御器による応答例

評価した回転子位相真値 θ_α と同推定値 $\hat{\theta}_\alpha$，位相偏差の極性反転値 $(-\theta_\gamma)=\hat{\theta}_\alpha-\theta_\alpha$，u 相電流 i_u，高周波電流相関信号 $i_{\gamma h}i_{\delta h}$ である。u 相電流 i_u には，周波数 ω_h の高周波成分が重畳されているようすが確認される。

高周波電流相関信号は，式(13.5)に示しているように，高周波正相関信号 s_h と高周波残留外乱 n_h から構成される。位相推定完了後は，高周波正相関信号は実質ゼロとなるので，高周波電流相関信号成分は高周波残留外乱となる。同図の下部における高周波電流相関信号は，周波数 $2\omega_h$ の高周波残留外乱そのものととらえてよい。$\gamma\delta$ 準同期座標系速度 ω_γ には，この高周波残留外乱が増幅出現している。式(11.92)が示しているように，このときの増幅率は優に千倍を超える。図中の $\gamma\delta$ 準同期座標系速度は，この理論解析の妥当性を裏づけるものである。位相推定値，u 相電流は，良好な値を示している。

図 13.7（b）は，$\gamma\delta$ 準同期座標系速度 ω_γ に代わって，同信号をローパスフィルタ $F_l(s)$ で処理して得た回転子電気速度推定値 $\widehat{\omega}_{2n}$ を示したものである。他の信号に関しては図（a）と同一である。図より確認されるように，速度推定値に含まれる高周波残留外乱は，ローパスフィルタで効果的に除去される。しかし，このような後処理的方法では，位相推定値に含まれる高周波残留外乱の影響は排除できないので注意を要する。位相偏差の極性反転値 $(-\theta_\gamma)=\widehat{\theta}_\alpha-\theta_\alpha$ に含まれる脈動は，高周波残留外乱の影響が出現したものであるが（式(11.92)参照），図（a）と図（b）の比較より明白なように，両図の位相偏差の極性反転値における脈動に関しては違いはない。

高周波残留外乱の振幅は，楕円係数 K に正確に比例して増大する。大きな楕円係数をもつ高周波電圧に対して，1 次高周波位相制御器を利用する場合には，速度推定値の生成にローパスフィルタ $F_l(s)$ を欠くことはできない。

13.5.3　2 次制御器

高周波位相制御器 $C(s)$ として，式(11.71)，式(13.27)の 2 次制御器を利用した場合の実験結果を図 13.8 に示す。図中の信号の意味は，図 13.7 と同一である。

同図（a）が示すように，$\gamma\delta$ 準同期座標系速度 ω_γ に出現している高周波残留外乱は，1 次制御器を用いた図 13.7 と比較し格段に小さくなっている。同様に，位相推定値に出現した高周波残留外乱も格段に小さくなっている。このようすは，位相偏差の極性反転値から容易に確認される（図 13.3 および関連説明参照）。

同図（b）は，$\gamma\delta$ 準同期座標系速度 ω_γ に代わって，同信号をローパスフィルタ $F_l(s)$ で処理して得た回転子電気速度推定値 $\widehat{\omega}_{2n}$ を示したものである。他の信号に関しては，図（a）と同一である。図より確認されるように，位相推定値，速度推定値とも良好である。

2 次制御器を利用する場合には，速度推定値生成に追加的にローパスフィルタ $F_l(s)$ を使用するようにすれば，センサレス駆動に有用な位相推定値，速度推定値が得られる。

13.5.4　1/3 形 3 次制御器

高周波位相制御器 $C(s)$ として，式(11.72)，式(13.30)の 1/3 形 3 次制御器を利用した場合の実験結果を図 13.9 に示す。図中の信号の意味は，図 13.7（a），図 13.8（a）と同一である。

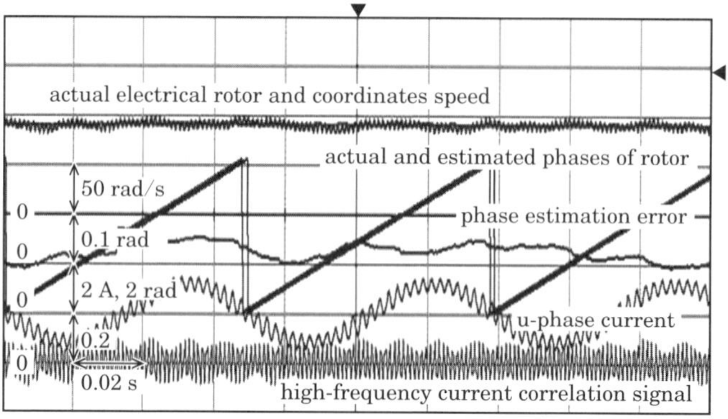

（a）　座標系速度と関連信号

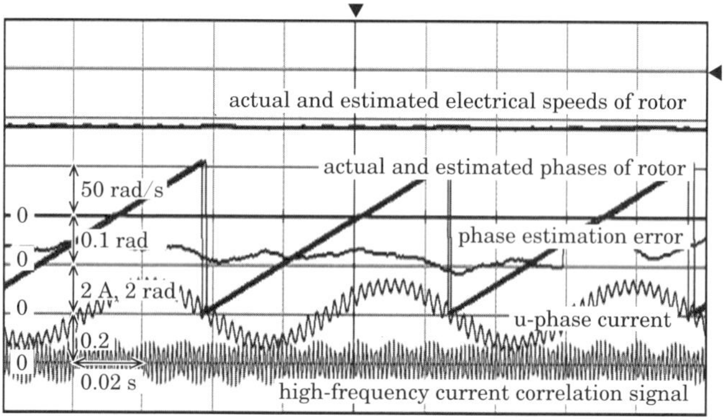

（b）　速度推定値と関連信号

図 13.8　2次高周波位相制御器による応答例

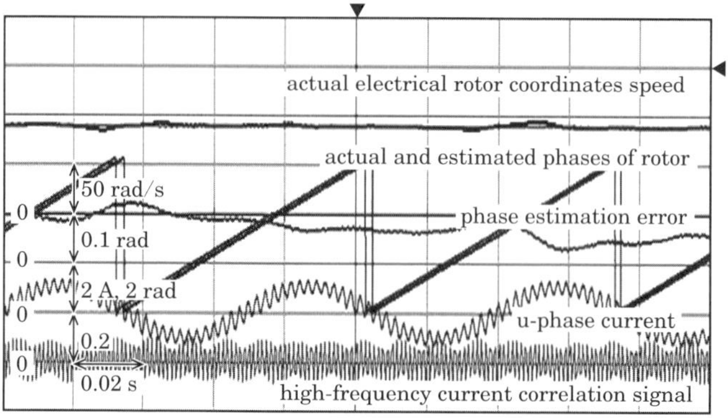

図 13.9　1/3形3次高周波位相制御器による応答例

同図が示すように，高周波残留外乱の $\gamma\delta$ 準同期座標系速度 ω_γ への影響は，無視できる程度に小さい。ひいては，回転子速度推定値生成のためのローパスフィルタ $F_l(s)$ は不要であり，$\gamma\delta$ 準同期座標系速度 ω_γ をそのまま回転子速度推定値として利用可能である。位相偏差の増加が観察されるが，位相推定値の脈動も微小である。

1/3 形 3 次制御器を利用する場合には，速度推定値生成に追加的にローパスフィルタ $F_l(s)$ を使用することなく，センサレス駆動に有用な位相推定値，速度推定値が得られる。

13.5.5　3/3 形 3 次制御器

高周波位相制御器 $C(s)$ として，式(11.73)，式(13.33)の 3/3 形 3 次制御器を利用した場合の実験結果を図 13.10 に示す。図中の信号の意味は，図 13.7 (a)，図 13.8 (a) と同一である。

同図が示すように，高周波残留外乱の $\gamma\delta$ 準同期座標系速度 ω_γ への影響，位相推定値へ影響は消滅している。また，位相偏差の平均値はおおむねゼロであり，良好な位相推定値が得られていることが確認される。定常応答としては，3/3 形 3 次制御器は最もよい位相推定値，速度推定値を生成している。

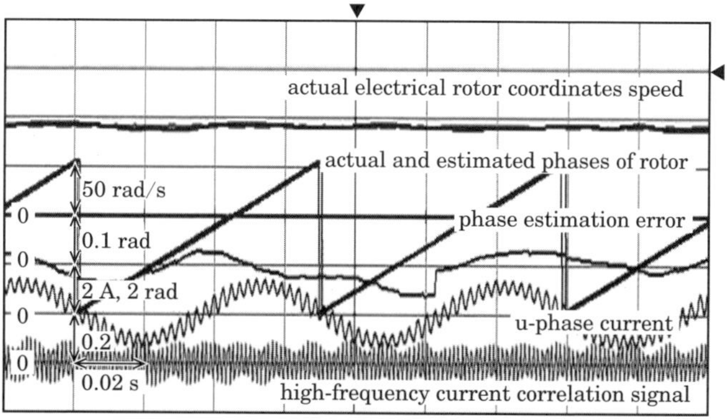

図 13.10　3/3 形 3 次高周波位相制御器による応答例

13.6 実験結果

13.6.1 実験システムの構成と設計パラメータの概要

高周波電流相関法による位相推定機能をもつセンサレスベクトル制御系を構成し，この方法の適用可能性と基本性能とを把握すべく実機実験を行った。

高周波積分形PLL法を併用した高周波電流相関法は，元来は一般化楕円形高周波電圧においてとくに楕円係数Kをゼロ，すなわち$K=0$と選定する場合の位相推定法として開発されたものである[1)~3)]。本条件下では，定理13.1の式(13.6)が示すように外乱係数K_nはゼロとなり，この結果高周波残留外乱n_hは消滅し，安定した位相推定が達成された[1)~3)]。本書は，高周波電流相関法をゼロ以外の楕円係数をもつ一般化楕円形高周波電圧への適用汎用化，さらには一定楕円形高周波電圧への適用汎用化をめざすものである。この観点からの実験結果，とくに一定楕円形高周波電圧を対象とした場合の速度制御実験の結果を以下に示す。なお，13.6節で紹介する実験データは，文献5）の岸田英生修士論文から引用した。

実験システムの構成，設計パラメータの選定は，13.5節の位相推定特性の実機検証の場合と同一である。なお，位相同期器内の高周波位相制御器$C(s)$には，式(13.27)の2次制御器を用いるものとし，速度推定値生成にはローパスフィルタ$F_l(s)$を併用した（図13.1～図13.3，図13.8参照）。

13.6.2 楕円係数が0の場合

(1) 定格負荷での微速度駆動定常応答

一定楕円形高周波電圧に対し，楕円係数$K=0$の条件付与は，直線形高周波電圧の選定を意味する。直線形高周波電圧は，低速においては一般化楕円形高周波電圧に対し楕円係数$K=0$の条件付与した電圧と実質的に同等な電圧形状を示す。一般化楕円形高周波電圧に対し楕円係数$K=0$の条件付与した場合の詳細な実験データは，文献1)～文献3)に明らかにされている。これらとの比較・参照の基準として，力行定格負荷のもとで定格速度比で約1/100に相当する約1.8 rad/sの微速度指令値を与えた場合の速度制御応答を示す。

図13.11がこれにあたる。同図における波形は，上から回転子機械速度真値と同推定値，回転子機械位相真値と同推定値，u相電流，機械位相偏差（機械位相真値を基準とした推定誤差），高周波電流相関信号である。時間軸は0.2 s/divである。

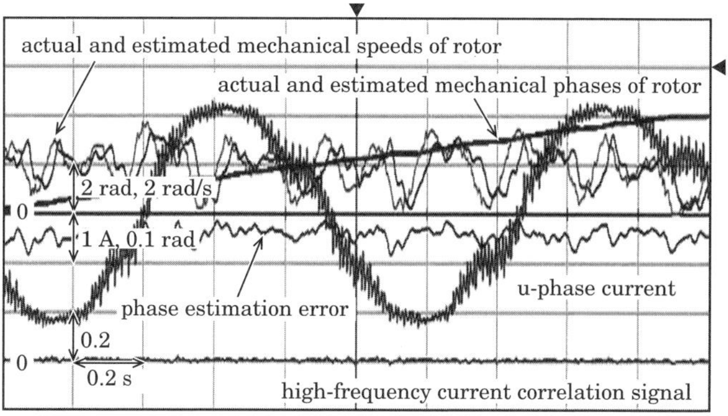

図 13.11 約 1.8 rad/s 速度指令値に対する力行定格負荷下での応答

速度推定値は同真値に対して，若干の位相遅れをもちながらも良好な追随を示しているようすが確認される。供試モータは，平均的には 1.8 rad/s で回転している。回転子位相の変位のようすより，これが確認される。位相推定誤差は，機械位相偏差評価で 0.04 rad 相当の微少である。

式(13.5)が示すように，位相推定完了後の高周波電流相関信号 $i_{\gamma h}i_{\delta h}$ は高周波残留外乱 n_h に等しい。微速度においては，式(13.7)，式(13.10)が示すように外乱係数 K_n は実質ゼロとなり，高周波残留外乱 n_h は実質存在しない。したがって，位相推定完了後の高周波電流相関信号は実質ゼロとなる。図 13.11 においても，このようすが確認される。

(2) 定格負荷での高速度駆動定常応答

高周波電流相関信号 $i_{\gamma h}i_{\delta h}$ において，回転子位相情報を有するのは，高周波正相間信号（位相偏差相当値）s_h のみである。高周波正相間信号は，式(13.5b)が示すように $\sin 2\theta_\gamma$ の比例値であり，この結果，高周波正相間信号が有する有効な正相関領域は，±0.5 rad 程度である（図 11.7 参照）。高速駆動時には，正相関領域の大小が問題となることが多い。これを確認すべく，力行定格負荷のもとで定格速度指令値 180 rad/s を与えた実験を行った。

図 13.12 に実験結果を示す。図中の波形の意味は図 13.11 と同様である。時間軸は 0.02 s/div である。微速度駆動に比較し，位相偏差が約 2 倍程度増加しているが，位相推定，速度推定とも良好である。

一定楕円形高周波電圧では，楕円係数 $K=0$ を選定する場合にも，高速駆動時には式(13.7)，式(13.10)が示すように外乱係数 K_n は周波数比 K_ω におおむね比例したし

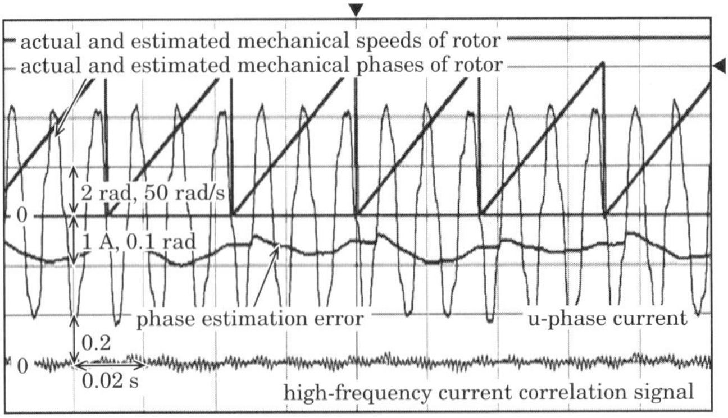

図 13.12　定格速度指令値に対する力行定格負荷下での応答

かるべき値をもつ。この結果，高周波残留外乱 n_h が常時存在し，位相推定完了後にも高周波電流相関信号はゼロとはならない。図 13.12 の最下段には，このような高周波電流相関信号が観察される。

(3) ゼロ速度でのインパクト負荷特性

ゼロ速度で安定に制御がなされているか否かの最良の確認方法のひとつは，定格負荷の瞬時印加および除去に対する安定制御の可否である。図 13.13 は，この観点から，ゼロ速度制御のうえあらかじめ印加された定格負荷を瞬時除去したときの応答を調べたものである。図中の信号は，上部から δ 軸電流（q 軸電流），γ 軸電流（d 軸電流），機械位相真値と同推定値，機械位相偏差，機械速度真値と同推定値，高周波電流相関信号である。時間軸は，0.2 s/div である。図より，定格負荷の瞬時除去に対しても安定したゼロ速度制御を維持し，かつこの影響を排除していることが確認される。

高周波電流は，γ 軸電流（d 軸電流）には出現しているが，δ 軸電流（q 軸電流）には実質出現していない。式(13.3)が示すように，楕円係数を $K=0$ かつ微速度領域では，高周波電流の δ 軸要素の 1 成分を示す振幅 c_δ はゼロとなる。また，δ 軸要素の他成分を示す振幅 s_δ も，位相推定完了後にはゼロとなる。この結果，位相推定完了後には，δ 軸電流から高周波電流は消滅する。これに対し，高周波電流の γ 軸電流（d 軸電流）には，位相推定完了後にも非ゼロの振幅 c_γ が残る。この結果，γ 軸電流（d 軸電流）には高周波電流が常時残ることになる。図 13.13 の γ 軸電流，δ 軸電流はこのようすを明瞭に示している。

なお，γ 軸電流に含まれる高周波電流は，γ 軸電流がゼロ低減直後から小さくなっている。これは，γ 軸電流のゼロ低減に伴い，電力変換器の短絡防止期間の影響が増大

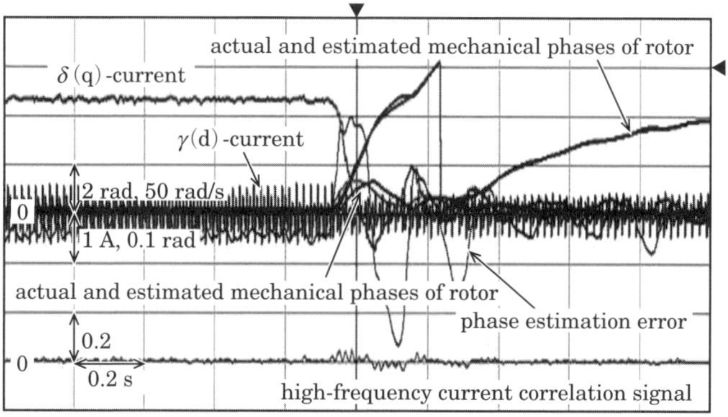

図 13.13　ゼロ速度での定格負荷による瞬時除去特性

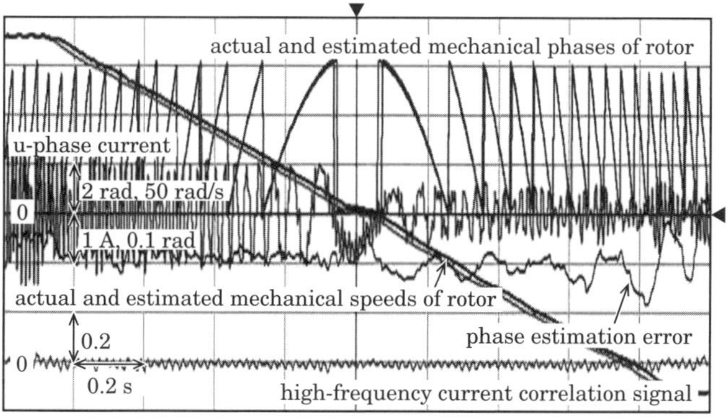

図 13.14　50％定格負荷下での加減速駆動

し，印加された高周波電圧の実効的振幅が低下したことによる。

(4) 50% 定格負荷での加減速駆動応答

一般に，高周波電圧印加法に基づく位相推定は，急激な加減速駆動には適さないと考えられている。加減速駆動への適用性を確認すべく実験を行った。実験は次のように実施した。

まず，供試モータを正回転定格速度に維持し，このうえで負荷装置を用いて 50% 力行定格負荷を印加した。次に，角加速度 200〜250 rad/s^2 で変化する速度指令値を与え，逆回転定格速度へ向け減速・加速を行った。実験結果は，図 13.14 のとおりである。図中の波形の意味は，速度真値と同推定値，機械位相真値と同推定値，機械位相偏差，u 相電流，高周波電流相関信号である。時間軸は 0.2 s/div である。50% 力行定格負荷のもとで，角加速度 200～250 rad/s^2 程度の速度指令値に追随できることが確認される。

なお，逆回転における加速で u 相電流の振幅が小さくなっているが，これは逆回転と同時に 50% 定格負荷が回生負荷に変化したことによる。

13.6.3　楕円係数が1の場合

(1)　定格負荷での微速度駆動定常応答

一定楕円形高周波電圧に対し，楕円係数 $K=1$ の条件付与は，一定真円形高周波電圧の選定を意味する。力行定格負荷のもとで，定格速度比で約 1/100 に相当する約 1.8 rad/s の微速度指令値を与えた場合の速度制御応答を図 13.15 に示す。同図における波形の意味は，図 13.11 と同一である。時間軸は 0.2 s/div である。

図より確認されるように，機械位相推定値は脈動をもちながらも同真値に追従している。このときの機械位相偏差はピーク値で約 0.1 rad であり，平均的にはおおむねゼロである。この結果，速度推定値も同様に強い脈動を示しながらも平均的には同真値に追従している。一定真円形高周波電圧印加における脈動レベルは，直線形高周波電圧印加の場合と比較し，約2倍高い値を示している。

式(13.5)が示すように，位相推定完了後の高周波電流相関信号 $i_{\gamma h} i_{\delta h}$ は高周波残留外乱 n_h に等しい。微速度においては，式(13.7)，式(13.10)が示すように外乱係数 K_n は次式となる。

$$K_n = \frac{-V_h^2}{(\omega_h+\omega_\gamma)^2 L_d L_q} \approx \frac{-V_h^2}{\omega_h^2 L_d L_q} \tag{13.39}$$

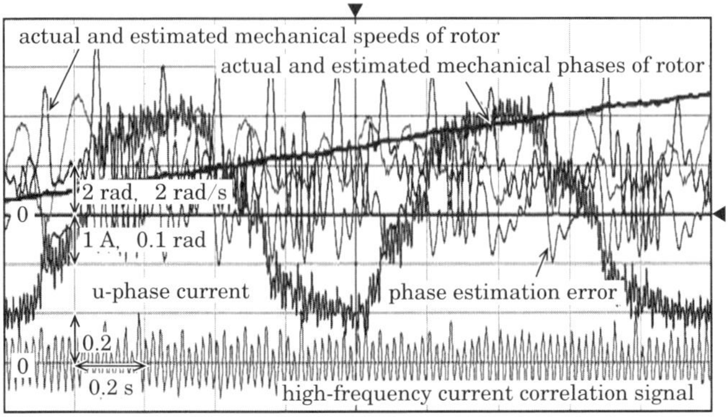

図 13.15　約 1.8 rad/s 速度指令値に対する力行定格負荷下での応答

図 13.15 下方には，しかるべき振幅の高周波電流相関信号（高周波残留外乱と実質同一）のようすが確認される。

(2) 定格負荷での高速度駆動定常応答

力行定格負荷のもとで定格速度指令値 180 rad/s を与えた実験を行った。図 13.16 に実験結果を示す。図中の波形の意味は図 13.11 と同様である。時間軸は 0.02 s/div である。機械位相偏差によれば，位相推定，速度推定のようすは直線形高周波電圧印加の場合と同様である。微速度駆動に比較し，位相偏差が約 2 倍程度増加しているが，位相推定，速度推定とも良好である。

この例では，印加高周波電圧の周波数極性 ($\omega_h>0$) と座標系速度極性 ($\omega_\gamma>0$) とは同一である。この結果，式(13.39)が示すように，速度上昇とともに外乱係数 K_n は小さくなる。図 13.16 下方の高周波電流相関信号（高周波残留外乱と実質同一）の振幅が，図 13.15 のものよりも小さくなっているのは，これによる。なお，印加高周波電圧の周波数極性と座標系速度極性とが同一の場合には，式(13.7a)に定義した相関係数 K_s も外乱係数 K_n と同様に低下する。相関係数 K_s と外乱係数 K_n との相対比は，回転子速度・座標系速度の影響を受けない。

(3) ゼロ速度でのインパクト負荷特性

ゼロ速度制御のうえ，あらかじめ印加された定格負荷を瞬時除去したときの応答を図 13.17 に示した。図中の波形の意味は，図 13.13 と同一である。時間軸は，0.2 s/div である。図より，定格負荷の瞬時除去に対しても安定したゼロ速度制御を維持し，かつこの影響を排除していることが確認される。位相推定のようすは，直線形高周波電圧印加の場合と同様である。しかし，高周波電流は，直線形高周波電圧印加の

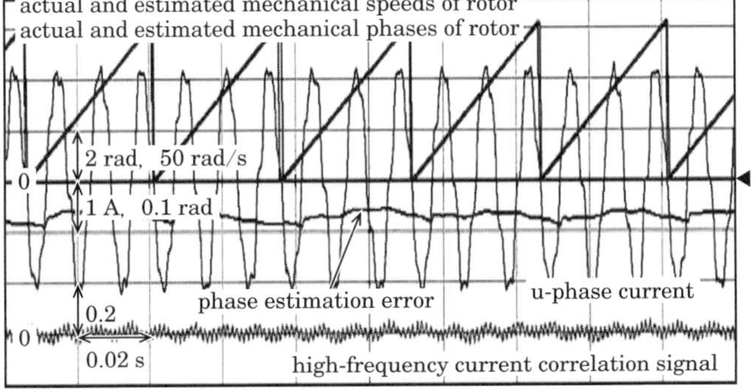

図 13.16 定格速度指令値に対する力行定格負荷下での応答

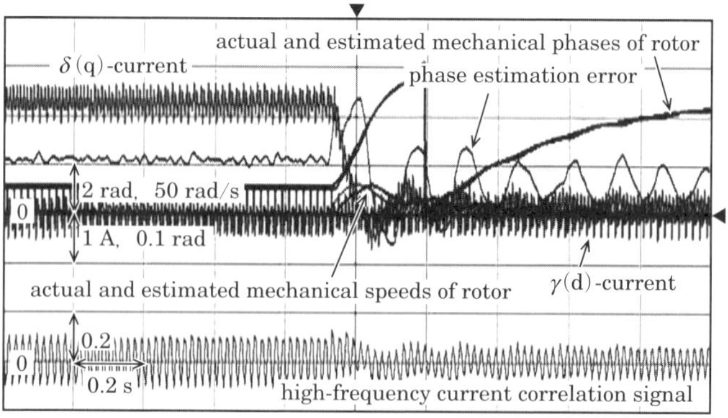

図 13.17　ゼロ速度での定格負荷による瞬時除去特性

場合と異なり，γ 軸電流（d 軸電流）のみならず δ 軸電流（q 軸電流）にも出現している。

なお，γ 軸電流，δ 軸電流に含まれる高周波電流は，γ 軸電流の駆動周波数成分が低減直後から小さくなっている。これは，駆動用周波数成分の低減に伴い，電力変換器の短絡防止期間の影響が増大し，印加された高周波電圧の実効的振幅が低下したことによる。高周波電流相関信号（高周波残留外乱と実質同一）の振幅低減も同様の原因による。

(4) 50% 定格負荷での加減速駆動応答

まず，供試モータを正回転定格速度に維持し，このうえで負荷装置を用いて 50% 力行定格負荷を印加し，次に角加速度 200〜250 rad/s^2 で変化する速度指令値を与え，逆回転定格速度へ向け減速・加速を行った。実験結果を図 13.18 に示す。図中の波形の意味は図 13.14 と同一である。時間軸は 0.2 s/div である。50% 力行定格負荷のもとで，角加速度 200〜250 rad/s^2 程度の速度指令値に追随できることが確認される。総合的性能は，一定直線形高周波電圧印加の場合と同程度である。

なお，高周波電流相関信号（高周波残留外乱と実質同一）の振幅が，正回転定格速度の場合に最小となり，逆回転定格速度の場合に最大となっている。この原因は，式(13.39)を用いくり返し説明しているように，高周波数の極性と座標系速度の極性（回転子速度の極性）との相互関係による。

高周波電流相関法の原形は，一般化楕円形高周波電圧において楕円係数 K をゼロに選定した高周波電圧に対し開発された。この高周波電圧に対応した高周波電流では，

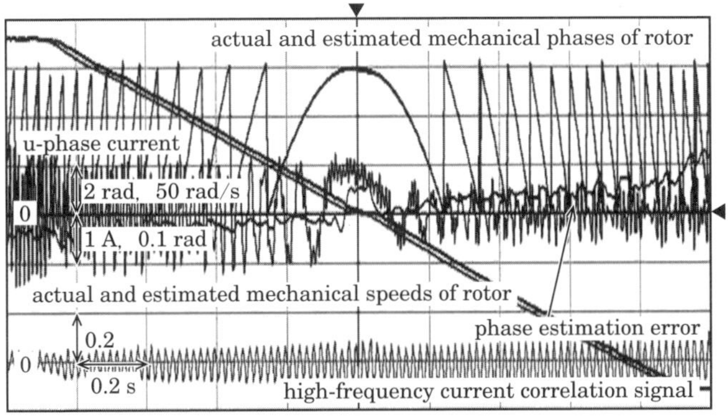

図 13.18　50％定格負荷下での加減速駆動

高周波残留外乱は位相推定完了後に消滅する。この結果，通常の PI 位相制御器（1 次制御器）で優れた性能を得ることができる。原形の高周波電流相関法の性能は，文献 1）に実験データを交え詳しく解説されている。

参考文献

第1章

1) 新中新二："永久磁石同期モータのベクトル制御技術，上巻（原理から最先端まで）"，電波新聞社（2008-12）
2) 新中新二："3×3平衡循環行列を用いた交流モータの表現法"，電気学会論文誌D，Vol. 119, No. 8/9, pp. 1128-1129（1999-8/9）
3) S. Shinnaka: "Proposition of New Mathematical Models with Core Loss Factor for Controlling AC Motors", Proc. of the 24th Annual Conference of the IEEE Industrial Electronics Society（IECON-1998）, pp. 297-302（1998-9）
4) 新中新二："ベクトル信号を用いた交流回転機のブロック線図"，電気学会論文誌D，Vol. 118, No. 6, pp. 715-723（1998-6）
5) 新中新二："固定子鉄損を有する交流モータの一般座標ベクトル信号によるブロック線図"，電気学会論文誌D，Vol. 120, No. 12, pp. 1492-1500（2000-12）

第2章

1) 新中新二："台形着磁PMSMの動的数学モデルと動的シミュレータ"，平成21年電気学会全国大会講演論文集，4, pp. 188-189（2009-3）
2) 新中新二："非正弦誘起電圧を有する永久磁石同期モータのための自己整合性を備えた動的数学モデルと動的ベクトルシミュレータ"，電気学会研究会資料（回転器・リニアドライブ・家電民生合同研究会），RM-11-57, LD-11-53, HCA-11-36, pp. 85-95（2011-8）
3) C. DeAngelo, G. Bossio, J. Solsona, G. O. Garcia and M. I. Valla: "A Rotor Position and Speed Observer for Permanent-Magnet Motors with Nonsinusoidal EMF Waveform", IEEE Trans. Industrial Electronics, Vol. 52, No. 3, pp. 807-813（2005-6）
4) 米沢裕之・谷口勝則・森實俊充・木村紀之："台形波誘起電圧を有するPMモータの運転特性"，電気学会論文誌D，Vol. 125, No. 11, pp. 1030-1037（2005-11）
5) 渡並洋介・森下明平："PMモータのトルクリップル低減"，平成21年電気学会全国大会講演論文集，4, pp. 201-202（2009-3）
6) 吉本貫太郎・北島康彦・塚本雅裕・篠原俊朗："IPMSMの高調波電流制御"，平成15年電気学会産業応用部門大会講演論文集，I, pp. 419-422（2003-8）
7) 北条善久・大森洋一・萩原茂教・小坂卓・松井信行："集中巻IPMSMのトルク脈動低減制御"，平成16年電気学会産業応用部門大会講演論文集，I, pp. 499-502（2004-9）
8) 大森洋一・萩原茂教・北条善久："周期外乱オブザーバによる集中巻IPMSMの制御"，東洋電機技報，114, pp. 1-6（2006-9）

9) Y. Nakano, H. Sugiyama, Y. Yamamoto and T. Ashikaga: "Sensor-less Vector Control System Using Concentrated Winding Permanent Magnet Motor", Proc. of the 22nd International Battery, Hybrid and Fuel Cell Electric Vehicle Symposium & Exposition (EVS22), pp. 677-686 (2006-10)

10) 新中新二："フーリエ級数・変換とラプラス変換，基礎から実践まで"，数理工学社 (2010-3)

11) 見城尚志・永守重信："新・ブラシレスモータ，システム設計の実際"，総合電子出版 (2000-6)

12) I. Aoshima, M. Yoshikawa, N. Ohnuma and S. Shinnaka: "Development of Electric Scooter Driven by Sensorless Motor Using D-State-Observer", CD Proceedings of the 24th International Battery, Hybrid and Fuel Cell Electric Vehicle Symposium and Exhibition (EVS 24), pp. 1-7 (2009-5)

第3章

1) 新中新二："dq 軸間磁束干渉をもつ永久磁石同期モータの自己整合性を備えた動的数学モデルとトルク特性"，電気学会論文誌 D，Vol. 132, No. 1, pp. 109-120 (2012-1)

2) B. Stumberger, G. Stumberger, D. Dolinar, A. Hamler and M. Trlep: "Evaluation of Saturation and Cross-Magnetization Effects in Interior Permanent-Magnet Synchronous Motor", IEEE Trans. Industry Applications, Vol. 39, No. 5, pp. 1264-1271 (2003-9)

3) G. Almandoz, J. Poza, M. A. Rodriguez and A. Gonzalez: "Modeling of Cross-Magnetization Effect in Interior Permanent Magnet Machines", Proc. of 18th International Conference on Electrical Machines (ICEM 2008), pp. 1-6 (2008-9)

4) T. Herold, D. Franck, E. Lange and K. Hameyer: "Extension of a D-Q Model of a Permanent Magnet Excited Synchronous Machine by Including Saturation, Cross-Coupling and Slotting Effects", Proc. of International Electric Machines and Drives Conference (IEMDC 2011), pp. 1363-1367 (2011-5)

5) M. Seilmeier and B. Piepenbreier: "Modeling of PMSM with Multiple Saliencies Using a Stator-Oriented Magnetic Circuit Approach", Proc. of International Electric Machines and Drives Conference (IEMDC 2011), pp. 131-136 (2011-5)

6) E. Armando, P. Guglielmi, G. Pellegrino, M. Pastorelli and A. Vagati: "Accurate Modeling and Performance Analysis of IPM-PMASR Motors", IEEE Trans. Industry Applications, Vol. 45, No. 1, pp. 123-130 (2009-1)

7) 中津川潤之助・岩崎則久・名倉寛和・岩路善尚："磁気飽和および dq 軸間干渉を考慮した永久磁石同期モータの数式モデルの提案"，電気学会論文誌 D，Vol. 130, No. 11, pp. 1212-1220 (2010-11)

8) P. Guglielmi, M. Pastorelli and A. Vagati: "Cross-Saturation Effects in IPM Motors and Related Impact on Sensorless Control", IEEE Trans. Industry Applications, Vol. 42, No. 6, pp. 1516-1522 (2006-11)

9) 高橋暁史・菊地聡・涌井真一・三上浩幸・井出一正・島和夫："磁気飽和領域における永久磁石同期電動機のトルク特性に関する考察", 電気学会論文誌 D, Vol. 130, No. 4, pp. 492-497 (2010-4)

10) 新中新二："dq 軸間磁束干渉をもつ PMSM の突極位相", 電気学会論文誌 D, Vol. 131, No. 10, pp. 1258-1259 (2011-10)

11) 新中新二："永久磁石同期モータのベクトル制御技術, 下巻 (センサレス駆動制御の真髄)", 電波新聞社 (2008-12)

第 4 章

1) 新中新二："永久磁石同期モータのベクトル制御技術, 上巻 (原理から最先端まで)", 電波新聞社 (2008-12)

2) 新中新二："永久磁石同期モータのベクトル制御技術, 下巻 (センサレス駆動制御の真髄)", 電波新聞社 (2008-12)

3) 新中新二："永久磁石同期モータの最小次元 D 因子状態オブザーバとこれを用いたセンサレスベクトル制御法の提案", 電気学会論文誌 D, Vol. 123, No. 12, pp. 1446-1460 (2003-12)

4) S. Shinnaka: "New Sensorless Vector Control Using Minimum-Order State-Observer in a Stationary Reference Frame for Permanent-Magnet Synchronous Motors", IEEE Trans. Industrial Electronics, Vol. 53, No. 2, pp. 388-898 (2006-4)

第 5 章

1) 新中新二："永久磁石同期モータのベクトル制御技術, 上巻 (原理から最先端まで)", 電波新聞社 (2008-12)

2) 新中新二："三相信号処理のための可変特性多変数フィルタの提案, ―ベクトル回転器同伴フィルタ効果の簡易発生―", 電気学会論文誌 D, Vol. 121, No. 2, pp. 253-260 (2001-2)

3) S. Shinnaka: "A New Characteristics-Variable Two-Input/Output Filter in the D-Module―Designs, Realizations, and Equivalence", IEEE Trans. Industry Applications Vol. 38, No. 5, pp. 1290-1296 (2002-9/10)

4) 新中新二："可変特性 D 因子システム, ―その存在性, 実現性, 安定性―", 電気学会論文誌 D, Vol. 122, No. 6, pp. 591-600 (2002-6)

5) 新中新二："三相信号直接処理のための 3 入出力可変特性 D 因子フィルタの提案", 電気学会論文誌 D, Vol. 122, No. 6, pp. 582-590 (2002-6)

6) S. Shinnaka: "A New Three-Input/Output Characteristics-Varying Filter in the D-module for Direct Processing of Three-Phase Signals", Proceedings of 33rd Annual IEEE Power Electronics Specialists Conference (PESC02), Vol. 3, pp. 1413-1418 (2002-6)
7) 新中新二："PMSM センサレス駆動における準同期座標系上の位相推定と固定座標系上の位相推定との等価性"，電気学会論文誌 D，Vol. 130, No. 10, pp. 1195-1196 (2010-10)

第 6 章

1) 新中新二："永久磁石同期モータのベクトル制御技術，下巻（センサレス駆動制御の真髄)"，電波新聞社（2008-12）
2) 新中新二："永久磁石同期モータの最小次元 D 因子状態オブザーバとこれを用いたセンサレスベクトル制御法の提案"，電気学会論文誌 D，Vol. 123, No. 12, pp. 1446-1460 (2003-12)
3) S. Shinnaka: "New D-State-Observer-Based Vector Control for Sensorless Drive of Permanent-Magnet Synchronous Motors", IEEE Trans. Industry Applications Vol. 41, No. 3, pp. 825-833 (2005-5/6)
4) S. Shinnaka: "New Sensorless Vector Control Using Minimum-Order flux State-Observer in a Stationary Reference Frame for Permanent-Magnet Synchronous Motors", IEEE Trans. Industrial Electronics, Vol. 53, No. 2, pp. 388-898 (2006-4)

第 7 章

1) 新中新二："永久磁石同期モータのベクトル制御技術，下巻（センサレス駆動制御の真髄)"，電波新聞社（2008-12）
2) 新中新二："永久磁石同期モータセンサレス駆動のための高次応速帯域フィルタ形位相推定法，一定格負荷下でのゼロ速起動と極低速安定駆動をもたらす位相推定法―"，電気学会論文誌 D，Vol. 128, No. 10, pp. 1163-1174 (2008-10)
3) 新中新二："PMSM センサレス駆動のための D 因子フィルタによる一般化回転子磁束推定法"，平成 24 年産業応用部門大会講演論文集，Ⅲ，pp. 305-310 (2012-8)

第 8 章

1) 新中新二："永久磁石同期モータのベクトル制御技術，下巻（センサレス駆動制御の真髄)"，電波新聞社（2008-12）
2) 新中新二："同期電動機のための回転子位相推定装置"，特願 2011-222332 (2011-9-9)
3) 新中新二："PMSM センサレス駆動のための同一次元磁束状態オブザーバの新ゲイン設計法"，平成 24 年電気学会全国大会講演論文集，4, pp. 199-200 (2012-3)
4) 楊耕・富岡理知子・中野求・金東海："適応オブザーバによるブラシレス DC モータの位

置センサレス制御", 電気学会論文誌 D, Vol. 113, No. 5, pp. 579-586 (1993-5)

5) 新中新二・佐野公亮:"積分フィードバック形速度推定法併用の固定座標 4 次同一次元状態オブザーバによる PMSM の新センサレスベクトル制御法", 電気学会論文誌 D, Vol. 125, No. 8, pp. 830-831 (2005-8)

6) 金原義彦:"回転座標上の適応オブザーバを用いた PM 電動機の位置センサレス制御", 電気学会論文誌 D, Vol. 123, No. 5, pp. 600-609 (2003-5)

7) 新中新二・井大輔:"4 次同一次元状態オブザーバを利用した PMSM センサレスベクトル制御への一般化積分形 PLL 法の適用可能性", 電気学会論文誌 D, Vol. 124, No. 11, pp. 1164-1165 (2004-11)

8) 山本康弘・吉田康宏・足利正:"同一次元磁束オブザーバによる PM モータのセンサレス制御", 電気学会論文誌 D, Vol. 114, No. 8 pp. 743-749 (2004-8)

9) 新中新二:"PMSM センサレス駆動のための同一次元 D 因子状態オブザーバ, —オブザーバゲインの新直接設計法—", 電気学会論文誌 D, Vol. 129, No. 3, pp. 267-280 (2009-3)

10) 黒田岳志・野村尚史・松本康・糸魚川信夫・石井新一:"磁束オブザーバを用いた永久磁石同期電動機のセンサレス制御", 平成 20 電気学会産業応用部門大会講演論文集, 1, pp. 299-304 (2008-8)

11) 小塩昇・久保田寿夫:"高周波領域での永久磁石同期電動機のセンサレス制御", 平成 20 電気学会産業応用部門大会講演論文集, p. Y-105 (2008-8)

12) 長谷川勝・冨田睦雄・松井景樹:"同期モータ位置センサレス制御用同一次元磁束状態オブザーバの代数設計", 平成 21 電気学会産業応用部門大会講演論文集, 1, pp. 629-630 (2009-8)

13) M. Kim and S. K. Sul: "An Enhanced Sensorless Control Method for PMSM in Rapid Accelerating Operation", Proc. of the 2010 International Power Electronics Conference (IPEC-Sapporo), pp. 2249-2253 (2010-6)

14) 新中新二:"PMSM 同一次元状態オブザーバのゲイン設計のための一解析", 電気学会論文誌 D, Vol. 132, No. 1, pp. 125-126 (2012-1)

第 9 章

1) 新中新二:"永久磁石同期モータのベクトル制御技術, 上巻 (原理から最先端まで)", 電波新聞社 (2008-12)

2) 新中新二:"永久磁石同期モータのベクトル制御技術, 下巻 (センサレス駆動制御の真髄)", 電波新聞社 (2008-12)

3) 新中新二・佐野公亮:"PMSM センサレス駆動のためのモデルマッチング形位相推定法のパラメータ誤差起因・位相推定誤差に関する統一的解析と軌道指向形ベクトル制御法, —回転子磁束推定・誘起電圧推定の場合—", 電気学会論文誌 D, Vol. 127, No. 9, pp. 950-

961（2007-9）

4）新中新二：“PMSM センサレス駆動のためのモデルマッチング形位相推定法のパラメータ誤差起因・位相推定誤差に関する統一的解析と軌道指向形ベクトル制御法，―拡張誘起電圧推定の場合―”，電気学会論文誌 D，Vol. 127, No. 9, pp. 962-972（2007-9）

5）新中新二：“突極形永久磁石同期モータの高効率・広範囲運転のためのノルム指令形電流制御法”，電気学会論文誌 D，Vol. 125, No. 3, pp. 212-220（2005-3）

6）新中新二・天野佑樹：“PMSM の軌跡指向形ベクトル制御における最小銅損軌跡収斂条件の統一的解析”，電気学会論文誌 D，Vol. 132, No. 4, pp. 518-519（2012-4）

7）天野佑樹・新中新二：“PMSM の軌跡指向形ベクトル制御による高効率・広範囲駆動”，平成 24 電気学会産業応用部門大会講演論文集，Ⅲ，pp. 251-254（2012-8）

第 10 章

1）新中新二：“永久磁石同期モータのベクトル制御技術，下巻（センサレス駆動制御の真髄）”，電波新聞社（2008-12）

2）新中新二：“永久磁石同期モータセンサレス駆動のための高周波積分形 PLL を同伴した高周波電流相関法の汎用化”，電気学会論文誌 D，Vol. 130, No. 7, pp. 868-880（2010-7）

3）新中新二：“永久磁石同期モータセンサレス駆動のための高周波積分形 PLL を同伴した一般化ヘテロダイン法の提案”，電気学会論文誌 D，Vol. 130, No. 8, pp. 973-986（2010-8）

4）新中新二：“永久磁石同期モータセンサレス駆動のための新フーリエ形位相推定法”，電気学会論文誌 D，Vol. 131, No. 4, pp. 640-653（2011-4）

第 11 章

1）新中新二：“永久磁石同期モータのベクトル制御技術，上巻（原理から最先端まで）”，電波新聞社（2008-12）

2）新中新二：“永久磁石同期モータのベクトル制御技術，下巻（センサレス駆動制御の真髄）”，電波新聞社（2008-12）

3）新中新二：“永久磁石同期モータセンサレス駆動のための鏡相推定法の簡略化実現と体系化”，電気学会論文誌 D，Vol. 130, No. 8, pp. 987-999（2010-8）

4）S. Shinnaka: “New Phase Estimation Methods Dedicated to High-Frequency Voltage Injections for Sensorless PMSM Drives”, CD-Proc. of IEEE International Electric Machines and Drives Conference（IEMDC 2011）, pp. 1193-1198（Niagara Fall, Canada）（2011-5）

5）新中新二：“永久磁石同期モータセンサレス駆動のための新フーリエ形位相推定法”，電気学会論文誌 D，Vol. 131, No. 4, pp. 640-653（2011-4）

6）新中新二：“フーリエ級数・変換とラプラス変換（基礎から実践まで）”，数理工学社

(2010-3)

7) L. Wang and R. D. Lorenz: "Rotor Position Estimation for Permanent-Magnet Synchronous Motor Using Saliency-Tracking Self-Sensing Method", Conference Record of 2000IEEE Industry Applications Conference（IAS 2000), pp. 445-450（2000-10)

8) Y. Chen, L. Wang and L. Kong: "Research of Position Sensorless Control of PMSM Based on High Frequency Signal Injection", Proc. of International Conference of Electrical Machines and Systems（ICEMS 2008), pp. 3973-3977（2008-10)

9) 近藤圭一郎・米山崇・谷口峻・望月伸亮・若尾真治："鉄道駆動用永久磁石同期電動機の回転角速度センサレス制御に関する考察，シンプルかつ高性能な制御システム"，電気学会研究会資料，SPC-06-185, LD-06-87, pp. 37-42（2006）

10) 新中新二："突極形永久磁石同期モータセンサレス駆動のための速応楕円形高周波電圧印加法の提案，—高周波電流相関信号を入力とする一般化積分形 PLL 法による位相推定—"，電気学会論文誌 D，Vol. 126, No. 11, pp. 1572-1584（2006-11）

11) S. Shinnaka: "A New Speed-Varying Ellipse Voltage Injection Method for Sensorless Drive of Permanent-Magnet Synchronous Motors with Pole Saliency, New PLL Method Using High Frequency Current Component Multiplied Signal", IEEE Trans. Industry Applications Vol. 44, No. 3, pp. 777-788（2008-5/6）

12) 新中新二："永久磁石同期モータセンサレス駆動のための高周波積分形 PLL を同伴した高周波電流相関法の汎用化"，電気学会論文誌 D，Vol. 130, No. 7, pp. 868-880（2010-7）

13) 新中新二："永久磁石同期モータセンサレス駆動のための高周波積分形 PLL を同伴した一般化ヘテロダイン法の提案"，電気学会論文誌 D，Vol. 130, No. 8, pp. 973-986（2010-8）

第 12 章

1) 新中新二："永久磁石同期モータのベクトル制御技術，下巻（センサレス駆動制御の真髄）"，電波新聞社（2008-12）

2) 新中新二："永久磁石同期モータセンサレス駆動のための新フーリエ形位相推定法"，電気学会論文誌 D，Vol. 131, No. 4, pp. 640-653（2011-4）

3) J. H. Jang, S. K. Sul, J. I. Ha, K. Ide and M. Sawamura: "Sensorless Drive of SMPM Motor by High-Frequency Signal Injection Based on Magnet Saliency", Proc. of 17th IEEE Applied Power Electronics Conference and Exposition（APEC 2002), Vol. 1, pp. 279-285（2002-3）

4) J. H. Jang, S. K. Sul, J. I. Ha, K. Ide and M. Sawamura: "Sensorless Drive of Surface-Mounted Permanent-Magnet Motor by High-Frequency Signal Injection Based on Magnetic Saliency", IEEE Trans. on Industry Applications, Vol. 39, No. 4, pp. 1031-1039（2003-7/8）

5) 山本康弘："PM モータの制御装置"，日本国公開特許公報，特開 2003-348896（2002-5-24）
6) Y. Nakano, H. Sugiyama, Y. Yamamoto and T. Ashikaga: "Sensor-less Vector Control System Using Concentrated Winding Permanent Magnet Motor", Proc. of 22nd International Battery, Hybrid and Fuel Cell Electric Vehicle Symposium & Exposition (EVS22), pp. 677-686（2006-10）

第 13 章

1) 新中新二："永久磁石同期モータのベクトル制御技術，下巻（センサレス駆動制御の真髄)"，電波新聞社（2008-12）
2) 新中新二："突極形永久磁石同期モータセンサレス駆動のための速応楕円形高周波電圧印加法の提案，―高周波電流相関信号を入力とする一般化積分形 PLL 法による位相推定―"，電気学会論文誌 D，Vol. 126, No. 11, pp. 1572-1584（2006-11）
3) S. Shinnaka: "A New Speed-Varying Ellipse Voltage Injection Method for Sensorless Drive of Permanent-Magnet Synchronous Motors with Pole Saliency, New PLL Method Using High Frequency Current Component Multiplied Signal", IEEE Trans. Industry Applications Vol. 44, No. 3, pp. 777-788（2008-5/6）
4) 新中新二："永久磁石同期モータセンサレス駆動のための高周波積分形 PLL を同伴した高周波電流相関法の汎用化"，電気学会論文誌 D，Vol. 130, No. 7, pp. 868-880（2010-7）
5) 岸田英生："汎用化高周波電流相関法による永久磁石同期モータのセンサレスベクトル制御"，神奈川大学大学院・工学研究科・電気電子情報工学専攻・修士論文（2012-2）

索　引

英数字

あ行

か行

さ行

た行

な行

は行

ま行

や行

ら行

【著者紹介】

新中新二（しんなか・しんじ）

1973年　防衛大学校卒業
1973年　陸上自衛隊入隊
1979年　University of California, Irvine 大学院博士課程修了
Doctor of Philosophy (University of California, Irvine)
1979年　防衛庁（現防衛省）第一研究所勤務
1981年　防衛大学校勤務
1986年　陸上自衛隊除隊
1986年　キヤノン株式会社勤務
1990年　工学博士（東京工業大学）
1991年　株式会社日機電装システム研究所創設（代表）
1996年　神奈川大学工学部教授
現　在　神奈川大学工学部電気電子情報工学科教授
主要著書「適応アルゴリズム（離散と連続，真髄へのアプローチ）」産業図書，1990
「永久磁石同期モータのベクトル制御技術（上巻，原理から最先端まで）」電波新聞社，2008
「永久磁石同期モータのベクトル制御技術（下巻，センサレス駆動制御の真髄）」電波新聞社，2008
「システム設計のための基礎制御工学」コロナ社，2009
「フーリエ級数・変換とラプラス変換（基礎から実践まで）」数理工学社，2010

永久磁石同期モータの制御　センサレスベクトル制御技術

2013年9月10日　第1版1刷発行　　ISBN 978-4-501-11640-8 C3054

著　者　新中新二

発行所　学校法人 東京電機大学　〒120-8551　東京都足立区千住旭町5番
東京電機大学出版局　〒101-0047　東京都千代田区内神田1-14-8
Tel. 03-5280-3433（営業）03-5280-3422（編集）
Fax. 03-5280-3563 振替口座 00160-5-71715
http://www.tdupress.jp/

印刷：（株）精興社　　製本：渡辺製本（株）　　装丁：鎌田正志
落丁・乱丁本はお取り替えいたします。　　Printed in Japan